职业教育智能制造领域高素质技术技能人才培养系列教材

PLC应用技术项目教程

（西门子S7-1200）

主　编　周晓旭
副主编　原云峰　梁廷魁
参　编　武慧挺　牛旭红

机械工业出版社

本书以 S7-1200 PLC 在逻辑控制、数据处理、运动控制、网络通信等方面的典型应用为例，介绍了 PLC 控制系统设计和编程的方法。全书有 8 个项目，分别是 PLC 控制系统搭建、抢答器控制系统设计、彩灯控制系统设计、顺序控制系统设计、自动分拣系统设计、旋转供料台控制系统设计、PLC 在工业通信中的应用、PLC 在过程控制系统中的应用。

本书适合作为高等职业院校机电一体化技术、电气自动化技术等装备制造大类、电子与信息大类相关课程的教材，也可作为相关工程技术人员培训和自学的参考书。

为方便教学，本书植入二维码微课，配有免费电子课件、练习与提高参考答案、模拟试卷及答案等，凡选用本书作为授课教材的教师可登录机械工业出版社教育服务网（www.cmpedu.com），注册后免费下载电子资源，本书咨询电话：010-88379564。

图书在版编目（CIP）数据

PLC 应用技术项目教程：西门子 S7-1200/ 周晓旭主编 . —北京：机械工业出版社，2024.4（2025.1 重印）
职业教育智能制造领域高素质技术技能人才培养系列教材
ISBN 978-7-111-75661-3

Ⅰ . ① P… Ⅱ . ①周… Ⅲ . ① PLC 技术 – 高等职业教育 – 教材 Ⅳ . ① TM571.61

中国国家版本馆 CIP 数据核字（2024）第 080873 号

机械工业出版社（北京市百万庄大街 22 号　邮政编码 100037）
策划编辑：冯睿娟　　责任编辑：冯睿娟　周海越
责任校对：甘慧彤　陈立辉　　封面设计：王　旭
责任印制：刘　媛
北京中科印刷有限公司印刷
2025 年 1 月第 1 版第 2 次印刷
184mm×260mm · 16 印张 · 414 千字
标准书号：ISBN 978-7-111-75661-3
定价：49.50 元

电话服务　　网络服务
客服电话：010-88361066　机　工　官　网：www.cmpbook.com
010-88379833　机　工　官　博：weibo.com/cmp1952
010-68326294　金　书　网：www.golden-book.com

机工教育服务网：www.cmpedu.com

前　言

可编程控制器（PLC）是自动化控制领域不可或缺的设备之一，被广泛应用于工业生产中。“可编程控制器应用技术”是高等职业教育装备制造大类相关专业的核心课程，在高等职业院校中广泛开设。

本书在编写过程中，落实党的二十大精神，紧跟 PLC 新技术发展，校企合作联合编写，精准对接岗位需求，融入职业技能等级证书考核标准，依托企业真实工作案例，按照“理论逐级递进，能力渐次提升，素养精准对接”的课程设计理念，对课程内容进行了重构。以西门子 S7–1200 PLC 为核心，根据 S7–1200 PLC 在逻辑控制、数据处理、运动控制、网络通信等方面的典型应用情况，设计了 8 个项目，全面系统地介绍了 S7–1200 PLC 控制系统设计和软件编程方法。

本书是围绕 PLC 控制系统设计与维护方面的职业能力培养而开发的项目式教材，以基于工作过程的项目为载体，以任务实施为核心，将基本概念、理论知识、编程技巧贯穿于各个项目，重视技能训练和能力培养。项目设计遵循学生职业能力培养的基本规律，按照由简单到复杂、由单一到综合的原则来安排项目顺序。为了便于教师组织教学和学生自学，本书中列举的案例均较为简单，且易于操作和实现。每个任务后面配有“练习与提高”和考核评分表，便于检验学习效果。

本书依托省级精品在线开放课程，在“学银在线”上配套有丰富的立体化教学资源，包括电子课件、知识点微课、原理动画、实操视频、习题资源等，也可通过扫描书中嵌入的二维码，随学随练。

本书由山西机电职业技术学院周晓旭担任主编，山西机电职业技术学院原云峰、梁廷魁担任副主编，山西机电职业技术学院武慧挺、首钢长治钢铁有限公司高级工程师牛旭红参与编写。具体编写分工如下：周晓旭负责项目整体设计，编写项目 1、项目 2、项目 4；原云峰编写项目 7；梁廷魁编写项目 6 、项目 8 ；武慧挺编写项目 5 ；牛旭红编写项目 3 。

由于编者水平有限，书中难免有疏漏和不妥之处，恳请广大读者批评指正。

编　者

二维码清单

（续）

名称	图形	页码	名称	图形	页码
HSC 介绍		151	运动控制应用实例		194
HSC 旋转编码器		151	以太网通信		201
S7-1200 PLC 高速计数器介绍		152	自由口通信		214
高速计数器应用		157	PID 介绍		238
运动控制介绍		174	PID 的下载验证（实操）		239
实现运动控制的方式		183	应用 PID 控制器的一般步骤		241
实现动态控制组态（软件操作）		184	PID 控制器的应用		243

目 录

第一部分

概 述 篇

项目 1
PLC 控制系统搭建

项目导入

通过搭建一个可编程控制器（Programmable Logic Controller，PLC）系统，让读者了解 PLC 的功能、特点、应用范围、结构和工作原理等。西门子 PLC 在国内具有较高的市场占有率，能适用于自动化工程中的各种应用场合，本项目选用的是西门子公司的 S7-1200 PLC，其外观如图 1-1 所示，其指令与 S7-1500 PLC 兼容。本项目主要介绍 S7-1200 PLC 及其相关部件，通过学习了解 S7-1200 PLC 系统组成，包括中央处理器（Central Processing Unit，CPU）模块、通信模块（Communication Module，CM）、信号模块（Signal Module，SM）和信号板（Signal Board，SB）及各种附件，要求掌握如何根据任务的控制要求选择合适的 S7-1200 PLC 模块，并将选择的模块组成典型的 S7-1200 PLC 硬件系统，为后续学习 PLC 编程打下硬件基础。

图 1-1　S7-1200 PLC 外观图

知识导图

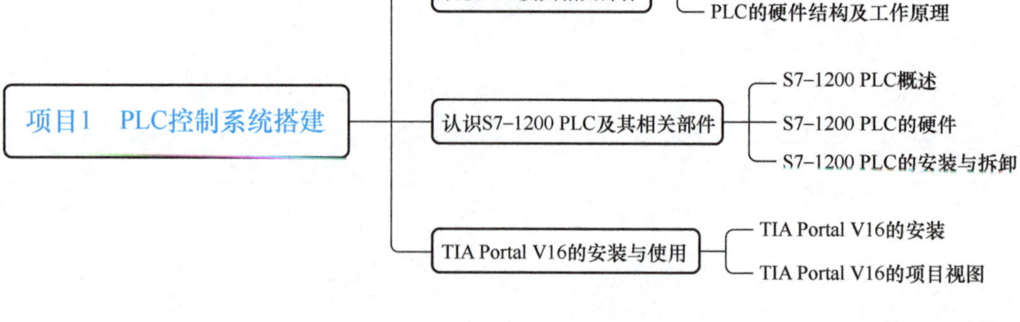

任务1.1 认识PLC及其相关部件

学习目标

1. 知识目标

1）了解PLC的发展历史、应用范围及控制特点。

2）掌握PLC的硬件结构组成。

3）理解PLC的工作原理。

2. 技能目标

1）能准确说出PLC各部件的名称和功能。

2）能根据工程需求选择合适的PLC。

3. 素质目标

1）形成遵守电工安全操作规程的习惯。

2）通过对PLC发展历史的学习，让学生树立新时代社会责任感，培养学生学习与探索新技术的兴趣。

任务描述

PLC是一种新型工业控制装置，具有通用性强、使用方便、适应面广、可靠性高、抗干扰能力强、编程简单等特点。本任务从PLC的起源、应用范围、硬件结构、工作原理等方面对PLC进行认知训练。

知识准备

知识点1 PLC的历史及应用

可编程控制器简称PLC或PC，由于PC容易和个人计算机（Personal Computer）的英文缩写PC混淆，所以人们习惯用PLC作为可编程控制器的英文缩写。PLC是一种以微型计算机为基础发展起来的新型自动控制装置。它将传统的继电器–接触器控制技术、计算机技术和通信技术融为一体，具有性价比高、可靠性高、编程简单、使用方便等优点。近年来其发展迅速，已成为现代工业自动化三大支柱之一。

国际电工委员会（IEC）对可编程控制器做了如下定义："可编程控制器是一种数字运算操作的电子系统，专为在工业环境下应用而设计。它采用可编程序的存储器，用来在其内部存储执行逻辑运算、顺序控制、定时、计数和算术运算等操作的命令，并通过数字式、模拟式的输入和输出，控制各种类型的机械或生产过程。可编程控制器及其有关设备，都应按易于与工业控制系统连成一个整体，易于扩充功能的原则而设计"。

1. PLC的历史

20世纪60年代末期，美国汽车制造工业竞争十分激烈，为了适应市场从少品种、大批量生产向多品种、小批量生产的转变，尽可能减少转变过程中控制系统的设计制造时间，减少经济成本，1968年美国通用汽车（General Motors，GM）公司公开招标，要求用新的控制装置取代生产线上的继电器–接触器控制系统，并提出了著名的通用十条。通用十条如下：

1）编程简单，可在现场修改程序。

2）维护方便，最好是插件式。

3）可靠性高于继电器控制柜。

4）体积小于继电器控制柜。

5）可将数据直接送入管理计算机。

6）在成本上可与继电器控制柜竞争。

7）输入可以是交流 115V。

8）输出可以是交流 115V、2A 以上，可直接驱动电磁阀。

9）在扩展时，原有系统只要很小变更。

10）用户程序存储器容量可扩展。

1969 年美国数字设备公司（Digital Equipment Corporation，DEC）根据上述要求，首先研制出了世界上第一台可编程控制器 PDP-14，用于通用汽车公司的生产线，取得了满意的效果。

2. PLC 的主要优点

在控制方式上，PLC 控制具有以下优点：

1）编程简单。PLC 用于编程的梯形图（Ladder Diagram，LAD）与传统的继电接触器式电路图有许多相似之处，对于具有一定电工知识和文化水平的人员，都可以在较短的时间内学会编程的步骤和方法。

2）可靠性高。PLC 是专门为工业控制而设计的，在设计与制造过程中均采用了屏蔽、滤波、无机械触点、精选元器件等多层有效的抗干扰措施，因此可靠性很高，其平均故障时间间隔为 20000h 以上。

3）通用性好。PLC 品种多，档次也多，可由各种组件灵活组合成不同的控制系统，以满足不同的控制要求。同一台 PLC 只要改变软件就可控制不同的对象或实现不同的控制要求。

4）功能强。PLC 能进行逻辑、定时、计数和步进等控制，能完成 A/D（模 / 数）与 D/A（数 / 模）转换、数据处理和通信联网等任务。

5）体积小、重量轻，易于实现机电一体化。由于 PLC 采用半导体集成电路，因此具有体积小、重量轻、功耗低的特点。

6）设计、施工和调试周期短。PLC 以软件编程来取代硬件接线，由它构成的控制系统结构简单，安装使用方便，而且商品化的 PLC 模块功能齐全，程序的编制、调试和修改也很方便，因此可大幅缩短 PLC 控制系统的设计、施工和投产周期。

3. PLC 的应用

（1）数字量控制　PLC 用“与”“或”“非”等逻辑控制指令来实现触点和电路的串、并联，代替继电器进行组合逻辑控制、定时控制与顺序逻辑控制。

（2）运动量控制　PLC 使用专用的运动控制模块，对直线运行或圆周运动的位置、速度和加速度进行控制，可以实现单轴、双轴、三轴和多轴位置控制。

（3）过程控制　过程控制是指对温度、压力和流量等连续变化的模拟量的闭环控制。PLC 通过模拟量输入 / 输出（I/O）模块，实现模拟量和数字量之间的相互转换，并对模拟量实行闭环的比例积分微分（Proportion Integration Differentiation，PID）控制。

（4）数据处理　现代的 PLC 具有数学运算、数据传送、转换、排序、查表和位操作等功能，可以完成数据的采集、分析和处理。

（5）通信联网　PLC 可以实现 PLC 与外设、PLC 与 PLC、PLC 与其他工业控制设备、PLC 与上位机、PLC 与工业网络设备等之间通信，实现远程的 I/O 控制。

知识点 2　PLC 的硬件结构及工作原理

1. PLC 的硬件结构

PLC 有两种结构：整体式和模块组合式。整体式 PLC 由输入单元、电源、CPU、输出单元、外设接口、存储器、I/O 扩展接口等组成。模块组合式 PLC 由系统总线（电源及框架）、通信单元、智能 I/O 单元、输出单元、输入单元、CPU 等组成。PLC 的基本组成如图 1-2 所示。

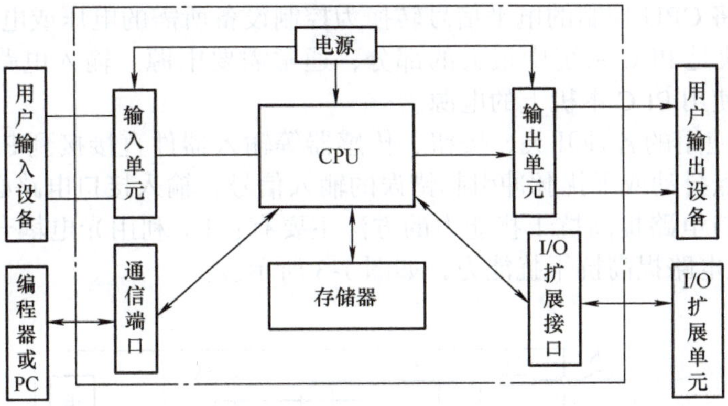

图 1-2　PLC 的基本组成

（1）CPU　CPU 是 PLC 的控制中枢。它按照 PLC 系统程序赋予的功能接收并存储用户程序和数据，检查电源、存储器、I/O 以及警戒定时器的状态，并能诊断用户程序中的语法错误。当 PLC 投入运行时，首先它以扫描的方式接收现场各输入装置的状态和数据，并分别存入 I/O 映象区，然后从用户程序存储器中逐条读取用户程序，经过命令解释后按指令的规定执行逻辑或算数运算，并将结果送入 I/O 映象区或数据寄存器内。等所有用户程序执行完成后，最后将 I/O 映象区的各输出状态或输出寄存器内的数据传送到相应的输出装置，如此循环运行，直到停止运行。

CPU 主要完成以下功能：

1）接收并存储用户程序和数据。

2）用扫描的方式接收现场输入设备的状态和数据。

3）诊断电源、PLC 内部电路工作状态和编程过程中的语法错误。

4）完成用户程序中规定的逻辑运算和算术运算任务。

（2）存储器　存储器是具有记忆功能的半导体电路，用来存放系统程序、用户程序、逻辑变量和其他信息。系统程序是指控制和完成 PLC 各种功能的程序，这些程序是由 PLC 的生产厂家编写的，并固化到只读存储器（Read-Only Memory，ROM）中。用户程序是指使用者根据工程现场的生产过程和工艺要求编写的控制程序。用户程序由使用者通过编程器输入到 PLC 的随机存储器，允许修改，由用户启动运行。不同类型的 PLC，其存储容量各不相同，但根据其工作原理，其存储空间一般包括以下 3 个区域：

1）系统程序存储区。它用来存放系统程序，包括监视程序、管理程序、命令解释程序、功能子程序、系统诊断子程序等。由制造厂商将其固化在可擦可编程只读存储器（Erasable Programmable Read-Only Memory，EPROM）中，用户不能直接存取。它和硬件一起决定了该 PLC 的性能。

2）系统随机存储器（Random Access Memory，RAM）存储区。系统 RAM 存储区包括 I/O 映象区以及各类软设备，如逻辑线圈、数据寄存器、计时器、计数器、变址寄存器、累加器等存储器。

3）用户程序存储区。用户程序存储区存放用户编制的用户程序。

（3）I/O 接口　I/O 接口是 CPU 与现场 I/O 装置或其他外设之间的连接部件，是 PLC 内部信号与工业现场信号联系的桥梁。I/O 接口主要有两个作用：一是利用内部的光电隔离电路将工业现场和 PLC 内部进行隔离，起防干扰和保护作用；二是信号调理和电平转换，信号输入电平转换是将输入端不同电压或电流信号转换成 CPU 能接收的电平信号，输出电平转换是将 CPU 控制的电平信号转换为控制设备所需的电压或电流信号。

I/O 接口模块是 PLC 系统中最大的部分，通常需要电源。输入电路的电源可以由外部提供，也可以使用 PLC 本机上的电源。

生产过程中使用的各种开关、按钮、传感器等输入器件直接接到 PLC 输入接口电路上，为防止由触点抖动或干扰脉冲引起错误的输入信号，输入接口电路必须有很强的抗干扰能力。输入接口电路提高抗干扰能力的方法主要有：1）利用光电耦合器提高抗干扰能力；2）利用滤波电路提高抗干扰能力，如图 1-3 所示。

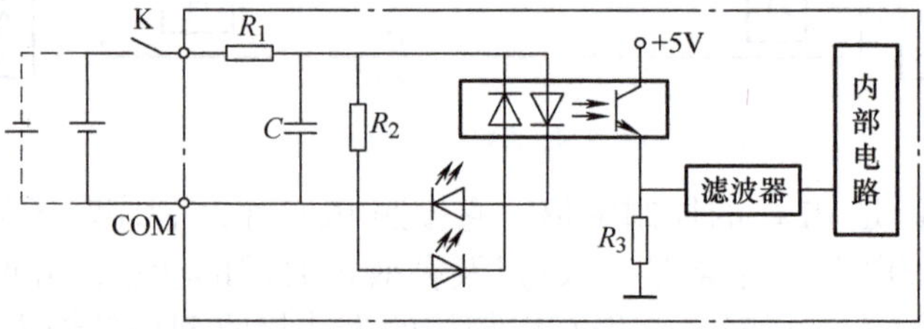

图 1-3　PLC 的输入接口电路（直流输入型）

PLC 的输出接口有 3 种输出方式，即继电器输出型、晶闸管输出型和晶体管输出型。

1）继电器输出型：如图 1-4 所示，为有触点输出方式，用于接通或断开开关频率较低的直流负载或交流负载回路，其输出响应频率较慢，但驱动能力强，能直接驱动接触器。

2）晶闸管输出型：如图 1-5 所示，为无触点输出方式，用于接通或断开开关频率较高的交流电源负载，西门子 S7-1200 PLC 的 CPU 模块目前还没有晶闸管输出型。

3）晶体管输出型：如图 1-6 所示，为无触点输出方式，用于接通或断开开关频率较高的直流电源负载，其输出响应频率较快。

（4）电源　PLC 中不同的电路单元需要不同的工作电源，如 CPU 和 I/O 电路要采用不同的工作电源，电源在整个 PLC 系统中起着非常重要的作用。如果没有一个良好、可靠的电源，系统是无法正常工作的。所以，PLC 的制造厂商对电源的设计和制造十分重视。

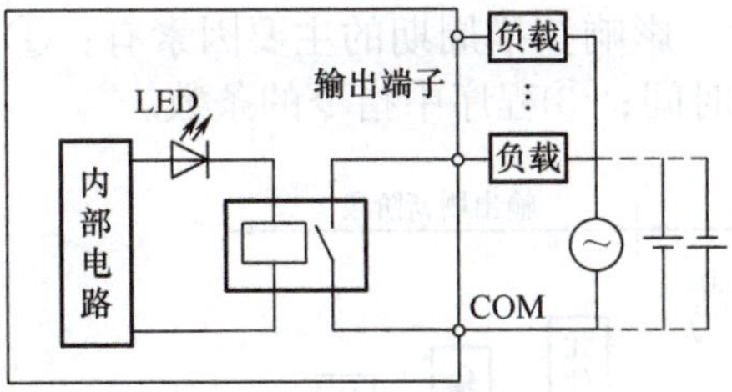

图 1-4 继电器输出型

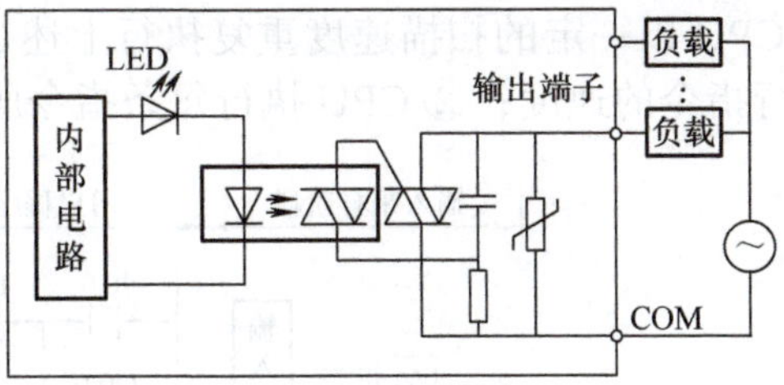

图 1-5 晶闸管输出型

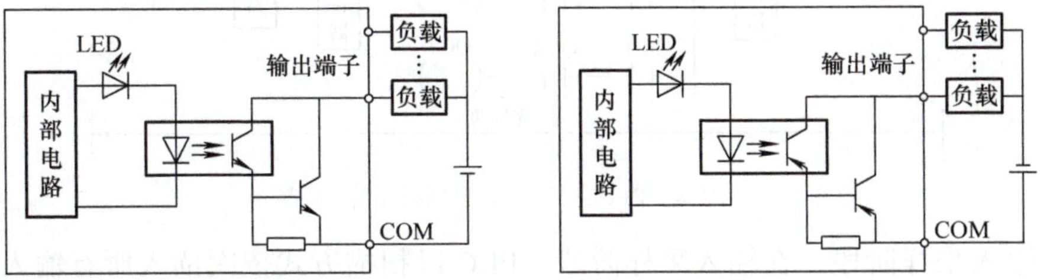

a) NPN集电极开路　　b) PNP集电极开路

图 1-6 晶体管输出型

PLC一般都配有开关式稳压电源，用于给PLC的内部电路和各个模块集成电路提供工作电源。有些机型还向外提供24V的直流电源，用于给外部输入信号和传感器供电，避免了由于电源污染或电源不合格而引起的问题，同时也减少了外部连线，方便了用户。有些PLC中的电源与CPU模块合二为一，有些是分开的。

（5）编程设备　编程设备用于输入和编辑用户程序，对系统做一定的设定，监控PLC及PLC所控系统的工作状况。编程设备在PLC的应用系统设计与调试、监控运行和检查维护中是不可缺少的部件，可以与PLC进行人机对话，但不直接参与现场的控制。编程设备可以是专用编程器，也可以是配有专用编程软件包的通用计算机系统。

（6）I/O扩展接口　PLC利用I/O扩展接口使I/O扩展单元与PLC的基本单元实现连接，当基本I/O单元的输入或输出点数不够用时，可以用I/O扩展单元来扩充开关量I/O点数和增加模拟量的I/O端子。

2. PLC的工作原理

PLC对用户程序的执行过程是通过CPU的周期循环扫描并采用集中采样、集中输出的工作方式来完成的，其工作方式如图1-7所示。当PLC开始运行时，首先清除输入输出寄存器状态表的原有内容，然后进行自诊断，自检CPU及I/O组件，确认其工作正常后，开始循环扫描。

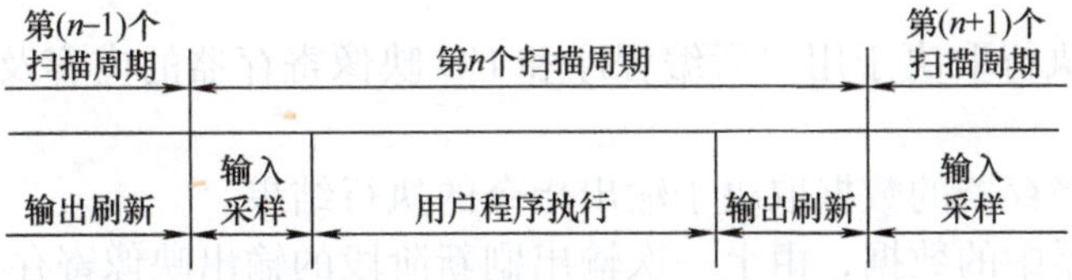

图 1-7 CPU周期循环扫描过程

当PLC投入运行后，其工作过程一般分为3个阶段，即输入采样、用户程序执行和输出刷新。完成上述3个阶段称为一个扫描周期，如图1-8所示。在整个运行期间，PLC

的 CPU 以一定的扫描速度重复执行上述 3 个阶段。影响扫描周期的主要因素有：① CPU 执行指令的速度；② CPU 执行每条指令所占用的时间；③程序中指令的条数。

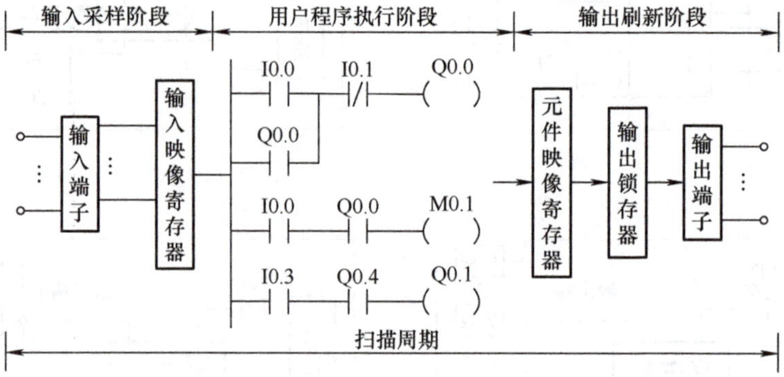

图 1-8　PLC 一个周期的扫描工作过程

（1）输入采样阶段　在输入采样阶段，PLC 以扫描方式依次读入所有输入状态和数据，并将它们存入输入映像寄存器中相应的单元内。输入采样结束后，转入用户程序执行和输出刷新阶段。在这两个阶段中，即使输入状态和数据发生变化，输入映像寄存器中的相应单元的状态和数据也不会改变。另外，如果输入是脉冲信号，则该脉冲信号的宽度必须大于一个扫描周期，才能保证在任何情况下，该输入均能被读入。

（2）用户程序执行阶段　在用户程序执行阶段，PLC 总是按由上而下的顺序依次地扫描用户程序（梯形图）。在扫描每一条梯形图时，又总是先扫描梯形图左边由各触点构成的控制电路，并按先左后右、先上后下的顺序对由触点构成的控制电路进行逻辑运算，然后根据逻辑运算的结果，刷新该逻辑线圈在系统 RAM 存储区中对应位的状态，或者刷新该输出线圈在输出映像寄存器中对应位的状态，又或者确定是否要执行该梯形图所规定的特殊功能指令。即在用户程序执行过程中，只有输入点在输入映像寄存器内的状态和数据不会发生变化，而其他输出点和软设备在输出映像寄存器或系统 RAM 存储区内的状态和数据都有可能发生变化，而且排在上面的梯形图，其程序执行结果会对排在下面的用到这些线圈或数据的梯形图起作用；相反，排在下面的梯形图，其被刷新的逻辑线圈的状态或数据只能到下一个扫描周期才能对排在其上面的程序起作用。

（3）输出刷新阶段　当扫描用户程序结束后，PLC 就进入输出刷新阶段。在此期间，CPU 按照输出映像寄存器内对应的状态和数据刷新输出锁存器的状态，再经输出电路驱动相应的外设。这才是 PLC 的真正输出。

根据上述工作特点，还可以归纳出 PLC 在 I/O 处理方面的原则：

1）输入映像寄存器的数据，取决于输入端子板上各输入点在上一个刷新期间的接通 / 断开状态。

2）程序如何执行取决于用户所编程序和 I/O 映像寄存器的内容及其他各元器件映像寄存器的内容。

3）输出映像寄存器的数据取决于输出指令的执行结果。

4）输出锁存器中的数据，由上一次输出刷新阶段的输出映像寄存器中数据决定。

5）输出端子的接通 / 断开状态，由输出锁存器决定。

3. PLC 的编程语言

PLC 的用户程序是设计人员根据控制系统的工艺控制要求，通过 PLC 编程语言编制设计的。根据国际电工委员会制订的工业控制编程语言标准（IEC 61131-3），PLC 的编程语言包括梯形图（LAD）语言、功能块图（Function Block Diagram，FBD）语言、指令表（Instruction List，IL）语言、顺序功能图（Sequential Function Chart，SFC）语言及结构化文本（Structured Text，ST）语言。

（1）梯形图语言　梯形图语言是 PLC 程序设计中最常用的编程语言，它是与继电器电路类似的一种语言。由于电气设计人员对继电器 - 接触器控制系统较为熟悉，因此梯形图语言得到了广泛的应用。

梯形图语言的特点是：与电气原理图对应，具有直观性和对应性；与原有继电器 - 接触器控制系统一致，电气设计人员易于掌握。

（2）功能块图语言　功能块图语言是与数字逻辑电路类似的一种 PLC 编程语言，采用基于电路系统的表示法。程序以一个或多个程序段表示。程序段包含一个或多个逻辑运算路径。二进制信号扫描用函数框连接。逻辑表示法以布尔代数中使用的图形逻辑符号为基础。

功能块图语言的特点是：以功能模块为单位，分析理解控制方案简单容易；功能模块以图形的形式表达功能，直观性强，具有数字逻辑电路基础的设计人员容易掌握；对规模大、控制逻辑关系复杂的控制系统，由于功能块图语言能够清楚表达功能关系，使编程调试时间大大减少。

（3）指令表语言　指令表语言是与汇编语言类似的一种助记符编程语言，和汇编语言一样由操作码和操作数组成，适合采用手执编程器对用户程序进行编制。它与梯形图语言一一对应，在编程软件下可以相互转换。

指令表语言的特点是：容易记忆，便于掌握，在手执编程器的键盘上采用助记符表示，可在无计算机的场合下进行编程设计。西门子称其为语句表（Statement List，STL）语言。

（4）顺序功能图语言　顺序功能图语言是为了满足顺序逻辑控制而设计的 PLC 编程语言。它将顺序流程动作的过程分成步和转换条件，根据转换条件对控制系统的功能流程顺序进行分配，一步一步地按照顺序动作。每一步代表一个控制功能任务，用方框表示。

顺序功能图语言的特点是：以功能为主线，按照功能流程的顺序分配，条理清楚，便于理解；使用顺控程序，可以更为快速便捷和直观地对顺序进行编程。首先将过程分解为多个步，每个步都有明确的功能范围，然后再将这些步组织到顺控程序中。在各个步中定义待执行的动作以及步之间的转换条件，这些转换条件包括切换到下一步的条件。它对应于西门子的 S7-GRAPH 编程语言。

（5）结构化文本语言　结构化文本语言是用结构化的描述文本来描述程序的一种编程语言。它是类似于高级语言的一种编程语言，主要用于编制其他编程语言较难实现的用户程序。

结构化文本语言的特点是：可以完成较复杂的逻辑运算，对工程设计人员要求较高，程序直观性和操作性较差，西门子的结构化文本语言称为结构化控制语言（Structured Control Language，SCL）。

练习与提高

1. PLC 的硬件主要有哪些？
2. PLC 的工作原理和工作方式是什么？
3. PLC 通过周期扫描工作方式来完成控制，每个周期包括哪几个阶段？

任务1.2 认识S7-1200 PLC及其相关部件

学习目标

1. 知识目标

1）了解S7-1200 PLC的产生、发展及应用。

2）了解S7-1200 PLC结构及各模块性能。

3）理解PLC的工作原理。

4）掌握PLC控制和继电器控制的不同点以及应用场合。

2. 技能目标

1）会根据系统需要选择合适的PLC，能正确设计控制系统外围电路，正确配置I/O节点。

2）会正确安装与拆卸S7-1200 PLC。

3）会根据具体控制要求安装一个S7-1200 PLC系统。

4）能根据具体控制要求完成S7-1200 PLC系统接线。

3. 素质目标

1）通过学习PLC的发展历史，培养信息查询、资料收集整理的能力。

2）通过了解工业机器人的国内外厂家，培养学生的责任担当精神，加深国际理解，增强国家认同。

3）通过对PLC硬件结构的拆装，让学生了解到职业规范，潜移默化地培养学生的岗位责任意识，以及执着专注的职业规范。

任务描述

S7-1200 PLC是西门子公司推出的一款PLC，主要面向简单而高精度的自动化任务。S7-1200 PLC设计紧凑、组态灵活且具有功能强大的指令集，这些特点使它成为控制各种应用的解决方案。本任务从S7-1200 PLC的硬件结构入手，分析S7-1200 PLC的原理和性能特点，为完成后续各项任务打下基础。

知识准备

知识点1 S7-1200 PLC概述

1. S7-1200 PLC的产品定位

S7-1200 PLC是西门子公司的新一代小型PLC，它将微处理器、集成电源、输入和输出电路组合到一个设计紧凑的外壳中以形成功能强大的PLC，它具有集成的PROFINET接口、强大的集成工艺功能（高速输入和高速输出）和灵活的扩展性，为各种小型设备提供简单的通信和有效的解决方案。

S7-1200 PLC定位在原有的S7-200 SMART PLC和S7-300 PLC产品之间。S7-1200 PLC涵盖了S7-200 SMART PLC的原有功能并且新增了许多功能，可以满足更广泛领域的应用。

2. S7-1200 PLC 的主要特点

（1）高度集成的工程组态系统　S7-1200 PLC 系统采用 TIA Portal 工程组态软件进行组态和编程，TIA Portal 又称为“博途”，寓意全集成自动化的入口，是西门子重新定义自动化的概念、平台以及标准的自动化工具平台，在这个平台上不同功能的软件包可以同时运行。它将编程软件、可视化的组态软件、运动控制软件集成到一起，可以满足用户在不同自动化控制系统中的各种需求。可以在同一个工程组态软件中组态 S7-1200 PLC 和精简系列面板，统一编程、统一配置硬件和网络，统一管理项目数据以及对已组态系统测试、试运行和维护等，并且所有项目数据均存储在一个公共的项目文件中，修改后的应用程序数据会在整个项目内自动更新。

TIA Portal 软件最基本的应用是利用 S7-1200 PLC 通过用户程序来控制机器，并使用人机界面（Human Machine Interface，HMI）设备操作和监视工程，其典型应用如图 1-9 所示。

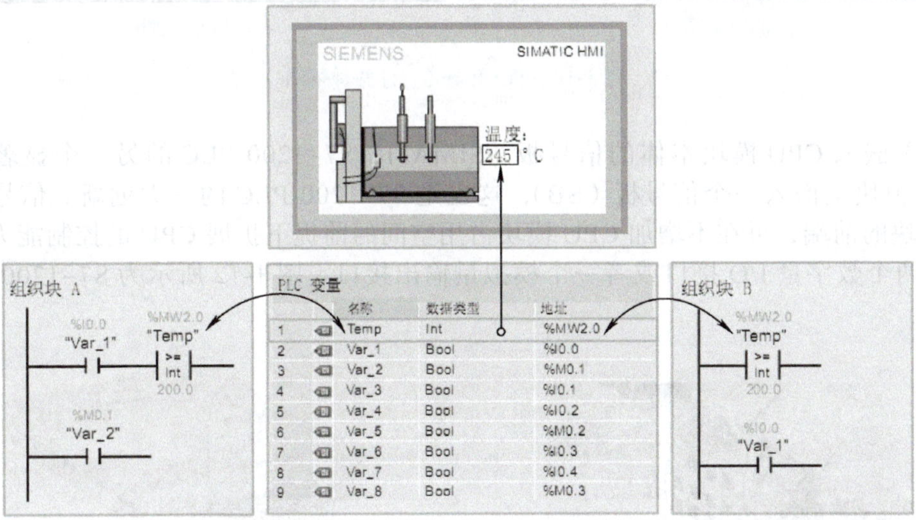

图 1-9　TIA Portal 软件典型应用

（2）集成化用户环境　TIA Portal 通过两种不同的视图（见图 1-10）营造了友好的集成化用户环境。Portal 视图是面向任务的工具箱视图。项目视图是由项目中所有组件组成面向对象的结构化视图，其中包含了各种编辑器，可以用来创建和编辑相应的项目组件。操作时，可以随时单击用户界面左下角的链接切换 Portal 视图和项目视图。保存项目时，无论打开了哪个视图和编辑器，始终会保存整个项目，这样可以快速高效地完成工程组态任务。

（3）集成可视化控制　S7-1200 PLC 通过 PROFINET 接口与 SIMATIC HMI 精简系列面板无缝集成，两者通过集成的 PROFINET 接口进行物理连接，两者间的通信连接可以集中定义。在同一个项目中组态和编程，HMI 可以直接使用 S7-1200 PLC 的变量。变量的交叉引用确保了项目各个部分及各种设备中变量的一致性，可以统一在 PLC 变量表中查看或更新。

（4）集成 PROFINET 接口　S7-1200 PLC 的一个显著特点是在 CPU 模块上集成了一个工业以太网 PROFINET 接口，如图 1-11 所示，该接口带一个具有自动交叉网线功能的 RJ45 连接器，提供 10/100Mbit/s 的数据传输速率。S7-1200 PLC 的编程过程、调试过程、PLC 和人机界面的操作、运行及与第三方设备的通信均可采用工业以太网进行。

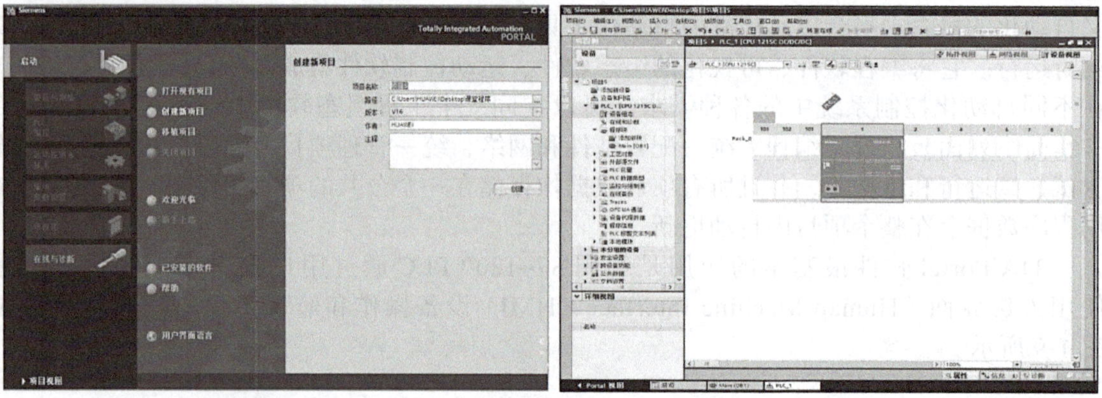

a) Portal视图　　　　b) 项目视图

图 1-10　TIA Portal 软件两种视图

（5）嵌入 CPU 模块本体的信号板　SIMATIC S7-1200 PLC 的另一个显著特点是在 CPU 模块上嵌入一个信号板（SB），这也是 S7-1200 PLC 的一大创新。信号板嵌入 CPU 模块的前端，可在不增加 CPU 模块占用空间的前提下扩展 CPU 的控制能力。信号板具有两个数字量 I/O 接口或者一个模拟量输出接口。图 1-12 所示为 S7-1200 PLC 的信号板。

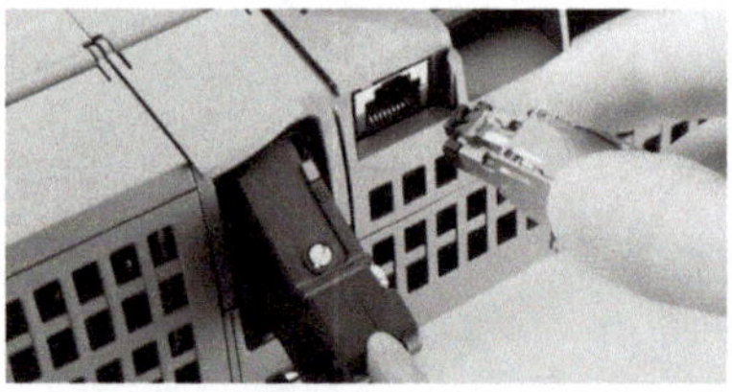

图 1-11　S7-1200 PLC 集成 PROFINET 接口

图 1-12　S7-1200 PLC 信号板

（6）存储器　S7-1200 PLC CPU 内置 50KB 工作存储器、1 ～ 2MB 装载存储器和 2KB 保持性存储器，用户程序和用户数据的存储空间可变。

（7）高速输入 / 输出　S7-1200 PLC 集成了 6 个高速计数器（HSC）（3 个 100kHz 和 3 个 30kHz，本体最大支持 100kHz，信号板最大支持 200kHz），可用于精确监视增量编码器、频率计数或对过程事件进行高速计数和测量。S7-1200 PLC 还集成了 4 个 100kHz 的高速脉冲输出，用于步进电动机或伺服驱动器的速度和位置控制。

（8）PID 功能　S7-1200 PLC 提供了 3 种带自动调节功能的 PID 控制回路，用于简单的闭环过程控制。

（9）库功能　通过库功能可以在同一个项目和其他已有项目中调用或移植使用项目的组成部分，如硬件配置、变量及程序等。设备和定义的功能可以重复使用，可以将已有项目移植到库中，以便重复使用。

知识点 2　S7-1200 PLC 的硬件

S7-1200 PLC 主要由 CPU 模块、通信模块（CM）、信号模块（SM）和信号板（SB）及各种附件组成。通过 S7-1200 PLC 集成的 PROFINET 接口可直接与编程器 PG、精简系列面板或其他第三方设备相连，还可使用 RS485 或 RS232 通信模块进行点对点通信。S7-1200 PLC 系统的硬件结构如图 1-13 所示。

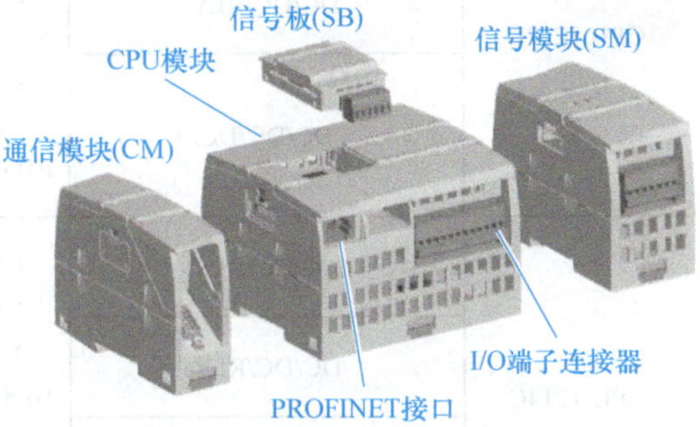

图 1-13　S7-1200 PLC 系统的硬件结构

1. CPU 模块

CPU 将微处理器、集成电源、输入和输出电路、内置 PROFINET 接口、高速运动控制 I/O 以及板载模拟量输入组合到一个设计紧凑的外壳中来形成功能强大的控制器，其结构图如图 1-14 所示。用户程序下载后，CPU 将包含监控应用中的设备所需的逻辑。CPU 根据用户程序逻辑监视输入并更改输出，用户程序可以包含布尔逻辑、计数、定时、复杂数学运算以及与其他智能设备的通信。

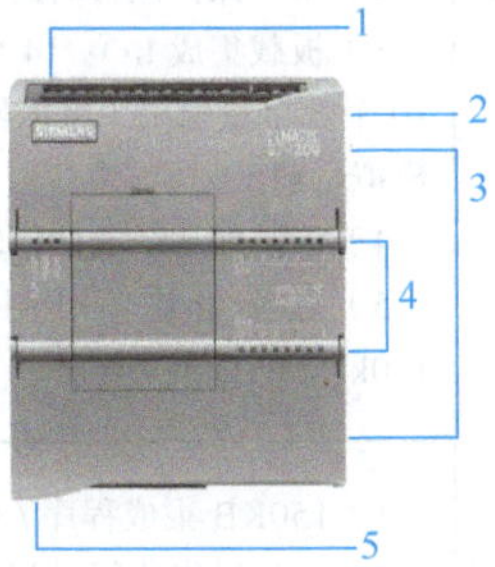

图 1-14　CPU 模块结构图

1—电源接口　2—存储卡插槽（上部保护盖下面）　3—可拆卸用户接线连接器（保护盖下面）
4—板载 I/O 的状态 LED　5—PROFINET 连接器（CPU 的底部）

（1）CPU 型号　S7-1200 PLC 目前有 5 款 CPU：CPU 1211C、CPU 1212C、CPU 1214C、CPU 1215C、CPU 1217C。根据电源信号和输入 / 输出信号的类型，除了 CPU 1217C 只有 DC/DC/DC 类型以外，其余 4 款 CPU 各有 3 种型号。5 款 CPU 本机自带数字量、模拟量输入和输出点数有所差异。S7-1200 PLC 的 CPU 模块基本情况见表 1-1。

表 1-1　S7-1200 PLC 的 CPU 模块基本情况

CPU 型号	电源和 I/O 信号类型	基本情况
CPU 1211C	AC/DC/RLY DC/DC/RLY DC/DC/DC	1）50KB 集成程序 / 数据存储器、1MB 装载存储器 2）布尔操作执行时间：0.08μs 3）板载集成 I/O：6 个数字量输入［漏型 / 源型（IEC 类型 1 漏型）］、4 个数字量输出（继电器、干触点或 MOSFET）、2 个模拟量输入 4）可扩展 3 个通信模块和 1 个信号板 5）数字量输入可用于 100kHz HSC，DC 24V 数字量输出可用于 100kHz PTO 或 PWM

（续）

CPU 型号	电源和 I/O 信号类型	基本情况
CPU 1212C	AC/DC/RLY DC/DC/RLY DC/DC/DC	1）75KB 集成程序 / 数据存储器、1MB 装载存储器 2）布尔操作执行时间：0.08μs 3）板载集成 I/O：8 个数字量输入［漏型 / 源型（IEC 类型 1 漏型）］、6 个数字量输出（继电器、干触点或 MOSFET）、2 个模拟量输入 4）可扩展 3 个通信模块、2 个信号模块和 1 个信号板 5）数字量输入可用于 100kHz HSC，DC 24V 数字量输出可用于 100kHz PTO 或 PWM
CPU 1214C	AC/DC/RLY DC/DC/RLY DC/DC/DC	1）100KB 集成程序 / 数据存储器、4MB 装载存储器 2）布尔操作执行时间：0.08μs 3）板载集成 I/O：14 个数字量输入［漏型 / 源型（IEC 类型 1 漏型）］、10 个数字量输出（继电器、干触点或 MOSFET）、2 个模拟量输入 4）可扩展 3 个通信模块、8 个信号模块和 1 个信号板 5）数字量输入可用于 100kHz HSC，DC 24V 数字量输出可用于 100kHz PTO 或 PWM
CPU 1215C	AC/DC/RLY DC/DC/RLY DC/DC/DC	1）125KB 集成程序 / 数据存储器、4MB 装载存储器 2）布尔操作执行时间：0.08μs 3）板载集成 I/O：14 个数字量输入［漏型 / 源型（IEC 类型 1 漏型）］、10 个数字量输出（继电器、干触点或 MOSFET）、2 个模拟量输入、2 个模拟量输出 4）可扩展 3 个通信模块、8 个信号模块和 1 个信号板 5）数字量输入可用于 100kHz HSC，DC 24V 数字量输出可用于 100kHz PTO 或 PWM
CPU 1217C	DC/DC/DC	1）150KB 集成程序 / 数据存储器、4MB 装载存储器 2）布尔操作执行时间：0.08μs 3）板载集成 I/O：14 个数字量输入［漏型 / 源型（IEC 类型 1 漏型）］、10 个数字量输出（继电器、干触点或 MOSFET）、2 个模拟量输入、2 个模拟量输出 4）可扩展 3 个通信模块、8 个信号模块和 1 个信号板 5）数字量输入可用于 100kHz HSC，DC 24V 数字量输出可用于 100kHz PTO 或 PWM

（2）S7-1200 PLC 的 CPU 接线　以 CPU 1215C 为例，S7-1200 PLC 的 CPU 的接线图如图 1-15 ～图 1-17 所示。

2. 通信模块

S7-1200 PLC CPU 最多可以添加 3 个通信模块，且只能在 CPU 左侧添加。通信模块的结构示意图如图 1-18 所示，各通信模块的通信方式和基本情况见表 1-2。S7-1200 PLC 支持 PROFIBUS 主从站通信，RS485 和 RS232 通信模块为点对点的串行通信提供连接及 I/O 连接主站。对该通信模块的组态和编程采用了扩展指令或库功能、通用串行（Universal Serial，USS）驱动协议、Modbus RTU 主站和从站协议，它们都包含在 TIA Portal 工程组态系统中。

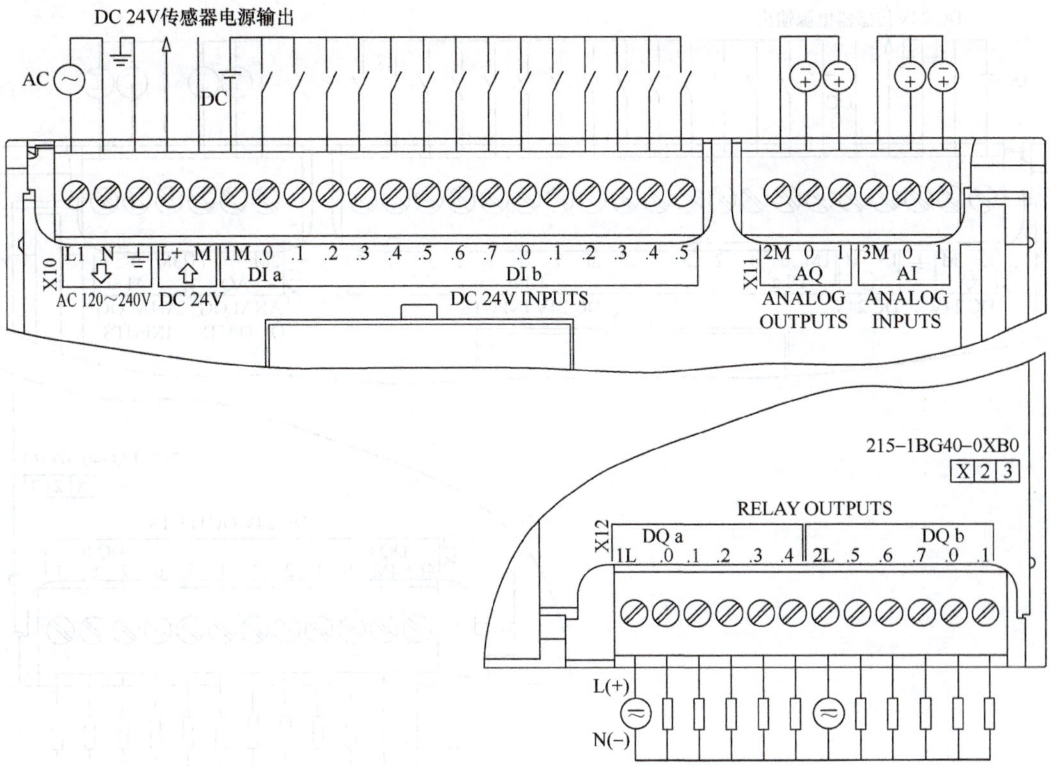

图 1-15　CPU 1215C AC/DC/RLY 接线图

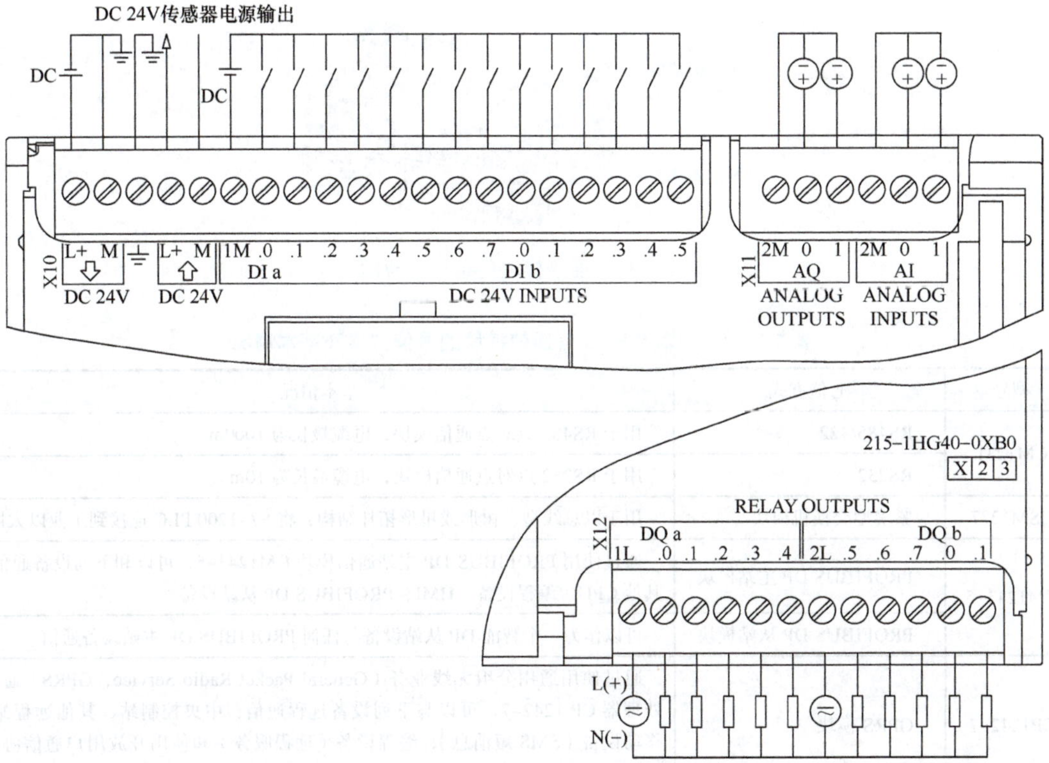

图 1-16　CPU 1215C DC/DC/RLY 接线图

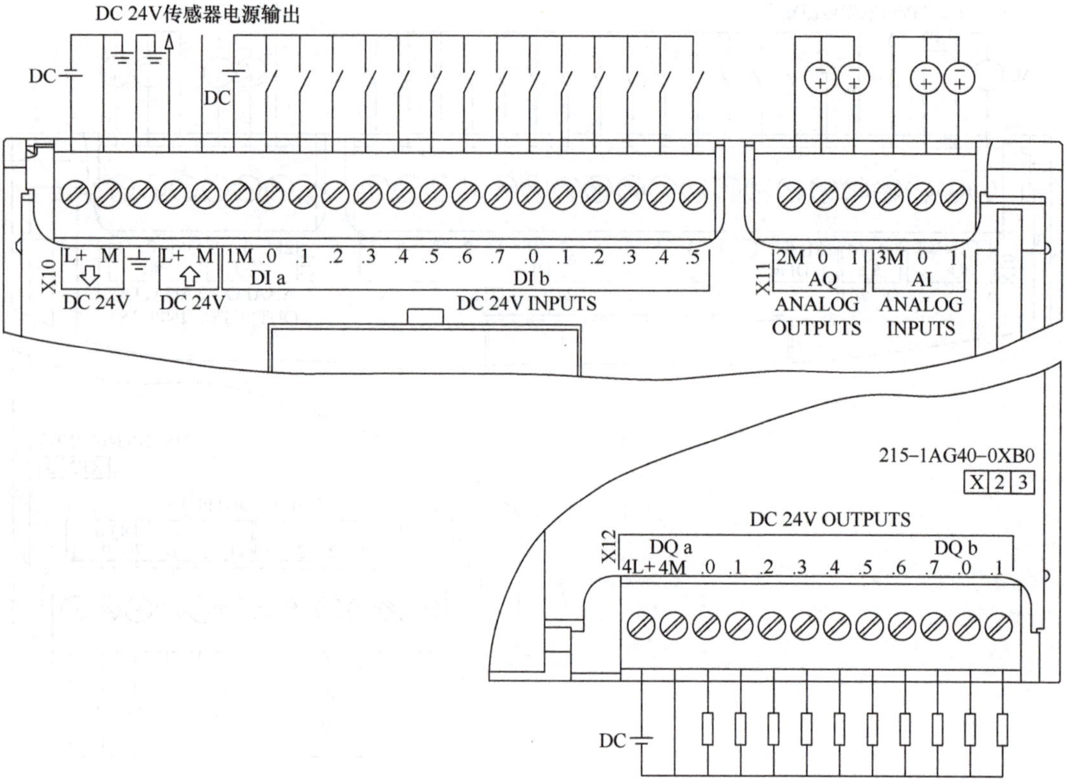

图 1-17 CPU 1215C DC/DC/DC 接线图

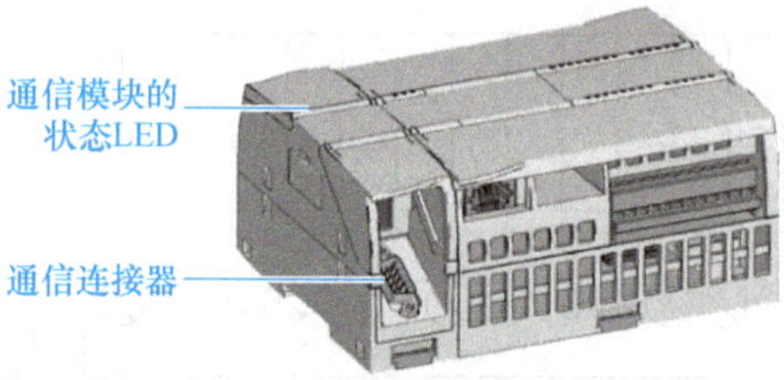

图 1-18 通信模块的结构示意图

表 1-2 S7-1200 PLC 各通信模块的通信方式和基本情况

型号	通信方式	基本情况
CM1241	RS485/422	用于 RS485 点对点通信模块，电缆最长为 1000m
	RS232	用于 RS232 点对点通信模块，电缆最长为 10m
CSM1277	紧凑型交换机模块	用于以总线型、树形或星形拓扑结构，将 S7-1200 PLC 连接到工业以太网
CM1243-5	PROFIBUS DP 主站模块	通过使用 PROFIBUS DP 主站通信模块 CM1243-5，可以和下列设备通信：其他 CPU、编程设备、HMI、PROFIBUS DP 从站设备
	PROFIBUS DP 从站模块	可以作为一个智能 DP 从站设备与任何 PROFIBUS DP 主站设备通信
CP1242-7	GPRS 模块	通过使用通用分组无线业务（General Packet Radio Service，GPRS）通信处理器 CP 1242-7，可以与下列设备远程通信：中央控制站、其他远程站、移动设备（SMS 短消息）、编程设备（远程服务）和使用开放用户通信协议（UDP）的其他通信设备

3. 信号模块和信号板

信号模块（SM）和信号板（SB）也称 I/O 模块，是 CPU 模块与信号相连的接口，如图 1-19 所示，可根据现场生产过程检测信号选择各种用途的 I/O 模块。

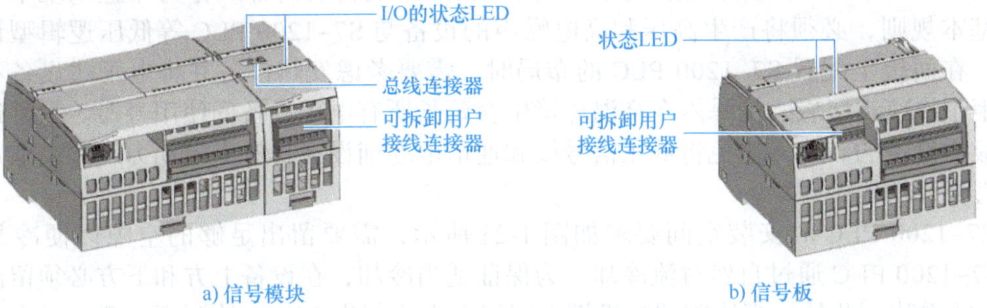

图 1-19　信号模块和信号板

根据具体需要选用带有 8 个、16 个和 32 个 I/O 通道的信号模块。模块安装在 DIN 标准导轨上，通过总线连接器与相邻的 CPU 和其他模块连接。如果只需少数 I/O，可以使用信号板。通过信号板可以对 S7-1200 PLC 进行扩展，而不增加安装空间。需要时，信号模块安装在 CPU 模块的右侧，使信号模块的总线连接器伸到 CPU 中，即为信号模块建立了机械和电气连接。

知识点 3　S7-1200 PLC 的安装与拆卸

S7-1200 PLC 的 CPU 可以很方便地安装到标准 DIN 导轨或面板上，S7-1200 PLC 两种不同的安装形式如图 1-20 所示。可使用 DIN 导轨卡夹将设备固定到 DIN 导轨上，也可将卡夹掰到伸出位置，用螺钉将设备安装到设备面板上。

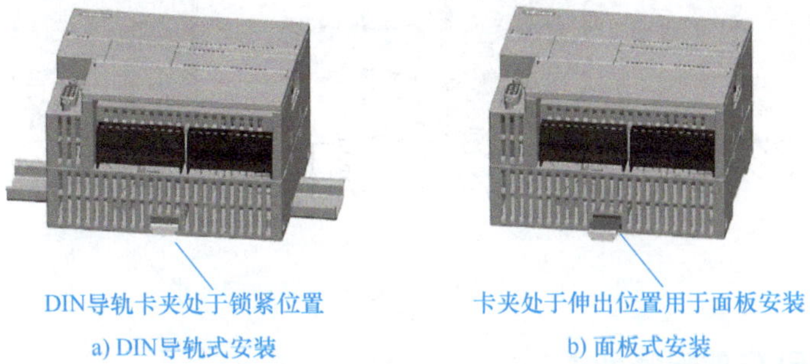

图 1-20　S7-1200 PLC 两种不同的安装形式

在安装或拆卸任何电气设备之前，须确保已关闭相应设备的电源。同时，还要确保已关闭所有相关设备的电源。

1. S7-1200 PLC 安装准则

可以将 S7-1200 PLC 安装在面板或标准导轨上，并且可以水平或垂直安装。S7-1200 PLC 尺寸较小，用户可以有效地利用空间。必须将 S7-1200 PLC 安装在外壳、控制柜或电控室内。安装时应为 S7-1200 PLC 提供干燥的环境。可以考虑使用安全特低电压（SELV）/ 保护特低电压（PELV）电路在干燥位置处提供电击防护。

安装时应按照适用的电气和建筑规范，为特定位置和类别的开放式设备提供经过批准的机械和环境防护。如果将 PLC 放在可能存在导电性污染的区域，必须采用具有适当保护等级（IP54）的外壳对 PLC 实施保护。

将 S7-1200 PLC 与热辐射、高压和高电噪声的设备隔离开。作为布置系统中各种设备的基本规则，必须将产生高压和高电噪声的设备与 S7-1200 PLC 等低压逻辑型设备隔离开。在面板上配置 S7-1200 PLC 的布局时，需要考虑发热设备并将电子式设备布置在控制柜中较凉爽区域，少暴露在高温环境中会延长所有电子设备的使用寿命。另外还要考虑面板中设备的布线，避免将低压信号线和通信电缆铺设在具有交流动力线和高能量快速开关直流线的槽中。

S7-1200 PLC 的安装空间要求如图 1-21 所示，需要留出足够的空隙以便冷却和接线。S7-1200 PLC 通过自然对流冷却。为保证适当冷却，在设备上方和下方必须留出至少 25mm 的空隙。此外，模块前端与机柜内壁间至少应留出 25mm 的深度，还应留出足够的空隙以方便接线和通信电缆连接。

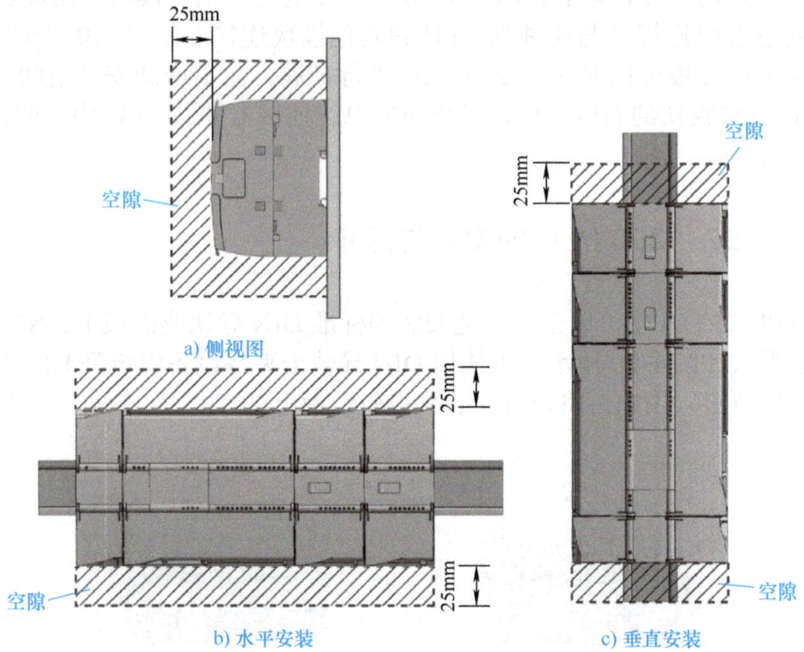

图 1-21 S7-1200 PLC 的安装空间要求

2. S7-1200 PLC 的安装尺寸

S7-1200 PLC 每个 CPU、SM、CM 和 CP 都支持安装在 DIN 导轨或面板上。使用模块上的 DIN 导轨卡夹将设备固定到导轨上。还可以将卡夹掰出，利用螺钉将设备直接安装到面板上。设备上 DIN 卡夹的安装孔内部尺寸是 4.3mm。为便于空气流通和散热，还必须在设备的上方和下方留出至少 25mm 的空间。

3. 安装和拆卸 CPU

（1）安装 CPU 安装 CPU 的具体操作步骤如下：

1）安装 DIN 导轨。每隔 75mm 将导轨固定到安装板上。

2）确保 CPU 和所有 S7-1200 PLC 设备都与电源断开。

3）把 CPU 顶部挂到导轨的上端。

4）旋转 CPU 到导轨的合适位置。

5）拉出 CPU 下方的 DIN 导轨卡夹，以便能将 CPU 安装到导轨上。

6）推入卡夹将 CPU 锁定到导轨上。

（2）拆卸 CPU　拆卸 CPU 的具体操作步骤如下：

1）拆除 CPU，确保 CPU 上没有连接任何设备或者电源。

2）如果有信号模块连接到 CPU，首先断开总线连接，把螺钉旋具放在信号模块的顶端滑块上，然后往下按并向右滑动，从而完全断开信号模块与 CPU 总线的连接，如图 1-22a 所示。

3）拉出 CPU 上的导轨夹具，使 CPU 到合适位置，即可使 CPU 与其他硬件设备断开，如图 1-22b 所示。

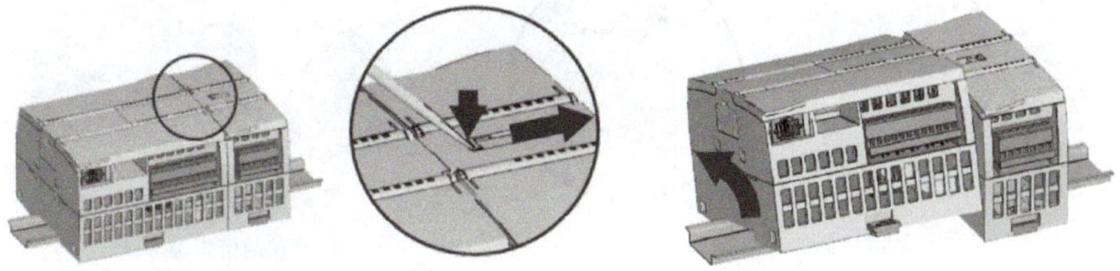

a) 断开总线连接　　b) 拆卸CPU

图 1-22　拆卸 CPU 的步骤

4. 安装和拆卸信号模块

（1）信号模块的安装位置　可以使用信号模块增加 CPU 的功能，信号模块连接在 CPU 的右侧。

（2）安装信号模块　信号模块安装的具体操作步骤如下：

1）螺钉旋具插入 CPU 右侧盖子的槽中，拆掉盖子。

2）使用模块上的卡夹把信号模块固定到导轨上。

3）用螺钉旋具按住信号模块上的总线滑块，并向左滑动连接到 CPU 上。

4）所有信号模块的连接可重复上述步骤，依次连接信号模块。

（3）拆卸信号模块　拆卸信号模块的具体操作步骤如下：

1）使用螺钉旋具往下按住信号模块的总线滑块，向右滑动，断开总线滑块的连接，如图 1-23a 所示。

2）往外拉出信号模块上的卡夹，然后向上转动，即可拆掉信号模块，如图 1-23b 所示。

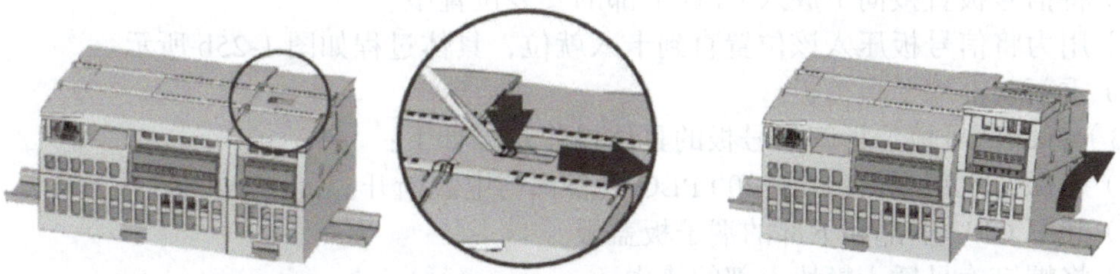

a) 断开总线连接　　b) 拆卸信号模块

图 1-23　拆卸信号模块的步骤

5. 安装和拆卸通信模块

（1）通信模块硬件　S7-1200 PLC 提供了具备 RS485 和 RS232 两种接口的通信模块。每个 S7-1200 PLC CPU 最多可以支持 3 个通信模块，通信模块都必须被安装在 CPU 的左侧（或者通信模块的左侧）。

（2）安装通信模块　安装通信模块的具体操作步骤如下，安装过程如图 1-24 所示。

1）卸下 CPU 左侧的总线盖：将螺钉旋具插入总线盖上方的插槽中，轻轻撬出上方的盖。卸下总线盖，收好盖以备再次使用。

2）将通信模块连接到 CPU 上：使通信模块的总线连接器和接线柱与 CPU 上的孔对齐。用力将两个单元压在一起，直到接线柱卡入到位，使之与 CPU 连接到一起。

3）然后将整个组件作为一个整体安装到 DIN 导轨或面板上。

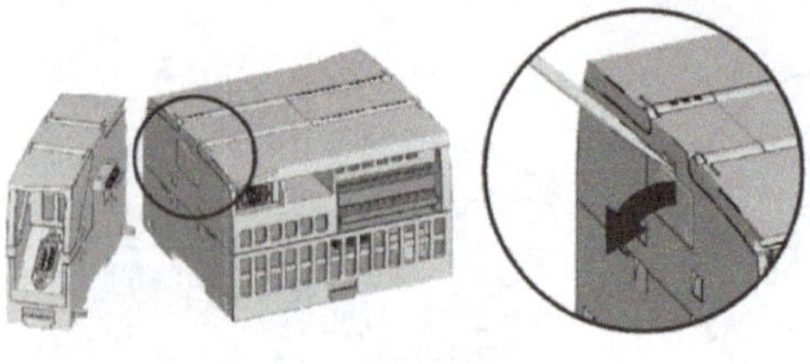
a) 拆卸总线盖子

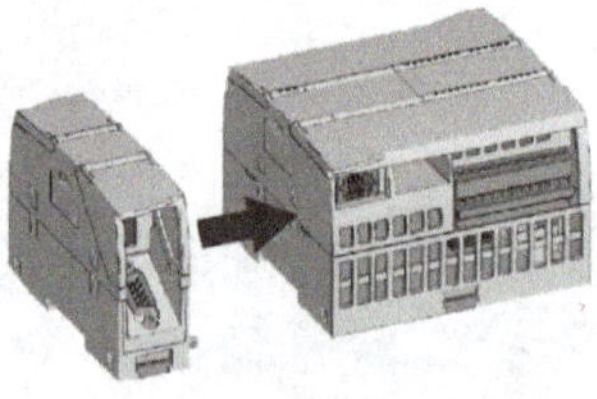
b) 连接通信模块与CPU

图 1-24　安装通信模块的步骤

（3）拆卸通信模块　拆卸通信模块的具体操作步骤如下：

将 CPU 和通信模块作为一个完整单元从 DIN 导轨或面板上卸下。

1）确保 CPU 和所有 S7-1200 PLC 设备都与电源断开。

2）拆除 CPU 和通信模块上的 I/O 连接器和所有接线及电缆。

3）对于 DIN 导轨安装，将 CPU 和通信模块上的下部 DIN 导轨卡夹掰到伸出位置。

4）从 DIN 导轨或面板上卸下 CPU 和通信模块。

6. 安装和拆卸信号板

（1）信号板的硬件　S7-1200 PLC CPU 本体上可以安装模拟量信号板（1 个模拟量输出点）或者数字量信号板（2 个直流输入点和 2 个直流输出点）。

（2）安装信号板　具体步骤如下：

1）确保 CPU 和所有 S7-1200 PLC 设备都与电源断开。

2）卸下 CPU 上部和下部的端子板盖板。

3）将螺钉旋具插入 CPU 上部接线盒盖背面的槽中。

4）轻轻将盖板撬起并从 CPU 上卸下，动作示意图如图 1-25a 所示。

5）将信号板直接向下放入 CPU 上部的安装位置中。

6）用力将信号板压入该位置直到卡入就位，具体过程如图 1-25b 所示。

7）重新装上端子板盖板。

（3）拆卸信号板　拆卸信号板的具体操作步骤如下：

1）确保 CPU 和所有 S7-1200 PLC 设备都与电源断开。

2）卸下 CPU 上部和下部的端子板盖板。

3）将螺钉旋具插入模块上部的槽中。

4）轻轻将信号板撬起使其与 CPU 分离，将信号板直接从 CPU 上部的安装位置中取出。

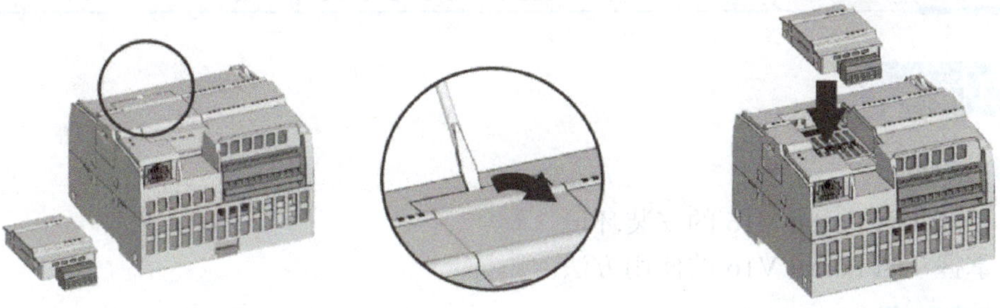

a) 拆卸信号板位置的空盖　　b) 安装信号板

图 1-25　安装信号板的步骤

5）将盖板重新安装到 CPU 上。

6）重新装上端子板盖板。

7. 安装和拆卸端子板

（1）安装端子板　安装端子板的具体操作步骤如下：

1）打开模块的盖板，动作过程如图 1-26a 所示。

2）准备好相应的模块端子板。

3）将端子板的接口与模块上的连接头相连，动作示意图如图 1-26b 所示。

4）用手压紧端子板。

5）重新装上端子板盖板。

（2）拆卸端子板　拆卸端子板的具体步骤如下：

1）打开模块的盖板。

2）把螺钉旋具插到端子与模块的插槽中。

3）把螺钉旋具向外轻轻撬动，如图 1-27a 所示。

4）使端子板与模块分离，如图 1-27b 所示。

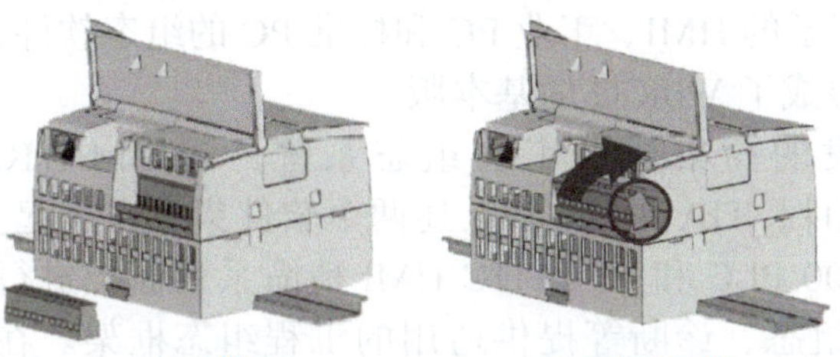

a) 打开盖板　　b) 安装端子板

图 1-26　安装端子板步骤

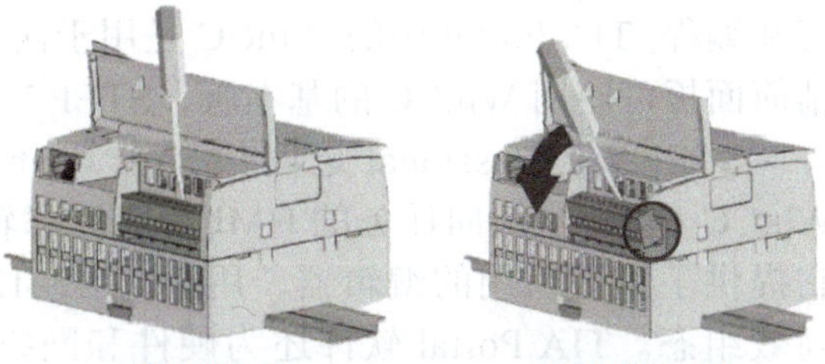

a) 撬动端子板　　b) 分离端子板

图 1-27　拆卸端子板步骤

练习与提高

1. 简述 S7-1200 PLC 安装信号模块的步骤。

2. 简述 S7-1200 PLC 安装 CPU 的步骤。

3. 画出 S7-1200 PLC 的 CPU 1214C DC/DC/DC 的接线图。

任务 1.3 TIA Portal V16 的安装与使用

学习目标

1. 知识目标

1）了解 TIA Portal V16 的安装环境。

2）掌握 TIA Portal V16 的使用方法。

2. 技能目标

1）掌握 TIA Portal V16 的安装步骤及方法。

2）掌握 S7-1200 PLC 项目的创建步骤和方法。

3）掌握硬件组态和参数设置。

3. 素质目标

通过安装使用编程软件，让学生养成一丝不苟、严谨务实的工作态度。

任务描述

TIA Portal 是西门子自动化的全新工程设计软件平台，它将所有自动化软件工具集成在统一的开发环境中，将所有自动化任务整合在一个工程设计环境下，可对西门子全集成自动化中所涉及的所有自动化和驱动产品进行组态、编程和调试。本任务通过 TIA Portal V16 的安装、项目建立等，使学生初步掌握 TIA Portal V16 的使用方法。

知识准备

S7-1200 PLC 用 TIA Portal 中的 STEP 7 Basic（基本版）或 STEP 7 Professional（专业版）编程。

TIA Portal 中 STEP 7 Professional 可用于 S7-1200/1500、S7-300/400 和 WinCC 的组态和编程。TIA Portal 中的 WinCC 是用于西门子的 HMI、工业 PC 和标准 PC 的组态软件，精简面板可使用 WinCC 的基本版，STEP 7 集成了 WinCC 的基本版。

STEP 7 Professional 是西门子公司开发的高集成度工程组态系统，而 SIMATIC WinCC Basic 是面向任务的 HMI 智能组态软件，TIA Portal 将上述两个软件集成在一起。它提供了直观易用的编辑器，用于对 S7-1200 PLC 和 SIMATIC HMI 精简系列面板进行高效组态。TIA Portal 软件还为硬件和网络组态、诊断等提供通用的工程组态框架。在 TIA Portal 软件中，所有数据都存储在一个项目中。STEP 7 和 WinCC 不再是孤立的程序，它们的数据库是可以共享的。修改后的应用程序数据（如变量）会在整个项目内（甚至跨越多台设备）自动更新。

与传统组态方法相比，TIA Portal 无须花费大量时间集成各个软件包，显著地节省了时间，提高了设计效率。本书采用的版本为 TIA Portal V16 SPI。

在使用 TIA Portal 时，以下功能可为自动化解决方案提供高效支持。

1）使用统一操作概念的集成工程组态。这样可使过程自动化和过程可视化“齐头并进”。

2）通过功能强大的编辑器和通用符号实现一致的集中数据管理。数据一旦创建，所有的编辑器都可使用。更改的内容将自动应用并更新到整个项目中。

3）多种编程语言。可以使用 5 种不同的编程语言来实现自动化控制。

知识点 1　TIA Portal V16 的安装

1. TIA Portal 的安装环境

推荐的计算机硬件配置如下：处理器 Intel® Core ™ i5-6440EQ（最高 3.4GHz）；内存 16GB 或更多（对于大型项目，为 32GB）；硬盘 SSD，配备至少 50GB 的存储空间；15.6 英寸全高清显示器（1920 × 1080 像素或更高）。

在安装过程中自动安装自动化许可证。卸载 TIA Portal 时，自动化许可证也被自动卸载。

2. TIA Portal V16 安装步骤

安装 STEP 7（TIA Portal）V16 需要管理员权限。安装前关闭杀毒软件和防火墙，只要不是系统自带的软件都应退出。打开安装软件文件夹 STEP 7 Professional，双击文件夹中的“Start.exe”应用程序，开始安装软件。

最初出现的视窗是初始化，告知用户初始化可能需要几分钟。在选择安装语言对话框中，选择“简体中文（H)”，单击“下一步（N)”按钮，如图 1-28 所示。出现如图 1-29 所示的解压缩路径页面，选择解压缩路径，由于文件需要解压缩后再安装，所以需要记住解压缩路径，以便安装结束后删除解压缩文件，选择完成后单击“下一步（N)”按钮。

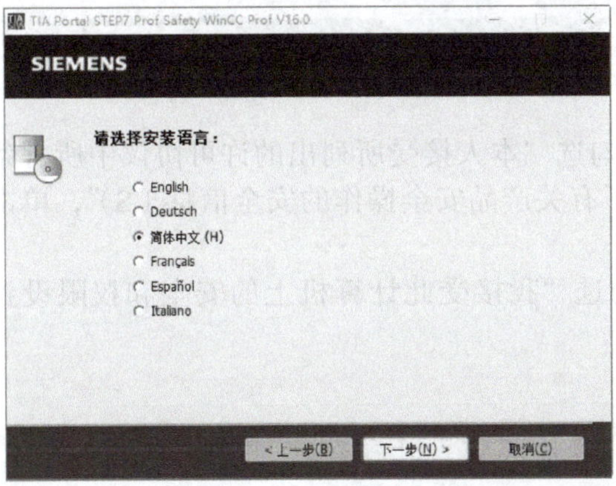

图 1-28　选择安装语言

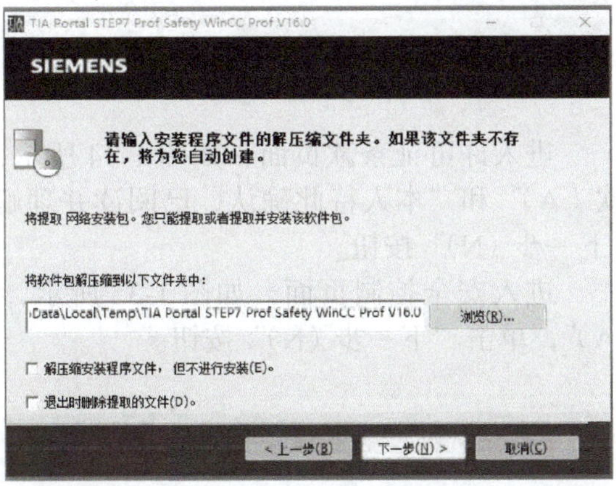

图 1-29　解压缩路径页面

出现如图 1-30 所示的解压缩过程界面，等待解压文件。解压完成后，自动启动安装过程。进入“安装语言”页面，如图 1-31 所示，选择“安装语言：中文（H)”选项，单击“下一步（N)”按钮。

进入“产品语言”页面，如图 1-32 所示，勾选“简体中文（H)”，单击“下一步（N)”按钮。

进入产品配置页面，如图 1-33 所示，选择产品配置为“典型（T)”，单击“浏览（R)”按钮，选择安装的目标目录，完成后单击“下一步（N)”按钮。

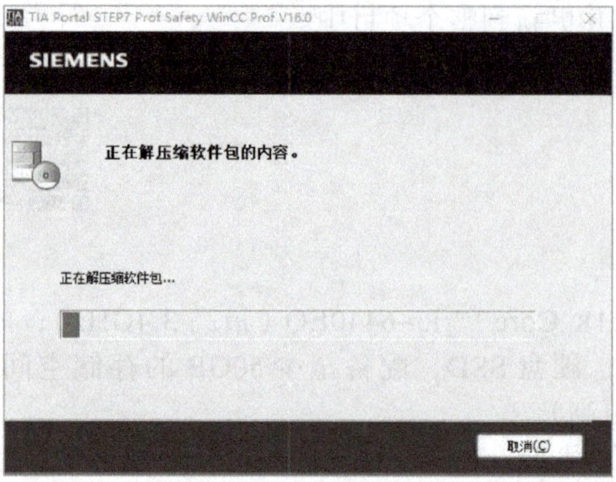

图 1-30　解压缩过程

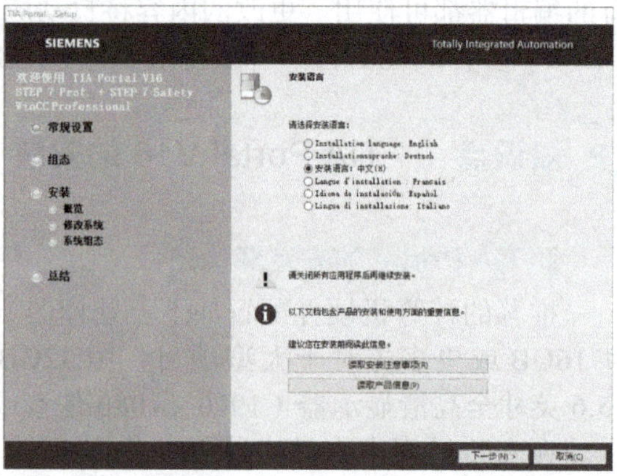

图 1-31　安装语言页面

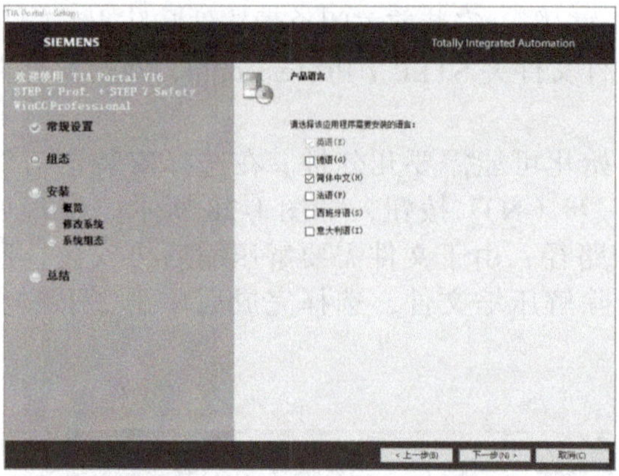

图 1-32　产品语言页面

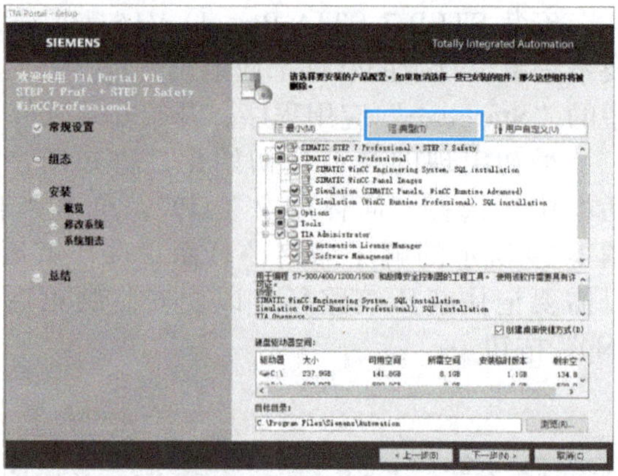

图 1-33　产品配置页面

进入许可证条款页面，如图 1-34 所示，勾选“本人接受所列出的许可协议中所有条款（A）”和“本人特此确认，已阅读并理解了有关产品安全操作的安全信息（S）”，单击“下一步（N）”按钮。

进入安全控制页面，如图 1-35 所示，勾选“我接受此计算机上的安全和权限设置（A）”，单击“下一步（N）”按钮。

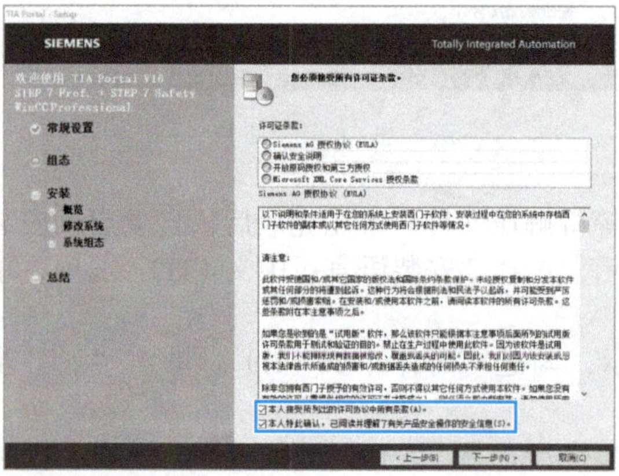

图 1-34　许可证条款页面

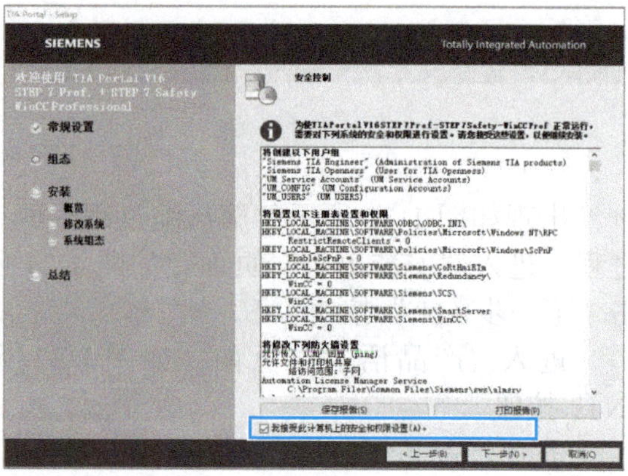

图 1-35　安全控制页面

进入概览页面，如图1-36所示，查看安装的产品配置、产品语言和安装路径，检查无误后，单击“安装（I）”按钮。进入安装等待页面，如图1-37所示。

安装完成后，进入重新启动系统页面，如图1-38所示，选择“是，立即重启计算机（Y）”选项，然后单击“重新启动（R）”按钮。至此，软件安装全部完成。

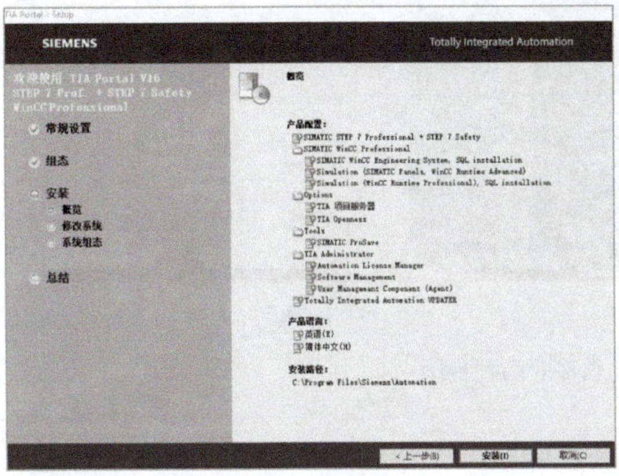

图1-36　概览页面

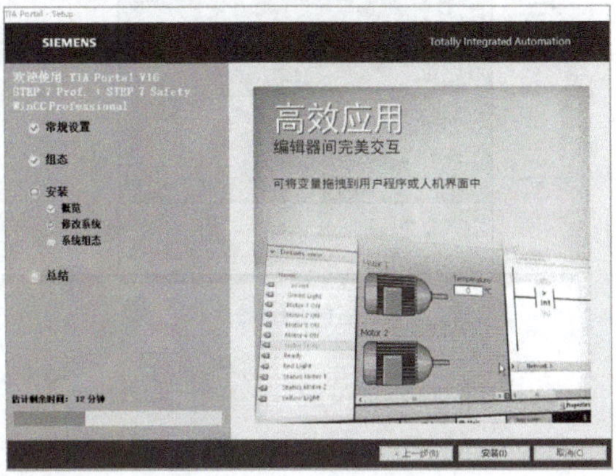

图1-37　安装等待页面

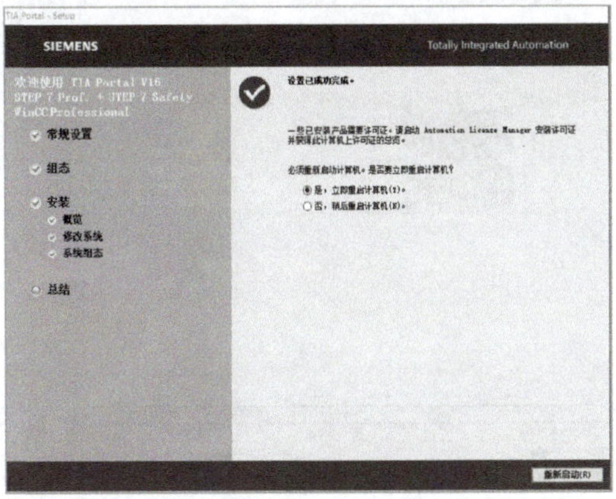

图1-38　重新启动系统页面

知识点2　TIA Portal V16的项目视图

TIA Portal软件提供了两种不同的视图：基于项目的项目视图和基于任务的Portal（门户）视图。项目视图可以访问项目中所有组件，如图1-39a所示。Portal视图包含了启动、设备与网络、PLC编程、运动控制 & 技术、可视化和在线与诊断等项目，如图1-39b所示。通过单击软件左下角的“项目视图 /Portal视图”按钮在项目视图和Portal视图之间切换。本节内容主要讲解TIA Portal软件的项目视图。

1. 项目树

图1-40所示为项目视图，图中标有“1”的区域为项目树（又称项目浏览器），可以用项目树访问所有设备和项目数据，添加新的设备，编辑已有的设备，打开处理项目数据的编辑器。

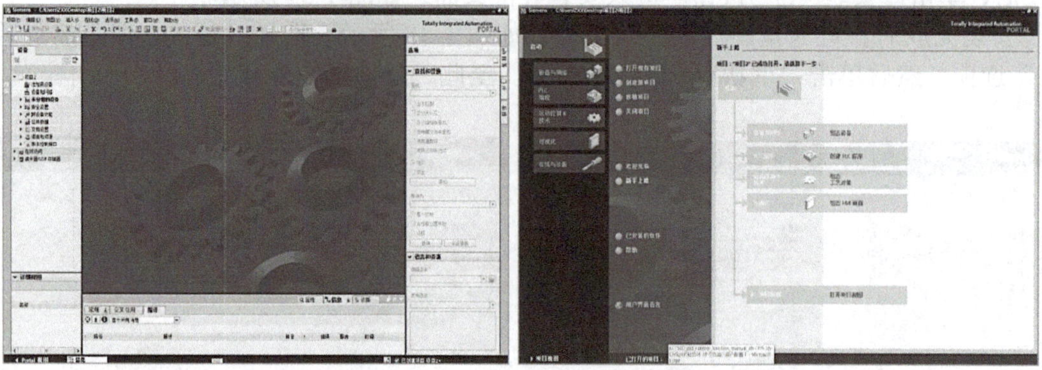

a) 项目视图　　　　b) Portal视图

图 1-39　TIA Portal 软件的两种视图

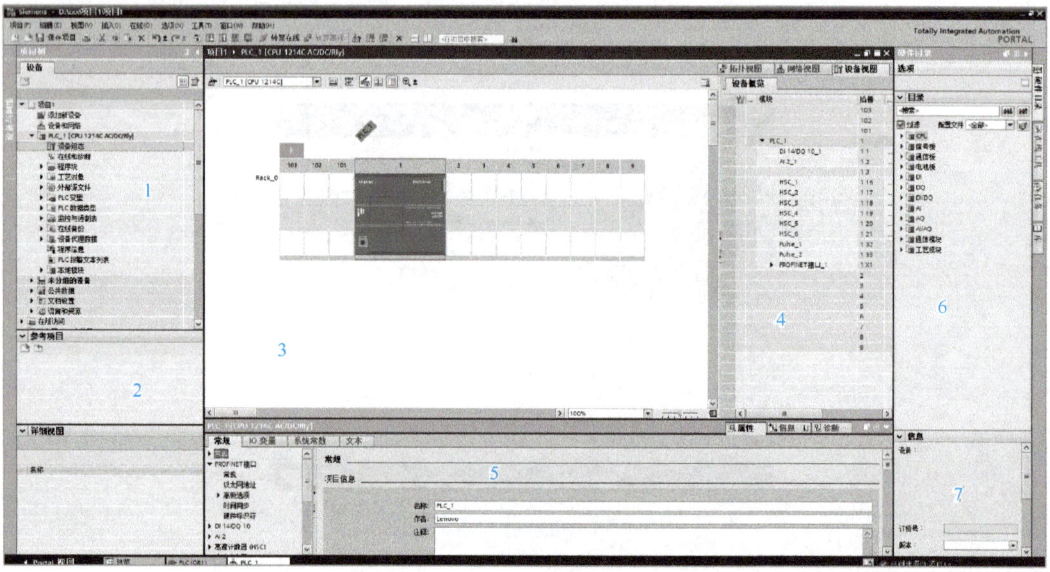

图 1-40　项目视图

单击项目树右上角的“折叠”按钮，项目树和下面的详细视图将被折叠，同时在最左边垂直条的上端出现“展开”按钮，如图 1-41 所示。单击它将展开项目树和详细视图。可以用类似的方法折叠和展开页面右边的任务卡。

2. 详细视图

图 1-40 中标有“2”的区域为详细视图，详细视图用于显示项目树被选中的对象下一级的内容。

单击详细视图左上角的“折叠”按钮，详细视图将被折叠，只剩下详细视图的标题。标题左边出现“展开”按钮，单击该按钮，将展开详细视图，如图 1-42 所示。可以用类似的方法折叠和展开巡视窗口和信息窗口。

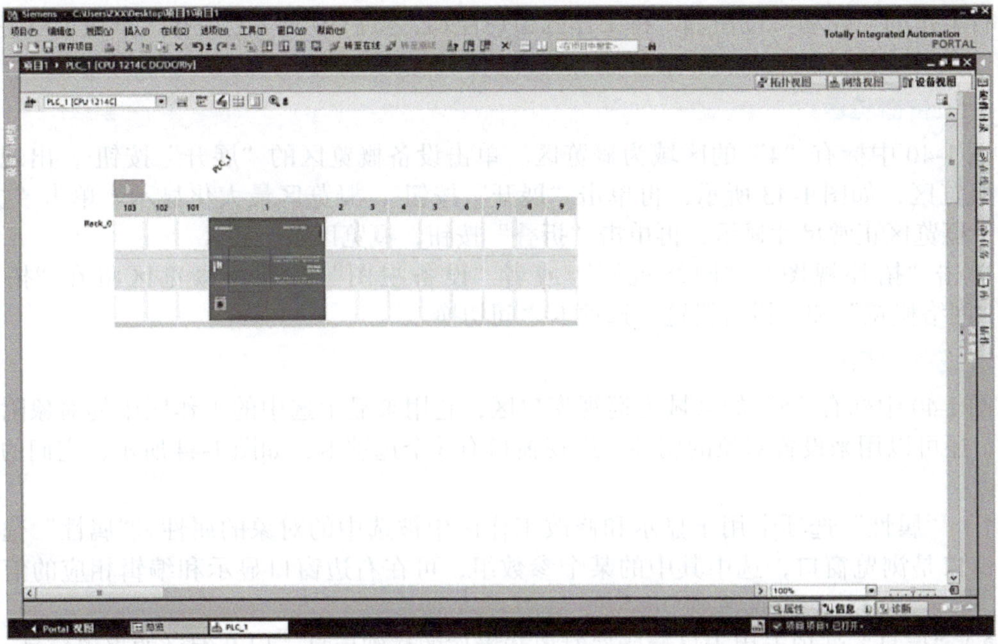

图 1-41 折叠后的设备视图

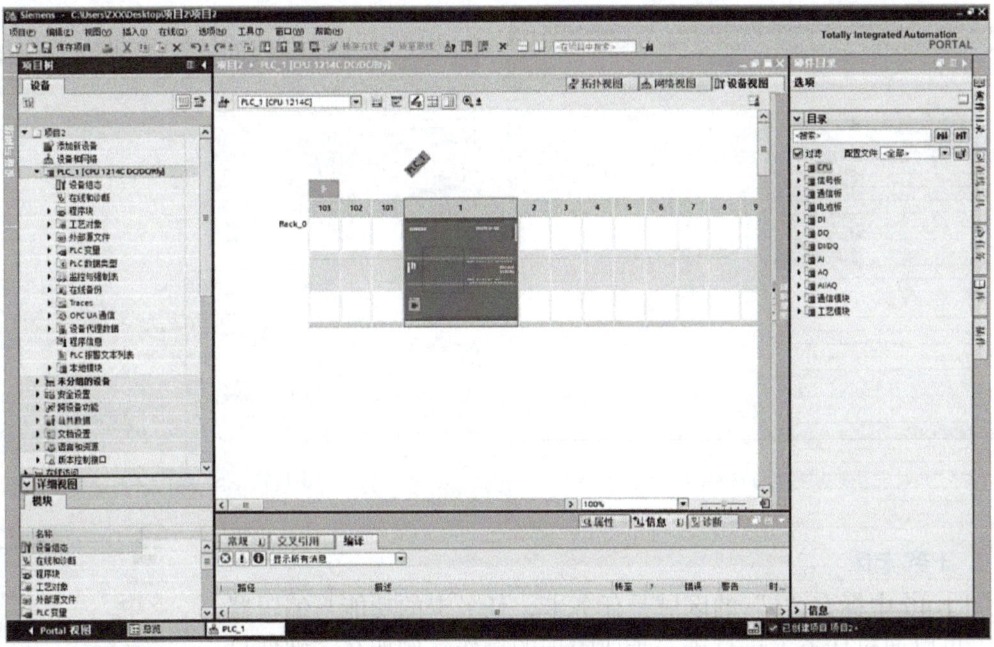

图 1-42 展开后的详细视图

3. 工作区

图 1-40 中标有“3”的区域为工作区。在 TIA Portal 中可以同时打开几个编辑器，但是一般只能在工作区中显示一个当前打开的编辑器。

单击工作区右上角的“最大化”按钮，将工作区最大化，同时将关闭其他所有的窗口。工作区最大化后，单击工作区右上角的“嵌入”按钮，工作区将恢复原状。单击工作区右上角的“浮动”按钮，将工作区窗口浮动，然后单击“全尺寸”按钮可以将工作区窗口全尺寸显示。

4. 设备概览区

图1-40中标有“4”的区域为概览区。单击设备概览区的“展开”按钮，出现被折叠的概览区，如图1-43所示，再单击“展开”按钮，概览区最大化显示。单击“折叠”按钮，概览区正常尺寸显示，再单击“折叠”按钮，概览区被折叠。

单击“拓扑视图”“网络视图”或者“设备视图”按钮，概览区将在“拓扑概览”“网络概览”和“设备概览”选项卡之间切换。

5. 巡视窗口区

图1-40中标有“5”的区域为巡视窗口区，它用来显示选中的工作区中的对象附加的信息，还可以用来设置对象的属性。巡视窗口有3个选项卡，如图1-44所示，它们的功能如下：

1）“属性”选项卡用于显示和修改工作区中被选中的对象的属性。“属性”选项卡左边窗口是浏览窗口，选中其中的某个参数组，可在右边窗口显示和编辑相应的信息或参数。

2）“信息”选项卡用于显示所选对象和操作的详细信息，以及编译的报警信息。

3）“诊断”选项卡用于显示系统诊断事件和组态的报警事件。

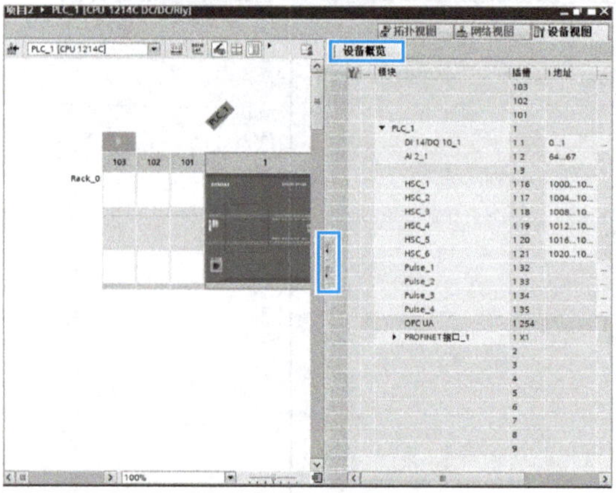

图1-43　设备概览区

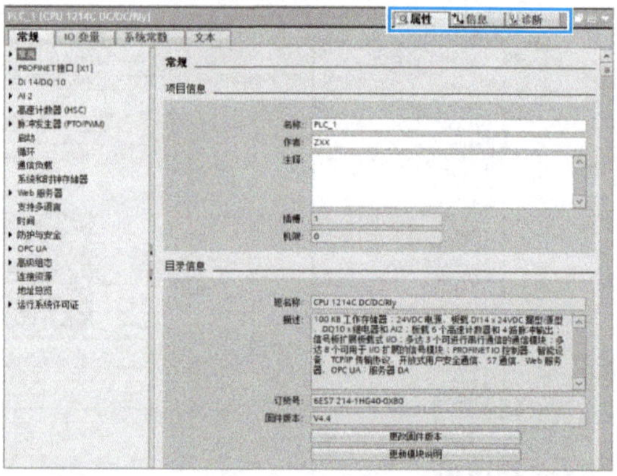

图1-44　巡视窗口区

6. 任务卡区

图1-40中标有“6”的区域是任务卡，任务卡的功能与编辑器有关。可以通过任务卡进行进一步或附加的操作。例如在“硬件目录”任务卡下，选择对象，如图1-45所示，可以搜索替代项目中的对象，将预定义的对象拖放到工作区。

7. 信息区

任务卡下面，图1-40中标有“7”的区域是选中的硬件对象的信息窗口，包括对象的图形、名称、版本号、订货号和简要的描述。

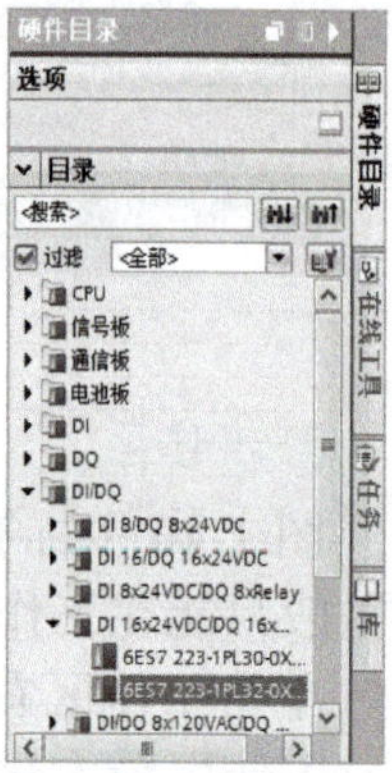

图1-45　硬件目录任务卡

练习与提高

1. 在 TIA Portal 中练习软件的使用。
2. 简述 TIA Portal 的程序设计步骤。
3. TIA Portal 有集中视图，分别具有什么特点?

任务实施

项目要求：使用 S7–1200 PLC 实现机床主轴电动机的控制。机床主轴电动机在机械零件加工时需要连续正向或反向运行。搭建好 PLC 控制的硬件电路，在 TIA Portal 中完成控制程序的编写，最后下载程序到 PLC，实现用 PLC 控制电动机的正反转运行。

一、硬件系统搭建

1. I/O 分配

根据 PLC I/O 点分配原则及本项目控制要求，I/O 分配见表 1-3。在此项目中，将热继电器触点接到 PLC 的输出回路。

表 1-3　I/O 分配表

输入		输出	
输入继电器	元件	输出继电器	元件
I0.0	停止按钮 SB1	Q0.0	正转接触器 KM1
I0.1	正转按钮 SB2	Q0.1	反转接触器 KM2
I0.2	反转按钮 SB3		

2. 硬件原理图

根据控制要求设计硬件原理图，如图 1-46 所示。因电动机正转时不能反转，反转时不能正转，除在程序中要设置互锁外，还须在 PLC 输出电路中设置电气互锁。

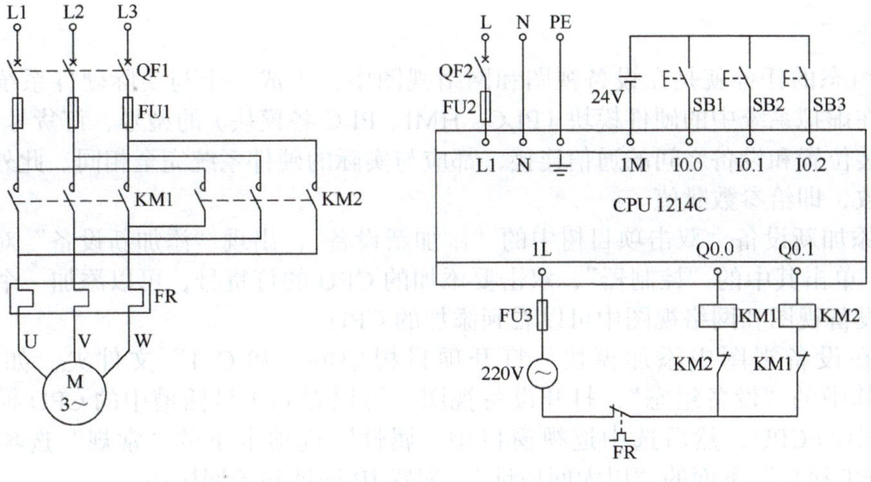

图 1-46　机床主轴电动机 PLC 控制原理图

二、PLC 程序的编写

在 TIA Portal 软件中编写电动机正反转程序并调试。采用 TIA Portal 软件的设计步骤包括创建新项目、设备组态、PLC 编程、编译、下载、运行调试 6 个步骤。

1. 创建新项目

双击桌面上的“TIA Portal V16”图标，启动软件，软件界面包括 Portal 视图和项目视图，两个界面中都可以新建项目。在 Portal 视图中，单击“创建新项目”，并输入项目名称、路径和作者等信息，然后单击“创建”即可生成新项目，如图 1-47 所示。

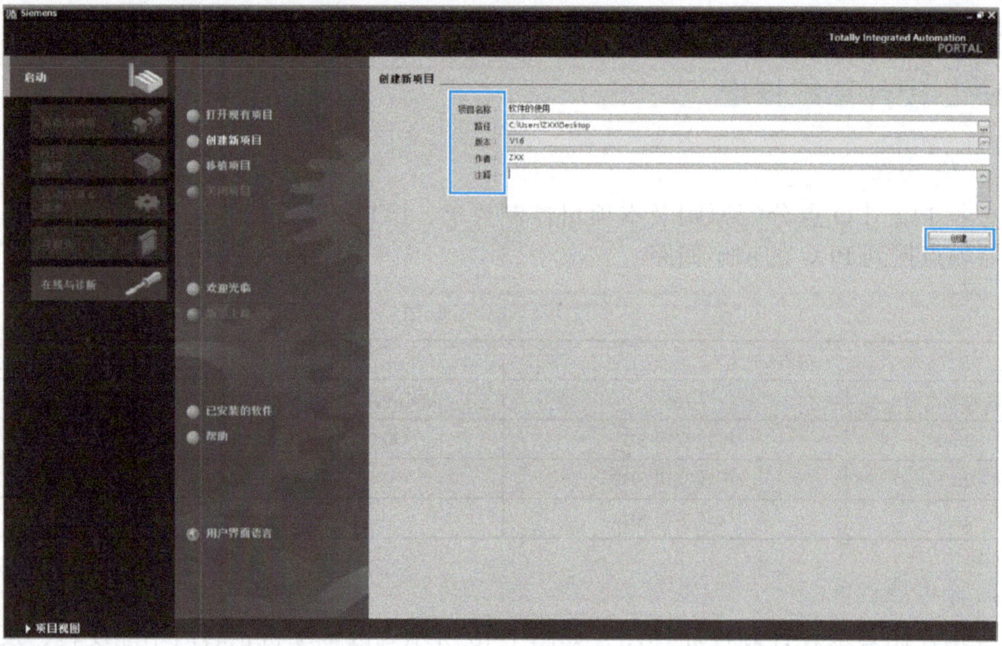

图 1-47　Portal 视图

2. 设备组态

设备组态的任务就是在设备视图和网络视图中，生成一个与实际硬件系统对应的虚拟系统，在虚拟系统中的硬件模块（PLC、HMI、PLC 各模块）的型号、订货号和版本号，模块的安装位置和设备之间的通信连接，都应与实际的硬件系统完全相同。此外还应设置模块的参数，即给参数赋值。

（1）添加新设备　双击项目树中的“添加新设备”，出现“添加新设备”对话框（见图 1-48）。单击其中的“控制器”，双击要添加的 CPU 的订货号，可以添加一个 PLC。在项目树、设备视图和网络视图中可以看到添加的 CPU。

（2）在设备视图中添加模块　打开项目树中的“PLC_1”文件夹，如图 1-49 所示，双击其中的“设备组态”，打开设备视图，可以看到 1 号插槽中的 CPU 模块。选中设备视图中的 CPU，然后选中巡视窗口中“属性”选项卡下的“常规”选项卡，选中“PROFINET 接口”下面的“以太网地址”，配置 IP 地址和子网掩码。

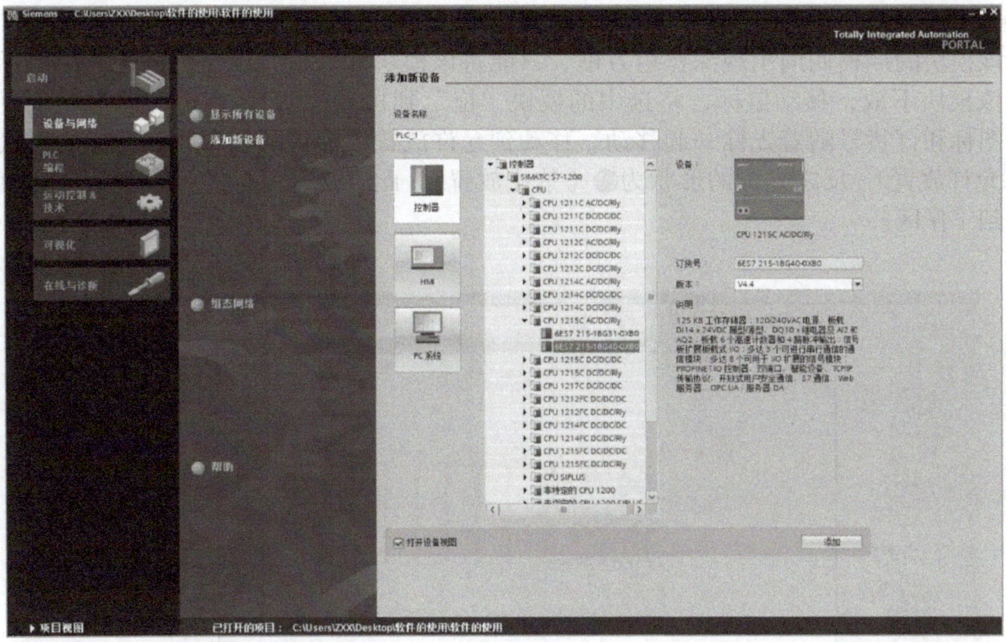

图 1-48 添加新设备

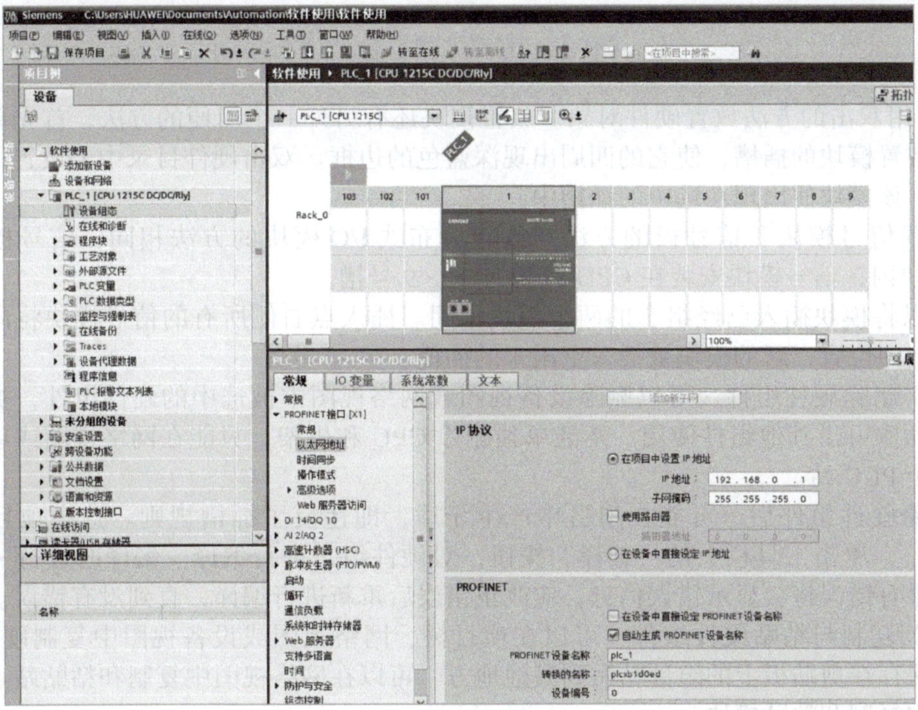

图 1-49 设备组态

在硬件组态时，需要将 I/O 模块或通信模块放置到工作区机架的插槽内，有两种放置硬件对象的方法。

1）用“拖拽”的方法放置硬件对象。单击界面最右边竖条上的“硬件目录”按钮，打开硬件目录窗口，打开文件夹“DI\DI 8×24VDC”，单击选中订货号为 6ES7

221-1BF30-0XB0 的 8 点 DI 模块，其背景变为深色，如图 1-50 所示。机架上所有可以插入该模块的插槽四周出现深蓝色方框，只能将该模块插入这些深蓝色插槽。用鼠标左键按住该模块不放，移动鼠标，将选中的模块“拖”到机架中 CPU 右边的插槽，该模块浅色的图标和订货号随着光标一起移动。移动到允许放置该模块的区域时，光标的形状变为（允许放置），反之光标的形状为（禁止放置）。此时松开鼠标左键，被拖动的模块被放置到工作区。

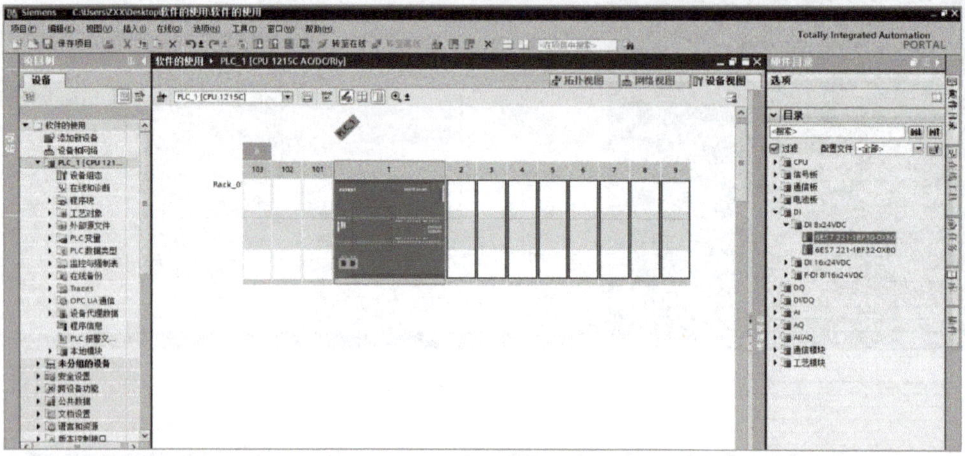

图 1-50　从硬件目录中添加模块

2）用双击的方法放置硬件对象。放置模块还有另外一个简便的方法，首先单击机架中需要放置模块的插槽，使它的四周出现深蓝色的边框。双击硬件目录中要放置的模块的订货号，该模块便出现在选中的插槽中。

放置信号模块和信号板的方法与放置分布式 I/O 模块的方法相同，信号板安装在 CPU 模块内，信号模块安装在 CPU 右侧的 2 ～ 9 号槽。

可以将模块插入已经组态的两个模块中间。插入点右侧所有的信号模块将向右移动一个插槽的位置，新的模块被插入空出来的插槽。

（3）删除硬件组件　可以删除设备视图或网络视图中被选中的硬件组件，被删除的组件的插槽可供其他组件使用。不能单独删除 CPU 和机架，只能在网络视图或项目树中删除整个 PLC 站。

删除硬件组件后，可能在项目中产生矛盾，即违反了插槽规则。选中项目树中的“PLC_1”，单击工具栏上的“编译”按钮，对硬件组态进行编译。编译时进行一致性检查，如果有错误将会显示错误信息，应改正错误后重新进行编译，直到没有错误。

（4）复制与粘贴硬件组件　可以在项目树、网络视图或设备视图中复制硬件组件，然后将保存在剪贴板上的组件粘贴到其他地方。可以在网络视图中复制和粘贴站点，在设备视图中复制和粘贴模块。

可以用拖拽的方法或通过剪贴板在设备视图或网络视图中移动硬件组件，但是 CPU 必须在 1 号槽。

（5）改变设备的型号　单击设备视图中要更改型号的 CPU 或 HMI，执行出现的快捷菜单中的“更改设备类型”命令。如图 1-51 所示，在“更改设备”对话框中，双击“新设备”列表中用来替换的设备的订货号，设备型号即被更改。

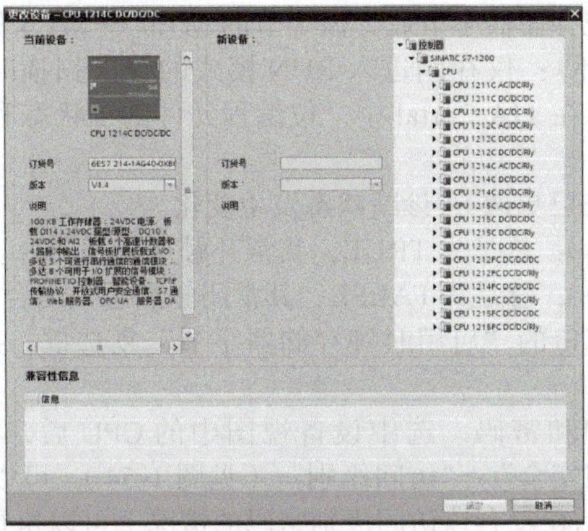

图 1-51 更改设备

（6）打开已有的项目 单击“浏览”按钮，在打开的对话框中打开某个项目的文件夹，双击其中标有的文件，打开该项目。或打开软件后，在项目视图中，单击工具栏上的图标或执行“项目”/“打开”命令，双击打开的对话框中列出最近打开的某个项目，打开该项目，如图 1-52 所示。

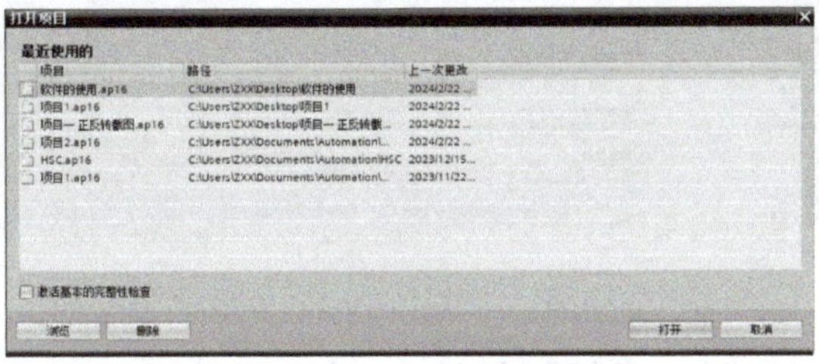

图 1-52 打开已有项目

（7）CPU 模块的特殊参数设置 设置系统存储器字节与时钟存储器字节：双击项目树某个 PLC 文件夹中的“设备组态”，打开该 PLC 的设备视图，选中 CPU 后，再选中巡视窗口的“属性”/“常规”/“系统和时钟存储器”（见图 1-53），可以用复选框分别启用系统存储器字节（默认地址为 MB1）和时钟存储器字节（默认地址为 MB0），可以设置它们的地址值。

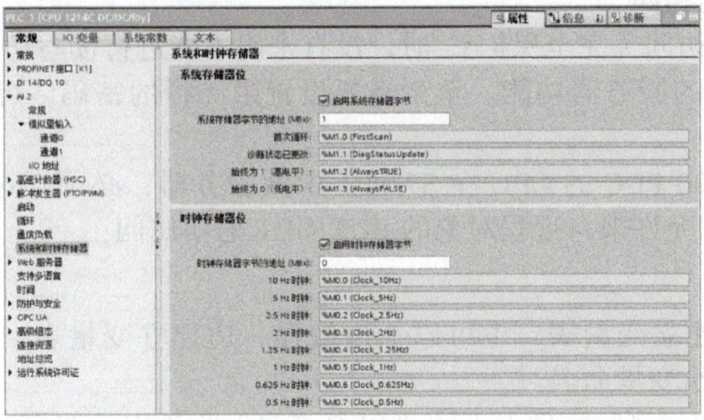

图 1-53 组态系统存储器字节与时钟存储器字节

将 MB1 设置为系统存储器字节后，该字节的 M1.0 ~ M1.3 的意义如下：

1）M1.0（首次循环）：仅在刚进入 RUN 模式的首次扫描时为 TRUE（1 状态），以后为 FALSE（0 状态）。在 TIA Portal 中，位编程元件的 1 状态和 0 状态分别用 TRUE 和 FALSE 来表示。

2）M1.1（诊断状态已更改）：诊断状态发生变化。

3）M1.2（始终为 1）：总是为 TRUE，其常开触点总是闭合。

4）M1.3（始终为 0）：总是为 FALSE，其常闭触点总是闭合。

勾选图 1-53 右边窗口的“启用时钟存储器字节”复选框，采用默认的 MB0 做时钟存储器字节。

（8）设置读写保护和密码　选中设备视图中的 CPU 后，在选中巡视窗口的“属性”/“常规”/“防护与安全”/“访问级别”（见图 1-54），可以选择右边窗口的 4 个访问级别，其中“√”表示在没有该访问级别密码的情况下可以执行的操作。如果要使用该访问级别中没有“√”的功能，需要输入密码。

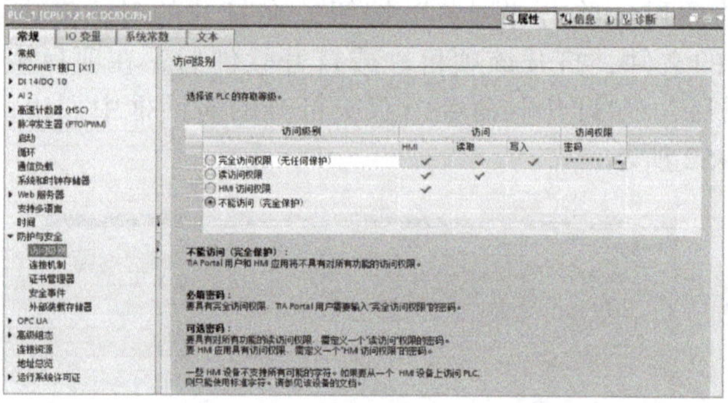

图 1-54　设置访问级别与密码

1）选中“完全访问权限（无任何保护）”时，不需要密码，具有对所有功能的访问权限。

2）选中“读访问权限”时，没有密码仅允许对硬件配置和块进行读访问，不能下载硬件配置和块，不能写入测试功能和更新固件。此时需要设置“完全访问权限”的密码。

3）选中“HMI 访问权限”时，不输入密码用户不能上传和下载硬件配置和块，不能写入测试功能、更改 RUN/STOP 操作状态和更新固件，只能通过 HMI 访问 CPU。此时至少需要设置“完全访问权限”的密码，可以在“读访问权限”设置没有写入权限的密码，各行的密码不能相同。

4）选中“不能访问（完全保护）”时，没有密码不能进行读写访问和通过 HMI 访问，禁用 PUT/GET 通信的服务器功能。至少需要设置第一行的密码，可以设置第 2、3 行的密码。

5）如果 S7-1200 PLC 的 CPU 在 S7 通信中做服务器，必须在选中图 1-54 中的“连接机制”后，勾选“允许来自远程对象的 PUT/GET 通信访问”。

3. PLC 编程

可以在编程前建立变量表，也可以一边编程一边建立变量表，如果不建立变量表，系统将默认 Tag_ 来给变量命名。

打开项目树“PLC_1”文件夹下的“PLC 变量”文件夹，双击“默认变量表”，出现变量表，单击按钮可以插入行，单击按钮可以添加行。根据 I/O 分配表编辑变量表。

编辑好的变量表如图 1-55 所示。

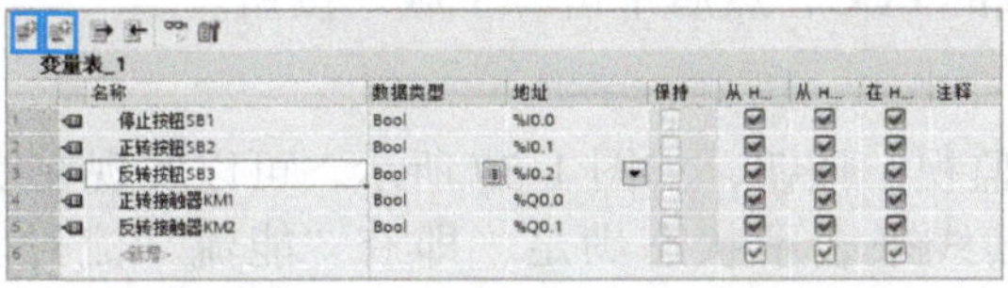

图 1-55 变量表

单击项目树下“PLC_1”/“程序块”/“Main”，进入程序界面。将收藏夹中的常开触点、常闭触点等指令拖放或双击到指定位置，或者在右侧的基本指令或扩展指令里选择具体的指令，进行程序编制。

实现用 PLC 控制电动机正反转：按正转按钮 SB2，三相交流异步电动机正转；按反转按钮 SB3，三相交流异步电动机反转；按停止按钮 SB1，三相交流异步电动机停止。

编制好的 PLC 程序如图 1-56 所示。

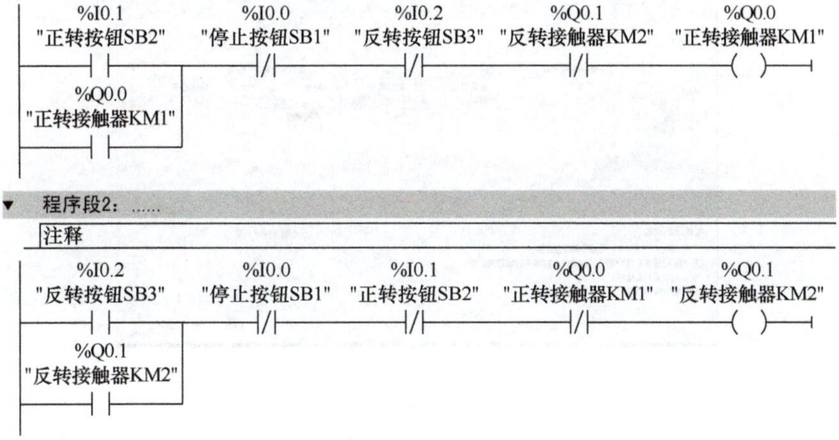

图 1-56 编制好的 PLC 程序

4. 编译

选中“PLC_1”文件夹，然后单击“编译”按钮，对硬件组态和软件全部进行编译，编译完成后在“编译”选项卡可以看到编译的结果，如图 1-57 所示。如果是“错误：0；警告：0”，就可以把程序下载到 PLC，如果有错误，则修改错误，再次编译，直到没有错误。

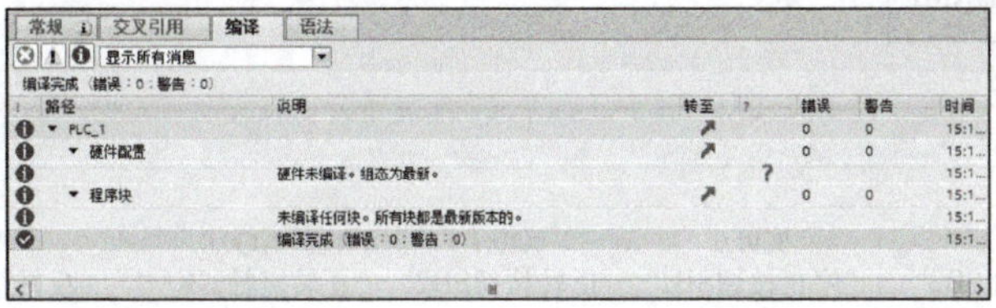

图 1-57 程序编译完成

5. 下载

选中“PLC_1”文件夹，然后单击菜单栏中“下载”按钮，把硬件组态和程序下载到 PLC，出现如图 1-58 所示对话框，选择 PG/PC 接口的类型为“PN/IE”，选择 PG/PC

接口为计算机的网卡，选择“显示所有兼容的设备”选项，单击“开始搜索”按钮，搜索到 PLC 后，选中要下载的 PLC，然后单击“下载”按钮。

6. 运行调试

单击“启用 / 禁用监视”按钮，如图 1-59 所示，可以实现在线监控。

梯形图用绿色连续线来表示状态满足，即有“能流”流过。用蓝色虚线表示状态不满足，没有“能流”流过，如图 1-60 所示。用灰色连续线表示状态未知或程序没有执行，黑色表示没有在线监控。按反转按钮 SB3，在程序监控界面可以看到 Q1.1 得电，如图 1-60 所示。

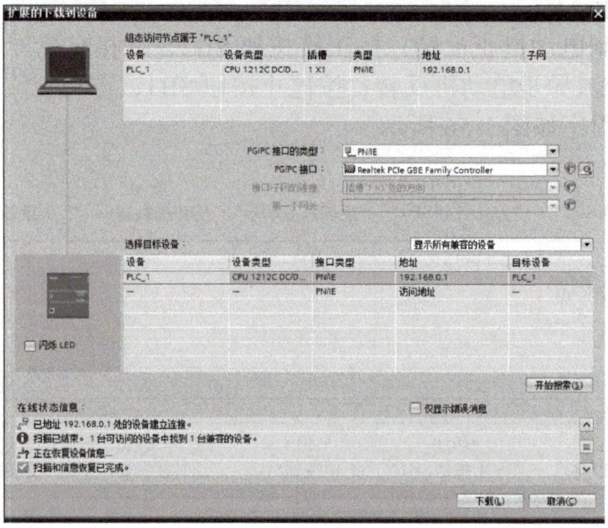

图 1-58 程序下载

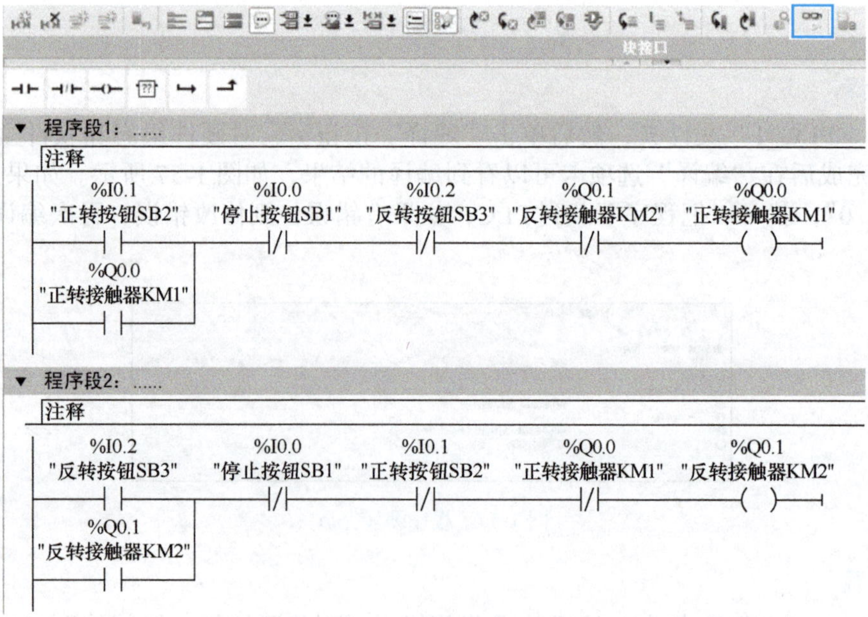

图 1-59 启用在线监控

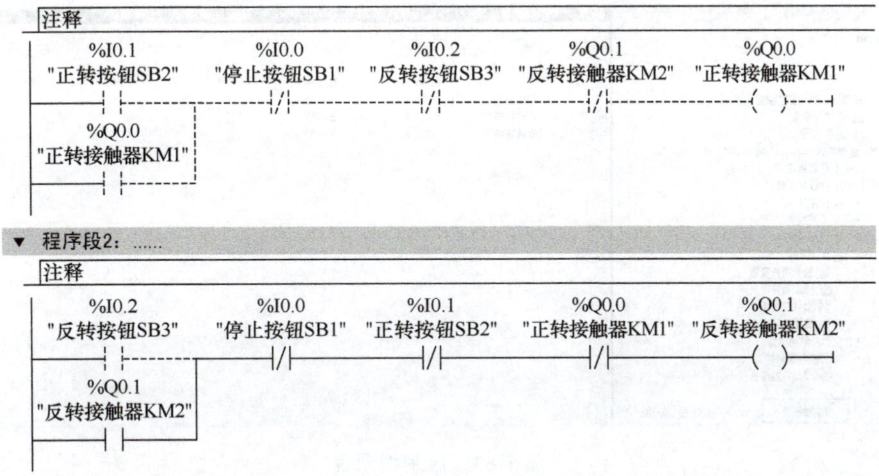

图 1-60　程序在线监控界面

被激活的项目树或工作区的标题栏的背景色为橙色表示在线。单击“转至离线”按钮，如图 1-61 所示，停止监控。

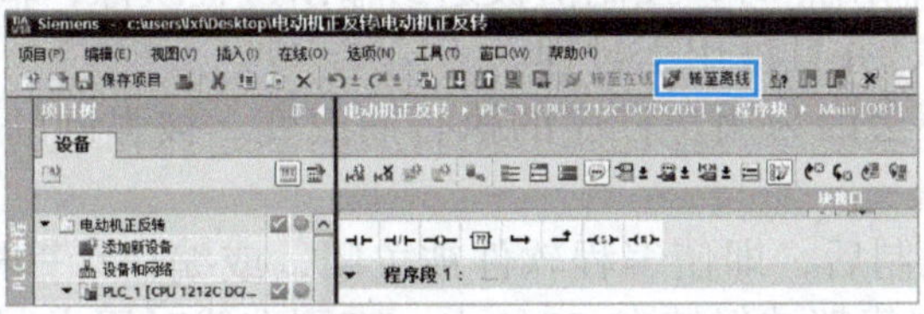

图 1-61　停止监控

除了上面的程序在线监控，还可以用监控表监视变量。单击“监控与强制表”/“添加新监控表”，如图 1-62 所示。在监控表中添加要监控的变量。单击“全部监视”按钮，软件启动在线监控，并监视变量。再单击一下“全部监视”按钮，停止变量监控。

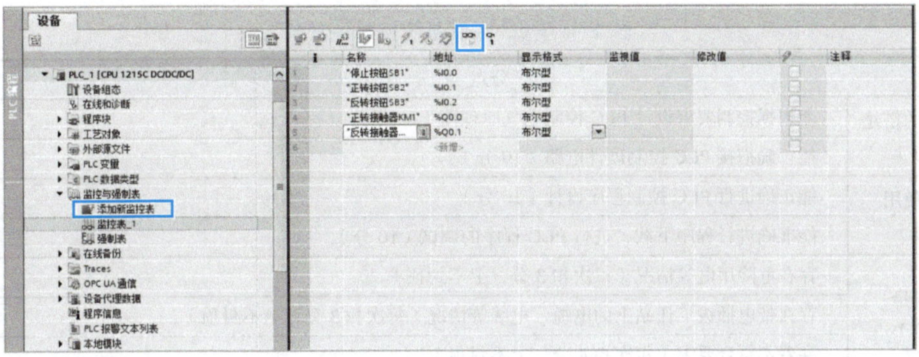

图 1-62　添加新监控表

7. 强制

可以用强制表给用户程序中的单个变量指定固定的值，这一功能被称为强制(Force)。单击“监控与强制表”/“强制表”，在强制表中添加需要强制的变量，如图 1-63 所示。强制应在与 CPU 建立了在线连接时进行。使用强制功能时，不正确的操作可能会危及人员的生命或健康，造成设备或整个工厂的损失，该功能需谨慎使用。

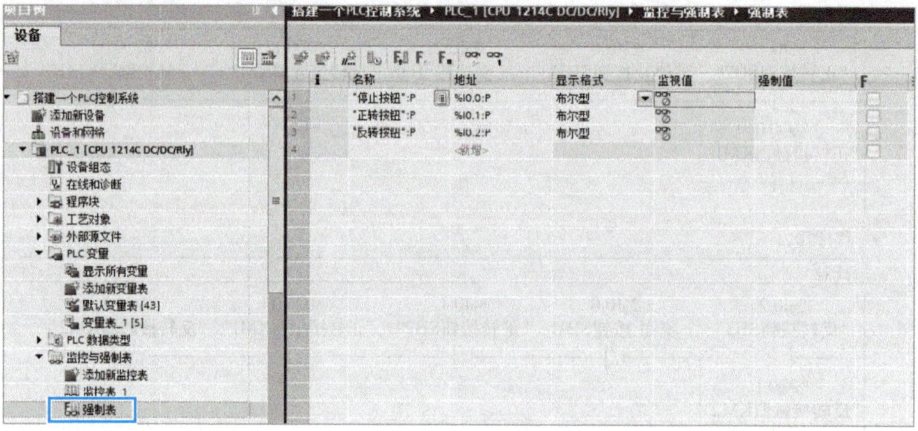

图 1-63　启用强制表

S7-1200 系列 PLC 只能强制外设输入和外设输出，不能强制组态时指定给 HSC（高速计数器）、PWM（脉冲宽度调制）和 PTO（脉冲串输出）的 I/O 点。

在执行用户程序之前，强制值被用于输入过程映像。在处理程序时，使用的是输入点的强制值。在写外设输出点时，强制值被送给输出过程映像，输出值被强制值覆盖。强制值在外设输出点出现，并且被用于过程。

变量被强制的值不会因为用户程序的执行而改变。被强制的变量只能读取，不能用写访问来改变其强制值。

输入、输出点被强制后，即使编程软件被关闭，或编程计算机与 CPU 的在线连接断开，或 CPU 断电，强制值都被保持在 CPU 中，直到在线时用强制表停止强制功能。用存储卡将带有强制点的程序装载到别的 CPU 时，将继续程序中的强制功能。

三、考核与评价

教师根据学生的完成情况，对结果进行评分，并将得分填入表 1-4 中。

表 1-4　PLC 控制系统搭建评分表

评分点		得分
硬件电路的搭建（20 分）	能根据控制要求设计 PLC 控制电气原理图（10 分）	
	能正确搭接 PLC 控制硬件电路（10 分）	
软件的使用（20 分）	能正确进行 PLC 控制程序设计（10 分）	
	能准确进行程序下载，进行 PLC 程序的调试（10 分）	
安全素养（20 分）	存在危险用电等情况（每次扣 3 分，上不封顶）	
	存在带电插拔工作站上的电缆、电线等情况（每次扣 3 分，上不封顶）	
	穿着不符合要求（每次扣 4 分，上不封顶）	
6S 素养（20 分）	桌面物品及工具摆放整齐、整洁（10 分）	
	地面清理干净（10 分）	
发展素养（20 分）	表达沟通能力（10 分）	
	团队协作能力（10 分）	
总分		

第二部分

应　用　篇

项目 2
抢答器控制系统设计

项目导入

在知识竞赛、文体娱乐活动（抢答赛活动）中，经常使用抢答器，以此来准确、公正、直观地判断出抢答者的座位号。它为各种竞赛增添了刺激性、娱乐性，在一定程度上丰富了人们的业余生活。用 PLC 进行知识竞赛抢答器设计，其控制方便、灵活，只要改变输入 PLC 的控制程序，便可改变竞赛抢答器的抢答方案。通过设计人机交互界面，提前对程序功能进行验证调试。

知识导图

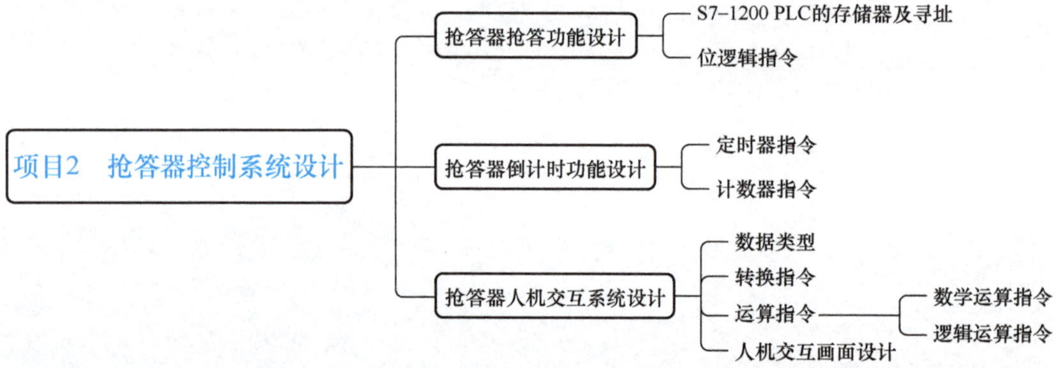

任务 2.1　抢答器抢答功能设计

学习目标

1. 知识目标

1）了解 S7-1200 PLC 的存储器类型。
2）理解 S7-1200 PLC 的数据类型与寻址方式。
3）掌握 S7-1200 PLC 基本指令的用法。
4）理解 PLC 梯形图的编程方法。
5）理解 PLC 程序的“自锁”“互锁”编程思想与方法。

2. 技能目标

1）能正确使用 S7-1200 PLC 基本逻辑指令编写程序。
2）能运用所学指令完成抢答器抢答程序的设计。

3. 素质目标

1）通过任务实施解决实际问题，以此培养学生的职业兴趣。
2）在硬件系统设计和电气接线过程中，树立安全意识。
3）通过小组分工协作完成任务，提高学生沟通能力与团队协助精神。
3）通过拓展练习培养和提高学生的创新能力。

任务描述

设计 4 人竞赛抢答器，首先主持人给出题目，并按下开始抢答按钮，开始抢答信号指示灯 HL1 亮，提示可以开始抢答。此时若有人按下抢答按钮，其对应编号的抢答信号灯亮，之后按下抢答按钮无效。如果主持人未按下开始抢答按钮，即开始抢答信号指示灯 HL1 未亮之前，抢答者按下抢答按钮，则其对应编号的抢答信号灯以 1Hz 的频率闪烁，表示该组犯规。

主持人对抢答状态确认后，单击复位按钮，系统又继续允许所有人员开始抢答，直至又有人抢先按下各自的抢答按钮。

知识准备

知识点 1　S7-1200 PLC 的存储器及寻址

1. 存储器

S7-1200 PLC 提供了以下用于存储用户程序、数据和组态的存储器，S7-1200 PLC 的存储器见表 2-1。

表 2-1　S7-1200 PLC 的存储器

名称	作用
装载存储器	动态装载存储器 RAM
	可保持装载存储器 EEPROM
工作存储器 RAM	用户程序，如逻辑块、数据块（DB）
系统存储器 RAM	过程映像 I/O 表
	位存储器
	局域数据堆栈、块堆栈
	中断堆栈、中断缓存区

（1）装载存储器　装载存储器用于非易失性地存储用户程序、数据和组态。项目被下载到 CPU 后，首先存储在装载存储器中。每个 CPU 都具有内部装载存储器，该内部装载存储器的大小取决于所使用的 CPU。该内部装载存储器可以用外部存储卡来替代，如果未插入存储卡，CPU 将使用内部装载存储器；如果插入了存储卡，CPU 将使用该存储

卡作为装载存储器，但可使用的外部存储卡大小不能超过内部装载存储器的大小，即使插入的存储卡有更多空闲空间。该非易失性存储区能够在断电后继续保持。

（2）工作存储器　工作存储器是易失性存储器，用于执行用户程序时存储用户项目的某些内容。CPU 会将一些项目内容从装载存储器复制到工作存储器中。该易失性存储器将在断电后丢失，而在恢复供电时由 CPU 恢复。

（3）系统存储器　系统存储器是 CPU 为用户程序提供的存储组件，被划分为若干个地址区域，见表 2-2。使用指令可以在相应的地址区内对数据直接进行寻址。系统存储器用于存放用户程序的操作数据，例如过程映像 I/O、位存储器、数据块（Data Block，DB）、局部数据，I/O 区域和诊断缓冲区等。

表 2-2　系统存储器的存储区

地址区	说明
输入过程映像区 I	输入过程映像区每一位对应一个数字量输入点，在每个扫描周期的开始阶段，CPU 对输入点进行采样，并将采样值存于输入过程映像寄存器中。CPU 在接下来的本周期各阶段不再改变输入过程映像寄存器中的值，直到下一个扫描周期的输入处理阶段进行更新
物理输入（I_:P）	I_:P 访问是只读的。通过该区域立即读取物理输入，可以立即读取 CPU、信号板和信号模块的数字量输入和模拟量输入。访问物理输入不会影响存储在过程映像输入区中的对应值
输出过程映像区 Q	输出过程映像区的每一位对应一个数字量输出点，在扫描周期最开始，CPU 将输出过程映像寄存器的数据传送给输出模块，再由输出模块驱动外部负载
物理输出（Q_:P）	Q_:P 访问是只写的。通过该区域立即物理输出，数据被立即写给目标点，不用等到下一次刷新时将过程映像输出中的数据传送给目标点。用 Q_:P 访问物理输出同时影响物理输出点和存储在过程映像输出区中的对应值
位存储器 M	位存储器（或称为 M 存储器）用来存储运算的中间操作状态或其他控制信息。可以用位、字节、字或双字读 / 写存储器区，如 MO.0、MB2、MW10 和 MD200
数据块 DB	在程序执行的过程中存放中间结果，或用来保存与工序或任务有关的其他数据。可以对其进行定义以便所有程序块都可以访问它们（全局数据块），也可将其分配给特定的函数块（Function Block，FB）或背景数据块（SFB）
局部数据 L	可以作为临时存储器或给子程序传递参数，局部变量只在本单元有效。临时存储器类似于 M 存储器，二者的主要区别在于 M 存储器是全局的，而临时存储器是局部的
I/O 输入区域	I/O 输入区域允许直接访问集中式和分布式输入模块
I/O 输出区域	I/O 输出区域允许直接访问集中式和分布式输出模块

2. 寻址

S7-1200 PLC 可以按位、字节和双字对存储单元进行寻址。

二进制数的一位（Bit）只有 0 和 1 两种不同的取值，可用来表示数字量的两种不同状态，如触点的断开和接通，线圈的断电和通电等。

8 位二进制数组成一个字节（Byte），其中第 0 位为最低位，第 7 位为最高位。两个字节组成一个字（Word），第 0 位为最低位，第 15 位为最高位。两个字组成一个双字（Double Word），第 0 位为最低位，第 31 位为最高位。

S7-1200 PLC 中 CPU 不同的存储单元都是以字节为单位。

对位数据的寻址由字节地址和位地址组成，如 I1.3，其中的区域标识标“I”表示寻址输入（Input）映像区，字节地址为 1，位地址为 3，“.”为字节地址与位地址之间的分隔符，这种存取方式为“字节 . 位”寻址方式如图 2-1 所示。

对字节、字和双字数据寻址时需指明区域标识符、数据类型和存储区域内的起始字节地址。例如，字节 MB10 表示由 M10.7 ～ M10.0 这 8 位（高位地址在前，低位地址在后）组成的 1 个节字，M 为位存储区域标识符，B 表示字节，10 为起始字节地址。相邻的两个字节组成一个字，MW10 表示由 MB10 和 MB11 组成的 1 个字，M 为位存储区域标识符，W 表示字，10 为起始字节的地址。MD10 表示由 MB10 ～ MB13 组成的双字，M 为位存储区域标识符，D 表示双字，10 为起始字节的地址，如图 2-2 所示。

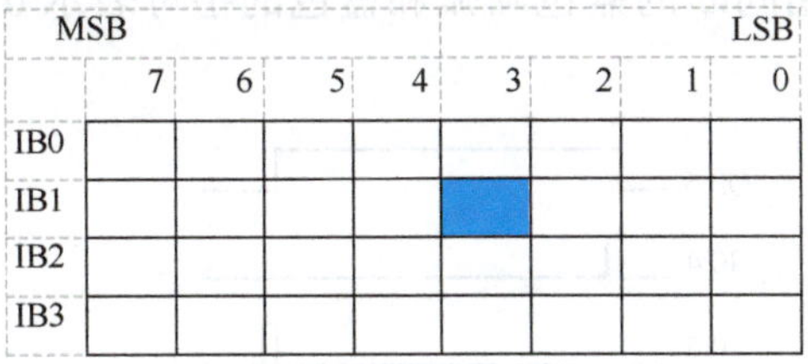

图 2-1 “字节 . 位”寻址方式

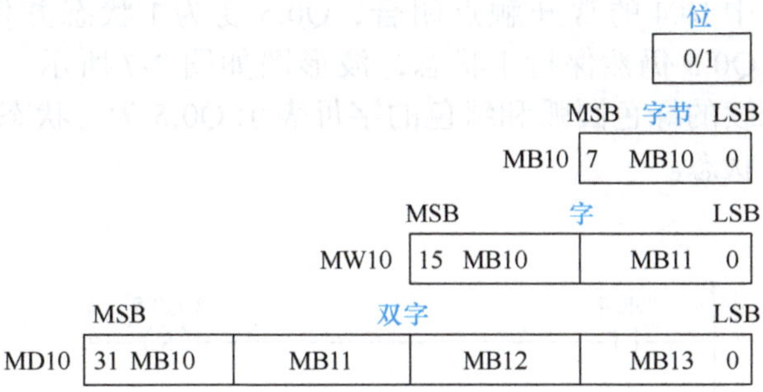

图 2-2 位、字节、字和双字构成举例

知识点 2 位逻辑指令

1. 触点指令

触点分为常开触点和常闭触点，常开触点在指定的位为 1 状态（ON）时闭合，为 0 状态（OFF）时断开；常闭触点在指定的位为 1 状态（ON）时断开，为 0 状态（OFF）时闭合。

使用“取反”指令，可对逻辑运算结果（RLO）的信号状态进行取反。如果该指令输入的信号状态为“1”，则指令输出的信号状态为“0”；如果该指令输入的信号状态为“0”，则输出的信号状态为“1”。触点指令如图 2-3 所示。

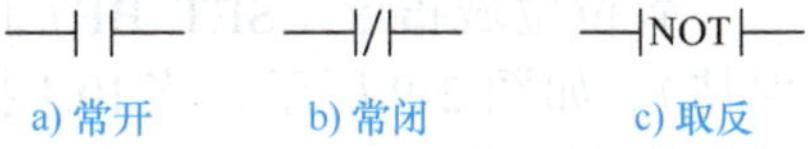

图 2-3 触点指令

2. 线圈指令

线圈指令将输入的逻辑运算结果（RLO）的信号状态写入指定的地址，线圈通电（RLO 的状态为“1”）时写入 1，断电时写入 0。可以用 Q0.0:P 的线圈将位数据值写入过程映像输出 Q0.0，同时立即直接写给对应的物理输出点，如图 2-4 所示。

取反线圈指令输出线圈中间有“/”符号，如果有能流流过 M10.0 的取反线圈，则 M10.0 为 0 状态，其常开触点断开，反之 M10.0 为 1 状态，其常开触点闭合，如图 2-5 所示。

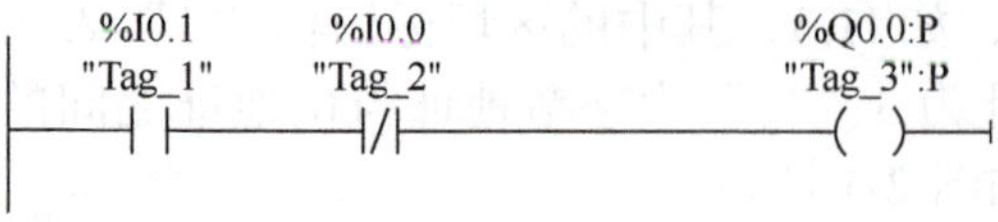

图 2-4 线圈指令应用

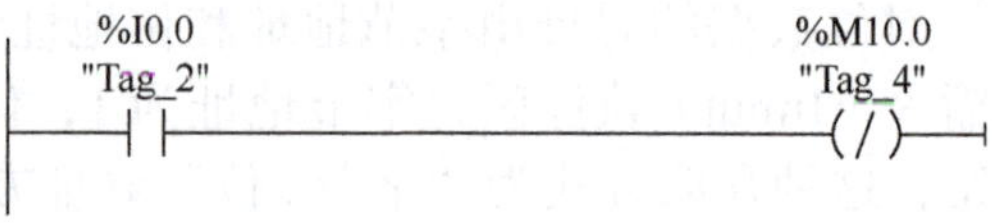

图 2-5 取反线圈指令应用

3. 置位 / 复位输出指令

置位输出（Set，S）指令将指定的位操作数置位（变为 1 状态并保持）。

复位输出（Reset，R）指令将指定的位操作数复位（变为 0 状态并保持）。

如果同一操作数的 S 线圈和 R 线圈同时断电（线圈输入端的 RLO 为“0”），则指定操作数的信号状态保持不变。

置位输出指令与复位输出指令最主要的特点是有记忆和保持功能。例如，如果图 2-6 中 I0.4 的常开触点闭合，Q0.5 变为 1 状态并保持该状态，即使 I0.4 的常开触点断开，Q0.5 仍然保持 1 状态，波形图如图 2-7 所示。在程序状态中，用 Q0.5 的 S 和 R 线圈连续的绿色圆弧和绿色的字母表示 Q0.5 为 1 状态，用间断的蓝色圆弧和蓝色的字母表示 0 状态。

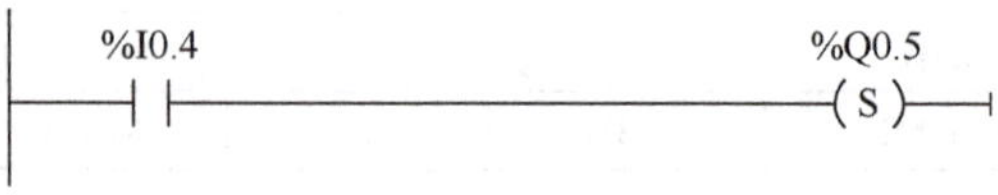

图 2-6 置位输出指令应用

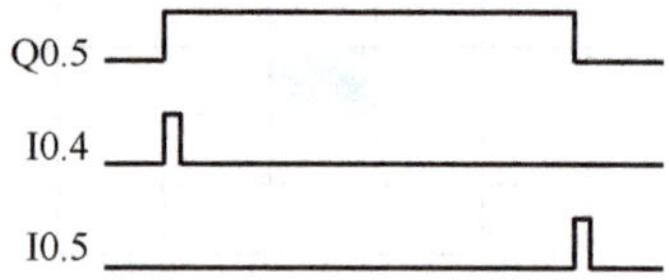

图 2-7 置位、复位输出指令波形图

复位输出指令应用如图 2-8 所示，I0.5 的常开触点闭合时，Q0.5 变为 0 状态并保持该状态，即使 I0.5 的常开触点断开，Q0.5 仍然保持为 0 状态，波形图如图 2-7 所示。

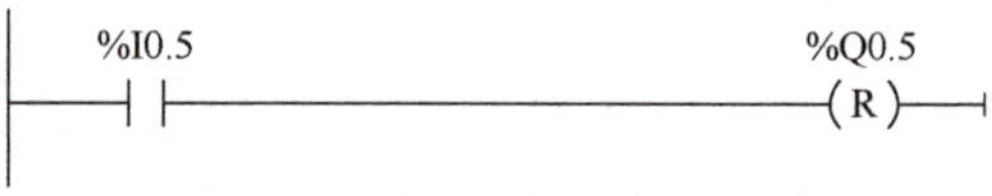

图 2-8 复位输出指令应用

4. 置位位域指令与复位位域指令

置位位域指令（SET_BF）将指定地址开始的连续若干个位地址置位（变为 1 状态并保持）。如图 2-9 所示，当 I0.1 接通后，从 M4.0 开始的 5 个连续位被置位为 1 状态并保持该状态不变。

复位位域指令（RESET_BF）将指定地址开始的连续若干个位地址复位（变为 0 状态并保持）。如图 2-10 所示，当 M3.2 接通后，从 M5.0 开始的 4 个连续位被复位为 0 状态并保持该状态不变。

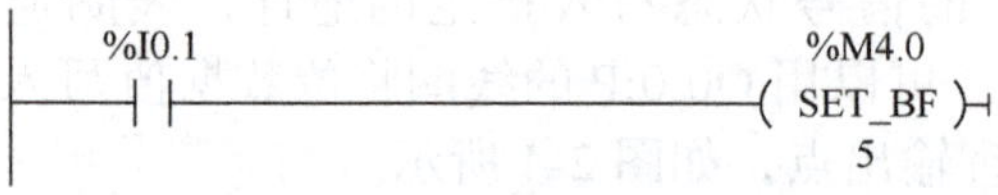

图 2-9 置位位域指令应用

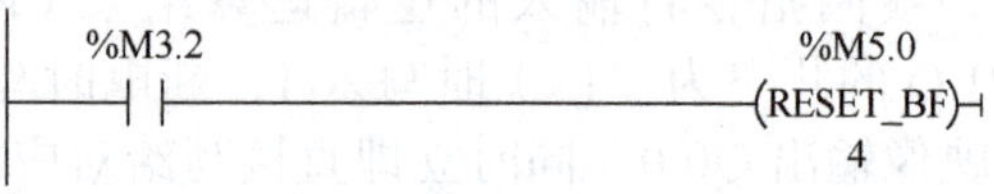

图 2-10 复位位域指令应用

5. 置位 / 复位触发器与复位 / 置位触发器指令

SR 方框是置位 / 复位（复位优先）触发器，RS 方框是复位 / 置位（置位优先）触发器，其输入 / 输出关系见表 2-3。两种触发器的区别仅在于表的最下面一行。

表 2-3　置位 / 复位触发器和复位 / 置位触发器输入 / 输出关系

置位 / 复位（SR）触发器			复位 / 置位（RS）触发器		
S	R1	输出位	S1	R	输出位
0	0	保持前一状态	0	0	保持前一状态
0	1	0	0	1	0
1	0	1	1	0	1
1	1	0	1	1	1

如图 2-11 所示的 SR 触发器指令应用中，在置位（S）信号 I0.1 和复位（R1）信号 I0.0 同时为 1 时，SR 方框上面的输出位 M7.2 被复位为 0。可选的输出 Q 反映了 M7.2 的状态，M8.0 导通，表示 M7.2 处于置位状态，M8.0 断开，表示 M7.2 处于复位状态。

如图 2-12 所示的 RS 触发器指令应用中，在置位（S1）信号 M3.0 和复位（R）信号 M3.2 同时为 1 时，方框上面的 M7.6 被置位为 1。可选的输出 Q 反映了 M7.6 的状态，M8.1 导通，表示 M7.6 处于置位状态，M8.1 断开，表示 M7.6 处于复位状态。

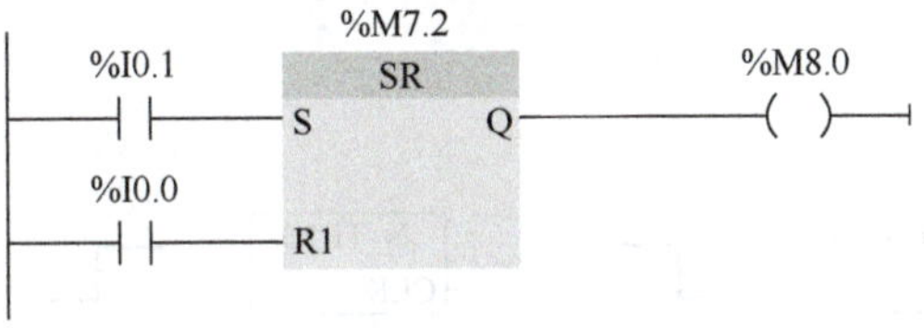

图 2-11　SR 触发器指令应用

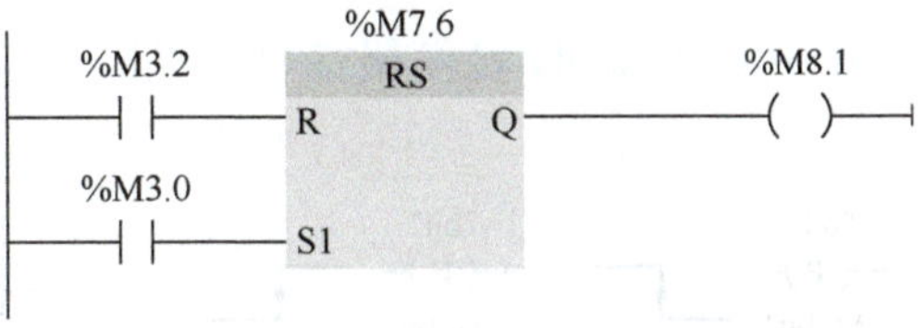

图 2-12　RS 触发器指令应用

6. P 触点 /N 触点指令

P 触点指令的功能是扫描操作数“bit”信号的上升沿，检测到“bit”处的位数据值由“0”变“1”的正跳变时，该触点接通一个程序周期。N 触点指令的功能是扫描操作数“bit”信号的下降沿，检测到“bit”处的位数据值由“1”变“0”的负跳变时，该触点接通一个程序周期。P 触点 /N 触点指令如图 2-13 所示。

“bit”：Bool 型变量，表示要扫描的操作数信号。

“M_bit”：Bool 型变量，其功能是保存输入的前一个状态的存储器位。

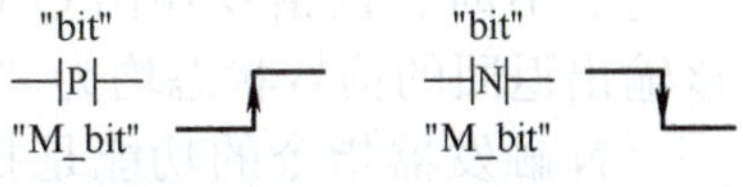

a) P触点　b) N触点

图 2-13　P 触点 /N 触点指令

P 触点指令应用如图 2-14 所示，P 触点下面的 M4.0 为边沿存储位，用来存储上一次扫描循环时 I0.1 的状态。通过比较 I0.1 的当前状态和上一次循环的状态，来检测信号的边沿。边沿存储位的地址只能在程序中使用一次，它的状态不能在其他地方被改写。只能用 M、DB 和 FB 的静态局部变量（Static）来作边沿存储位，不能用块的临时局部数据或输入（I）/ 输出（O）变量来作边沿存储位。

N 触点指令应用如图 2-15 所示。I0.2 由 1 状态变为 0 状态（即 I0.2 的下降沿），则该触点接通一个扫描周期，同时使 M8.0 复位。该触点下面的 M4.1 为边沿存储位。

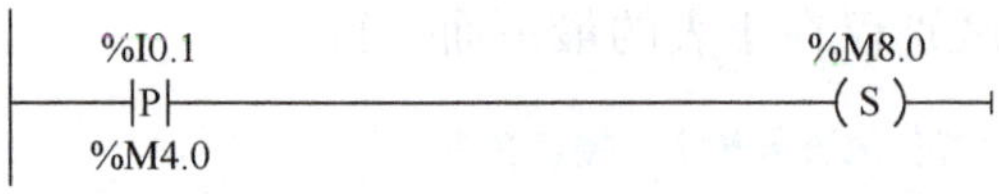

图 2-14 P 触点指令应用

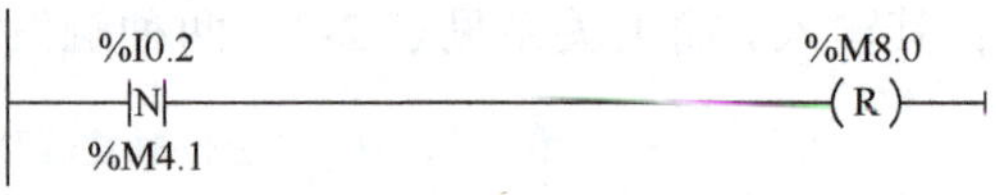

图 2-15 N 触点指令应用

7. P 线圈 /N 线圈指令（见图 2-16）

P 线圈指令的功能是，检测到它前面的逻辑运算结果（RLO）从“0”变为“1”时，置位指定操作数“bit”。该指令将当前 RLO 与保存在边沿存储位“M_bit”中上次查询的 RLO 进行比较。如果该指令检测到 RLO 从“0”变为“1”，则说明出现了一个信号上升沿。每次执行指令时，都会查询信号上升沿。检测到信号上升沿时，“bit”的信号状态将在一个程序周期内保持置位为“1”。在其他情况下，操作数的信号状态均为“0”。

N 线圈指令的功能是，检测到它前面的逻辑运算结果（RLO）从“1”变为“0”时，置位指定操作数“bit”。该指令将当前 RLO 与保存在边沿存储位“M_bit”中上次查询的 RLO 进行比较。如果该指令检测到 RLO 从“1”变为“0”，则说明出现了一个信号下降沿。每次执行指令时，都会查询信号下降沿。检测到信号下降沿时，“bit”的信号状态将在一个程序周期内保持置位为“1”。在其他情况下，操作数的信号状态均为“0”。

8. P 触发器 /N 触发器指令（见图 2-17）

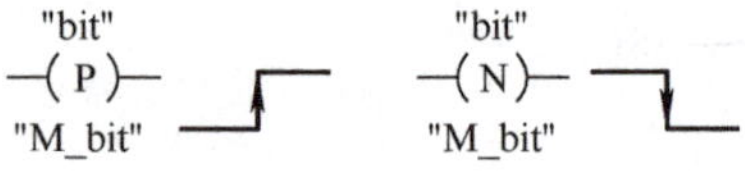

a) P线圈　b) N线圈

图 2-16 P 线圈 /N 线圈指令

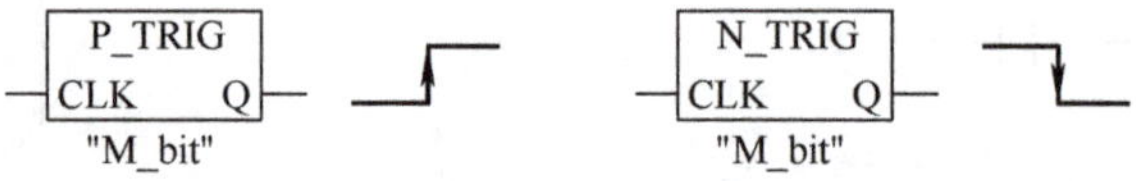

a) P触发器　b) N触发器

图 2-17 P、N 触发器指令

P 触发器指令的功能是扫描 RLO 的信号上升沿，可查询参数 CLK 端逻辑运算结果（RLO）的信号状态从“0”到“1”的更改。该指令将比较 RLO 的当前信号状态与保存在边沿存储位“M_bit”中上一次查询的信号状态。如果该指令检测到 RLO 从“0”变为“1”，则说明出现了一个信号上升沿。每次执行指令时，都会查询信号上升沿。检测到信号上升沿时，该指令输出 Q 将立即返回程序周期长度的信号状态“1”。在其他情况下，该输出返回的信号状态均为“0”。

N 触发器指令的功能是扫描 RLO 的信号下降沿，可查询参数 CLK 端逻辑运算结果（RLO）的信号状态从“1”到“0”的更改。该指令将比较 RLO 的当前信号状态与保存在边沿存储位“M_bit”中上一次查询的信号状态。如果该指令检测到 RLO 从“1”变为“0”，则说明出现了一个信号下降沿。每次执行指令时，都会查询信号下降沿。检测到信号下降沿时，该指令输出 Q 将立即返回程序周期长度的信号状态“1”。在其他情况下，该输出返回的信号状态均为“0”。

“M_bit”：Bool 型变量，用于保存输入的前一个状态的存储器位。

应用举例：设计一个故障显示电路，从故障信号 I0.0 的上升沿开始，Q0.7 控制的指示灯以 1Hz 的频率闪烁。操作人员按复位按钮 I0.1 后，如果故障已经消失，则指示灯熄灭，如果故障没有消失，则指示灯转为常亮，直至故障消失。该故障显示电路波形图如

图 2-18 所示。

设置 MB0 为时钟存储器字节，M0.5 提供周期为 1s 的时钟脉冲。出现故障时，将 I0.0 提供的故障信号用 M2.1 锁存起来，M2.1 和 M0.5 的常开触点组成的串联电路使 Q0.7 控制的指示灯以 1Hz 的频率闪烁。按下复位按钮 I0.1，故障锁存标志 M2.1 被复位为 0 状态。如果故障已经消失，指示灯熄灭；如果故障没有消失，M2.1 的常闭触点与 I0.0 的常开触点组成的串联电路使指示灯转为常亮，直至 I0.0 变为 0 状态，故障消失，指示灯熄灭。参考梯形路如图 2-19 所示。

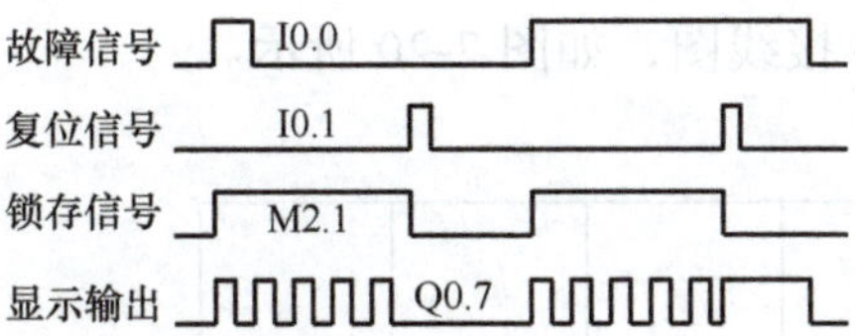

图 2-18 故障显示电路波形图

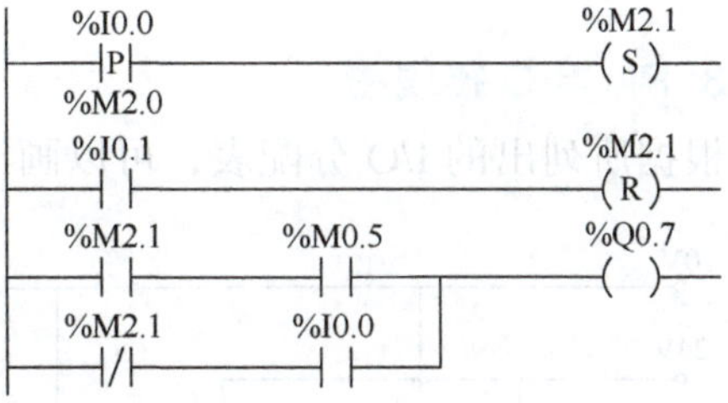

图 2-19 故障显示电路参考梯形图

任务实施

一、实施步骤

1. 硬件选择

根据控制要求，本次任务的硬件选型见表 2-4。

表 2-4 抢答器控制系统硬件选型列表

名称	型号或规格
PLC	CPU 1214C DC/DC/RLY
按钮	圆形按键自复位 LA38-11BN
指示灯	电源信号灯

2. I/O 分配表

根据控制要求列出所用的输入 / 输出点，并为其分配相应的地址，其 I/O 分配表见表 2-5。

表 2-5 抢答器控制系统 I/O 分配表

输入		输出	
输入地址	元件作用	输出地址	元件作用
I0.0	开始抢答按钮 SB1	Q0.0	开始抢答指示灯 HL1
I0.1	1 号抢答按钮 SB2	Q0.1	1 号抢答指示灯 HL2
I0.2	2 号抢答按钮 SB3	Q0.2	2 号抢答指示灯 HL3

（续）

输入		输出	
输入地址	元件作用	输出地址	元件作用
I0.3	3号抢答按钮SB4	Q0.3	3号抢答指示灯HL4
I0.4	4号抢答按钮SB5	Q0.4	4号抢答指示灯HL5
I0.5	抢答器复位按钮SB6		

3. PLC I/O接线图

根据所列出的I/O分配表，可以画出PLC I/O接线图，如图2-20所示。

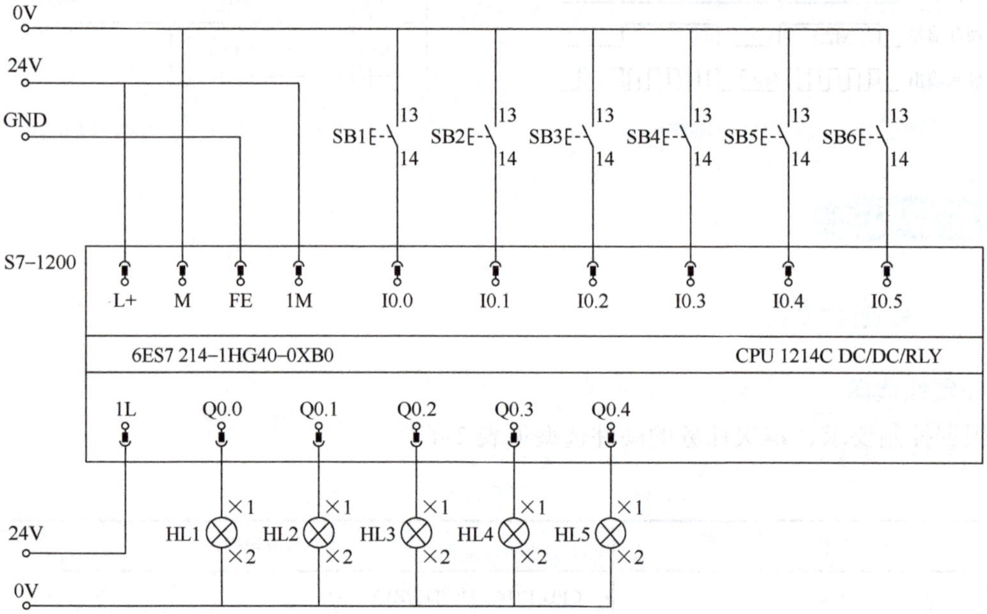

图2-20 PLC I/O接线图

4. 程序设计

（1）编程思想 对于本任务程序设计，主要在于抢答指示灯是在主持人按下开始抢答按钮的前提下才有效，而且在有任一抢答信号之后，另三个抢答器均无效，四个抢答信号应加互锁。

（2）程序设计分析 根据控制要求，设计四个抢答信号联锁，部分梯形图如图2-21所示。

（3）程序执行过程 在开始抢答之前，主持人需按下开始抢答按钮SB1，输入信号I0.0有效，将Q0.0置位为“1”，开始抢答指示灯亮。如果1号抢答成功，输入信号I0.1有效，M10.1为ON，其常开触点M10.1闭合，输出信号Q0.1为ON，1号抢答指示灯亮，此次抢答有效。与此同时M10.1的常闭触点断开，2号、3号和4号抢答器均无效。其他情况与1号抢答的过程类似。当主持人按下抢答复位按钮时，输入信号I0.5有效，使Q0.0、M10.1复位，输出信号Q0.1为OFF，开始抢答指示灯熄灭，一次抢答结束，等待下次抢答。2号、3号和4号抢答器与1号抢答器原理完全相同。

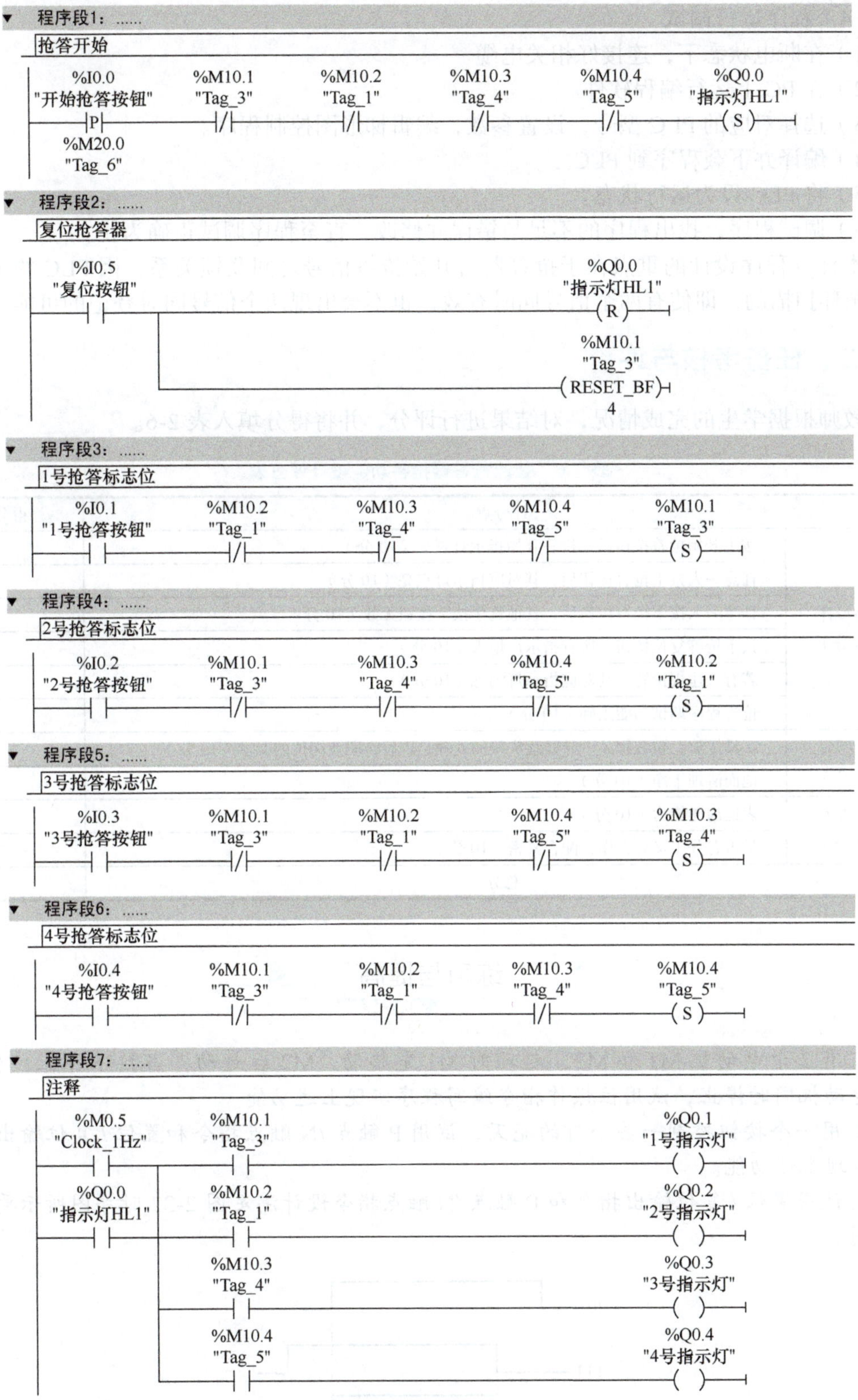

图 2-21 抢答器抢答功能梯形图程序

（4）程序运行调试

1）在断电状态下，连接好相关电缆。

2）在 PC 上运行编程软件。

3）选择对应的 PLC 型号，设置参数，编辑梯形图控制程序。

4）编译并下载程序到 PLC。

5）将 PLC 设为运行状态。

6）调试程序，找出程序的不足与错误并修改，直至程序调试正确为止。

本任务程序设计的重点在于抢答器与开始抢答信号之间联锁关系，因 PLC 的工作过程是循环扫描的，即使有两个信号同时有效，也不会出现两个信号同时登记的可能。

二、任务考核与评价

教师根据学生的完成情况，对结果进行评分，并将得分填入表 2-6。

表 2-6　智能抢答器抢答功能设计评分表

评分点		得分
程序设计（60 分）	按下开始抢答按钮后，抢答开始指示灯点亮（10 分）	
	任意一人按下抢答按钮后，其对应指示灯点亮（10 分）	
	任意一人按下抢答按钮后，其他选手按下按钮无效（10 分）	
	按下抢答复位按钮，所有指示灯熄灭（10 分）	
	若有人违规抢答，其对应指示灯闪烁（10 分）	
	抢答程序调试功能正确（10 分）	
6S 素养（20 分）	工具摆放、包装物品、导线线头等的处理是否符合职业岗位的要求（10 分）	
	地面清理干净（10 分）	
发展素养（20 分）	表达沟通能力（10 分）	
	是否有分工又有合作，配合紧密（10 分）	
总分		

练习与提高

1. 有 2 台电动机 M1 和 M2，起动时 M1 先起动，M2 后起动，当按下停止按钮时，两台电动机同时停止，试用位操作指令编写程序实现上述功能。

2. 用一个按钮控制一盏小灯的亮灭，试用 P 触点 /N 触点指令和置位 / 复位输出指令编程实现上述功能。

3. 试用置位 / 复位输出指令和 P 触点 /N 触点指令设计满足图 2-22 时序图所示要求的梯形图。

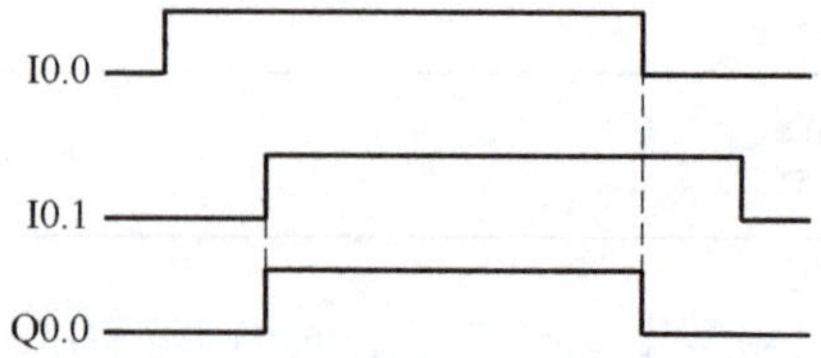

图 2-22　题 3 图

任务 2.2 抢答器倒计时功能设计

学习目标

1. 知识目标

1）理解并掌握 S7–1200 PLC 定时器指令功能和用法。

2）理解并掌握 S7–1200 PLC 计数器指令功能和用法。

2. 技能目标

1）能正确使用定时器指令编写控制程序。

2）能正确使用计数器指令编写控制程序。

3. 素质目标

1）通过对抢答器功能的不断完善，培养精益求精的精神。

2）通过用不同的方式来实现倒计时功能，培养学生独立思考能力和创新能力。

任务描述

为增加抢答的趣味性，在主持人宣布抢答开始后，抢答器自动进入倒计时。如果 10s 后还没人抢答，抢答指示灯开始以 2Hz 的频率闪烁，提示此题自动作废。如果题目作废，当主持人按下复位按钮后，方可进入下一题的抢答。

知识准备

知识点 1 定时器指令

在继电器 – 接触器控制系统中，延时功能是靠时间继电器来实现的，在 PLC 控制系统中，使用内部软元件定时器来实现延时功能，其作用类似于继电器 – 接触器控制系统中的时间继电器，但种类和功能比时间继电器强大得多。每一个定时器都使用一个存储在数据块中的结构来保存定时器数据。在程序编辑器中放置定时器时即可分配该数据块，可以采用默认设置，也可以手动自行设置。在函数块中放置定时器指令后，可以选择多重背景数据块选项。各定时器结构名称可以对应不同的数据结构，但定时器数据包含在同一数据块中，无须为每个定时器都使用一个独立的数据块。

S7–1200 PLC 提供了 4 种类型的定时器，见表 2-7。

表 2-7 S7–1200 PLC 的定时器

类型	梯形图	功能描述
脉冲定时器（TP）	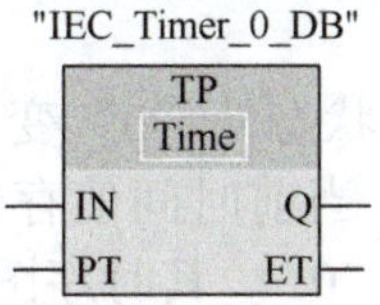	可生成具有预设宽度时间的脉冲

（续）

类型	梯形图	功能描述
接通延时定时器（TON）	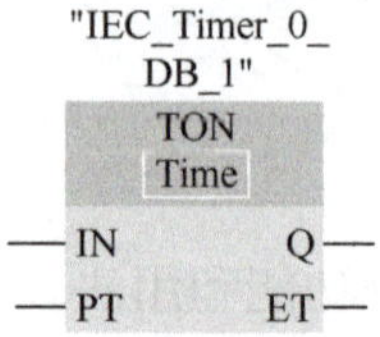	输出 Q 在预设的延时过后设置为 ON
关断延时定时器（TOF）	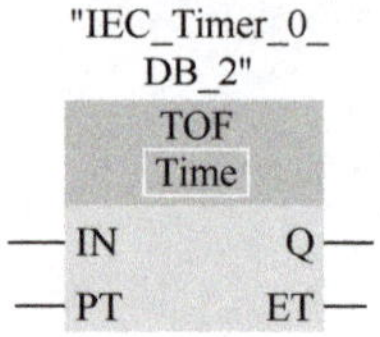	输出 Q 在预设的延时过后设置为 OFF
保持型接通延时定时器（TONR）	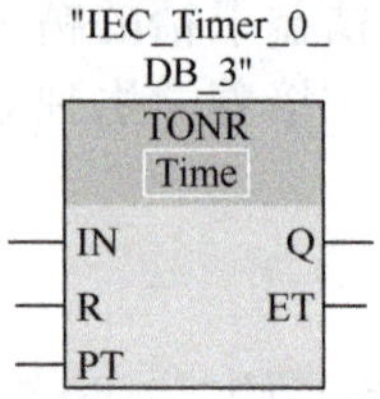	在预设的延时过后设置为 ON

定时器的输入 IN 为启动输入端，在输入 IN 的上升沿（从 0 状态变为 1 状态），启动 TP、TON 和 TONR 开始定时，在输入 IN 的下降沿，启动 TOF 开始定时。

PT（Preset Time）为预设时间值，ET（Elapsed Time）为定时开始后经过的时间，称为当前时间值，它们的数据类型为 32 位的时间数据，单位为 ms，最大定时时间为 T # 24D_20H_31M_23S_647MS（D、H、M、S、MS 分别为日、时、分、秒、毫秒）。可以不给输出 Q 和 ET 指定地址，Q 为定时器的位输出，各参数均可以使用 I（仅用于输入参数）、Q、M、D、L 存储区，PT 可以使用常量。定时器指令可以放在程序段的中间或末尾，它需要一个前导逻辑运算。STEP 7 会在插入该指令时自动创建 IEC_Timer 数据类型的数据块，用于存储功能框或线圈指令顶部指定的定时器数据。

1. 脉冲定时器

脉冲定时器类似于数字电路中上升沿触发的单稳态电路，可以生成预设时间宽度（PT）的脉冲信号。当输入 IN 的逻辑运算结果（RLO）从“0”变为“1”（信号上升沿）时，启动该指令。指令启动时，预设的时间 PT 即开始计时。无论后续输入信号的状态如何变化，都将输出 Q 置位由 PT 指定的一段时间。当 PT 正在计时时，在输入 IN 处检测到的新的信号上升沿对输出 Q 处的信号状态没有影响。

可以扫描输出 ET 处的当前时间值。该定时器值从 T#0ms 开始，在达到持续时间 PT 后结束。如果 PT 时间用完且输入 IN 的信号状态为“0”，则复位输出 ET。如果在程序中未调用该指令（如跳过该指令），则输出 ET 会在超出时间 PT 后立即返回一个常数值。

如图 2-23a 所示，当 IN 端操作数的信号状态从“0”变为“1”时，PT 端参数预设的时间开始计时，且 Q 端操作数置位为“1”。当前时间值存储在 ET 端操作数中。定时器计时结束时，操作数 Q 端的信号状态复位为“0”。其时序图如图 2-23b 所示。

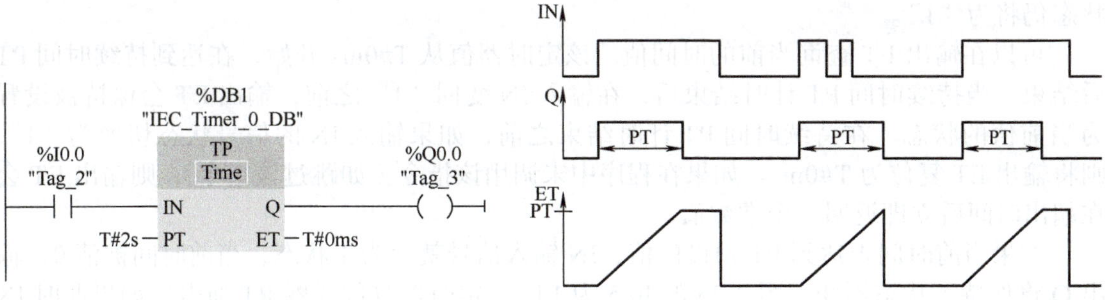

a) 梯形图　b) 时序图

图 2-23　脉冲定时器梯形图及时序图

2. 接通延时定时器

接通延时定时器在预设的延时时间（PT）过后，将输出 Q 设置为 ON。当输入 IN 的逻辑运算结果（RLO）从“0”变为“1”（信号上升沿）时，启动该指令。指令启动时，预设的时间 PT 开始计时。超出时间 PT 之后，输出 Q 的信号状态将变为“1”。只要启动输入仍为“1”，输出 Q 就保持置位。启动输入的信号状态从“1”变为“0”时，将复位输出 Q。在启动输入检测到新的信号上升沿时，该定时器功能将再次启动。

可以在输出 ET 查询当前的时间值。该定时器值从 T#0s 开始，在达到持续时间 PT 后结束。只要输入 IN 的信号状态变为“0”，输出 ET 就复位。如果在程序中未调用该指令（如跳过该指令），则输出 ET 会在超出时间 PT 后立即返回一个常数值。

IN 端的电路断开时，定时器被复位，当前时间被清零，输出 Q 变为 0 状态。CPU 第一次扫描时，定时器输出 Q 被清零。如果 IN 端输入信号在未达到 PT 设定的时间时变为 0 状态，输出 Q 保持 0 状态不变。

图 2-24a 中 I0.3 为 1 状态时，定时器复位线圈 RT 通电，定时器被复位，当前时间被清零，Q 输出变为 0 状态。复位输入 I0.3 变为 0 状态时，如果 IN 输入信号为 1 状态，将开始重新定时。其时序图如图 2-24b 所示。

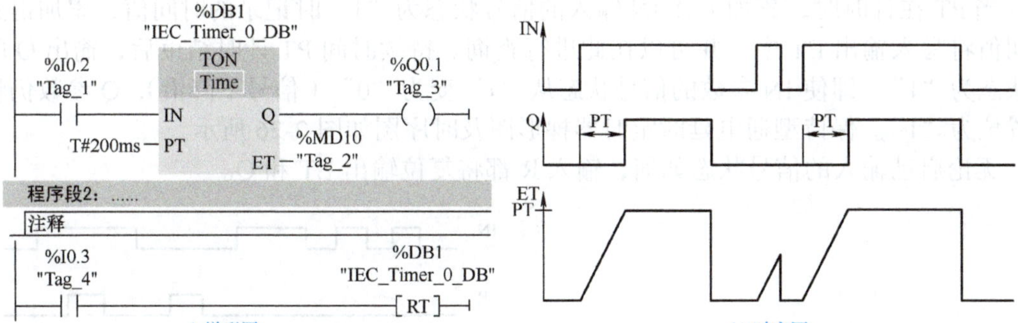

a) 梯形图　b) 时序图

图 2-24　接通延时定时器梯形图及时序图

3. 关断延时定时器

关断延时定时器在预设的延时时间（PT）过后，将输出 Q 重置为 OFF。当输入 IN 的逻辑运算结果（RLO）从“1”变为“0”（信号下降沿）时，预设的时间 PT 开始计时。只要 PT 仍在计时，输出 Q 就保持置位。持续时间 PT 计时结束后，将复位输出 Q。如果输入 IN 的信号状态在持续时间 PT 计时结束之前变为“1”，则复位定时器，输出 Q 的信号状态仍将为“1”。

可以在输出 ET 查询当前的时间值。该定时器值从 T#0ms 开始，在达到持续时间 PT 后结束。当持续时间 PT 计时结束后，在输入 IN 变回“1”之前，输出 ET 会保持被设置为当前值的状态。在持续时间 PT 计时结束之前，如果输入 IN 的信号状态切换为“1”，则将输出 ET 复位为 T#0ms。如果在程序中未调用该指令（如跳过该指令），则输出 ET 会在超出时间后立即返回一个常数值。

如果当前时间未达到 PT 预设的值，IN 输入信号就变为 1 状态，当前时间被清 0，输出 Q 将保持 1 状态不变。图 2-25 的 I0.5 为 1 时，定时器复位线圈 RT 通电。如果此时 IN 输入信号为 0 状态，则定时器被复位，当前时间被清零，输出 Q 变为 0 状态。如果复位时 IN 输入信号为 1 状态，则复位信号不起作用。

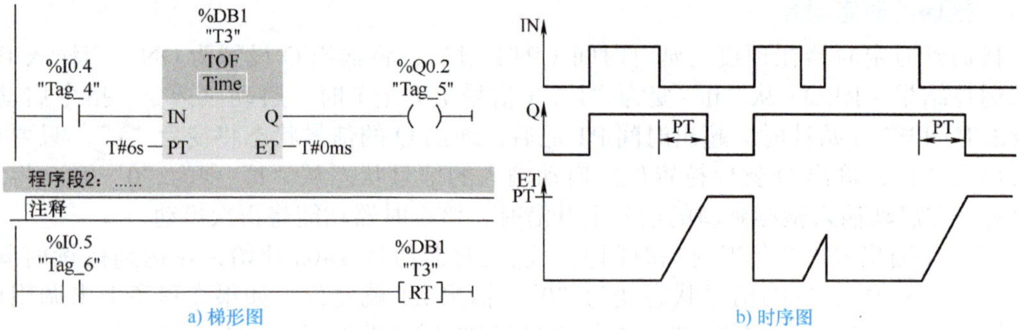

a) 梯形图　　b) 时序图

图 2-25　关断延时定时器梯形图及时序图

4. 保持型接通延时定时器

可以使用 TONR 指令来累加由参数 PT 设定的时间段内的时间值。输入 IN 的信号状态从“0”变为“1”（信号上升沿）时，将执行时间测量，PT 开始计时。定时器运行期间将输入 IN 更改为 FALSE 会停止定时器，但不会复位定时器。将 IN 改回 TRUE 将使定时器从累积的时间值开始定时。

当 PT 在计时时，累加上在 IN 输入的信号状态为“1”时记录的时间值，累加得到的时间值将写入输出 ET 中，并可以在此进行查询。持续时间 PT 计时结束后，输出 Q 的信号状态为“1”。即使 IN 参数的信号状态从“1”变为“0”（信号下降沿），Q 参数仍将保持置位为“1”。保持型通电延时定时器梯形图及时序图如图 2-26 所示。

无论启动输入的信号状态如何，输入 R 都将复位输出 ET 和 Q。

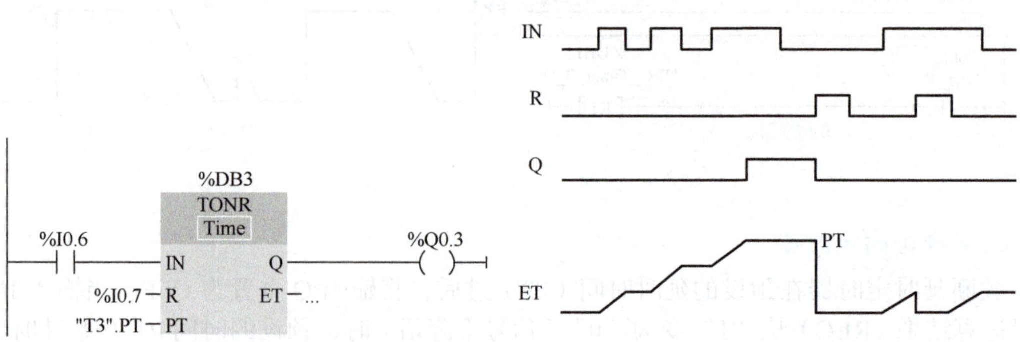

a) 梯形图　　b) 时序图

图 2-26　保持型通电延时定时器梯形图及时序图

应用举例：用接通延时定时器设计周期和占空比可调的振荡电路。

图 2-27 中，当 I0.0 接通后，定时器 T1 开始定时，同时 Q0.0 线圈通电；3s 后定时器 T1 导通，M10.0 线圈接通，M10.0 常开触点闭合，定时器 T2 开始定时，M10.0 常闭触点断开，Q0.0 线圈断电；再过 2s 后定时器 T2 导通，M10.1 线圈导通，定时器 T1、T2 均复位，开始下一周期的信号输出。

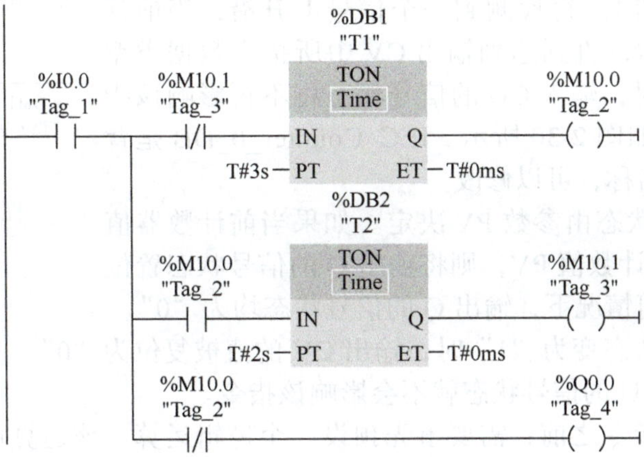

图 2-27　周期为 5s、占空比 3：2 的振荡电路

知识点 2　计数器指令

S7-1200 PLC 有 3 种计数器：加计数器（CTU）、减计数器（CTD）和加减计数器（CTUD），如图 2-28 所示。调用计数器指令时，需要生成保存计数器数据的背景数据块。

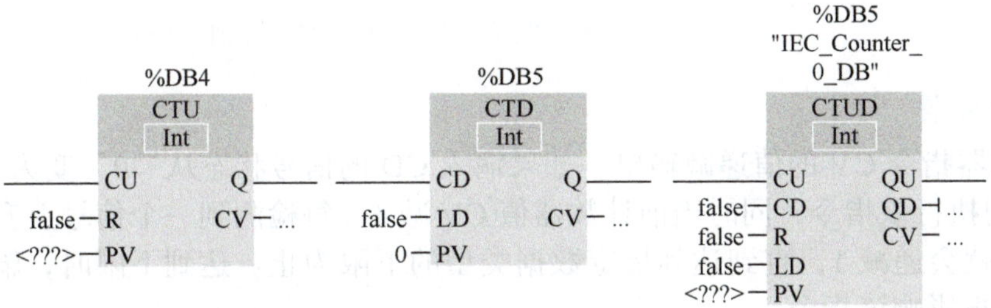

图 2-28　计数器指令

图中 CU 和 CD 分别是加计数输入和减计数输入，在 CU 或 CD 由 0 状态变为 1 状态时（信号的上升沿），当前计数器值 CV 被加 1 或减 1。PV 为预设计数值，Q 为输出，R 为复位输入，CU、CD、R 和 Q 均为 Bool 型变量。

将指令列表的“计数器操作”文件夹中的 CTU 指令拖放到工作区，单击方框中 CTU 下面的 3 个问号（见图 2-29），再单击问号右边出现的按钮，用下拉列表设置 PV 和 CV 的数据类型为 Int。PV 和 CV 可以使用的数据

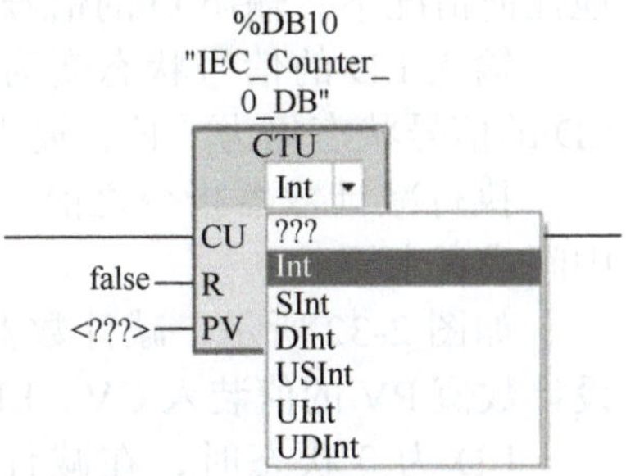

图 2-29　设置数据类型

类型如下拉列表所示。各变量均可以使用 I（仅用于输入变量）、Q、M、D 和 L 存储区，PV 还可以使用常数。

1. 加计数器

加计数器指令 CV 的值递增输出。如果输入 CU 的信号状态从“0”变为“1”（信号上升沿），则执行该指令，同时当前计数器值 CV 加 1。每检测到一个信号上升沿，当前计数器值 CV 就会递增，直到达到输出 CV 中所指定数据类型的上限。达到上限时，输入 CU 的信号状态将不再影响该指令。加计数器指令如图 2-30 所示。IEC_Counter_0_DB 是背景数据块（DB）的名称，可以修改。

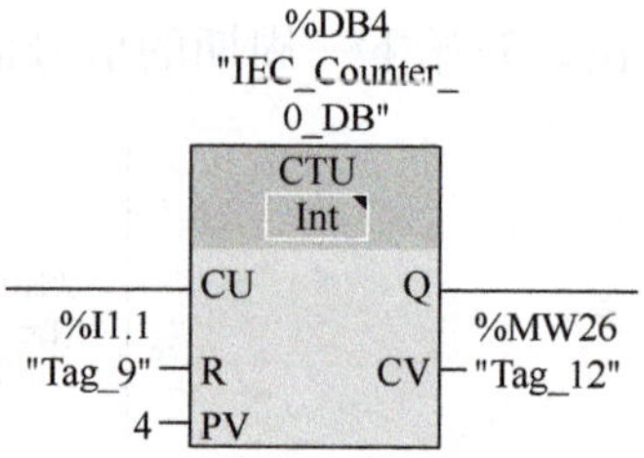

图 2-30 加计数器指令

输出 Q 的信号状态由参数 PV 决定。如果当前计数器值 CV 大于或等于预设计数值 PV，则将输出 Q 的信号状态置位为“1”。在其他任何情况下，输出 Q 的信号状态均为“0”。

输入 R 的信号状态变为“1”时，输出 CV 的值被复位为“0”。只要输入 R 的信号状态仍为“1”，输入 CU 的信号状态就不会影响该指令。

执行加计数器指令之前，需要事先预设一个逻辑运算。该运算可以放置在程序段的中间或者末尾。加计数器指令应用梯形图及其时序图如图 2-31 所示。

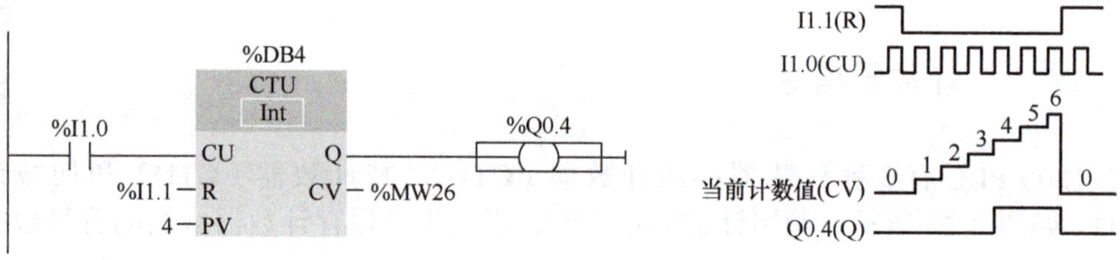

a) 梯形图　　b) 时序图

图 2-31 加计数器指令应用梯形图及其时序图

2. 减计数器

减计数器指令 CV 的值递减输出。如果输入 CD 的信号状态从“0”变为“1”（信号上升沿），则执行该指令，同时当前计数器值 CV 减 1。每检测到一个信号上升沿，当前计数器值 CV 就会递减 1，直到达到指定数据类型的下限为止。达到下限时，输入 CD 的信号状态将不再影响该指令。

如果当前计数器值 CV 小于或等于“0”，则 Q 输出的信号状态将置位为“1”。在其他任何情况下，输出 Q 的信号状态均为“0”。

输入 LD 的信号状态变为“1”时，将输出 CV 的值设置为参数 PV 的值。只要输入 LD 的信号状态仍为“1”，输入 CD 的信号状态就不会影响该指令。

执行减计数器指令之前，需要事先预设一个逻辑运算。该运算可以放置在程序段的中间或者末尾。

如图 2-32 所示，减计数器的装载输入 LD 为 1 状态时，输出 Q 被复位为 0，并把预设计数值 PV 的值装入 CV。LD 为 1 状态时，输入 CD 不起作用。

LD 为 0 状态时，在减计数输入 CD 的上升沿，当前计数器值 CV 减 1，直到 CV 达到指定的数据类型的下限值。此后 CD 输入信号的状态变化不再起作用，CV 的值不再减小。

当前计数器值 CV 小于或等于 0 时，输出 Q 为 1 状态，反之 Q 为 0 状态。第一次执行指令时，CV 被清零。图 2-33 所示为减计数器应用的时序图。

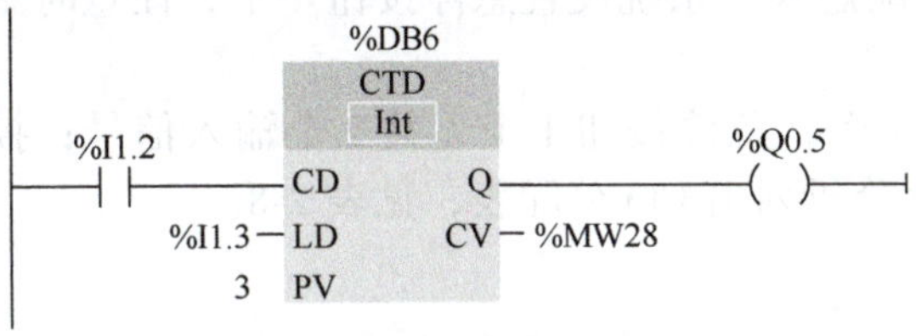

图 2-32　减计数器应用梯形图

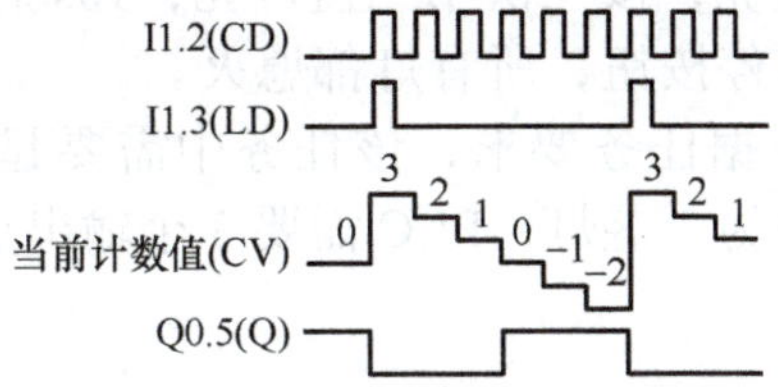

图 2-33　减计数器应用的时序图

3. 加减计数器

加减计数器指令 CV 的值递增或递减输出。如果输入 CU 的信号状态从“0”变为“1”（信号上升沿），则当前计数器值加 1 并存储在输出 CV 中。如果输入 CD 的信号状态从“0”变为“1”（信号上升沿），则输出 CV 减 1。如果在一个程序周期内，输入 CU 和 CD 都出现信号上升沿，则当前计数器值 CV 保持不变。加减计数器指令应用及其时序图如图 2-34 所示。

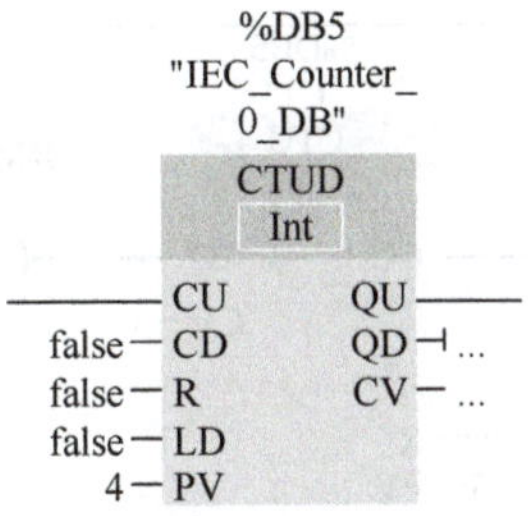

a) 加减计数器指令应用

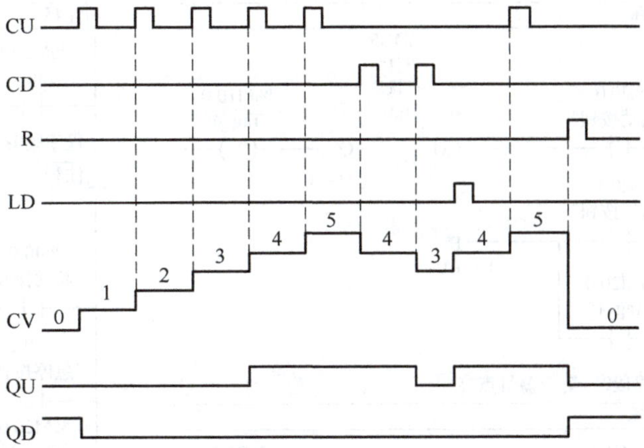

b) 加减计数器指令时序图

图 2-34　加减计数器指令及其时序图

当前计数器值可以一直递增，直到其达到输出 CV 指定数据类型的上限。达到上限后，即使出现信号上升沿，计数器值也不再递增。达到指定数据类型的下限后，计数器值便不再递减。

输入 LD 的信号状态变为“1”时，将输出 CV 的计数器值置位为参数 PV 的值。只要输入 LD 的信号状态仍为“1”，输入 CU 和 CD 的信号状态就不会影响该指令。

当输入 R 的信号状态变为“1”时，将当前计数器值 CV 置位为“0”。输入 CV 被清零，输出 QU 变为 0 状态，QD 变为 1 状态。只要输入 R 的信号状态仍为“1”，输入 CU、CD 和 LD 信号状态的改变就不会影响加减计数器指令。

可以在输出 QU 中查询加计数器的状态。如果当前计数器值 CV 大于或等于参数 PV，则输出 QU 的信号状态将置位为“1”。在其他任何情况下，输出 QU 的信号状态均为“0”。

可以在输出 QD 中查询减计数器的状态。如果当前计数器值小于或等于“0”，则输出 QD 的信号状态将置位为“1”。在其他任何情况下，输出 QD 的信号状态均为“0”。

应用举例： 用一个按钮控制 3 盏灯的亮灭，按一次按钮第一盏灯点亮，按两次第二盏灯点亮，按三次第三盏灯亮，10s 后全部自动熄灭。系统设置急停按钮一个，任意时刻按下急停按钮，所有灯都熄灭。

根据任务要求，该任务中需要起动按钮 1 个，急停按钮 1 个，共 2 个输入信号；控制对象为 3 盏灯，PLC 需要 3 个输出点。据此分析列出 I/O 分配表，见表 2-8。

表 2-8　I/O 分配表

输入		输出	
输入继电器	元件	输出继电器	元件
I0.0	起动按钮 SB1	Q0.1	灯 1
I0.1	急停按钮 SB2	Q0.2	灯 2
		Q0.3	灯 3

参考程序如图 2-35 所示。

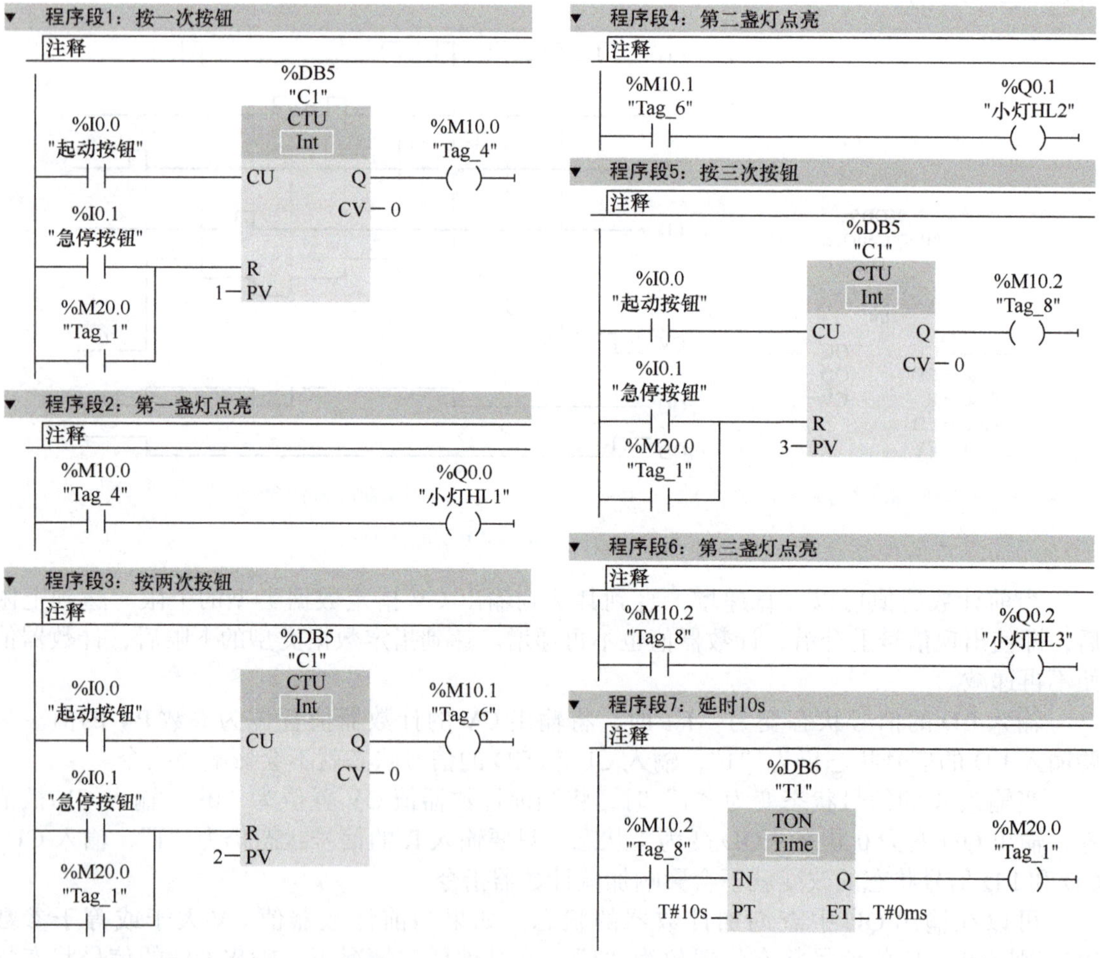

图 2-35　计数器应用参考程序

任务实施

一、实施步骤

1. 硬件选择

抢答器硬件选择见表 2-9。

表 2-9 抢答器硬件选型表

名称	型号或规格
PLC	CPU 1214C DC/DC/RLY
按钮	圆形按键自复位 LA38-11BN
指示灯	电源信号灯 AD18-16C

2. I/O 分配表

根据控制要求列出所用的 I/O 点，并为其分配相应的地址，其 I/O 分配表见表 2-10。

表 2-10 抢答器 I/O 分配表

输入		输出	
输入地址	元件作用	输出地址	输出元件
I0.0	开始抢答按钮 SB1	Q0.0	开始抢答指示灯 HL1
I0.1	1 号抢答按钮 SB2	Q0.1	1 号抢答指示灯 HL2
I0.2	2 号抢答按钮 SB3	Q0.2	2 号抢答指示灯 HL3
I0.3	3 号抢答按钮 SB4	Q0.3	3 号抢答指示灯 HL4
I0.4	4 号抢答按钮 SB5	Q0.4	4 号抢答指示灯 HL5
I0.5	抢答器复位按钮 SB6		

3. PLC I/O 接线图

根据列出的 I/O 分配表，可以画出 PLC I/O 接线示意图，如图 2-36 所示。

4. PLC 程序设计

（1）编程思路　对于本任务程序设计，主要在于主持人按下开始抢答按钮后，开始进入倒计时，且 10s 后抢答指示灯以 2Hz 的频率开始闪烁，用定时器进行倒计时控制，利用 PLC 自带的时钟存储器 M0.3 来实现。

（2）程序执行过程　在开始抢答之前，主持人需按下开始抢答按钮 SB1，输入信号 I0.0 有效，将 M10.0 置位为“1”，开始抢答信号灯 Q0.0 亮，同时定时器开始定时；若 10s 内无人抢答，10s 后 Q0.0 以 2Hz 的频率闪烁，直到按下复位按钮。如果 1 号抢答成功，输入信号 I0.1 有效，M10.1 为 ON，其常开触点 M10.1 闭合，输出信号 Q0.1 为 ON，1 号抢答指示灯亮，此次抢答有效。与此同时 M10.1 的常闭触点断开，2 号、3 号和 4 号抢答器均无效。其他情况与 1 号抢答的过程类似。当主持人按下抢答复位按钮时，输入信号 I0.5 有效，使 M10.0 复位，输出信号 Q0.0、Q0.1 均为 OFF，抢答开始指示灯熄灭，一次抢答结束，等待下次抢答。2 号、3 号和 4 号抢答器与 1 号抢答器原理完全相同。

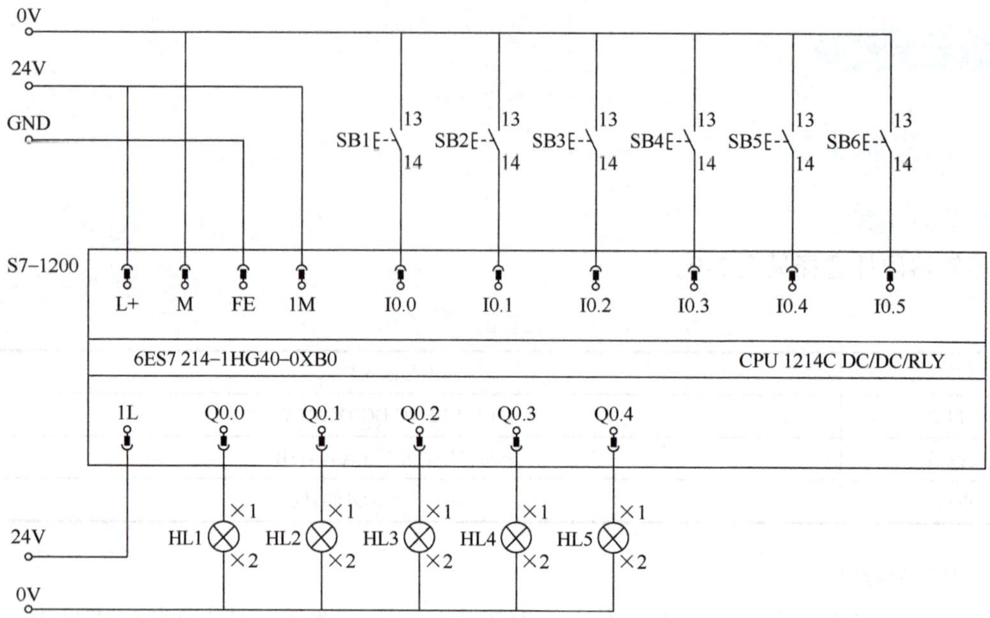

图 2-36　PLC I/O 接线示意图

在主持人未按下开始抢答按钮之前，若其中一人按下抢答器，以 1 号为例，输入信号 I0.1 有效，M10.1 为 ON，其常开触点闭合，通过 1Hz 时钟脉冲信号 M0.5，1 号指示灯 Q0.1 接通并开始闪烁，表示 1 号违规抢答，此次抢答无效；主持人按下抢答复位按钮，违规抢答信号灯熄灭。参考程序如图 2-37 所示。

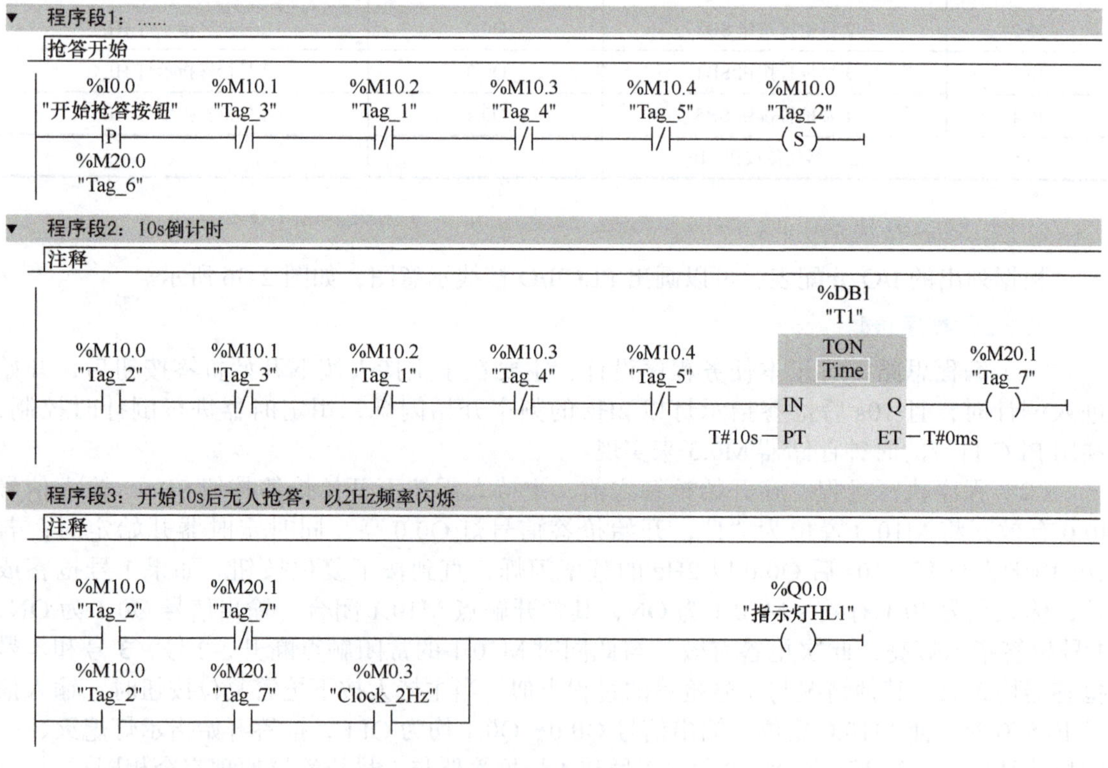

图 2-37　抢答器梯形图参考程序

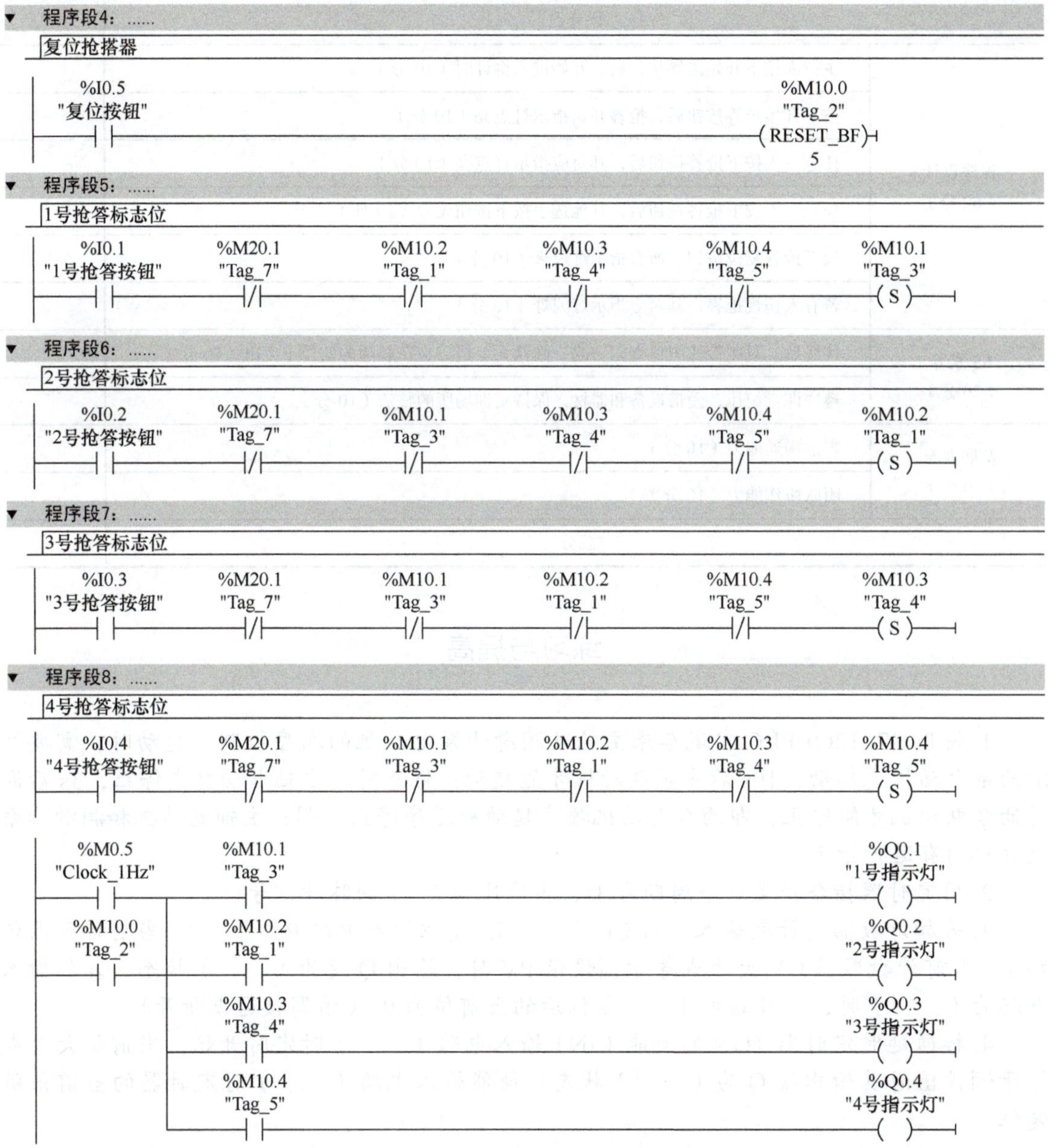

图 2-37 抢答器梯形图参考程序（续）

本任务程序设计重点在于倒计时结束后，抢答指示灯以 2Hz 的频率闪烁，其余时候常亮。用一个倒计时标志位来实现该功能，常亮和闪烁分别用两条不同的支路来接通指示灯。如果 PLC 自带的时钟存储器不能满足要求的闪烁频率，可以利用定时器指令来产生任意频率的脉冲信号。

二、任务考核与评价

教师根据学生的完成情况，对结果进行评分，并将得分填入表 2-11 中。

表 2-11　智能抢答器抢答倒计时功能设计评分表

评分点		得分
程序设计（60 分）	主持人按下开始抢答按钮后，开始进入倒计时（10 分）	
	按下开始抢答按钮后，抢答开始指示灯点亮（10 分）	
	任意一人按下抢答按钮后，其对应指示灯点亮（10 分）	
	任意一人按下抢答按钮后，其他选手按下按钮无效（10 分）	
	按下抢答复位按钮，所有指示灯熄灭（10 分）	
	若有人违规抢答，其对应指示灯闪烁（10 分）	
6S 素养（20 分）	接线后，对照接线图检查完一遍，确认无差错后，在教师的监控下上电（10 分）	
	遵守课堂纪律，爱惜设备和器材，保持实训场所的整洁（10 分）	
发展素养（20 分）	表达沟通能力（10 分）	
	团队协作能力（10 分）	
总分		

练习与提高

1. 使用 S7-1200 PLC 实现车床主轴及润滑油泵电动机的顺序控制。起动时，需要润滑油泵电动机先起动，10s 后主轴电动机才能起动；停止时，主轴电动机先停止，3s 后润滑油泵电动机才能停止，即两台电动机顺序起动和逆序停止控制；主轴电动机和润滑油泵电动机均有运行指示。

2. 用定时器指令产生一个周期为 3s、占空比为 2∶1 的脉冲信号。

3. 若加计数器的计数输入电路 CU（　　），复位输入电路 R（　　），当前计数器值加 1。当前计数器值 CV 大于或等于预设值 PV 时，输出 Q 变为（　　）状态。复位输入电路为（　　）时，计数器被复位，复位后的当前值为 0。（填写接通或断开）

4. 接通延时定时器 TON 的使能（IN）输入电路（　　）时定时开始，当前值大于或等于预设值时其输出端 Q 为（　　）状态。使能输入电路（　　）时定时器的当前值被复位。

任务 2.3　抢答器人机交互系统设计

学习目标

1. 知识目标

1）了解 S7-1200 PLC 常用功能指令的类型。

2）理解 S7-1200 PLC 转换指令和运算指令的功能。

3）掌握在 Portal 软件中用 HMI 设备向导组态画面的方法。

2. 技能目标

1）能熟练使用转换指令和运算指令进行 PLC 程序设计。
2）能独立完成抢答控制系统的程序设计和人机交互系统设计。
3）能利用 HMI 进行在线模拟。

3. 素质目标

1）通过任务分析，学会把复杂问题简单化、条理化。
3）通过团队协作完善抢答器功能，提高学生沟通能力与团队协助精神。
4）通过对抢答器功能的不断完善，培养学生分析问题、解决问题的能力。

任务描述

使用 SIMATIC 精简系列面板“KTP900 Basic”、S7-1200 PLC 1214C，创建抢答器人机交互控制系统，该系统能在 HMI 上显示抢答者的组号，选手能在 HMI 上进行模拟抢答，主持人也能在 HMI 进行开始和复位操作，抢答开始后 HMI 上显示抢答开始的时间。

知识准备

知识点 1　数据类型

数据类型用来描述数据的长度和属性。很多指令和代码块的参数支持多种数据类型。将光标放在某条指令未输入地址或常数的参数域上，过一会儿在出现的黄色背景小方框中，可以看到该参数支持的数据类型。

不同任务使用不同长度的数据对象，例如位指令使用位数据，传送指令使用字节、字和双字。字节、字和双字分别由 8 位、16 位和 32 位二进制数组成。S7-1200 PLC 常见的数据类型见表 2-12。

表 2-12　常见的数据类型

数据类型	符号	位数	取值范围	常数举例
位	Bool	1	1、0	TRUE、FALSE 或 1、0
字节	Byte	8	16#00 ~ 16#FF	16#2，16#AB
字	Word	16	16#0000 ~ 16#FFFF	16#ABCD，16#0001
双字	DWord	32	16#00000000 ~ 16#FFFFFFFF	16#02468ACE
字符	Char	8	16#00 ~ 16#FF	‘A’，‘@’
有符号字节	SInt	8	-128 ~ 127	123，-123
整数	Int	16	-32768 ~ 32767	123，-123
双整数	DInt	32	-2147483648 ~ 2147483647	123，-123
无符号字节	USInt	8	0 ~ 255	123
无符号整数	UInt	16	0 ~ 65535	123
无符号双整数	UDInt	32	0 ~ 4294967295	123

（续）

数据类型	符号	位数	取值范围	常数举例
浮点数（实数）	Real	32	-1.175495×10^{-38} ～ 3.402×10^{38} 1.175495×10^{-38} ～ 3.402×10^{38}	12.45，-3.4，-3.1E+12
双精度浮点数	LReal	64	$-2.2250738585072020\times10^{-308}$ ～ $-1.7976931348623157\times10^{308}$ $2.2250738585072020\times10^{-308}$ ～ $1.7976931348623157\times10^{308}$	12356.56743 -1.2E+40
时间	Time	32	T#-24d20h31m23s648ms ～ T#+24d20h31m23s648ms	T#1d_2h_15m_30s_60ms

数据类型的符号有下列特点：

1）字节、字和双字均为十六进制数，字符又称为 ASCII 码。

2）包含 Int 但无 U 的数据类型为有符号整数，包含 Int 和 U 的数据类型为无符号整数。

3）包含 SInt 的数据类型为 8 位短整数，包含 Int 且无 D 和 S 的数据类型为 16 位整数，包含 DInt 的数据类型为 32 位双整数。

知识点 2　转换指令

1. CONV 指令

CONV（转换值）指令将读取参数 IN 的内容，并根据指令框中选择的数据类型对其进行转换，转换的值将发送到输出 OUT 中，如图 2-38 所示。其中，数据类型 BCD16 只能转换为整数，BCD32 只能转换为双整数。CONV 指令和参数见表 2-13。

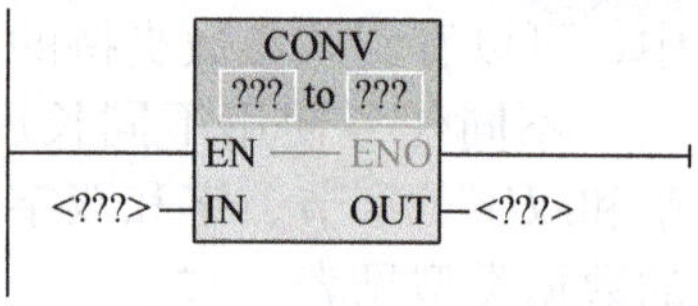

图 2-38　CONV 指令

表 2-13　CONV 指令参数

参数	数据类型	说明
EN	Bool	使能输入
ENO	Bool	使能输出
IN	SInt、USInt、Int、UInt、UDInt、DWord、Real、LReal、Char、WChar、Bcd16、Bcd32	要转换的值
OUT	SInt、USInt、Int、UInt、UDInt、DWord、Real、LReal、Char、WChar、BCD16、BCD32	转换结果

2. ROUND 指令

ROUND（取整）指令可以将输入 IN 的值四舍五入取整为最接近的整数。该指令将输入 IN 的值从浮点数转换为一个 DInt 数据类型的整数。指令结果被发送到输出 OUT，可供查询。

需要指出的是，ROUND 指令的四舍五入和一般数学意义上的四舍五入不同。如果浮点数的小数部分刚好为两个连续整数的一半，取整结果为两个连续整数中的偶数。如 ROUND（10.5）=10，ROUND（11.5）=12。

另外，用于取整的指令还有浮点数向上取整指令 CEIL、浮点数向下取整指令 FLOOR、截尾取整指令 TRUNC。浮点数的数值范围远远大于 32 位整数，有的浮点数不能成功地转换成 32 位整数。如果被转换的浮点数超出了 32 位整数的表示范围，指令将得不到有效的结果，即 ENO 为 0。

3. NORM_X 指令和 SCALE_X 指令

NORM_X（标准化）指令和 SCALE_X（标定）指令的梯形图如图 2-39 所示。

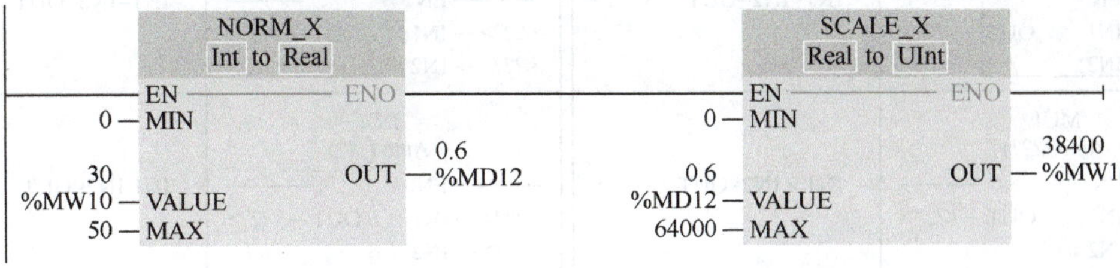

图 2-39 NORM_X 指令和 SCALE_X 指令的梯形图

NORM_X 指令的功能是将输入 VALUE 中变量的值映射到线性标尺并对其进行标准化；用参数 MIN 和 MAX 定义值范围的限值；输出 OUT 中的结果经过计算并存储为浮点数，这取决于要标准化的值在该值范围中的位置。NORM_X 指令的整数输入值 VALUE（MIN≤ VALUE≤MAX）被线性转换为 0.0 ～ 1.0 之间的浮点数，转换结果保存在 OUT 指定的地址，NORM_X 的输出 OUT 的数据类型为 Real（实数）。如果要标准化的值等于输入 MIN 中的值，则输出 OUT 将返回值“0.0”。如果要标准化的值等于输入 MAX 的值，则输出 OUT 将返回值“1.0”。

SCALE_X 指令的功能是将输入 VALUE 的值映射到指定的值范围内，对该值进行缩放。当执行该指令时，输入 VALUE（0.0≤VALUE≤1.0）的浮点值会缩放到由参数 MIN 和 MAX 定义的值范围。缩放结果为整数，保存在 OUT 指定的地址。

NORM_X 指令和 SCALE_X 指令的使用大大简化了程序的编写量，它们通常成对使用，最常见的应用场合是 A/D 和 D/A 转换，PLC 与变频器、伺服驱动系统通信。其计算原理图如图 2-40 所示。

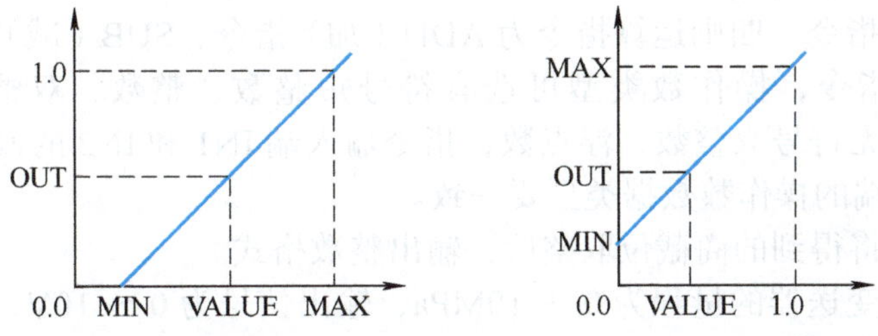

a) NORM_X指令的线性关系　　b) SCALE_X指令的线性关系

图 2-40 计算原理图

知识点3 运算指令

1. 数学运算指令

常见的数学运算指令见表2-14，有加、减、乘、除、求余数、取反、自加、自减、绝对值、最大值、最小值等。

表2-14 数学运算指令

梯形图	描述	梯形图	描述
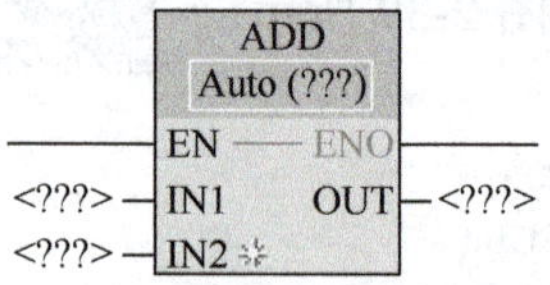	IN1+IN2=OUT	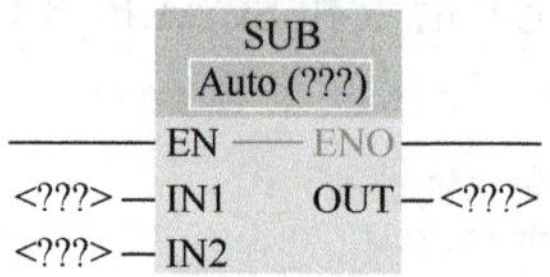	IN1-IN2=OUT
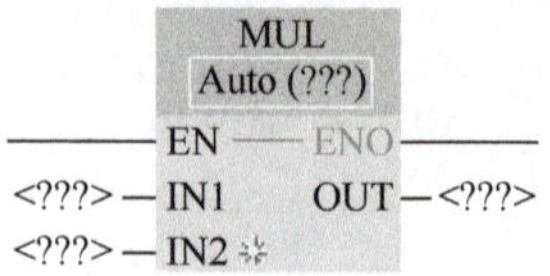	IN1 × IN2=OUT	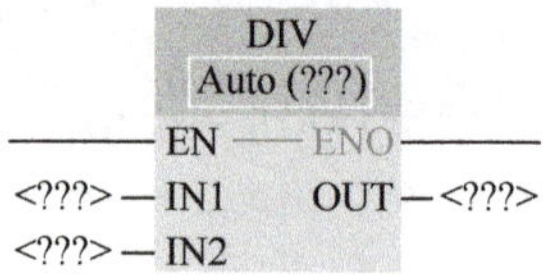	IN1/IN2=OUT
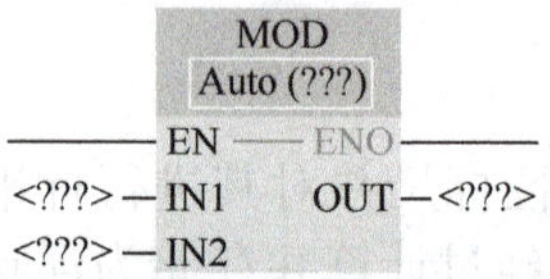	求整数除法的余数	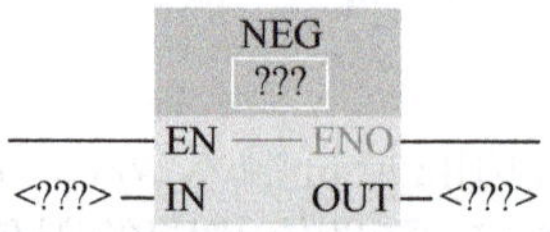	将输入值的符号取反
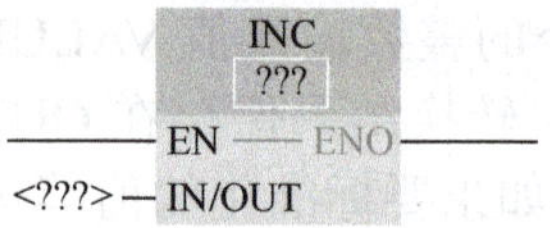	将参数IN/OUT的值加1	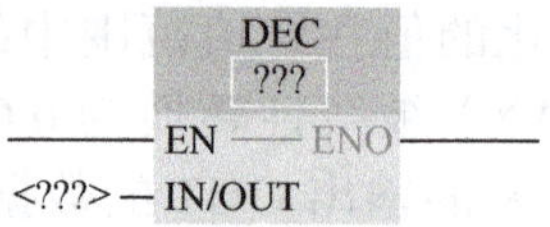	将参数IN/OUT的值减1
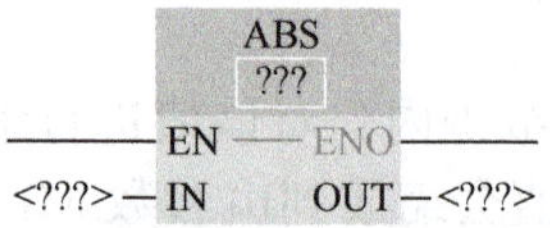	求有符号数的绝对值	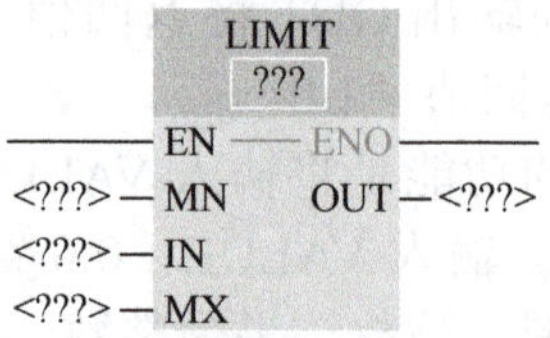	将输入IN的值限制在指定的范围内
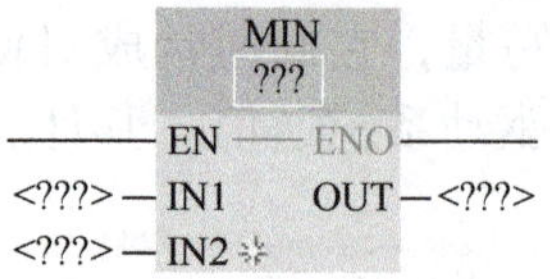	求两个及以上输入中最小的数	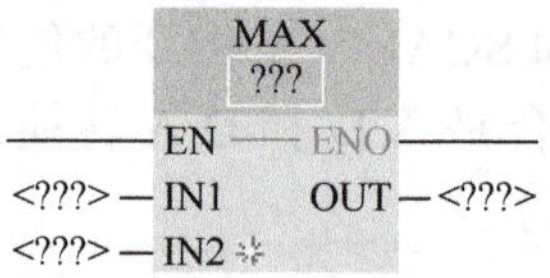	求两个及以上输入中最大的数

（1）四则运算指令　四则运算指令为ADD（加）指令、SUB（减）指令、MUL（乘）指令、DIV（除）指令，操作数类型可选有符号短整数、整数、双整数、无符号短整数、无符号整数、无符号双整数、浮点数，指令输入端IN1和IN2的操作数可以是常数，IN1、IN2和OUT端的操作数数据类型要一致。

整数除法指令将得到的商截位取整后，输出整数格式。

例：有一压力变送器的量程为0～10MPa，输出信号为0～10V，被CPU集成的模拟量输入通道IW64转换为0～27648的数字。假设转换后的数字为N，试求压力变送器检测的压力值（以kPa为单位）是多少？

解：0～10MPa对应于转换后的数字0～27648，转换公式为

$$P=\frac{10000N}{27648} \tag{2-1}$$

为保证原始数据的精度，在运算时一定要先乘后除。

公式中乘法运算的结果可能会大于一个字能表示的最大值，因此应使用数据类型为双整数的乘法运算指令和除法运算指令，如图 2-41 所示。先使用 CONV 指令，将 IW64 转换为双整数。

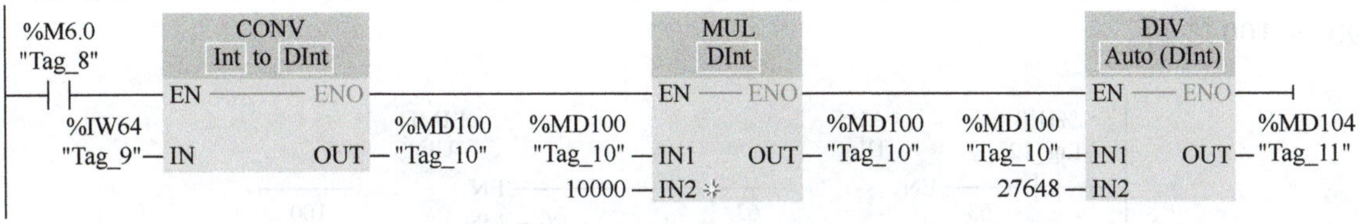

图 2-41　压力值计算程序

（2）其他数学运算指令

1）MOD（求余数）指令。DIV 指令只能得到商，余数会被丢掉，而 MOD 指令可以用来求除法的余数。输出端 OUT 的运算结果为除法运算 IN1/IN2 的余数，如图 2-42 所示。

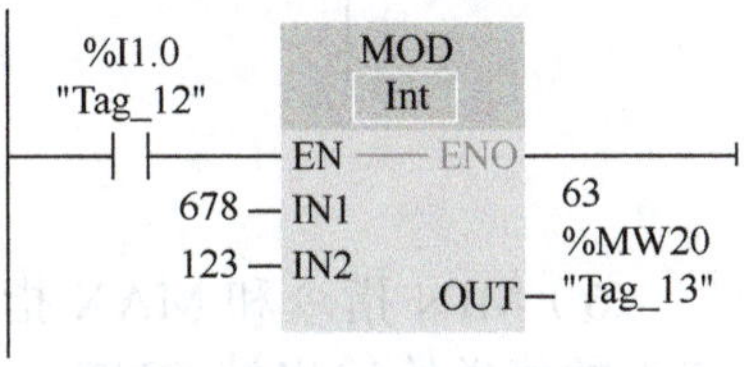

图 2-42　MOD 指令示例

2）NEG（取反）指令。NEG 指令将输入端 IN 的操作数的符号取反后，保存在输出端 OUT 中，如图 2-43 所示。IN 和 OUT 端操作数的数据类型可以是有符号短整数、整数、双整数和浮点数，输入端 IN 的操作数还可以是常数。

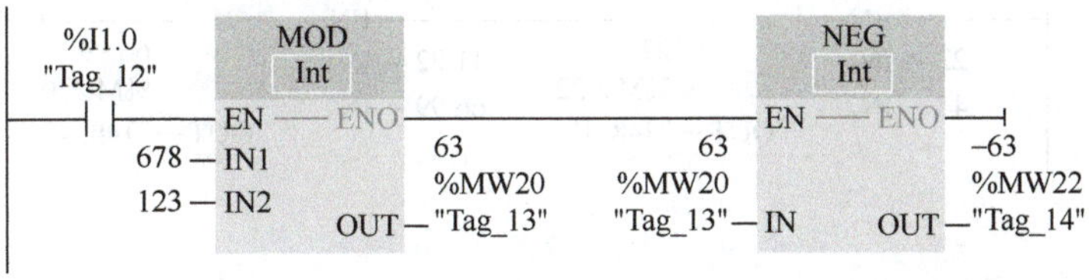

图 2-43　NEG 指令示例

3）INC（自加）指令和 DEC（自减）指令。执行 INC 指令或 DEC 指令时，IN/OUT 端操作数的值将被加 1 或减 1。IN/OUT 端操作数的数据类型可选择无符号短整数、整数、无符号整数。如图 2-44 所示，INC 指令用来记录 M10.2 动作的次数，应在 INC 指令之前添加检测能流上升沿的指令，否则 M10.2 为 1 状态的每个扫描循环周期，MW20 都要加 1。

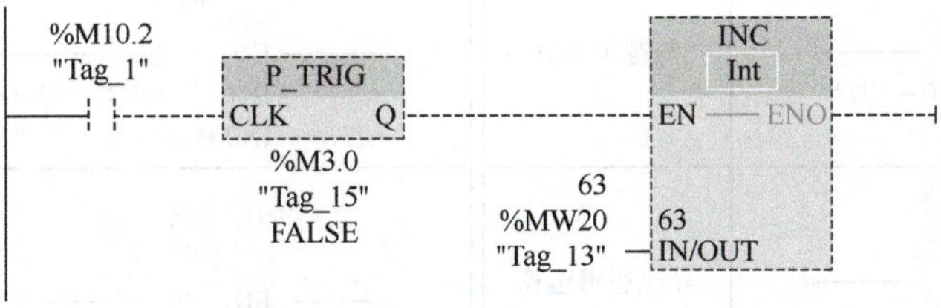

图 2-44　INC 指令示例

4）ABS（绝对值）指令。ABS指令如图2-45所示，它用来求输入端IN操作数的绝对值，并将结果保存在输出端OUT中，IN和OUT端的数据类型应相同，它们可以是有符号整数或浮点数。

5）LIMIT指令。LIMIT指令用于检查输入端IN的值是否在MN（最小值）和MX（最大值）端操作数指定的范围内。如果IN端的值没有超出该范围，则将输入端IN的值保存在OUT指定的地址中；如果IN端的值小于MN端操作数的值或大于MX端操作数的值，将MN或MX端操作数的值送给输出端OUT。如图2-45所示，MW26被限制在90～100之间。

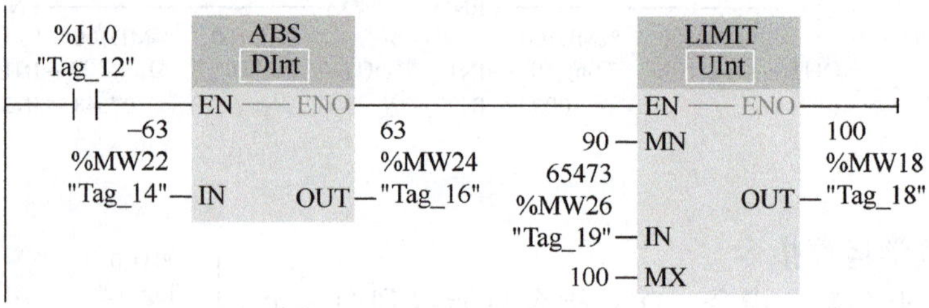

图2-45 ABS指令和LIMIT指令示例

6）MIN指令和MAX指令。MIN指令用于比较输入端IN1和IN2的值，并将其中较小的值送给输出端OUT；MAX指令比较输入端INI和IN2值，并将其中较大的值送给输出端OUT，如图2-46所示。IN1和IN2端操作数的数据类型相同时才能执行指定的操作。

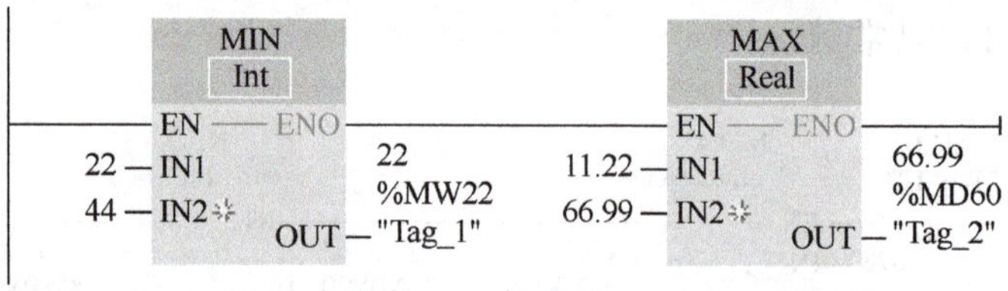

图2-46 MIN指令和MAX指令示例

2. 逻辑运算指令

逻辑运算指令包括与、或、异或、取反、解码、编码、选择、多路复用和多路分用指令，见表2-15。

表2-15 逻辑运算指令

梯形图	描述	梯形图	描述
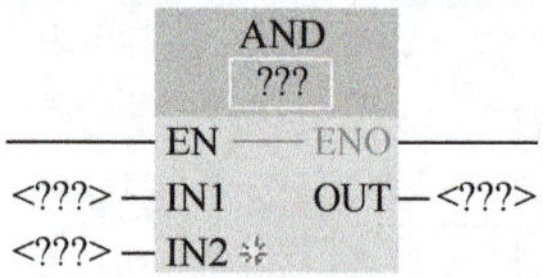	与逻辑运算	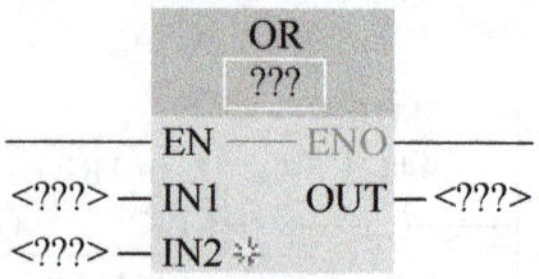	或逻辑运算
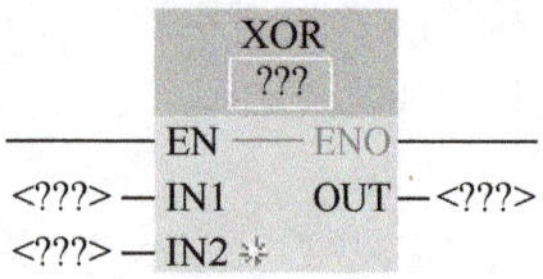	异或逻辑运算	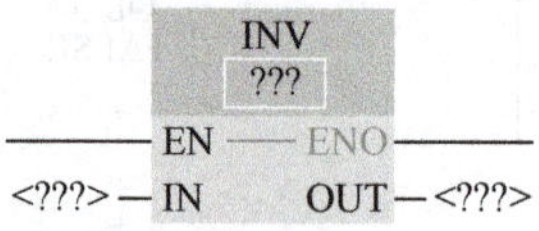	取反

（续）

梯形图	描述	梯形图	描述
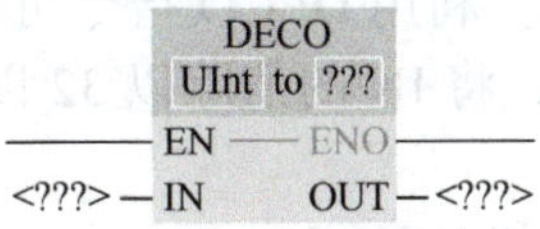	解码	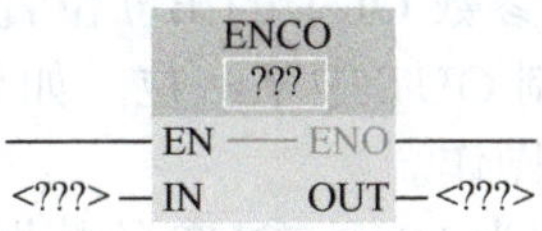	编码
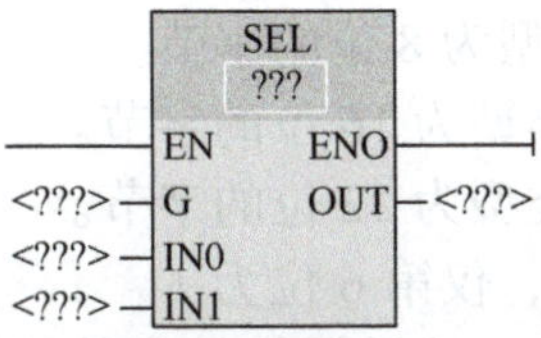	选择	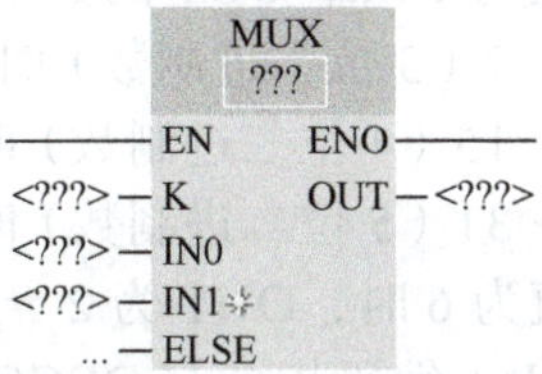	多路复用
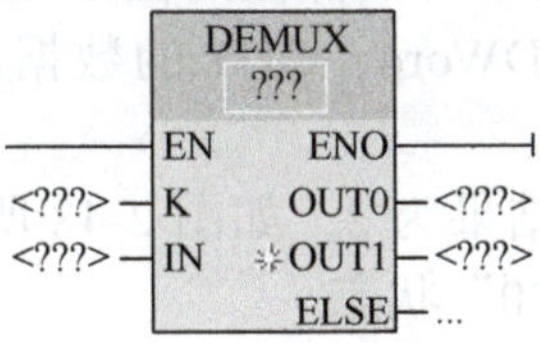	多路分用		

（1）基本逻辑运算指令　逻辑运算指令对两个输入（或多个）IN1 和 IN2 逐位进行逻辑运算。逻辑运算的结果存放在输出 OUT 指定的地址中，应用示例如图 2-47 所示。

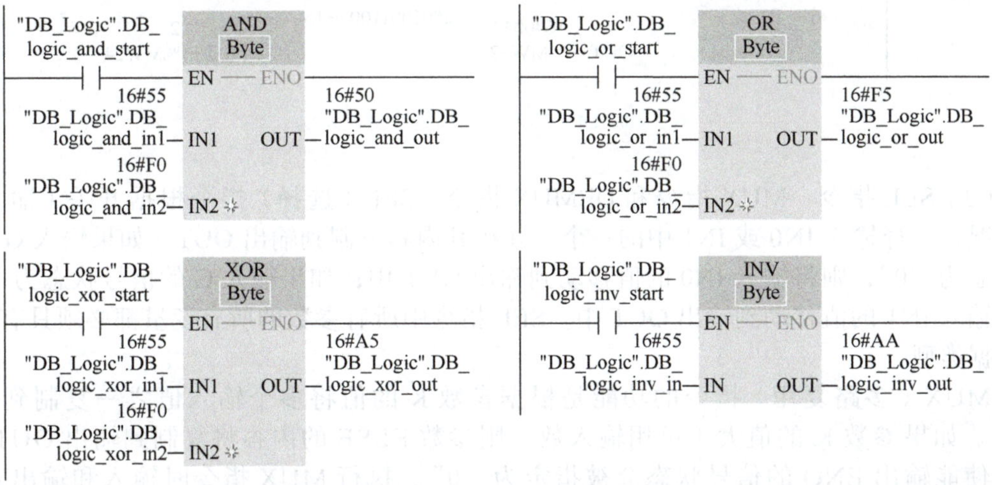

图 2-47　AND、OR、XOR、INV 指令应用示例

AND（与）运算时两个（或多个）操作数的同一位如果均为 1，运算结果的对应位为 1，否则为 0。

OR（或）运算时两个（或多个）操作数的同一位如果均为 0，运算结果的对应位为 0，否则为 1。

XOR（异或）运算时两个（若有多个输入，则两两运算）操作数的同一位如果不相同，运算结果的对应位为 1，否则为 0。

AND、OR、XOR 指令的操作数 IN1、IN2 和 OUT 的数据类型为十六进制的 Byte、Word 和 DWord。

INV（取反）指令将输入 IN 中的二进制数逐位取反，即各位的二进制数由 0 变 1，由1变0，运算结果存放在输出OUT指定的地址中。

（2）DECO指令和ENCO指令　假设输入IN的值为n，DECO（Decode）（解码或称译码）指令将输出参数OUT的第*n*位置位为1，其余各位置0。利用DECO指令可以用输入IN的值来控制OUT中某一位。如果输入IN的值大于31，将IN的值除以32以后，用余数来进行解码操作。

IN的数据类型为UInt，OUT的数据类型可选Byte、Word和DWord。

IN的值为0～7（3位二进制数）时，输出OUT的数据类型为8位的字节。

IN的值为0～15（4位二进制数）时，输出OUT的数据类型为16位的字节。

IN的值为0～31（5位二进制数）时，输出OUT的数据类型为32位的字节。

例如，IN的值为6时，OUT为2#0100 0000（16#40），仅第6位为1。

ENCO（Encode）编码指令与DECO指令相反，将IN中为1的最低位的位数送给输出参数OUT指定的地址，IN的数据类型可选Byte、Word和DWord，OUT的数据类型为Int。

如果IN为2#0100 1100，OUT指定的MW24中的编码结果为2，如图2-48所示。如果IN为1或0，MW24中的值为0。如果IN为0，ENO为“0”状态。

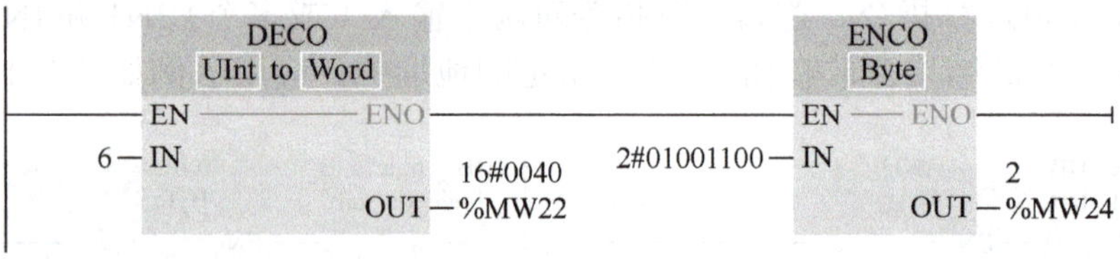

图2-48　DECO和ENCO指令应用示例

（3）SEL指令、MUX指令和DEMUX指令　SEL（选择）指令根据开关（输入G）的情况，选择输入IN0或IN1中的一个，并将其内容复制到输出OUT。如果输入G的信号状态为“0”，则将输入IN0的值移动到输出OUT中；如果输入G的信号状态为“1”，则将输入IN1的值移动到输出OUT中。SEL指令中所有参数的所有变量都必须具有相同的数据类型。

MUX（多路复用）指令的功能是根据参数K的值将多个输入值之一复制到参数OUT。如果参数K的值大于可用输入数，则参数ELSE的内容将复制到输出OUT中，并且使能输出ENO的信号状态会被指定为“0”。执行MUX指令时输入和输出OUT中变量的数据类型必须相同，参数K只能指定为整数。MUX的可选输入数可以扩展，单击指令功能框中的星号，就可以增加输入参数IN的个数，同时输入会在该功能框中自动编号，从IN0开始，每个新输入的编号会连续递增，也可以删除某个输入参数IN。

DEMUX（多路分用）指令的功能是将输入IN的内容复制到选定的输出。输出编号从0开始，对于每个新输出，此编号连续递增。参数K定义要将输入IN的内容复制到哪个输出，其他输出保持不变。如果参数K的值大于可用的输出数目，则将输入IN的内容复制到参数ELSE中，并将使能输出ENO的信号状态指定为“0”。

执行DEMUX指令时输入IN和所有输出OUT中变量的数据类型都必须相同，参数K只能指定为整数。

如图2-49所示，SEL指令所在的梯形图程序中，输入G端M7.0的值为“0”，则将

IN0 端的值 20 复制到 OUT 端 MW70 中；MUX 指令所在的梯形图程序中，当 K=1 时，将 IN1 端 MW74 中的值 66 复制到 OUT 端 MW80 中；DEMUX 指令所在的梯形图程序中，当 K=0 时，将 IN 端 MW76 中的值 55 复制到输出 OUT0 端 MW82 中。

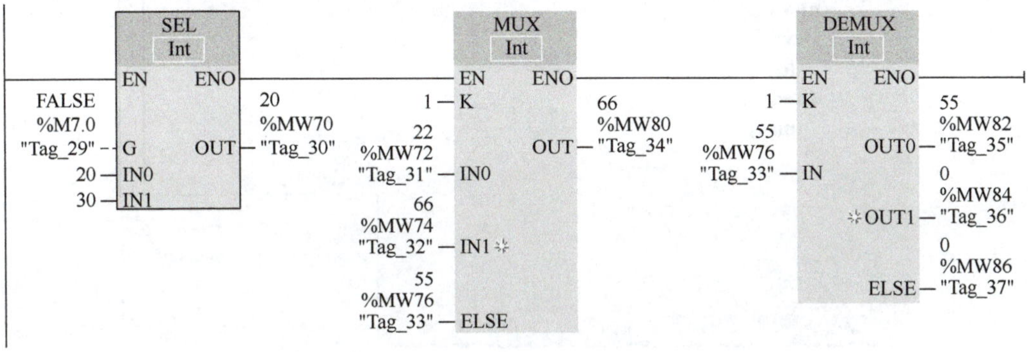

图 2-49 SEL、MUX 和 DEMUX 指令应用示例

知识点 4 人机交互画面设计

HMI 是系统和用户之间进行交互和信息交换的媒介，它实现信息的内部形式与人类可以接受形式之间的转换，凡参与人机信息交流的领域都存在着 HMI。下面介绍在 TIA Portal V16 软件中进行人机交互画面设计的主要步骤。

1. 添加设备

打开 TIA Portal V16，创建一个新项目。双击项目树中的“添加新设备”选项。先添加一个 PLC，在“添加新设备”对话框中依次单击“控制器”/“SIMATIC S7-1200”/“CPU”/“CPU 1214C DC/DC/Rly”选项，单击“确定”按钮，生成名为“PLC_1”的新 PLC。

继续双击项目树中的“添加新设备”选项，再添加一个 HMI 设备。在“添加新设备”对话框中依次单击“HMI”/“SIMATIC 精简系列面板”/“9″显示屏”/“KTP900 Basic”选项，选中供货号为“6AV2 123-2JB03-0AX0”的 HMI，单击“确定”按钮，生成名为“HMI_1”的面板，出现“HMI 设备向导：KTP900 Basic PN”对话框。

2. 用 HMI 设备向导组态画面

首先组态 PLC 与 HMI 的连接。单击“选择 PLC”选项的下拉按钮，在弹出的对话框中选中名为“PLC_1”的 PLC，如图 2-50 所示。

单击“确定”按钮，出现如图 2-51 所示的 PLC 与 HMI 之间的连接。

单击“下一步”按钮，进入“画面布局”对话框，可以对画面的背景色和页眉进行设置，在这里采用默认的背景色，通过取消勾选“页眉”复选框，取消页眉的设置。可以在对话框右边预览设置后的效果。

单击“下一步”按钮，进入“报警”对话框，该对话框里有 3 个报警窗口可以选择，即“未确认的报警”“未决的报警”“未决的系统报警”，可以在它们对应的复选框中进行勾选。对话框右边是报警窗口的预览。如果取消“未确认的报警”和“未决的系统报警”复选框中的勾选，右边的预览中只会保留“未决的报警”窗口。

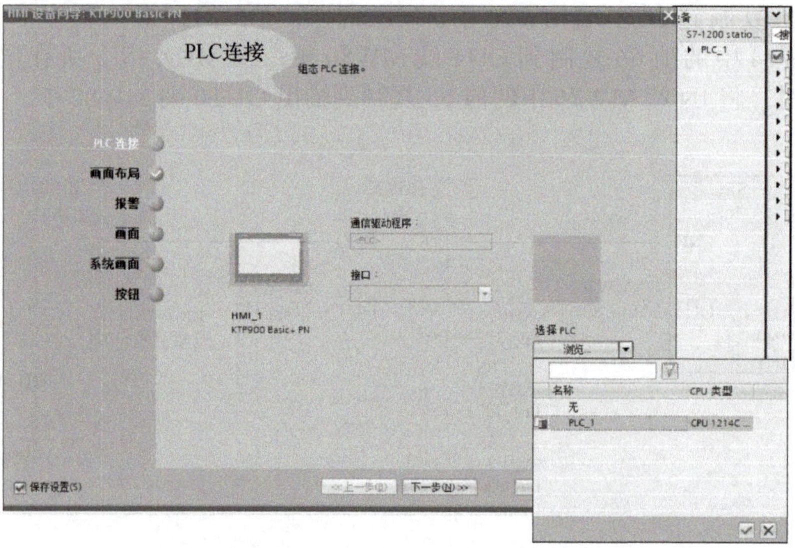

图 2-50 在设备向导中选择 PLC

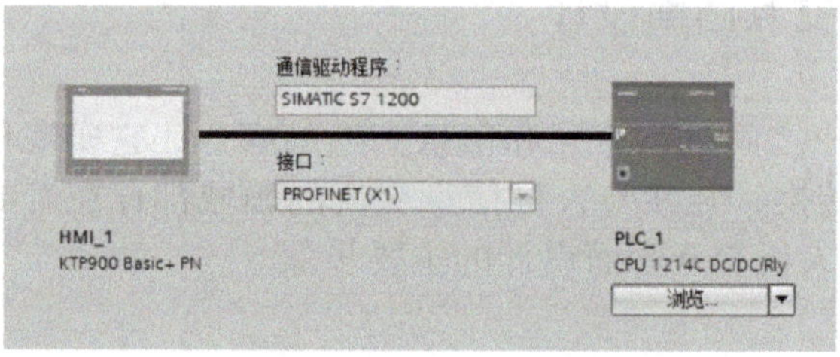

图 2-51 PLC 与 HMI 之间的连接

单击“下一步”按钮，进入“画面”对话框，通过单击“添加画面”按钮添加新画面，也可以通过画面里的工具条进行添加画面、删除画面、重命名画面及删除所有画面操作。选中相应画面，单击“重命名”工具，修改画面名称，也可以直接单击画面下的名称进行修改，如图 2-52 所示。组态完成后，在项目树的“画面”文件夹里有相应的画面名称，如图 2-53 所示。

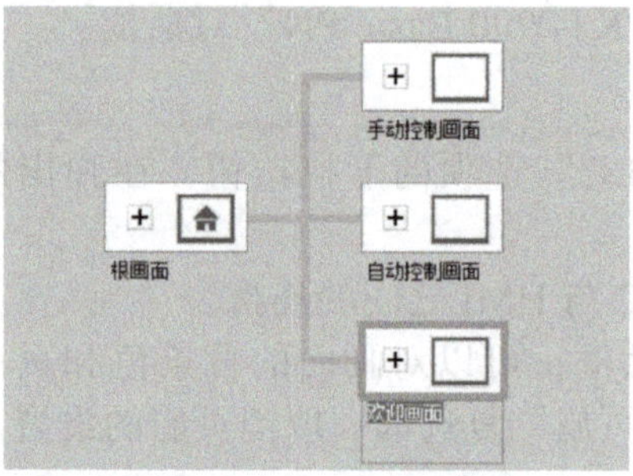

图 2-52 重命名画面

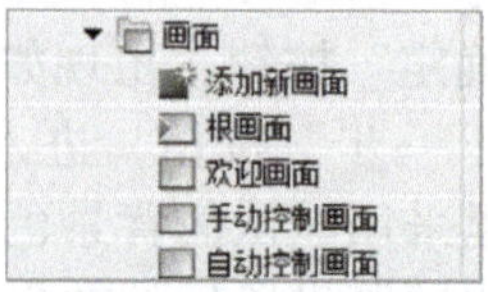

图 2-53 项目树中的“画面”文件夹

可以通过两种方法来进行画面的切换。一种方法是双击打开“手动控制画面”，双击“向后”按钮，选中“向后”文本，直接修改为“欢迎画面”，然后单击鼠标右键选择“事件”，选择“单击”，在“添加函数”下拉菜单中选择“激活屏幕”，画面名称选择

“欢迎画面”，如图 2-54 所示。另一种方法是把原“返回”按钮删除，将项目树中的“欢迎画面”拖放到“手动控制画面”中，在自动生成的画面切换按钮上，显示的字符为“欢迎画面”。本项目只需欢迎画面和手动控制画面，以后如有需要，在项目树的“画面”文件夹下双击“添加新画面”选项添加画面。

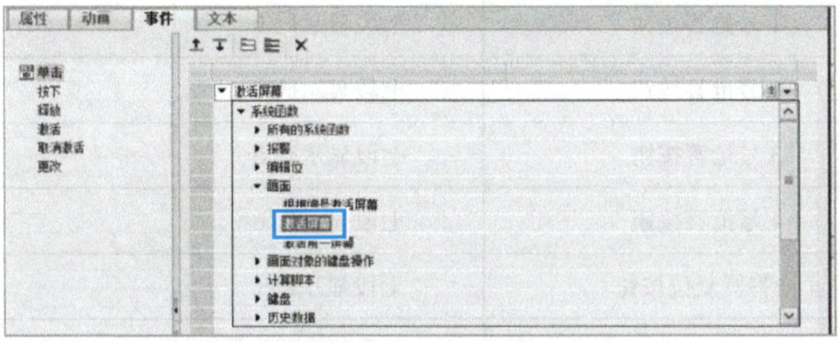

图 2-54　画面切换按钮的事件组态

单击“下一步”按钮，打开“系统画面”对话框。根据项目要求选择系统画面及下级子画面，本项目没有选择系统画面。

单击“下一步”按钮，打开“按钮”对话框。通过单击相应的系统按钮或通过拖动功能来添加按钮，通过按钮区域功能选择系统按钮添加的位置。本项目没有选择系统按钮功能，应该取消按钮区域中所有复选框的勾选。

单击“完成”按钮，根据上述组态，生成欢迎画面和手动控制画面。下一次生成 HMI 对象时，将会使用本次在 HMI 设备向导中组态的设置。

任务实施

一、实施步骤

1. 硬件选择

根据任务要求，硬件选择见表 2-16，在前两个任务的基础上新增了一个数字量输入 / 输出模块。

表 2-16　硬件选型表

名称	型号或规格
PLC	CPU 1214C DC/DC/RLY
数字量输入 / 输出模块	SM1223
按钮	圆形按键自复位 LA38-11BN
指示灯	电源信号灯 AD18-16C

2. I/O 分配

根据任务控制要求列出所用的输入 / 输出点，并为其分配相应的地址，其 I/O 分配表见表 2-17。

表 2-17 I/O 分配表

输入		输出	
输入地址	元件作用	输出元件	输出地址
I0.0	开始抢答按钮	七段显示码 a	Q2.0
I0.1	1 号抢答按钮	七段显示码 b	Q2.1
I0.2	2 号抢答按钮	七段显示码 c	Q2.2
I0.3	3 号抢答按钮	七段显示码 d	Q2.3
I0.4	4 号抢答按钮	七段显示码 e	Q2.4
I0.5	抢答器复位按钮	七段显示码 f	Q2.5
		七段显示码 g	Q2.6

任务要求能在 HMI 上显示抢答者的组号，选手能在 HMI 上进行模拟抢答，主持人也能在 HMI 进行开始和复位操作，因此需要在 PLC 变量表中添加变量，如图 2-55 所示，M100.0 ～ M100.5 是 HMI 提供给 PLC 的控制信号，MD200 是 PLC 提供给 HMI 的数据信号。

3. PLC 侧数码管显示接线图

如图 2-56 所示，在原有硬件模块的基础上，添加 SM1223 信号模块，用该扩展信号模块的输出来控制数码管显示。

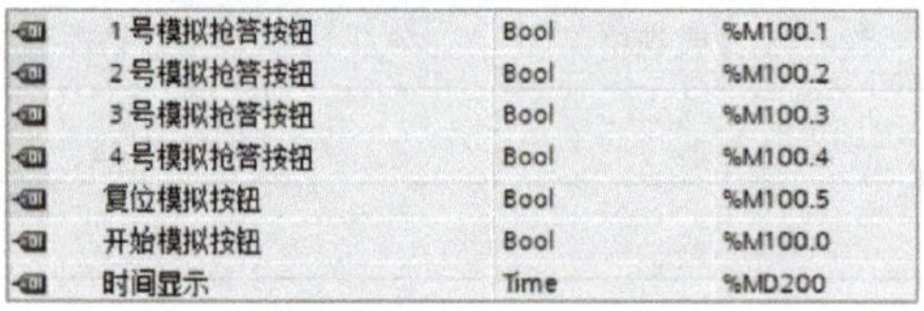

1 号模拟抢答按钮	Bool	%M100.1
2 号模拟抢答按钮	Bool	%M100.2
3 号模拟抢答按钮	Bool	%M100.3
4 号模拟抢答按钮	Bool	%M100.4
复位模拟按钮	Bool	%M100.5
开始模拟按钮	Bool	%M100.0
时间显示	Time	%MD200

图 2-55 在 PLC 变量表中添加变量

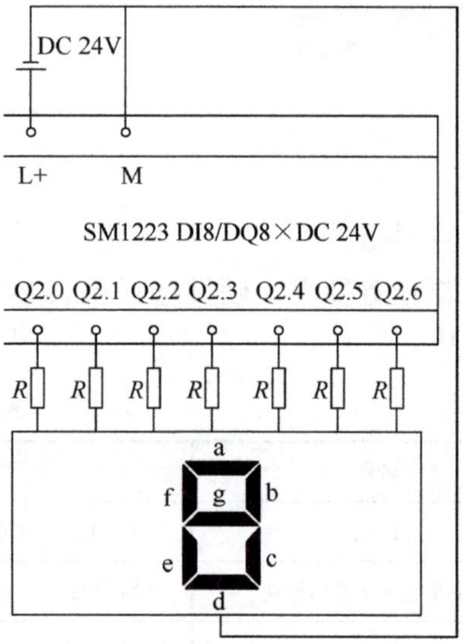

图 2-56 数码管 PLC 侧接线图

4. PLC 程序设计

（1）编程思想 本次程序设计任务是在完成抢答和倒计时功能的基础上增加了数码管显示选手组号，数码管显示选手组号用移动指令和多路复用指令实现。

（2）程序设计分析 根据控制要求，设计的梯形图如图 2-57 所示。

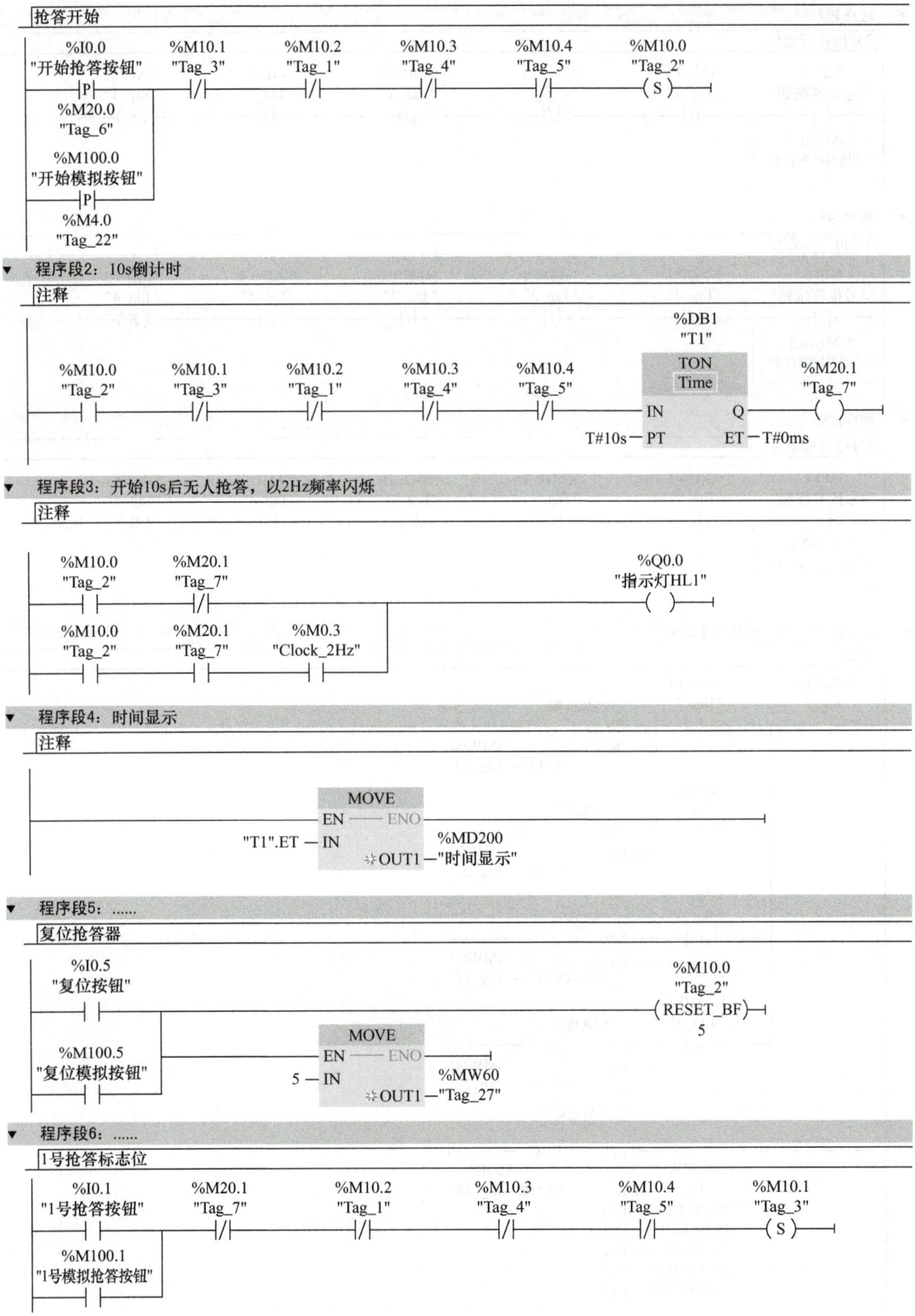

图 2-57 抢答器人机交互梯形图

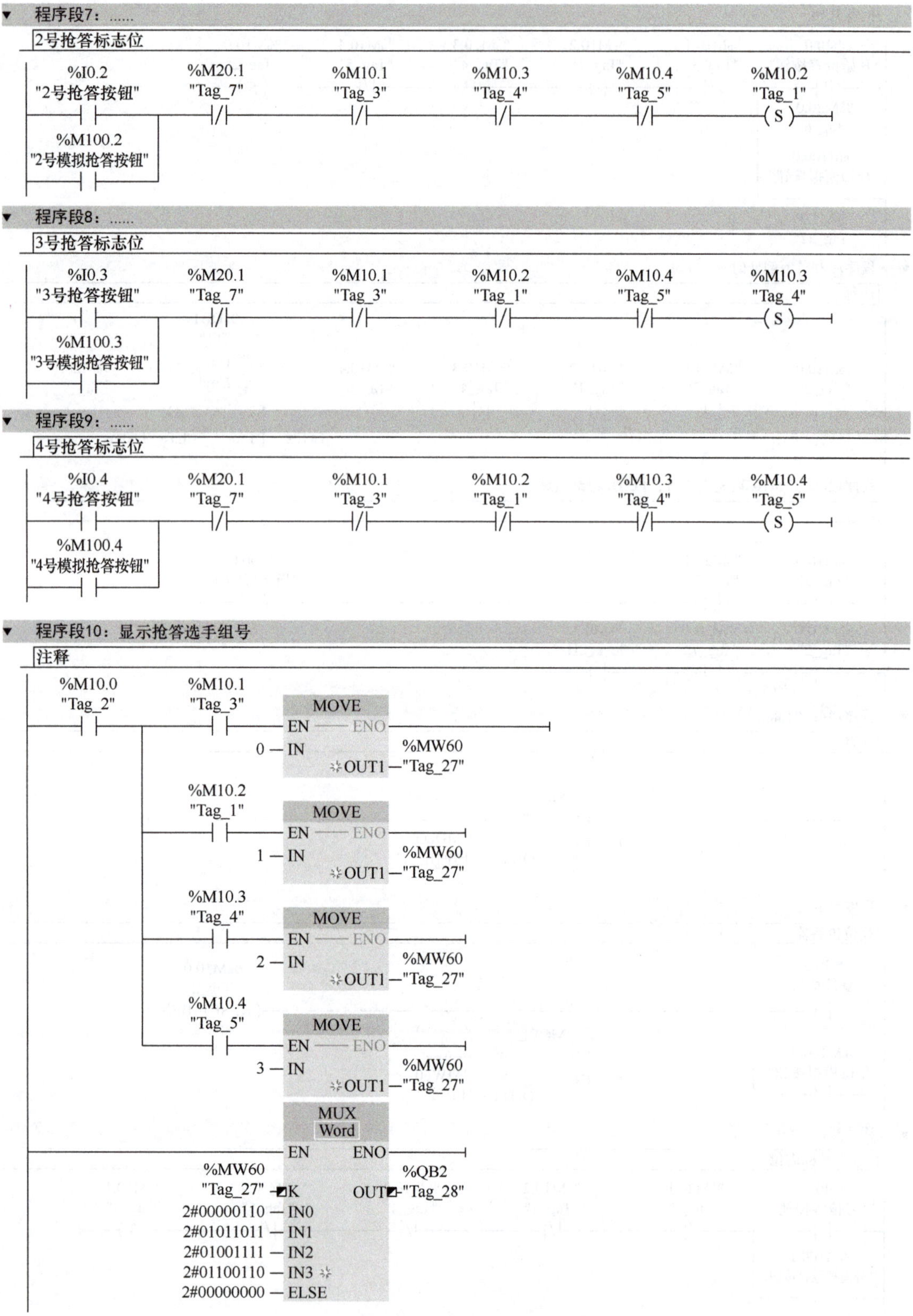

图2-57 抢答器人机交互梯形图（续）

5. HMI 设计

按照本任务知识点 4 中的步骤进行画面组态，并给组态好的画面配置数据变量，同时进行动画组态。图 2-58 所示的工作区中是已组态好的抢答器监控画面。

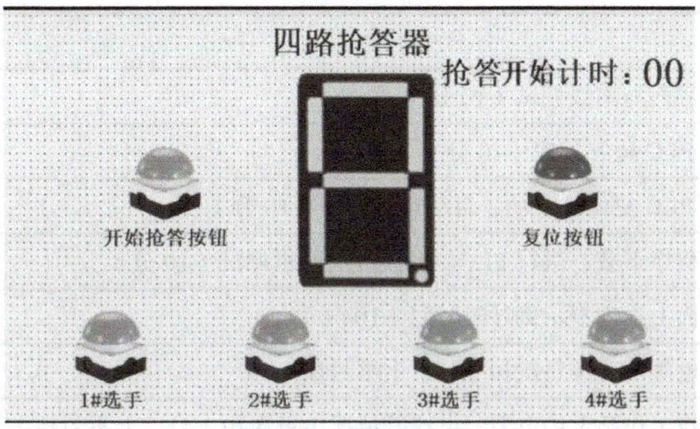

图 2-58　抢答器监控画面

6. 任务运行和模拟

（1）使用变量仿真器模拟 HMI　如果没有 HMI 和 PLC 设备，可以使用变量仿真器来检查 HMI 的功能。

选中项目树中的“HMI_1”选项，选择“在线（O）”/“仿真（T）”/“使用变量仿真器（T）”菜单命令，如图 2-59 所示，启动变量仿真器。如果启动变量仿真器之前没有预先编译项目，则系统将自动编译，编译成功后才能仿真运行。编译出现错误时，应先修改错误。

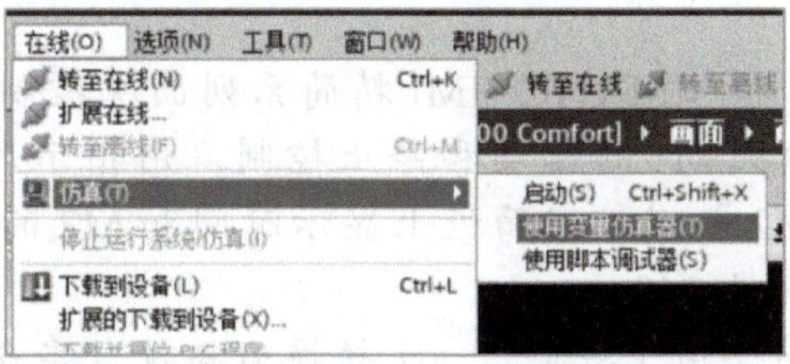

图 2-59　使用变量仿真器模拟 HMI

（2）HMI 在线模拟　如果只有 PLC，没有 HMI 设备，可以进行在线模拟。在线模拟可以达到与实际的 HMI-PLC 系统几乎一致的运行效果。

先选中项目树中的 PLC 设备，把 PLC 的硬件组态和软件全部下载到 PLC 中，并使 PLC 处于“RUN”模式。然后选中项目树中的 HMI 设备，选择“在线（O）”/“仿真（T）”/“启动（S）”菜单命令，具体过程如图 2-60 所示。

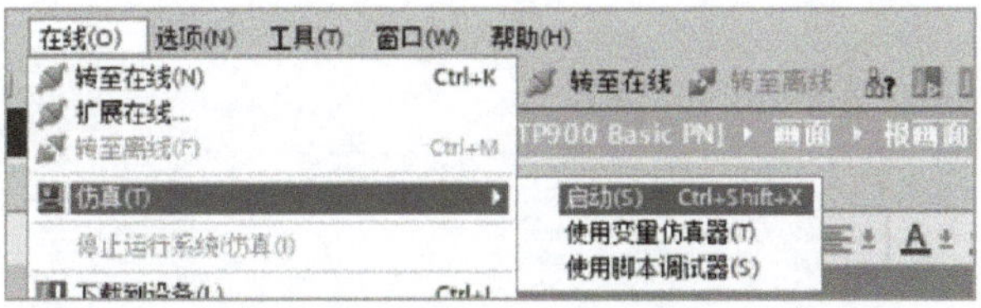

图 2-60　启用在线模拟

二、任务考核与评价

教师根据学生的完成情况，对结果进行评分，并将得分填入表 2-18 中。

表 2-18 抢答器人机交互系统设计评分表

评分点		得分
程序设计（50 分）	能正确组态界面与离线调试（10 分）	
	能正确设计 PLC 抢答程序（10 分）	
	能正确设计 PLC 复位、手动、自动运行程序（10 分）	
	能准确进行程序下载，进行 PLC、触摸屏的联机调试（10 分）	
	能在组态界面上正确显示倒计时时间（10 分）	
安全素养（10 分）	存在危险用电等情况（每次扣 3 分，上不封顶）	
	存在带电插拔工作站上的电缆、电线等情况（每次扣 3 分，上不封顶）	
	穿着不符合要求（每次扣 4 分，上不封顶）	
6S 素养（20 分）	桌面物品及工具摆放整齐、整洁（10 分）	
	地面清理干净（10 分）	
发展素养（20 分）	表达沟通能力（10 分）	
	团队协作能力（10 分）	
总分		

练习与提高

1. 使用 S7–1200 PLC 和 SIMATIC HMI 精简系列面板控制两台电动机顺序起动，要求在面板上可以实现电动机 M1 的起动和停止控制，用指示灯显示电动机的运行状态。M1 起动后 10s，电动机 M2 起动，在面板上显示时间和 M2 的运行状态。可以通过面板上 M2 的停止按钮，单独停止 M2。

2. ROUND（取整）指令用于将（　　）转换为整数。浮点数的小数点部分舍入为最接近的（　　），如果浮点数刚好是两个连续整数的一半，则实数舍入为（　　）。

3. SCALE_X 指令是将浮点数的输入值 VALUE（　　）线性转换（映射）为参数 MIN（下限）和 MAX（上限）定义的数值范围之间的（　　）；NORM_X 指令是将整数输入 VALUE（MIN≤VALUE≤MAX）线性转换为（　　）之间的浮点数，转换结果保存到（　　）指定的地址。

项目 3
彩灯控制系统设计

项目导入

在日常生活中，经常看到舞台上、广告牌上的各种彩灯时灭时亮、有序变化，形成特定的艺术效果。本项目通过对彩灯控制系统设计，围绕其控制系统的实现介绍移动指令、移位指令、循环移位指令和程序控制指令的编程及应用。

知识导图

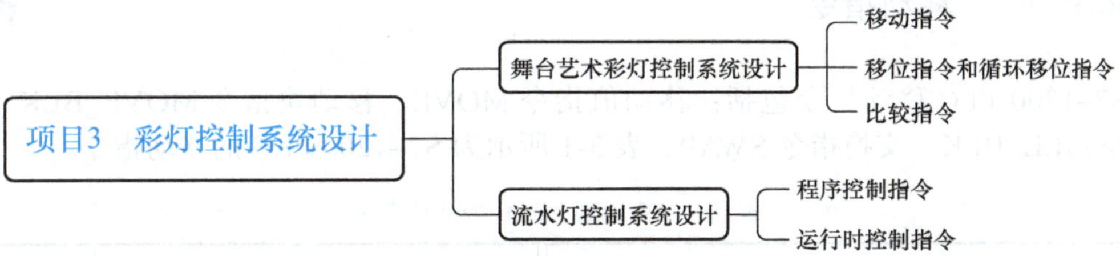

任务 3.1　舞台艺术彩灯控制系统设计

学习目标

1. 知识目标

1）理解移动指令的功能指令。

2）理解移位指令和循环移位指令的功能。

2. 技能目标

1）能利用移动指令编写梯形图程序。

2）能利用移位指令和循环移位指令编写梯形图程序。

3. 素质目标

1）设计舞台灯光效果，培养正确的审美观。

2）团队合作，完成硬件电路的搭建和 PLC 程序的设计，提高学生沟通能力与团队协作能力。

任务描述

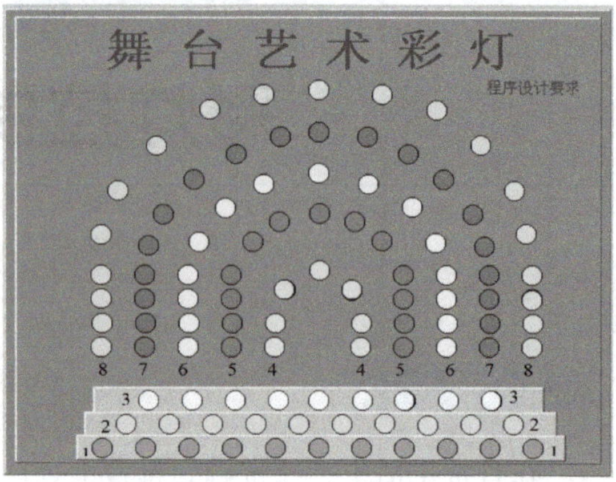

图 3-1 舞台艺术彩灯动画模拟图

舞台艺术彩灯动画模拟如图 3-1 所示。舞台艺术彩灯共有 8 组，上方 5 组彩灯呈拱形排列，下方 3 组彩灯呈阶梯形排列。现要求第 1 ～ 8 组彩灯闪亮的顺序如下：

1）第 4 组彩灯一亮一灭交替进行。

2）第 8、7、6、5 组彩灯由外到内依次点亮，再全亮，然后重复上述过程，循环往复。

3）第 3、2 和 1 组彩灯阶梯形由上至下依次点亮，再全灭，然后重复上述过程，循环往复。

知识准备

知识点 1 移动指令

S7-1200 PLC 移动指令包括：移动值指令 MOVE、移动块指令 MOVE_BLK、填充块指令 FILL_BLK、交换指令 SWAP。表 3-1 所示为 S7-1200 PLC 的移动指令。

表 3-1 S7-1200 PLC 的移动指令

梯形图	名称	梯形图	名称
MOVE EN — ENO <???> — IN ✱OUT1 — <???>	移动值指令	MOVE_BLK EN — ENO <???> — IN OUT — <???> <???> — COUNT	移动块指令
FILL_BLK EN — ENO <???> — IN OUT — <???> <???> — COUNT	填充块指令	SWAP ??? EN — ENO <???> — IN OUT — <???>	交换指令

1. MOVE 指令

MOVE 指令（见图 3-2）用于将输入 IN 的源数据传送给输出 OUT1 的目的地址，并且转换为 OUT1 允许的数据类型，源数据保持不变。IN 和 OUT1 的数据类型可以是位字符串、整数、浮点数、定时器、日期和时间、Char、WChar、Struct、Array、IEC 定时器 / 计数器数据类型、PLC 数据类型，IN 还可以是常数。此外，一个 MOVE 指令可以将一个变量传送给多个变量，或者使用一个 MOVE 指令来传送数组类型变量，或者传送整个 DB。

如果 IN 数据类型的位长度超出 OUT1 数据类型的位长度，则源值的高位会丢失。如果 IN 数据类型的位长度小于 OUT1 数据类型的位长度，则目标值的高位会被改写为 0。

MOVE 指令允许有多个输出，单击“OUT1”前面的✱图标，将会增加一个输出，增加的输出的名称为 OUT2，以后增加的输出编号按顺序排列。右击某个输出的短线，执行快捷菜单中的“删除”命令，将会删除该输出参数。删除后会自动调整剩下的输出编号。如图 3-3 所示，MOVE 指令将一个变量传送给两个变量。

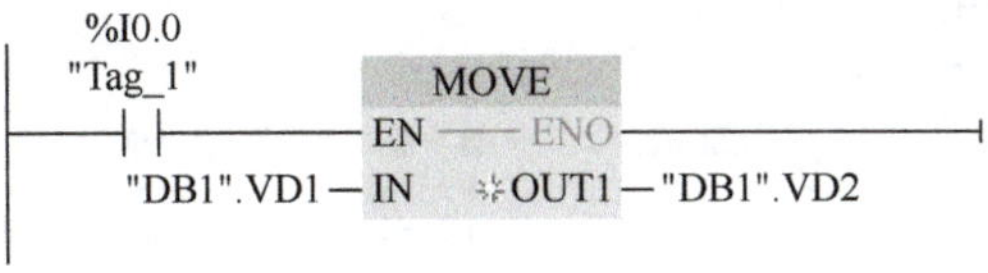

图 3-2 MOVE 指令

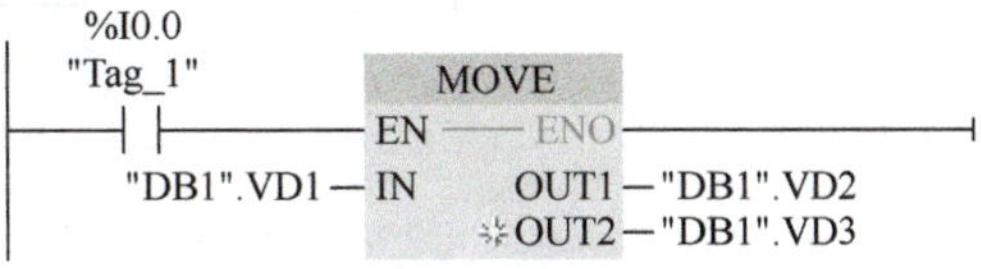

图 3-3 多输出 MOVE 指令

MOVE 指令如果满足下列条件之一，使能输出 ENO 将返回信号状态“0”：

1）使能输入 EN 的信号状态为“0”。

2）IN 参数的数据类型与 OUT1 参数的指定数据类型不对应。

2. MOVE_BLK 指令

MOVE_BLK 指令的功能是将一个存储区（源范围）的数据移动到另一个存储区（目标范围）中。使用输入 COUNT 可以指定将移动到目标范围中的元素个数。可通过输入 IN 中元素的宽度来定义元素待移动的宽度。

IN 是源数组中传送的起始元素，OUT 是目的数组中接收的起始元素。IN 和 OUT 必须是数组的一个元素，不能是常数、常量、普通变量，也不能是数组名。IN 和 OUT 数据类型必须完全相同，并且必须是基本数据类型，不能是 UDT、Struct 等数组。COUNT 是传输个数，可以是正整数的常数，如果是变量，数据类型支持 USInt、UInt、UDInt。如果目的数组接收区域小于源数组的传送区域，则只传送目的数组可接收区域的数据。

如图 3-4 所示程序中，形式参数（形参）“IN”以 DB 数组元素变量 "DB26".Static_1［0］进行参数化。形参“OUT”以 DB 数组元素变量 "DB26".Static_2［4］进行参数化。实际参数（实参）“COUNT”中的数值 4 指明了要复制的数据数量。其作用是将数据从源数据区将 "DB26".Static_1［0］开始的 4 个元素传送至 "DB26".Static_2［4］开始的数组中。

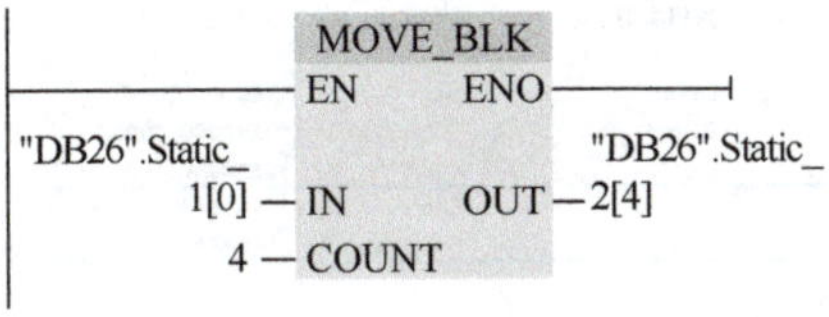

a) MOVE_BLK指令程序

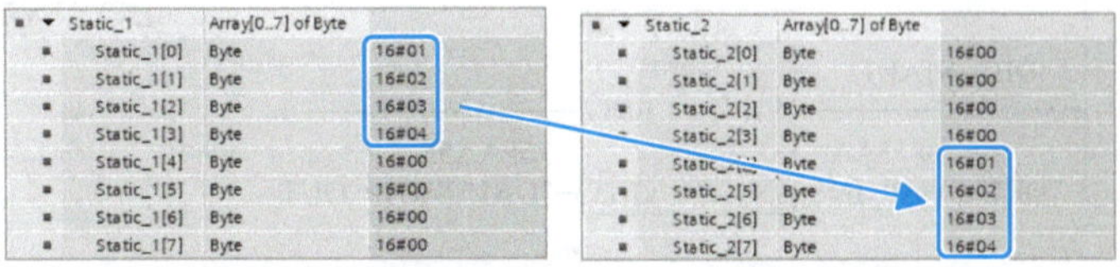

b) MOVE_BLK指令运行结果

图 3-4 MOVE_BLK 指令程序及运行结果

3. FILL_BLK 指令

FILL_BLK 指令应用举例如图 3-5 所示，该指令的功能是用输入 IN 的值填充一个存储区域（目标范围）。从输出 OUT 指定的地址开始填充目标范围。执行该指令时，输入 IN 中的值将移动到目标范围，重复次数由参数 COUNT 的值指定。仅当源范围和目标范围的数据类型相同时，才能执行该指令。IN 是用于填充目标范围的元素，存储区有 I、Q、M、D、L、P 或常量；COUNT 是移动操作的重复次数，存储区有 I、Q、M、D、L、P 或常量；OUT 是目标范围中填充的起始地址，存储区须为 DB、L（数据块或块的局部数据）中的数组元素，数据类型为 DInt 或常数。

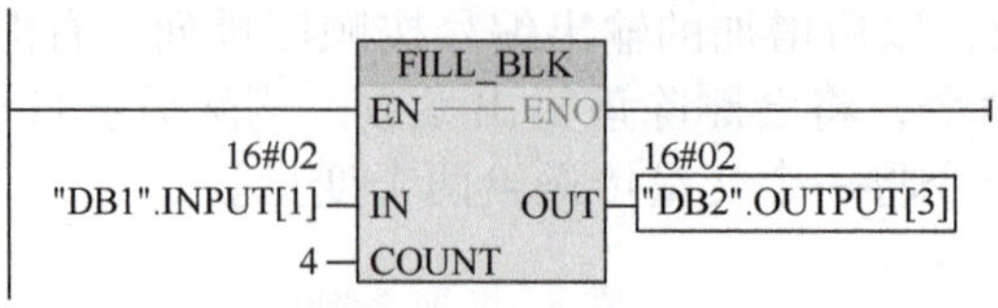

a) FILL_BLK指令程序

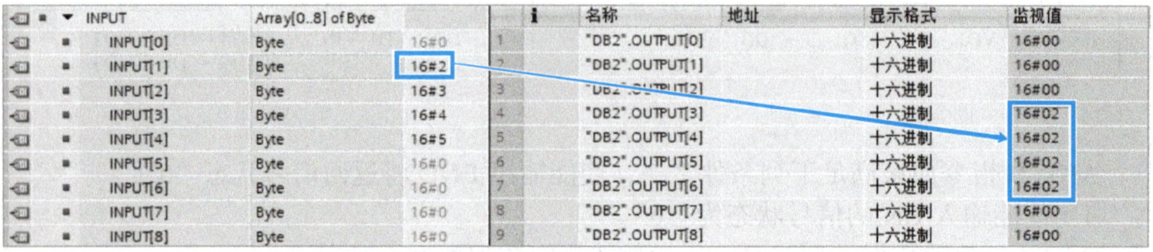

b) FILL_BLK指令运行结果

图 3-5　FILL_BLK 指令程序及运行结果

4. SWAP 指令

SWAP 指令应用举例如图 3-6a 所示，用于更改输入 IN 中字节的顺序，并在输出 OUT 中查询结果。SWAP 指令支持的数据类型为 Word、DWord。

SWAP 指令在梯形图中的执行结果如图 3-6b 所示。IN 和 OUT 为数据类型 Word 时，SWAP 指令交换输入 IN 的高、低字节后，保存到 OUT 指定的地址。IN 和 OUT 为数据类型 DWord 时，交换 4 个字节中数据的顺序，交换后保存到 OUT 指定的地址。

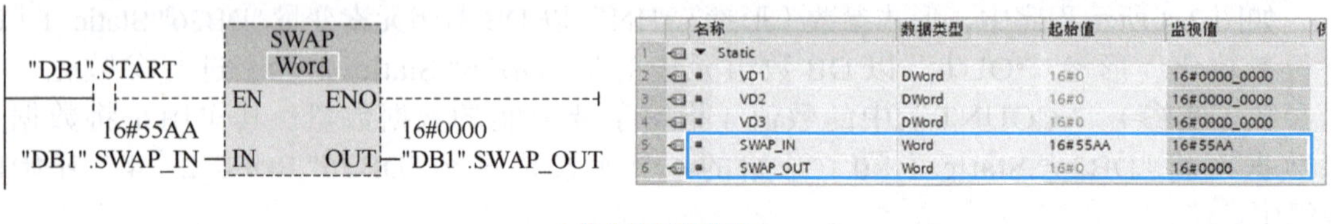

a) 指令执行前状态

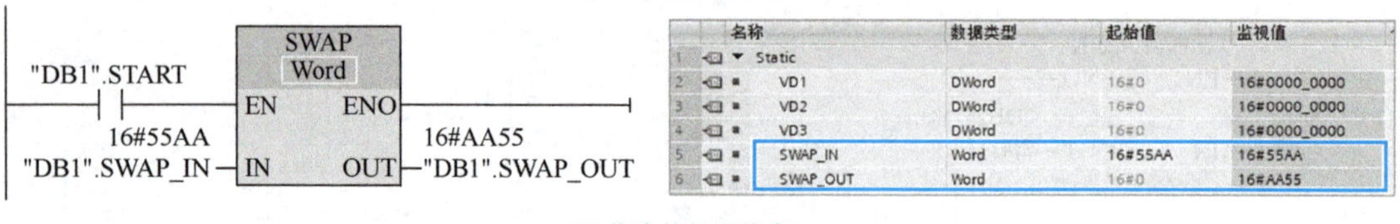

b) 指令执行后状态

图 3-6　SWAP 指令应用举例

知识点 2　移位指令和循环移位指令

1. 移位指令

右移（SHR）指令和左移（SHL）指令将输入参数 IN 指定的存储单元的整个内容逐位右移或左移若干位，移位的位数用输入参数 N 来定义，移位的结果保存在输出参数 OUT 指定的地址中。无符号数移位和有符号数左移后空出来的位用 0 填充。有符号数右移后空出来的位用符号位（原来的最高位）填充，正数的符号位为 0，负数的符号位为 1。

移位位数 N 为 0 时不会移位，但是 IN 指定的输入值被复制给 OUT 指定的地址。

将指令列表中的移位指令拖放到梯形图后，单击方框内指令名称下面的问号，用下拉式列表设置变量的数据类型，如图 3-7 所示。

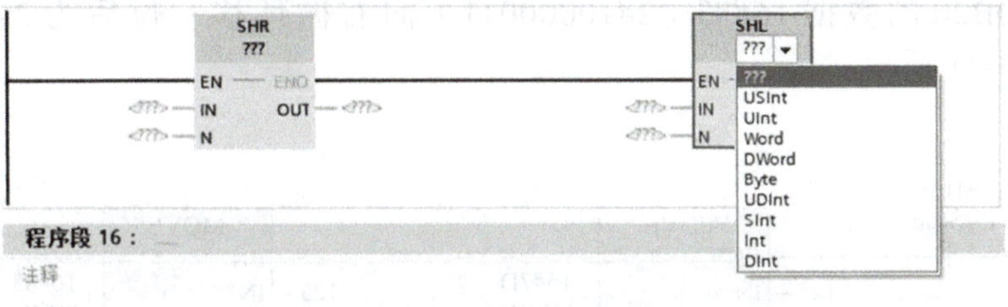

图 3-7 移位指令

执行移位指令时应注意，如果要将移位后数据送回源地址，应将图 3-8 中 I0.5 的常开触点改为 I0.5 的扫描操作数的信号上升沿指令（P 触点），否则在 I0.5 为“1”状态的每个扫描周期都要移位一次。

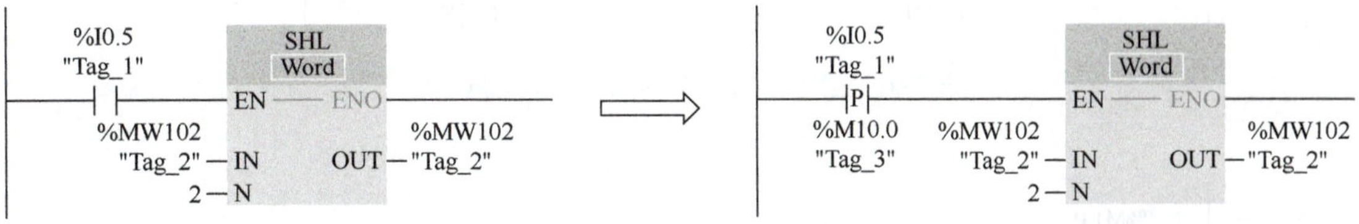

图 3-8 SHL 指令应用举例

右移 n 位相当于除以 2^n，将十进制数 -200 对应的二进制数右移 2 位相当于除以 4，右移后的数为 -50。左移 n 位相当于乘以 2^n，将 200 左移 3 位相当于乘以 8，左移后得到的数为 1600（见图 3-9）。

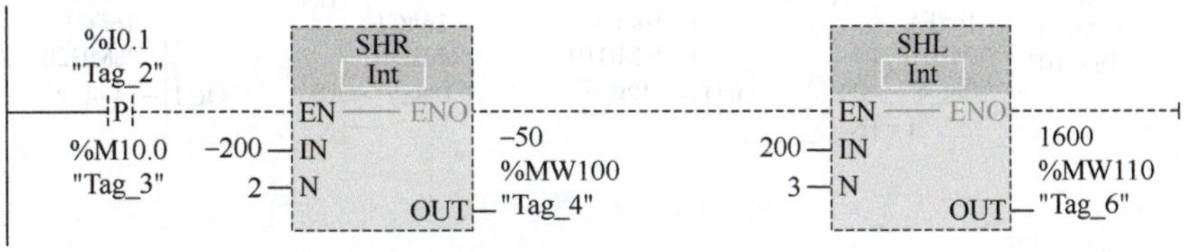

图 3-9 移位指令的应用

2. 循环移位指令

循环右移（ROR）指令和循环左移（ROL）指令将输入参数 IN 指定的存储单元的整个内容逐位循环右移或循环左移若干位，即移出来的位又送回存储单元另一端空出来的位，原始的位不会丢失。N 为移位的位数，移位的结果保存在输出参数 OUT 指定的地址。N 为 0 时不会移位，但是 IN 指定的输入值复制给 OUT 指定的地址。移位位数 N 可以大于被移位存储单元的位数。

在图 3-10 中，M1.0 为系统存储器，首次扫描为“1”，即首次扫描时将 125（16#7D）赋给 MB10，将 -125（16#83，负数的表示使用补码形式，即原码取反后加 1 且符号位不变，-125 的原码的二进制形式为 2#11111101，反码为 2#10000010，补码为 2#10000011，即 16#83）赋给 MB20。

在图 3-11 中，当 I0.0 出现一次上升沿时，ROR 指令和 ROL 指令各执行一次，都循环移一位，MB10 的数据 16#7D（2#01111101）向左循环移一位后为 2#11111010，即为 16# FA；MB20 的数据 16#83（2#10000011）向右循环移一位后为 2#11000001，即 16#C1，如图 3-11 所示。

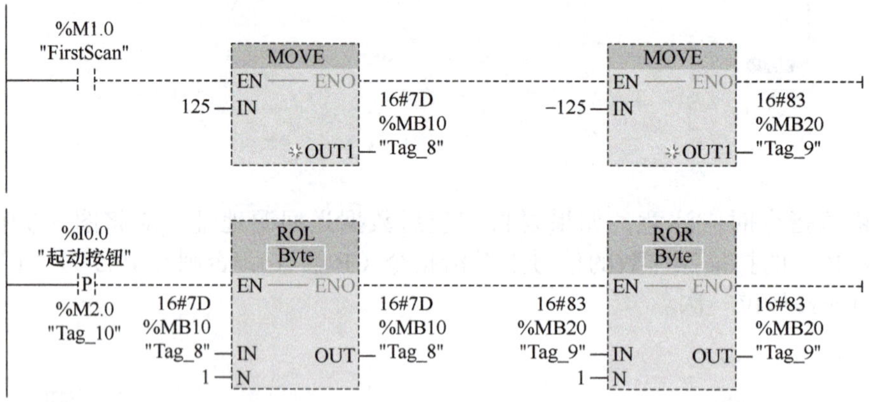

图 3-10　循环移位指令的应用（指令执行前）

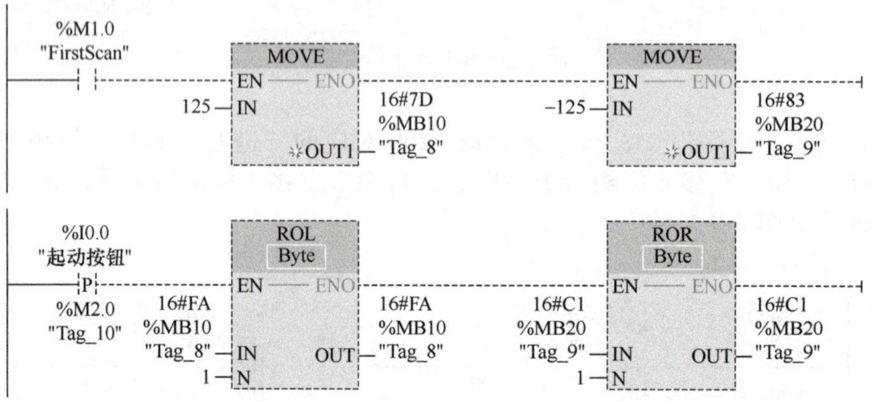

图 3-11　循环移位指令的应用（指令执行后）

从图 3-11 中可以看出，循环移位时最高位移入最低位或最低位移入最高位，即符号位跟着一起移，始终遵循“移出来的位又送回存储单元另一端空出来的位”的原则。可以看出，带符号的数据进行循环移位时，容易发生意想不到的结果，因此使用循环移位时，请用户谨慎。

知识点 3　比较指令

比较指令（见图 3-12）包括：等于指令（CMP==）、不等于指令（CMP<>）、大于或等于指令（CMP>=）、小于或等于指令（CMP<=）、大于指令（CMP>）、小于指令

（CMP<）、值在范围内指令（IN_RANGE）、值超出范围指令（OUT_RANGE）。其中，等于指令（CMP==）、不等于指令（CMP<>）、大于或等于指令（CMP>=）、小于或等于指令（CMP<=）、大于指令（CMP>）、小于指令（CMP<）的上方为操作数1，下方为操作数2，6条指令分别在操作数1等于、不等于、大于或等于、小于或等于、大于、小于操作数2时，返回运算结果1，否则返回0。

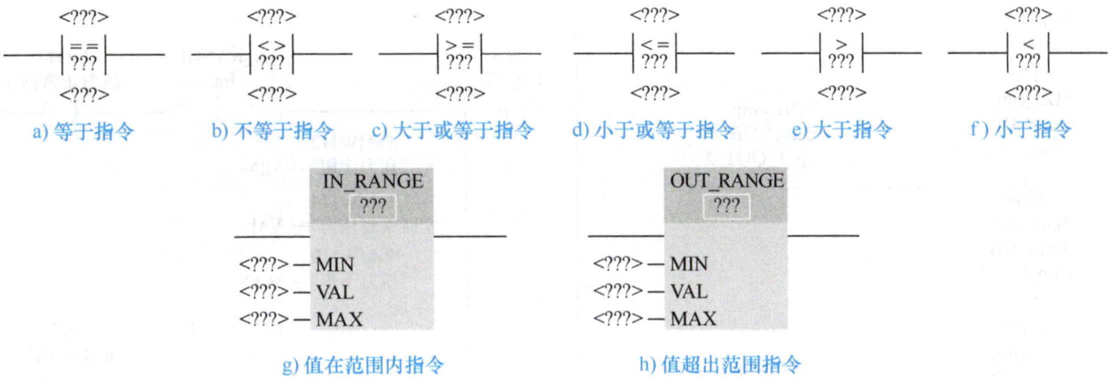

图 3-12 比较指令

值在范围内指令（IN_RANGE）使用输入MIN和MAX指定取值范围的限值，并将输入VAL的值与输入MIN和MAX的值进行比较，最后将结果发送到功能框输出中。如果输入VAL的值满足MIN≤VAL≤MAX的比较条件，则功能框输出的信号状态为“1”。如果不满足比较条件，则功能框输出的信号状态为“0”。值超出范围指令OUT_RANGE使用输入MIN和MAX指定取值范围的限值，并将输入VAL的值与输入MIN和MAX的值进行比较，最后将结果发送到功能框输出中。如果输入VAL的值满足MIN >VAL或VAL>MAX的比较条件，则功能框输出的信号状态为“1”。如果不满足比较条件，则功能框输出的信号状态为“0”。

等于指令（CMP==）和不等于指令（CMP<>）支持的数据类型为：位字符串、整数、浮点数、字符串、定时器、日期和时间、Array of < 数据类型 >（Array限值固定 / 可变）、Struct、Variant、Any、PLC数据类型。

大于或等于指令（CMP>=）、小于或等于指令（CMP<=）、大于指令（CMP>）、小于指令（CMP<）支持的数据类型为：位字符串、整数、浮点数、字符串、定时器、日期和时间。比较指令应用实例如图3-13所示，如果满足比较条件，则指令返回逻辑运算结果（RLO）“1”。如果不满足比较条件，则该指令返回RLO“0”。

如图3-14所示，若“实时采集压力”大于“压力下限”且小于“压力上限”，“压力正常指示”信号触发。若“实时采集压力”小于“压力下限”或大于“压力上限”，“压力超限指示”信号触发。

这两条指令的MIN、MAX和VAL的数据类型必须相同，可选择的数据类型有有符号短整数、整数、双整数、无符号短整数、无符号整数、浮点数，MIN、MAX和VAL端操作数可以是I、Q、M、L、D存储区中的变量或常数。双击指令名称下面的问号，单击出现的下拉按钮，在下拉列表中设置要比较数据的数据类型。

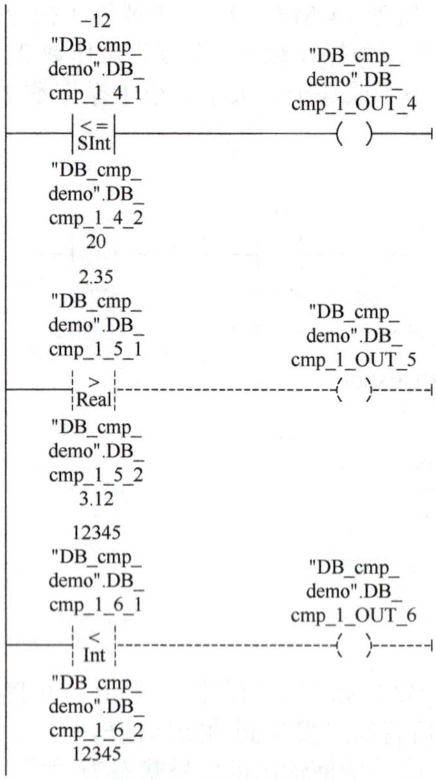

图 3-13 比较指令应用示例

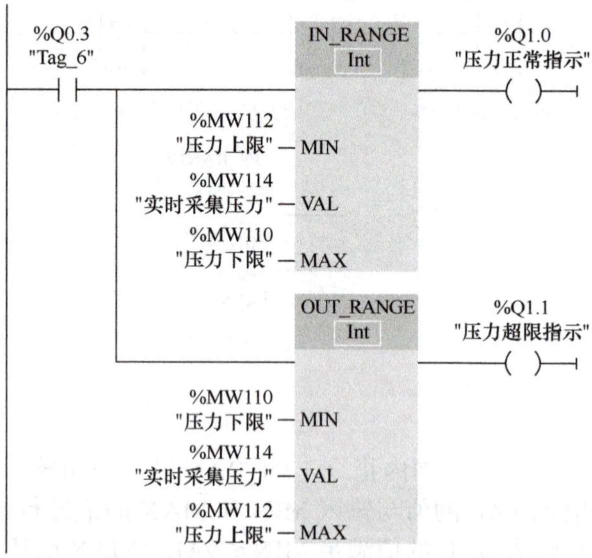

图 3-14 范围指令应用示例

任务实施

一、实施步骤

1. 硬件选型

舞台艺术彩灯控制系统硬件选型见表 3-2。

表 3-2 舞台艺术彩灯控制系统硬件选型表

名称	型号
PLC	CPU1214C DC/DC/RLY
按钮	自复位 LA38-11BN
开关电源	AC 220V 转 DC 24V
控制对象	彩灯模拟装置（发光二极管电路板）

2. I/O 地址分配

根据控制要求列出所用的 I/O 接口，并为其分配相应的地址，具体见表 3-3。

表 3-3 舞台艺术彩灯控制系统 I/O 分配表

输入		输出	
元件作用	输入继电器	输出元件	输出继电器
起动按钮 SB1	I0.0	第 1 组彩灯 HL1	Q0.0
停止按钮 SB2	I0.1	第 2 组彩灯 HL2	Q0.1
		第 3 组彩灯 HL3	Q0.2
		第 4 组彩灯 HL4	Q0.3
		第 5 组彩灯 HL5	Q0.4
		第 6 组彩灯 HL6	Q0.5
		第 7 组彩灯 HL7	Q0.6
		第 8 组彩灯 HL8	Q0.7

3. PLC 侧接线图

根据控制要求及 I/O 分配表，舞台艺术彩灯控制系统的 PLC 侧接线图如图 3-15 所示。

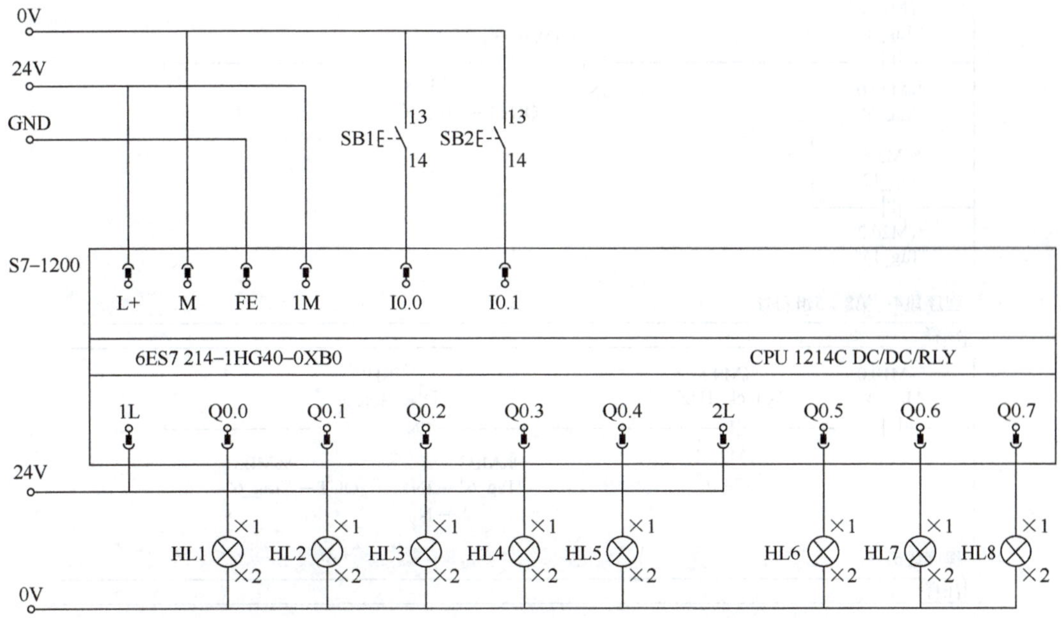

图 3-15 舞台艺术彩灯控制系统 PLC 侧接线图

4. 程序设计

（1）编程思想　由舞台艺术彩灯的控制要求可知，它的工作分为 3 种情况，应分别编制程序。第 4 组彩灯工作在闪烁状态，设计一个振荡程序即可；第 3、2、1 组彩灯依次点亮，再全灭；第 8、7、6、5 组彩灯依次点亮、再全亮，可视为两种工作状态，应分两步设计程序。

（2）程序设计分析　根据控制要求设计舞台艺术彩灯控制系统梯形图，如图 3-16 所示。

（3）程序执行过程

1）起动流水灯。起动时按下起动按钮 SB1，输入信号 I0.0 有效，内部辅助继电器 M10.0 为 ON，彩灯按照控制要求点亮，并循环。

2）停止流水灯。按下停止按钮 SB2，输入信号 I0.1 有效，内部辅助继电器 M10.0 为 OFF，彩灯全部熄灭，停止工作。

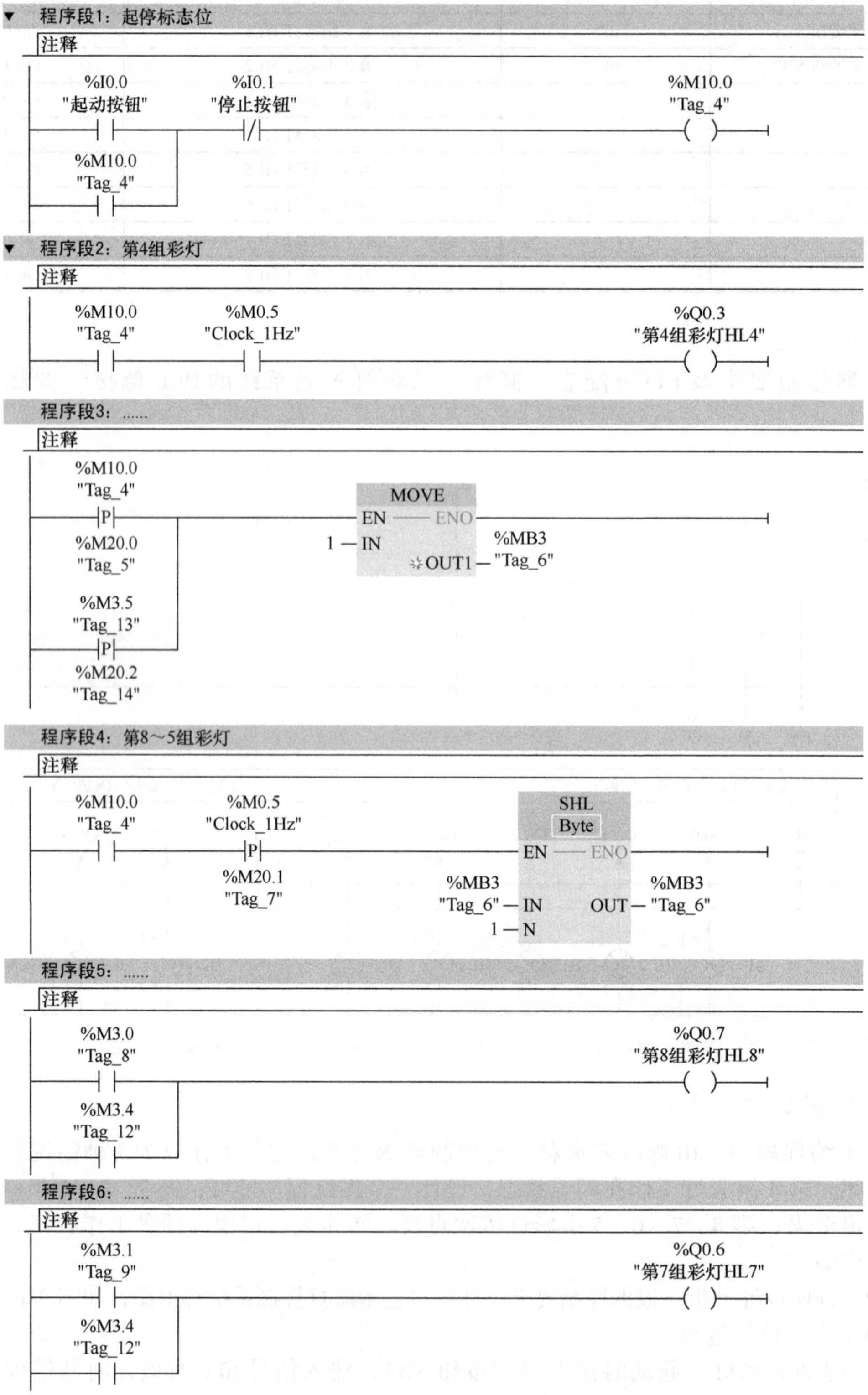

图 3-16 舞台艺术彩灯控制系统梯形图

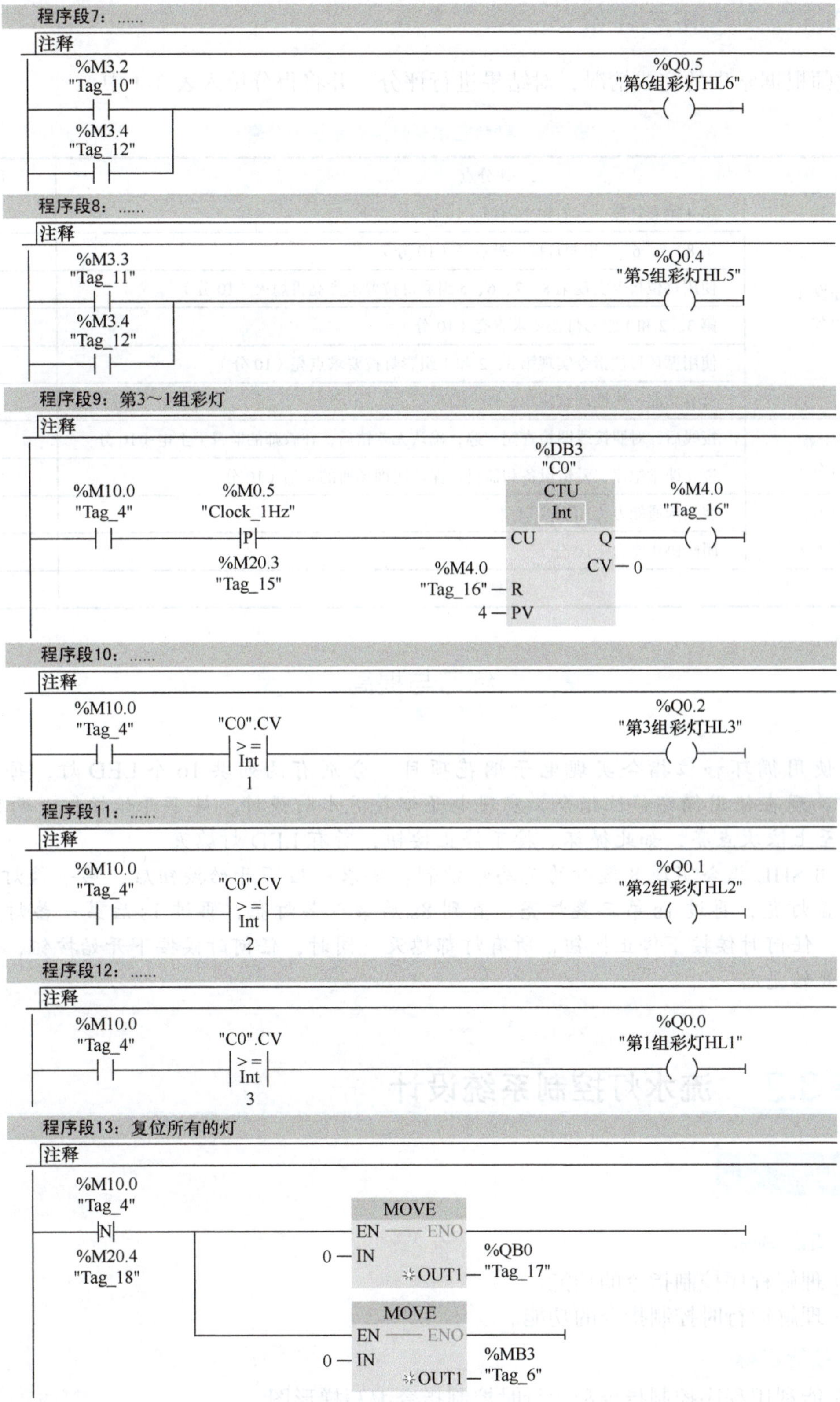

图 3-16 舞台艺术彩灯控制系统梯形图（续）

二、任务考核与评价

教师根据学生的完成情况，对结果进行评分，并将得分填入表 3-4 中。

表 3-4 舞台艺术彩灯控制系统评分表

评分点		得分
程序设计（60 分）	第 4 组彩灯按一定的频率闪烁（10 分）	
	第 8、7、6、5 组彩灯按要求点亮（10 分）	
	使用移位指令实现第 8、7、6、5 组彩灯按要求点亮再熄灭（10 分）	
	第 3、2 和 1 组彩灯按要求点亮（10 分）	
	使用循环移位指令实现第 3、2 和 1 组彩灯按要求点亮（10 分）	
	所有功能一次性调试成功（10 分）	
6S 素养（20 分）	接线后，对照接线图检查完一遍，确认无差错后，在教师的监督下上电（10 分）	
	遵守课堂纪律，爱惜设备和器材，保持实训场所的整洁（10 分）	
发展素养（20 分）	表达沟通能力（10 分）	
	团队协作能力（10 分）	
总分		

练习与提高

1. 使用循环移位指令实现电子烟花项目。分别有两列共 16 个 LED 灯，每列 8 个 LED 灯，现在使用循环移位指令，实现电子烟花流水灯设计。按下开始按钮，两列 LED 灯由下至上依次点亮，如此循环。按下停止按钮，所有 LED 灯熄灭。

2. 用 SHL 指令实现 8 盏灯的跑马灯控制。要求：按下开始按钮后，第一盏灯亮，1s 后第二盏灯亮，再过 1s 第三盏灯亮，直到 8s 后第八盏灯亮，再过 1s 后第一盏灯亮，如此循环。任何时候按下停止按钮，所有灯都熄灭。同时，任何时候按下开始按钮，都从第一盏灯开始亮起。

任务 3.2 流水灯控制系统设计

学习目标

1. 知识目标

1）理解程序控制指令的功能。

2）理解运行时控制指令的功能。

2. 技能目标

1）能利用程序控制指令和运行时控制指令编写梯形图。

2）会绘制流水灯控制的 I/O 接线图，并能根据接线图完成 PLC I/O 接线。

3. 素质目标

1）通过设计流水灯控制系统，培养学生勇于创新、不断进取的职业素养。

2）团队合作完成硬件电路的搭建和 PLC 程序的设计，提高学生沟通能力与团队协助能力。

任务描述

8 组 LED 灯组成流水灯，按下起动按钮时，流水灯以正序间隔一定的频率依次点亮（HL1 → HL1、HL2 → HL1、HL2、HL3 → HL1…），频率由频率切换按钮控制，当 8 组灯全亮后，闪烁 2 次，然后重复上述过程。按下慢闪按钮，闪烁频率为 0.5Hz；按下中闪按钮，闪烁频率为 1Hz；按下快闪按钮，闪烁频率为 2Hz。无论何时按下停止按钮，所有灯全部熄灭。

知识准备

知识点 1 程序控制指令

在 S7-1200 PLC 中，程序控制指令主要包含两部分：一是改变程序执行顺序的跳转类控制指令；二是程序运行过程中用于控制的指令。

1. 跳转指令

在程序中设置跳转指令可以提高 CPU 的程序执行速度。在没有执行跳转指令时，各个程序段按照从上到下的先后顺序执行，这种执行方式称为线性扫描。在执行跳转指令之后，跳转到标签指令所指定的程序段执行，并从该程序段的标签入口处继续线性扫描，此时 CPU 不执行跳转指令和标签之间的程序。

跳转指令可以往前跳，也可以往后跳，但只能在同一个代码块内跳转，即跳转指令与对应的跳转目的地址应在同一个代码块内。同一代码块内，可以从不同的程序段跳转到同一个标签处，但是同一代码块内不能出现重复的标签。

跳转指令没有参数，只有一个地址标签。地址标签是程序跳转的一个转移地址，起始目标地址的标签必须从一个网络开始，标签的第一个字符必须是字母，其余可以是字母、数字和下划线。跳转指令说明见表 3-5。

表 3-5 跳转指令说明

格式	名称			
	跳转指令	反跳转指令	标签指令	返回指令
梯形图	step1 —(JMP)—	step2 —(JMPN)—	step1	1 —(RET)—
功能	RLO 为 1，则程序将跳转到指定标签后的程序段继续执行	RLO 为 0，则程序将跳转到指定标签后的程序段继续执行	JMP 或 JMPN 跳转指令的目标标签	用于终止当前的执行

如图 3-17 所示的梯形图中，如果跳转条件满足 I0.0 为 1，跳转被执行，将跳转到指

令给出的标签 step1 处，执行标签之后的第一条指令。被跳过的程序段的指令没有被执行，这些程序段的梯形图为灰色。

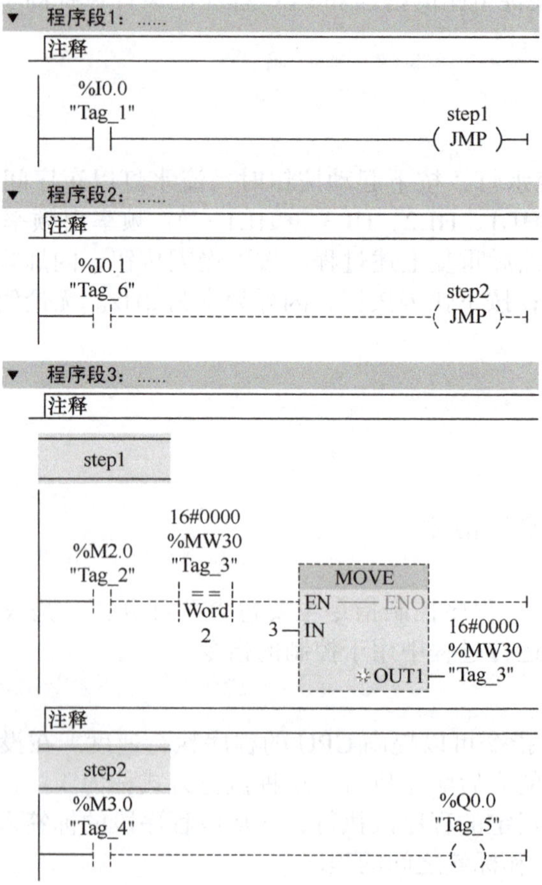

图 3-17 JMP 指令应用示例

RET（返回）指令的线圈通电时，停止执行当前的块，不再执行指令后面的程序，返回调用它的块后，执行调用指令后的程序。RET 指令的线圈断电时，继续执行它下面的程序。RET 线圈的上面是块的返回值，数据类型是 Bool。一般情况下并不需要在块结束时使用 RET 指令来结束块，操作系统将会自动完成这任务。RET 指令用来有条件地结束块，一个块可以使用多条 RET 指令。

2. JMP_LIST（定义跳转列表）指令

使用 JMP_LIST 指令，可定义多个有条件跳转，执行由参数 K 的值指定的程序段中的程序。可使用跳转标签定义跳转，跳转标签则可以在指令框的输出指定。可在指令框中增加输出的数量（默认输出只有两个），CPU S7-1200 PLC 最多可以声明 32 个输出。输出编号从“0”开始，每增加一个新输出，都会按升序连续递增。在指令的输出中只能指定跳转标签，而不能指定指令或操作数。

参数 K 将指定输出编号，程序将从跳转标签处继续执行。如果 K 的值为 0，则跳转到分配给输出 DEST0 的程序标签 step3 处；如果 K 的值为 1，则跳转到分配给输出 DEST1 的程序标签 step4 处，以此类推。如果 K 的值大于标签数减 1，则不进行跳转，继续处理下一程序段，如图 3-18 所示。

3. SWITCH（跳转分配器）指令

SWITCH 指令用于程序跳转分配器，控制程序段的执行。根据输入 K 的值与分配给指定比较输入的值的比较结果，跳转到与第一个为“TRUE”的比较测试相对应的程序标签。如果比较结果都不为 TRUE，则跳转到分配给 ELSE 的标签。程序从目标跳转标签后面的程序指令继续执行。如图 3-19 所示的梯形图中，程序跳转到分配给 DEST1 的标签 step6 处继续执行。

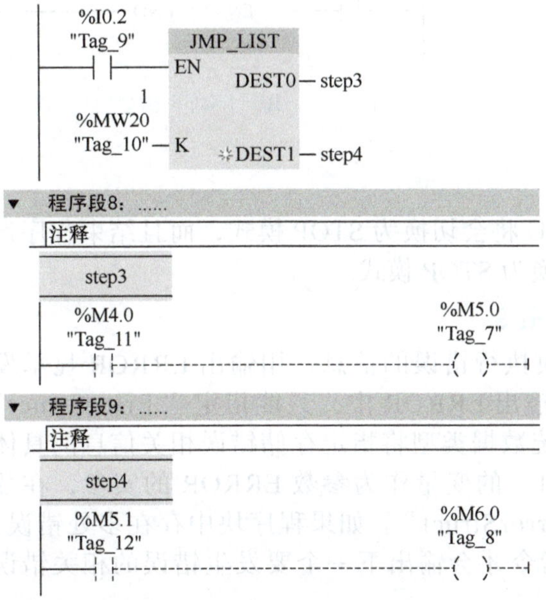

图 3-18 JMP_LIST 指令应用示例

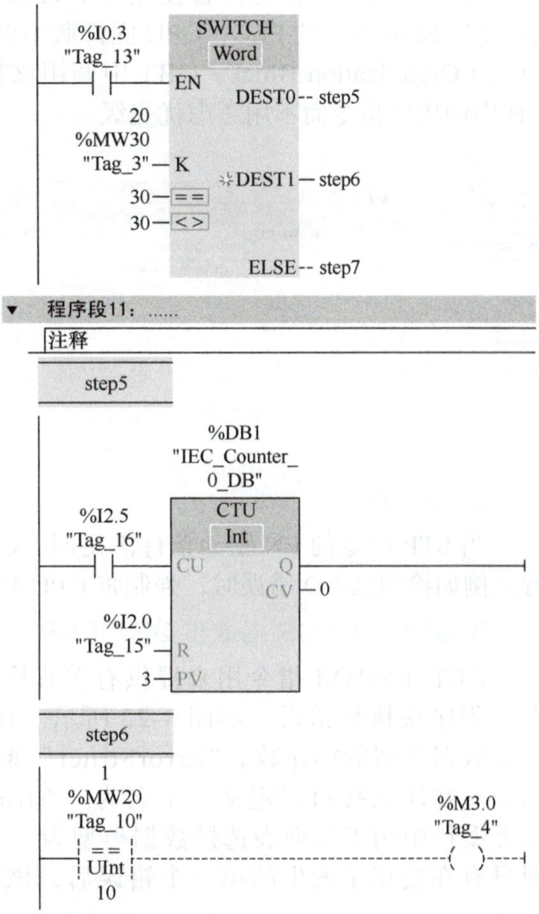

图 3-19 SWITCH 指令应用示例

知识点 2 运行时控制指令

现介绍 S7-1200 PLC 的运行时控制指令，主要介绍重置循环周期监视时间指令（RE_TRIGR）、退出程序指令（STP）、获取本地错误信息指令（GET_ERROR）、获取本地错误 ID 指令（GET_ERR_ID）和测量程序运行时间指令（RUNTIME）。

1. RE_TRIGR 指令

RE_TRIGR 指令用于重新触发 CPU 的循环时间监控。根据 CPU 组态中所设置的时间，重新启动循环监视时间。CPU 每次循环执行程序它都会被复位一次，正常工作时，最大的循环周期小于在 CPU 属性的“循环”选项中设定的监视时间。如果 CPU 的循环时间大于在CPU属性的“循环”选项中设定的循环周期监视时间，可以使用RE_TRIGR指令来复位监控定时器/看门狗，从而延长扫描时间。该指令将在时间范围内完成执行，PLC扫描时间最长只能延长到已组态最大循环时间的10倍，而不考虑调用次数。过期后，程序循环将无法再延长。

在组态CPU时，可以在“循环周期监视时间”设置最大循环时间，如图3-20所示。默认值为150ms，最大值为6000ms，最小值为1ms。

可以在程序中任意位置使用RE_TRIGR指令，用来复位监控定时器，如图3-21所示。S7-1200系列的PLC，CPU固件版本低于V2.2时，只能在优先级为1的程序循环组织块（Organization Block，OB）中调用该指令；CPU固件版本高于V2.2时，可在所有OB中调用该指令而不用考虑优先级。

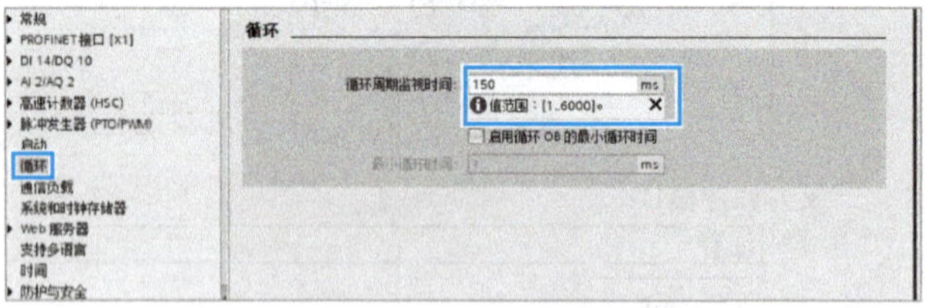

图3-20　组态最大循环时间

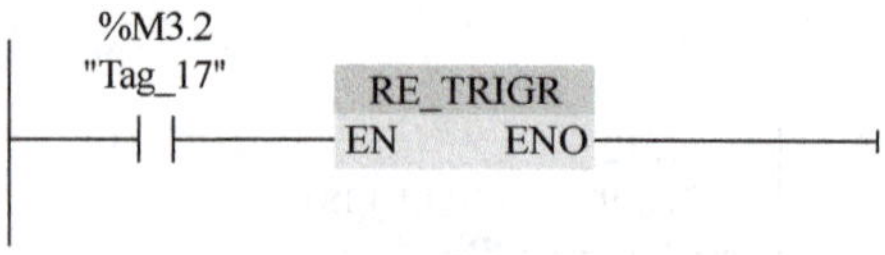

图3-21　RE_TRIGR指令应用示例

2. STP指令

当STP指令的EN驱动条件满足时，CPU将会切换为STOP模式，而且结束程序运行。例如检测到I/O错误时，强制将CPU切换为STOP模式。

3. GET_ERROR指令和GET_ERR_ID指令

GET_ERROR指令用来提供有关程序块执行错误的信息，用输出ERROR显示发生的程序块执行错误，如图3-22所示。在输出ERROR中，只能指定“ErrorStruct”系统数据类型的操作数。“ErrorStruct”系统数据类型将指定存储错误相关信息的具体结构。在块的接口区定义一个名为“Error1”的变量作为参数ERROR的实参，在数据类型栏中用下拉列表选择数据类型为“ErrorStruct”。如果程序块中存在多处错误，则只有在更正了发生的第一个错误后，该指令才会输出下一个要发生错误的相关错误信息。

GET_ERR_ID指令用来报告错误的ID（标识符），如果执行时出现错误，且指令的输入EN为“1”状态，出现的第一个错误的标识符保存在指令的输出ID中，ID的数据类型为Word。第一个错误消失时，指令输出下一个错误ID。

4. RUNTIME指令

RUNTIME指令用于测量整个程序、单个块或命令序列的运行时间。

如果要测量整个程序的运行时间，在OB1调用该指令，如图3-23所示。第一次调用时开始测量运行时间，在第二次调用后输出Ret_Val将返回程序的运行时间。测量的运行时间包括程序执行过程中可能运行的所有CPU进程。

RUNTIME指令读取CPU的内部计数器并将值写入参数MEM。该指令根据内部计数器频率计算当前程序运行时间并将其写入参数Ret_Val，MEM和Ret_Val的数据类型均为LReal。

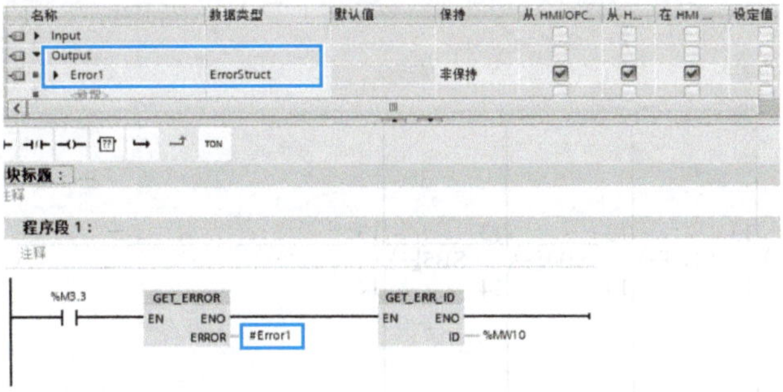

图 3-22 GET_ERROR 指令和 GET_ERR_ID 指令应用示例

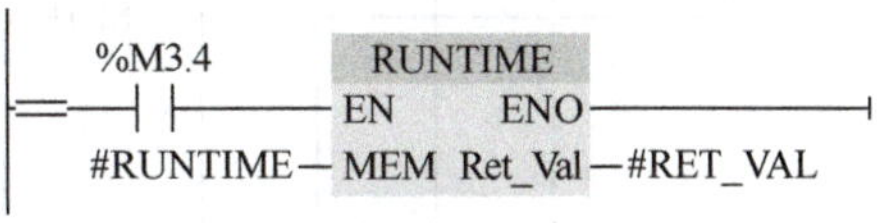

图 3-23 RUNTIME 指令应用示例

任务实施

一、实施步骤

1. 硬件选型

流水灯控制系统硬件选型见表 3-6。

表 3-6 流水灯控制系统硬件选型表

名称	型号
PLC	CPU 1214C DC/DC/RLY
按钮	自复位 LA38-11BN
开关电源	AC 220V 转 DC 24V
控制对象	彩灯模拟装置（发光二极管电路板）

2. I/O 地址分配

根据 PLC I/O 点分配原则及本任务控制要求，本任务 I/O 分配见表 3-7。

表 3-7 流水灯控制系统 I/O 分配表

输入		输出	
元件	输入继电器	元件	输出继电器
起动按钮 SB1	I0.0	第 1 组彩灯 HL1	Q0.0
停止按钮 SB2	I0.1	第 2 组彩灯 HL2	Q0.1
快闪按钮 SB3	I0.2	第 3 组彩灯 HL3	Q0.2
中闪按钮 SB4	I0.3	第 4 组彩灯 HL4	Q0.3
慢闪按钮 SB5	I0.4	第 5 组彩灯 HL5	Q0.4
		第 6 组彩灯 HL6	Q0.5
		第 7 组彩灯 HL7	Q0.6
		第 8 组彩灯 HL8	Q0.7

3. PLC 侧接线图

根据控制要求及 I/O 分配表，流水灯控制系统 PLC 侧接线图如图 3-24 所示。

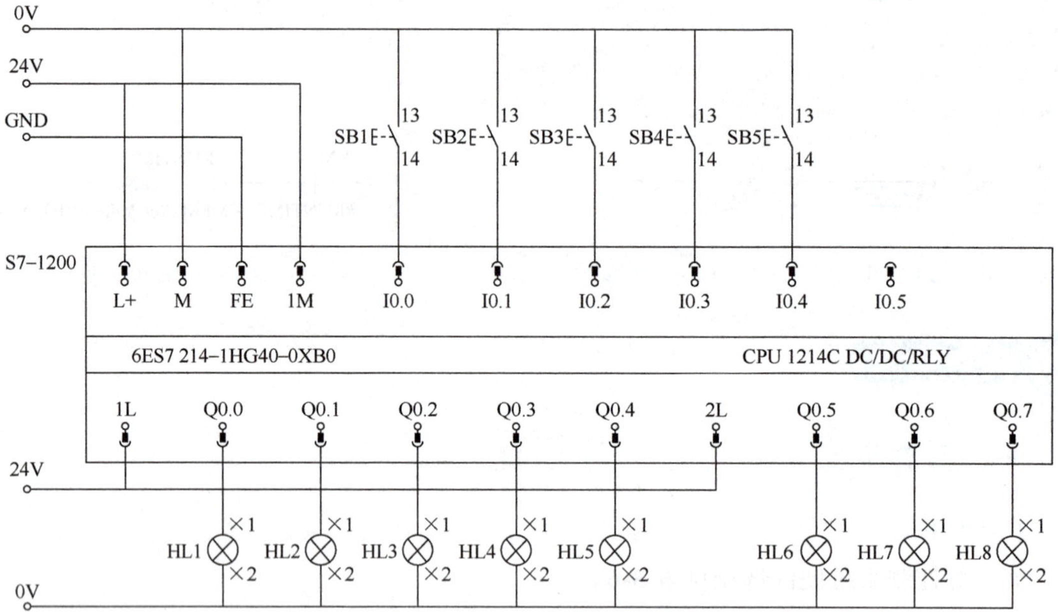

图 3-24　流水灯控制系统 PLC 侧接线图

4. 程序设计

（1）编程思想　本任务要求彩灯按照流水灯以正序每隔一定的频率依次点亮，完全点亮后按照点亮频率闪烁 2 次。在此考虑用系统时钟存储器字节（采用默认字节 MB0），并使用多路复用指令编写流水灯控制系统程序；使用跳转指令编写闪烁频率控制程序，同时启用系统存储器字节，用于初始复位。

（2）参考梯形图　根据控制要求设计流水灯控制系统梯形图，如图 3-25 所示。

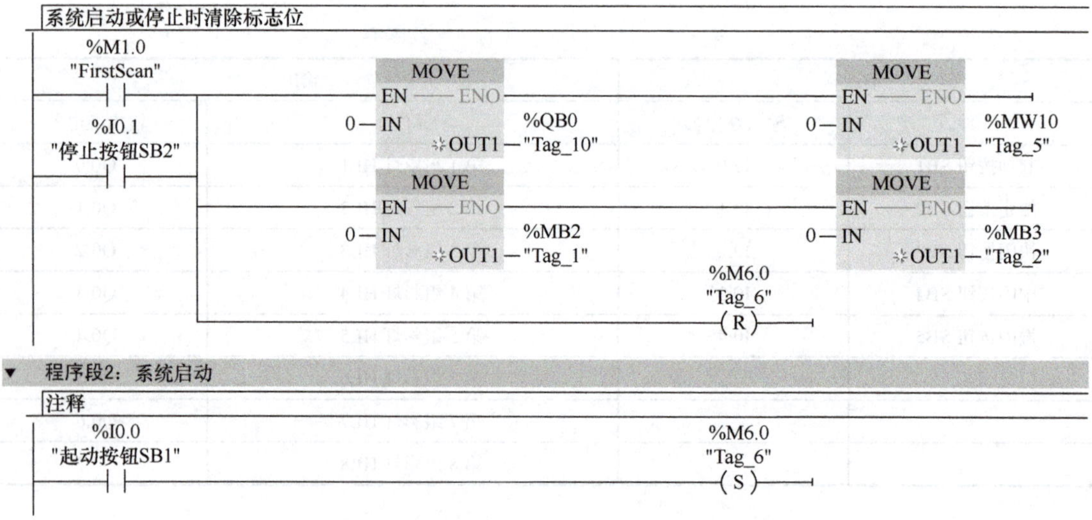

图 3-25　流水灯控制系统梯形图

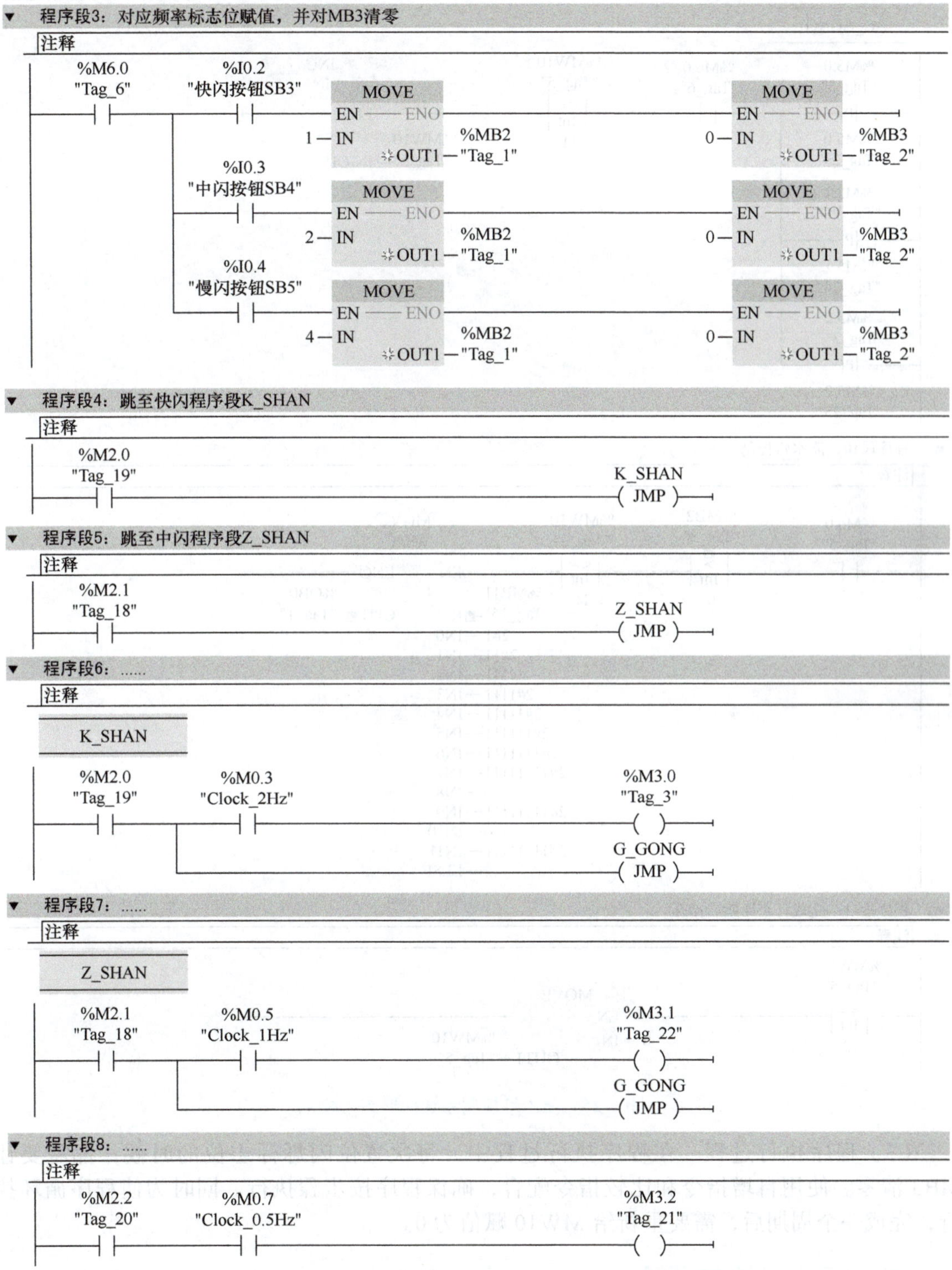

图 3-25 流水灯控制系统梯形图（续）

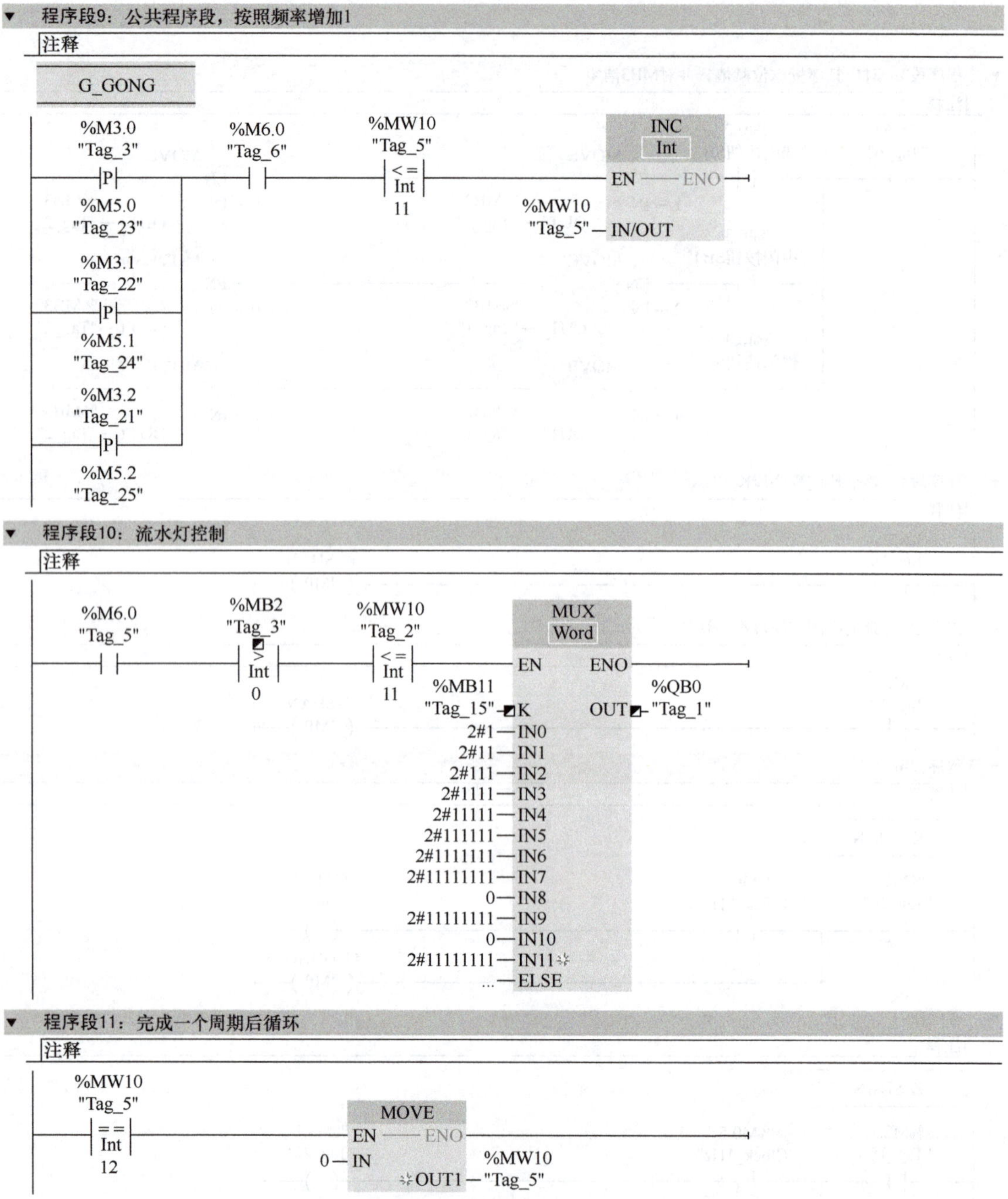

图3-25 流水灯控制系统梯形图（续）

（3）程序执行过程　在程序执行过程中，每次置位闪烁标志位的时候，都需要让MB3清零。使用自增指令和比较指令配合，确保程序按步骤执行。同时为使程序循环执行，完成一个周期后，需要重新给MW10赋值为0。

二、任务考核与评价

教师根据学生的完成情况，对结果进行评分，并将得分填入表3-8中。

表 3-8　流水灯控制系统评分表

评分点		得分
程序设计（60 分）	8 组灯按照流水点亮（10 分）	
	8 组灯按照 0.5Hz 频率流水点亮（10 分）	
	8 组灯按照 1Hz 频率流水点亮（10 分）	
	8 组灯按照 2Hz 频率流水点亮（10 分）	
	8 组灯点亮后闪烁 2 次（10 分）	
	所有功能一次性调试成功（10 分）	
6S 素养（20 分）	接线后，对照接线图检查一遍，确认无差错后，在教师的监督下上电（10 分）	
	遵守课堂纪律，爱惜设备和器材，保持实训场所的整洁（10 分）	
发展素养（20 分）	表达沟通能力（10 分）	
	团队协作能力（10 分）	
总分		

练习与提高

1. 使用跳转分配器指令编写满足下述要求的梯形图程序：使用按钮控制 3 盏指示灯按 20s 时间间隔顺序轮流点亮，按下起动按钮时第一盏灯 HL1 亮 20s 后，第二盏灯 HL2 亮 20s，然后第三盏灯亮 20s，并不断循环，按下停止按钮，3 盏灯立即熄灭。

2. 使用定义跳转列表指令编写满足下述要求的梯形图程序：使用按钮 SB 控制 4 盏指示灯（HL1 ~ HL4），第 1 次按下 SB 时，HL1 点亮，第二次按钮下 SB 时，HL1、HL2 点亮，第三次按钮下 SB 时，HL1 ～ HL3 点亮，第四次按钮下 SB 时，HL1 ～ HL4 点亮，第五次按钮下 SB 时，4 盏指示灯全部熄灭，然后按下按钮 SB 时将重复上述过程。

项目 4
顺序控制系统设计

项目导入

在工业应用现场诸多控制系统的加工工艺都有一定的顺序性，它是按照生产工艺预先规定的顺序，在各个输入信号的作用下，根据内部状态和时间的顺序，在生产过程中各个执行机构自动、有秩序地进行操作，这样的控制系统称为顺序控制系统。顺序控制系统在工业生产和日常生活中应用十分广泛，如搬运机械手、自动化生产线、交通信号灯等。顺序控制设计法是将一个完整的控制系统分解成几个独立的控制动作或工序，且这些动作或工序严格按照一定的次序一步一步地顺序执行。

顺序控制设计法易于被初学者接受，对于有经验的工程师，也会提高其设计效率，对程序的调试、修改和阅读也很方便。本项目选取工业中两种常见的应用，通过任务的讲解和实施让读者掌握 PLC 程序设计的方法和技巧。

知识导图

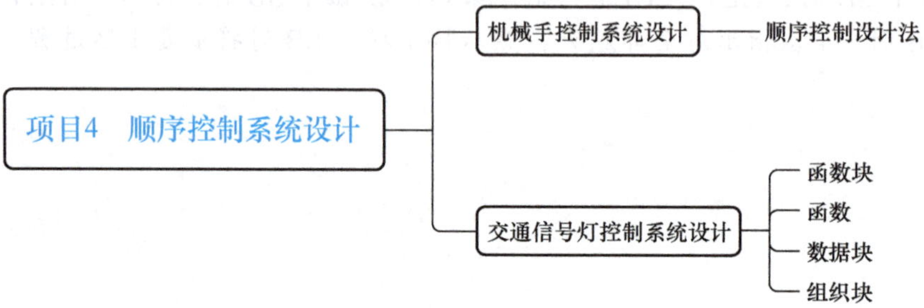

任务 4.1　机械手控制系统设计

学习目标

1. 知识目标

1）了解顺序功能图的功能。

2）掌握单序列顺序功能图的编程方法。

2. 技能目标

1）会根据工作任务绘制单序列顺序功能图。

2）能根据顺序功能图编制机械手控制程序。

3. 素质目标

1）通过对机械手控制系统 PLC 控制程序的设计，培养学生精益求精的工匠精神。

2）通过先仿真模拟控制过程再进行实际操作的训练，增强学生的安全意识，强化规范操作的职业素养。

任务描述

图 4-1 所示为机械手搬运工件的运动过程，在初始化状态下（步 0），若在工作台 A 上检测到有工件，机械手下降到下限位（步 1），然后抓取工件（步 2），抓取时间为 1s，机械手抓取工件后上升（步 3）到上限位，机械手右移（步 4）到右限位，然后机械手下降（步 5）到下限位，将工件放置到工作台 B 上（步 6），放松时间为 1s，机械手上升（步 7）至上限位，机械手左移（步 8）至左限位，一个工作周期结束。若再次检测到工作台 A 上有工件，则开始下一循环，周而复始。

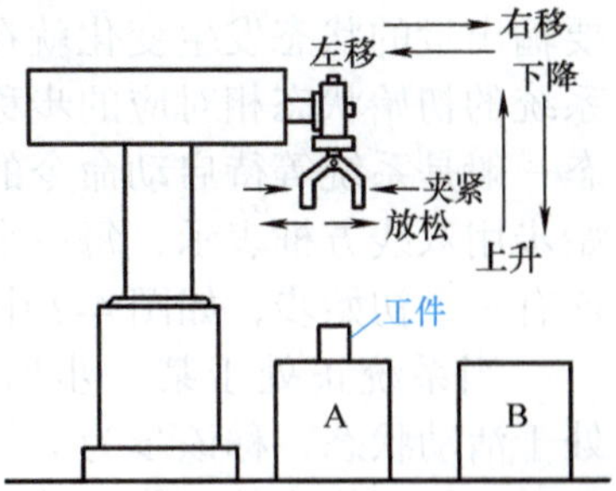

图 4-1　机械手搬运工件的运动过程

知识准备

知识点　顺序控制设计法

PLC 梯形图程序设计一般有两种方法。一种方法是基于继电器 - 接触器控制系统的经验设计法。该种方法没有固定的步骤可以遵循，具有很大的试探性和随意性，对于不同的控制系统，没有一种通用、容易掌握的设计方法。在设计复杂系统的梯形图时，经验设计法需要用大量的中间元件来完成记忆、互锁等功能。由于需要考虑的因素有很多，中间元件往往又交织在一起，使得分析设计非常困难，并且很容易遗漏一些应该考虑的问题。即使非常有经验的工程师，也很难做到设计出的程序能一次成功，因此设计完成后需要模拟调试或现场调试，发现问题后再针对问题对程序进行修改。PLC 梯形图程序设计的另一种方法是顺序控制设计法，它是一种先进的设计方法，很容易被初学者接受。

1. 顺序控制设计思想

顺序控制设计法最基本的思想是将系统的一个工作表周期划分为若干个顺序相连的阶段，这些阶段称为步（Step），并用编程元件（例如位存储器 M）来代表各步。在任何一步之内，输出量的状态保持不变，这样使步与输出量的逻辑关系变得十分简单。

2. 顺序功能图

顺序功能图是 IEC 61131–3 定义的 5 种编程语言之一，有的 PLC 为用户提供了顺序功能图编程语言，例如 S7–300 和 S7–400 PLC 的 S7 Graph 语言，在编程软件中生成顺序功能图后便完成了编程工作。而很多 PLC（包括 S7–1200 PLC）没有配备顺序功能图编程语言，但是可以用顺序功能图来描述系统的功能，根据它来设计梯形图程序，顺序功能图语言设计时根据转移条件对控制系统的功能流程顺序进行分配，一步一步地按照顺序动作。每一步代表一个控制功能任务，用方框表示。在方框内含有用于完成相应控制功能任务的梯形图逻辑。

使用顺序控制设计法时，首先根据工艺要求画出顺序功能图，然后根据顺序功能图编制梯形图。顺序功能图是描述控制系统的控制过程、功能和特性的一种图形，也是设计 PLC 顺序控制程序的有力工具。它不涉及所描述的控制功能的具体技术，而是一种通用的技术语言，可以供进一步设计和不同专业的人员之间进行技术交流。

顺序功能图主要由步、有向连线、转换与转换条件、动作组成。

（1）步　根据输出量的状态来划分步，只要输出量的状态发生变化就在该处划出一步。与系统的初始状态相对应的步称为初始步，初始状态一般是系统等待启动命令的相对静止状态。初始步用双线方框表示，每一个顺序功能图至少应该有一个初始步，如图 4-2 中的 M4.0。

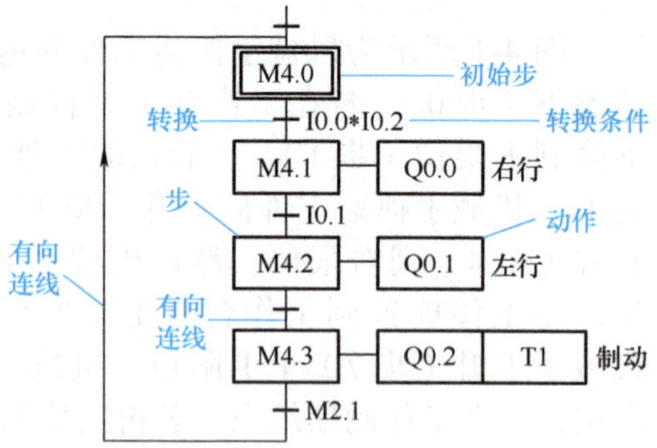

图 4-2　顺序功能图示例

当系统正处于某一步所在的阶段时，该步处于活动状态，称该步为活动步。步处于活动状态时，执行相应的动作；处于不活动状态时，相应的非存储型动作被停止执行。

（2）有向连线　在顺序功能图中，随着时间的推移和转换条件的实现，将会发生步的活动状态的进展，这种进展按有向连线规定的路线和方向进行。在画顺序功能图时，将代表各步的方框按它们成为活动步的先后次序顺序排列，并用有向连线将它们连接起来。步的活动状态习惯的进展方向是从上到下或从左到右，在这两个方向上的箭头可以省略。如果不是上述方向，需要在有向连线上用箭头注明进展方向。

（3）转换与转换条件　系统不能总停在一步内工作，从当前步进入到下一步称为步的转换，这种转换的信号称为转换条件。转换条件是与转换相关的逻辑命令，转换条件可以用文字语言、布尔代数表达式或图形符号标注在表示转换的短线旁边，使用最多的是布尔代数表达式。

转换条件可以是外部输入信号，也可以是 PLC 内部信号或若干个信号的逻辑组合。顺序控制设计就是用转换条件去控制代表各步的编程元件，让它们按一定的顺序变化，然后用代表各步的元件去控制 PLC 的各输出位。步与步之间实现转换应该同时满足两个条件：前级步必须是活动步，对应的转换条件成立。转换实现后的结果：使该转换的后续步变为活动步，前级步变为不活动步。

转换在两步之间用垂直短横线表示，用文字注明转换条件。

（4）动作　在每一步中要完成的具体事情称为动作，可以是一个动作也可以是多个动作。一般用矩形框加文字说明表示动作。

在每一步之内只标出状态为 ON 的输出位，一般用输出类指令（如输出、置位、复位等）。步相当于这些指令的子母线。这些动作指令平时不被执行，只有当对应的步被激活才被执行。根据需要，指令与对象的动作响应之间可能有多种情况，如有的动作仅在指令激活的时间内有响应，指令结束后动作终止（点动动作）；而有的动作一旦发出指令，动作就一直继续（存储性动作），除非再发出停止或撤销指令，这就需要用不同的符号来进行修饰。

绘制顺序功能图应注意以下几点：

1）步与步不能直接相连，要用转换隔开。

2）初始步描述的是系统等待启动命令的初始状态，通常在这一步里没有任何动作。但是初始步是不可不画的，因为如果没有该步，无法表示系统的初始状态，系统也无法返回停止状态。

3）自动控制系统应能多次重复完成某一控制过程，要求系统可以循环执行某一程序，因此顺序功能图应是一个闭环，即在完成一次工艺过程的全部操作后，应从最后一步返回初始步，系统停留在初始状态（单周期操作）；在连续循环工作方式下，系统应从最后一步返回下一工作周期开始运行的第一步。

3. 顺序功能图的类型

顺序功能图主要有单序列、选择序列、并行序列 3 种类型。

（1）单序列　单序列由一系列相继激活的步组成，每一步后面仅有一个转换，每一个转换后面只有一步，如图 4-3a 所示。

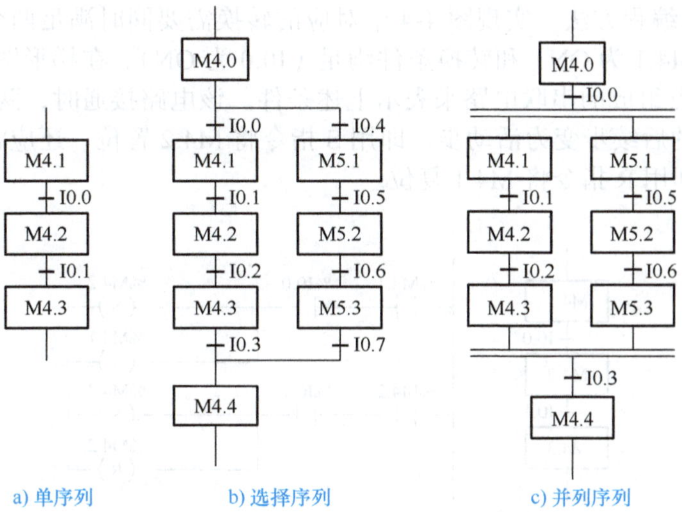

图 4-3　顺序功能图类型

（2）选择序列　选择序列的开始称为分支，转换符号只能标在水平连线之下，如图 4-3b 所示。步 M4.0 后有两个转换条件 I0.0 和 I0.4 所引导的两个选择序列，如果步 M4.0 为活动步并且转换 I0.0 使能，则步 M4.1 被触发；如果步 M4.0 为活动步并且转换 I0.4 使能，则步 M5.1 被触发。一般只允许选择一个序列。

选择序列的合并是指几个选择序列合并到一个公共序列。此时，用需要重新组合的序列相同数量的转换符号和水平连线来表示，转换符号只允许在水平连线之上。图 4-3b 中如果步 M4.3 为活动步并且转换 I0.3 使能，则步 M4.4 被触发；如果步 M5.3 为活动步并且转换 I0.7 使能，则步 M4.4 也被触发。

（3）并行序列　并行序列用来表示系统几个同时工作的独立部分情况。并行序列的开始称为分支，如图 4-3c 所示。当转换的实现导致几个序列同时激活时，这些序列称为并行序列。当步 M4.0 是活动步并且转换条件 I0.0 为 ON 时，步 M4.1、步 M5.1 同时变为活动步，同时步 M4.0 变为不活动步。为了强调转换的实现，水平连线用双线表示。步 M4.1、步 M5.1 被同时激活后，每个序列中活动步的进展将是独立的。在表示同步的水平双线上，只允许有一个转换符号。并行序列的结束称为合并，在表示同步水平双线之下，只允许有一个转换符号。当直接连在双线上的所有前级步（步 M4.3、步 M5.3）都处于活动状态，并且转换状态条件 I0.3 为 ON 时，才会发生步 M4.3、步 M5.3 到步 M4.4 的进展，步 M4.3、步 M5.3 同时变为不活动步，而步 M4.4 变为活动步。

4. 顺序控制设计法的常用编程方法

（1）置位、复位指令设计法　使用置位（S）、复位（R）指令设计顺序控制程序时，将各转换的所有前级步对应的常开触点与转换对应的触点或电路串联，该串联电路即起保停电路中的起动电路，用它作为使所有后续步置位（使用 S 指令）和使所有前级步复位（使用 R 指令）的条件。在任何情况下，各步的控制电路都可以用这一原则来设计，每一个转换对应一个这样的控制置位和复位的电路块，有多少个转换就有多少个这样的电路块。这种设计方法特别有规律可循，梯形图与转换实现的基本规则之间有着严格的对应关系，在设计复杂顺序功能图的梯形图时，既容易掌握，又不容易出错。

1）单序列的编程方法。实现图 4-4 中对应的转换需要同时满足两个条件：该步的前级步是活动步（M4.1 为 ON）和转换条件满足（I0.0 为 ON）。在梯形图中，可以用 M4.1 和 I0.0 的常开触点组成的串联电路来表示上述条件。该电路接通时，两个条件同时满足。此时应将该转换的后续步变为活动步，即用 S 指令将 M4.2 置位；还应将该转换的前级步变为不活动步，即用 R 指令将 M4.1 复位。

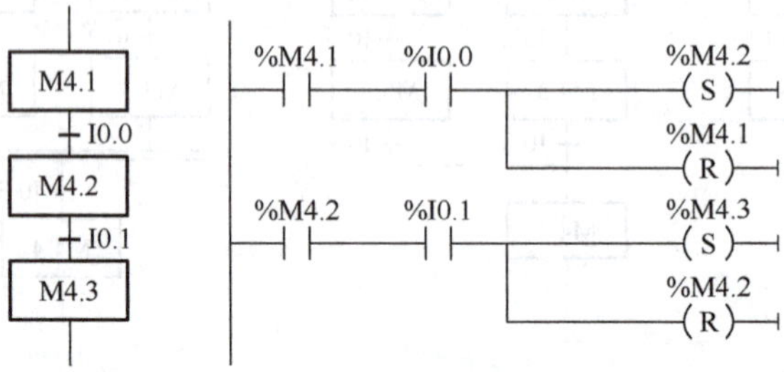

图 4-4　S、R 指令实现顺序功能图

使用这种编程方法时，不能将输出位的线圈与 S 指令和 R 指令并联，这是因为图 4-4 中控制置位、复位的串联电路接通的时间只有一个扫描周期，转换条件满足后前级步马上被复位，该串联电路断开，而输出位的线圈至少应该在某一步对应的全部时间内被接通。所以应根据顺序功能图，用代表步的存储器位的常开触点或它们的并联电路来驱动输出位的线圈。

2）并行序列的编程方法。图 4-5 所示为一个并行序列的顺序功能图，采用 S、R 指令进行并行序列控制程序设计的梯形图如图 4-6、图 4-7 所示。

① 并行序列分支的编程。在图 4-5 中，步 M4.0 之后有一个并行序列的分支。当 M4.0 是活动步，并且转换条件 I0.0 为 ON 时，步 M4.1 和步 M5.1 应同时变为活动步，这时用 M4.0 和 I0.0 的常开触点串联电路使 M4.1 和 M5.1 同时置位，用 R 指令使步 M4.0 变为不活动步，如图 4-6 所示。

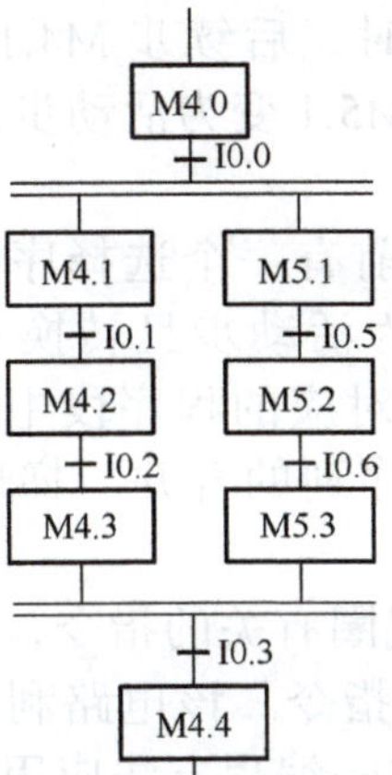

图 4-5 并行序列顺序功能图

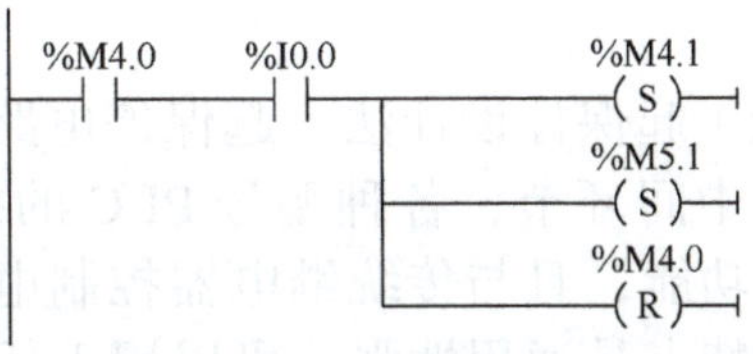

图 4-6 并行序列分支的编程

② 并行序列合并的编程。在图 4-5 中，在转换条件 I0.3 之前有一个并行序列的合并。当所有前级步 M4.3 和 M5.3 都是活动步，并且转换条件 I0.3 为 ON 时，实现并行序列的合并。用 M4.3、M5.3 和 I0.3 的常开触点串联电路使后续步 M4.4 置位，用 R 指令使前级步 M4.3 和 M5.3 变为不活动步。梯形图如图 4-7 所示。

3）选择序列的编程方法。图 4-8 所示为一个选择序列的顺序功能图，采用 S、R 指令进行选择序列控制程序设计的梯形图如图 4-9、图 4-10 所示。

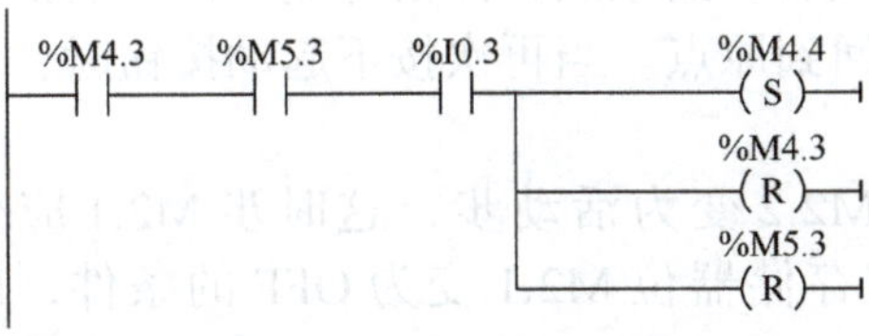

图 4-7 并行序列合并的编程

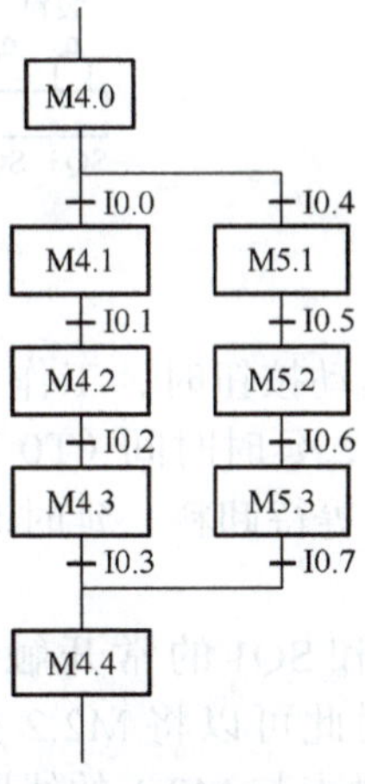

图 4-8 选择序列的顺序功能图

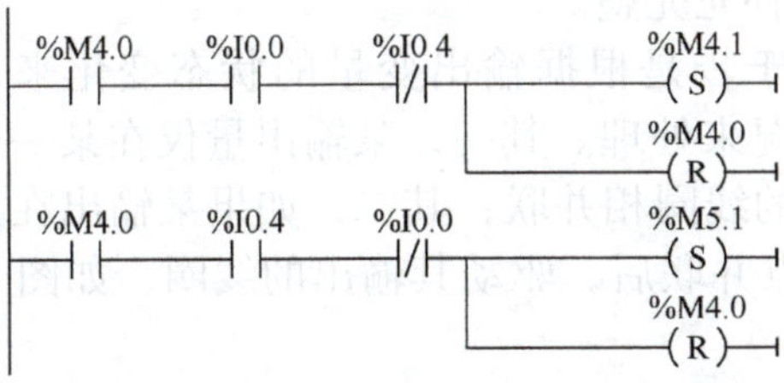

图 4-9 选择序列分支的编程

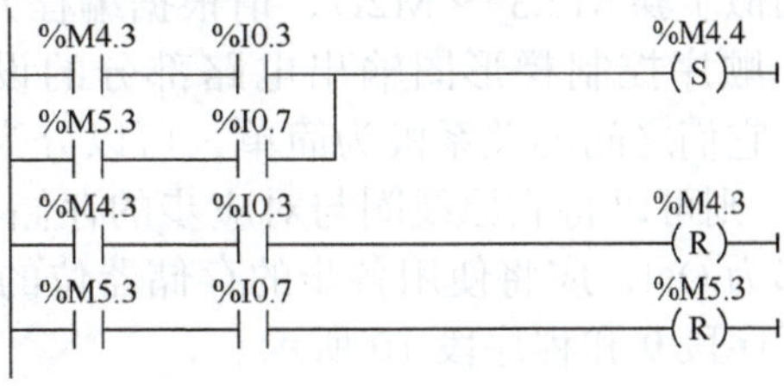

图 4-10 选择序列合并的编程

① 选择序列分支的编程。在图 4-8 中，步 M4.0 之后有一个选择序列的分支。当

M4.0 为活动步时，有两种选择。当转换条件 I0.0 满足时，后续步 M4.1 变为活动步，M4.0 变为不活动步；而当转换条件 I0.4 满足时，后续步 M5.1 变为活动步，M4.0 变为不活动步。梯形图如图 4-9 所示。

② 选择序列合并的编程。在图 4-8 中，步 M4.4 之前有一个选择序列的合并，当步 M4.3 为活动步且转换条件 I0.3 满足，或者步 M5.3 为活动步且转换条件 I0.7 满足时，步 M4.4 应变为活动步。在步 M4.3 和步 M5.3 后续对应的程序段中，分别用 I0.3 和 I0.7 的常开触点驱动置位 M4.4 指令，就能实现选择序列的合并。梯形图如图 4-10 所示。

（2）起保停设计法　起保停电路仅仅使用与触点和线圈有关的指令，不需要编程元件作为中间环节，各种型号 PLC 的指令系统都有这一类指令。该电路利用自保持，具有记忆功能，且与传统继电器控制电路基本类似，因此这一编程方法应用很广泛。这种电路的特点是通用性强，可以用于任意型号的 PLC，容易编程和调试。设计起保停电路的关键是找出它的起动条件和停止条件。根据转换实现的基本规则，转换实现的条件是它的前级步为活动步，并且满足相应的转换条件。在起保停电路中，则应将代表前级步的存储器位 Mx.x 的常开触点和代表转换条件如 Ix.x 的常开触点串联，作为控制下一位的起动电路。

图 4-11 所示为小车拖动工作台实现自动往返运动的示意图。根据运行情况画出的顺序功能图如图 4-12 所示。

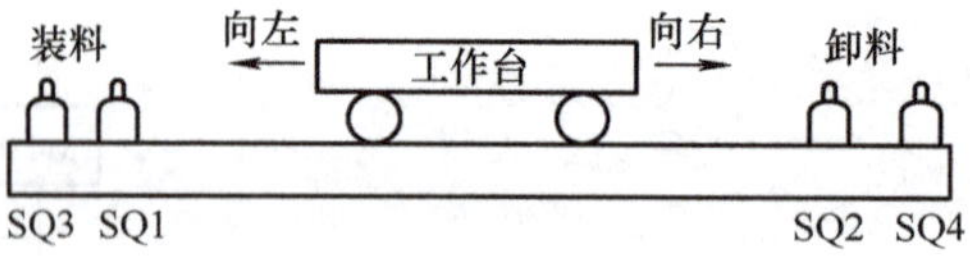

图 4-11　自动往返运动的示意图

当按下起动按钮时，工作台由原点 SQ0 处（中间位置）前进（Q0.0 动作）到 SQ1 停止，等待装料，延时时间（T0）到后返回（Q0.1 动作）到原点，停留片刻（T1）后前进至 SQ2 处停止，等待卸料，延时时间（T2）到后返回到原点。当再次按下起动按钮时，重复上述动作。

当 M2.1 和 SQ1 的常开触点均闭合时，步 M2.2 变为活动步，这时步 M2.1 应变为不活动步，因此可以将 M2.2 为 ON 状态作为使存储器位 M2.1 变为 OFF 的条件，即将 M2.2 的常闭触点与 M2.1 的线圈串联。

根据上述的编程方法和顺序功能图，很容易画出梯形图，如图 4-13 所示。其中省略了相似步骤 M2.3 ~ M2.7，请根据编程方法自行补充完整。

顺序控制梯形图输出电路部分的设计：由于步是根据输出变量的状态变化来划分的，它们之间的关系极为简单，可以分为两种情况来处理。其一，某输出量仅在某一步为 ON，则可以将它原线圈与对应步的存储器位 M 的线圈相并联；其二，如果某输出在几步中都为 ON，应将使用各步的存储器位的常开触点并联后，驱动其输出的线圈，如图 4-13 中程序段 9 和程序段 10 所示。

（3）比较指令实现顺序控制　用整型变量表示工步，在每个工步前放置一个比较指令，在工步结束前给变量赋值，跳转到下一个工步，如图 4-14 所示，Step 为 1 时输出 Q0.0，当 I0.1 为 1 时，Step 被赋值为 2，跳转到下一步，Q0.1 得电。

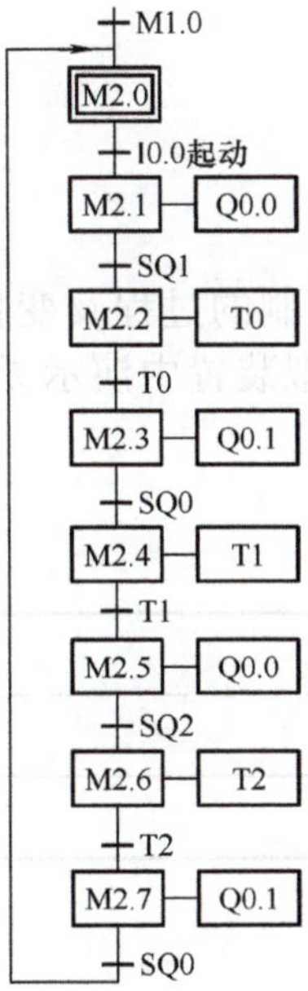

图 4-12 工作台运动顺序功能图

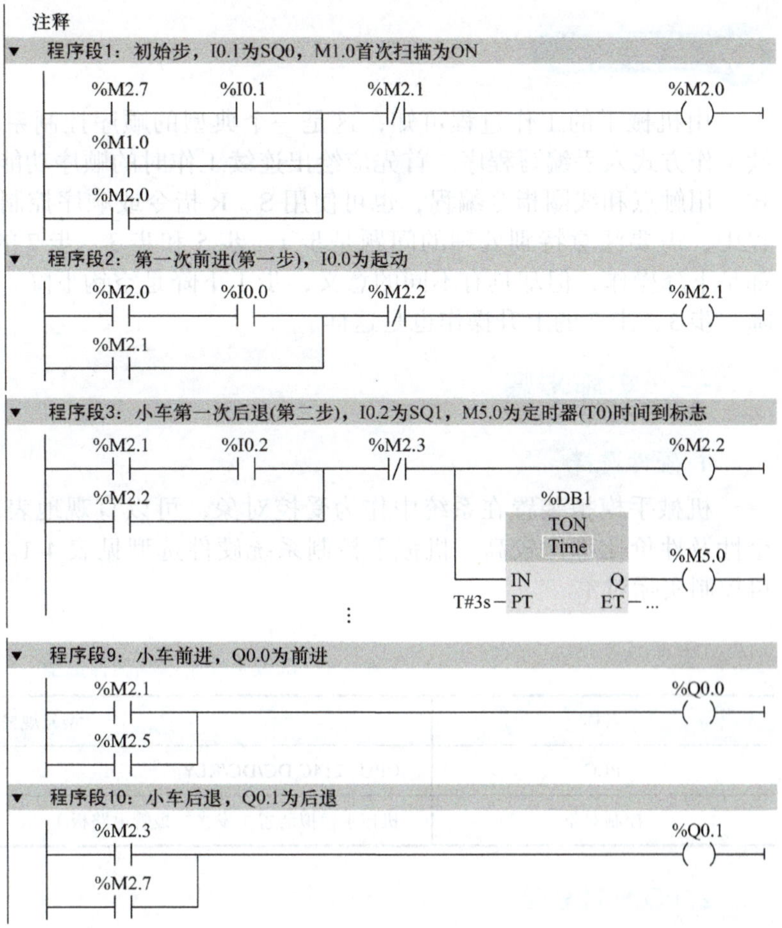

图 4-13 自动往返运动梯形图

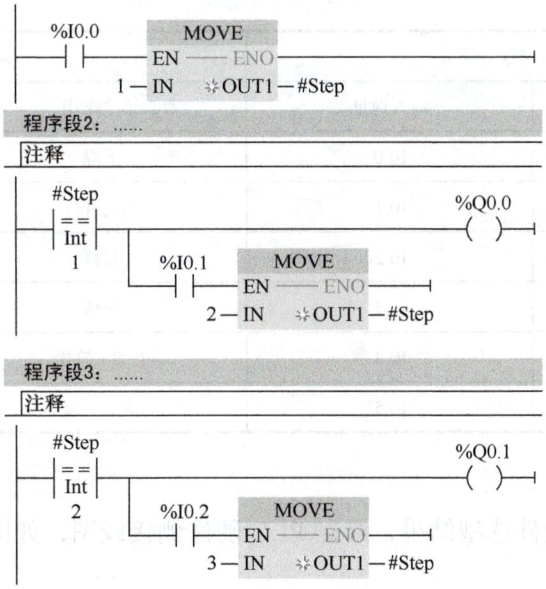

图 4-14 比较指令实现顺序控制

任务实施

由机械手的工作过程可知，这是一个典型的顺序控制系统。为此，可从机械手的连续工作方式入手编写程序。首先应绘出连续工作时的顺序功能图，然后直接列写逻辑表达式，用触点和线圈指令编程，也可使用S、R指令或顺序控制继电器指令来完成。编程过程中，需要注意特别处理的问题是步1、步5和步3、步7的动作问题，虽然步1、步5都是下降操作，但却具有不同的意义，步1下降是空钩下降，而步5下降则是夹着工件下降。步3、步7的上升操作也是这样。

一、实施步骤

1. 硬件选择

机械手模拟装置在系统中作为受控对象，可以直观地表现出控制的过程及变化，安全性及性价比都比较高，机械手控制系统硬件选型见表4-1。在模拟装置中演示无误后，再控制实际对象。

表4-1 机械手控制系统硬件选型

名称	型号规格
PLC	CPU 1214C DC/DC/RLY
控制对象	机械手模拟装置（发光二极管电路板）

2. I/O地址分配

根据任务要求确定PLC的I/O接口，其分配表见表4-2。

表4-2 机械手控制系统I/O分配表

输入信号		输出信号	
元件作用	输入地址	元件作用	输出地址
起动按钮SB1	I0.0	下降	Q0.0
停止按钮SB2	I0.1	上升	Q0.1
上限位开关SQ1	I0.2	右移	Q0.2
下限位开关SQ2	I0.3	左移	Q0.3
右限位开关SQ3	I0.4	夹紧/放松	Q0.4
左限位开关SQ4	I0.5		

3. 电气原理图

根据控制要求和硬件选型结果，绘制PLC硬件侧接线图，如图4-15所示。

4. 程序设计

根据工作过程，绘制出机械手控制系统顺序功能图如图4-16所示。

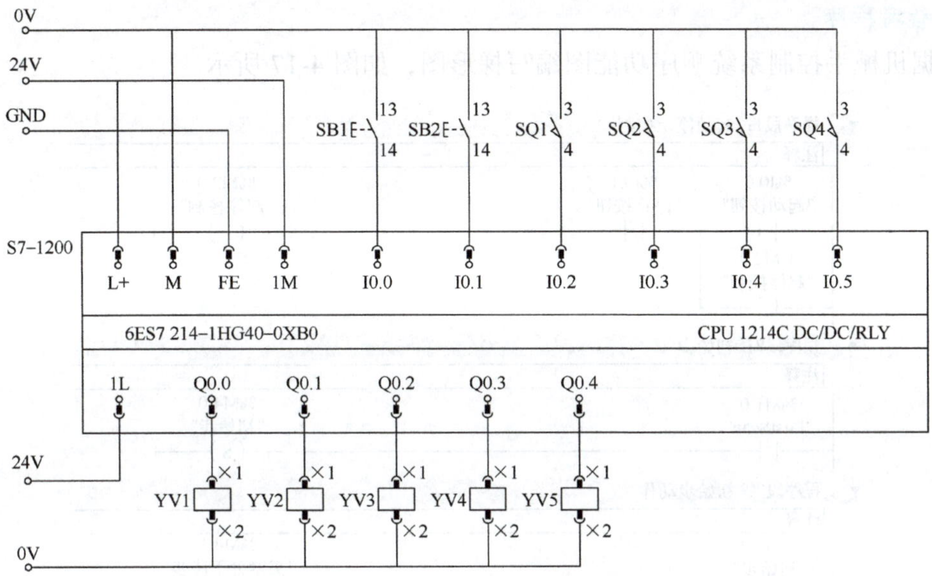

图 4-15 机械手控制系统 PLC 硬件侧接线图

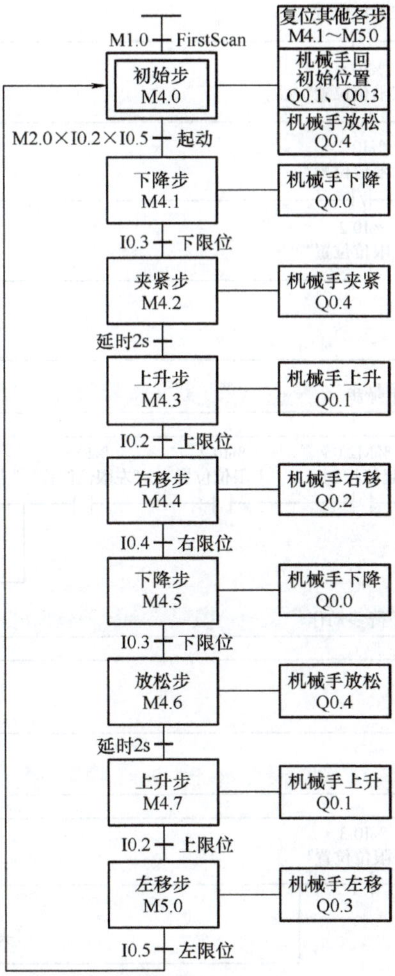

图 4-16 机械手控制系统顺序功能图

5. 参考程序

根据机械手控制系统顺序功能图编写梯形图，如图 4-17 所示。

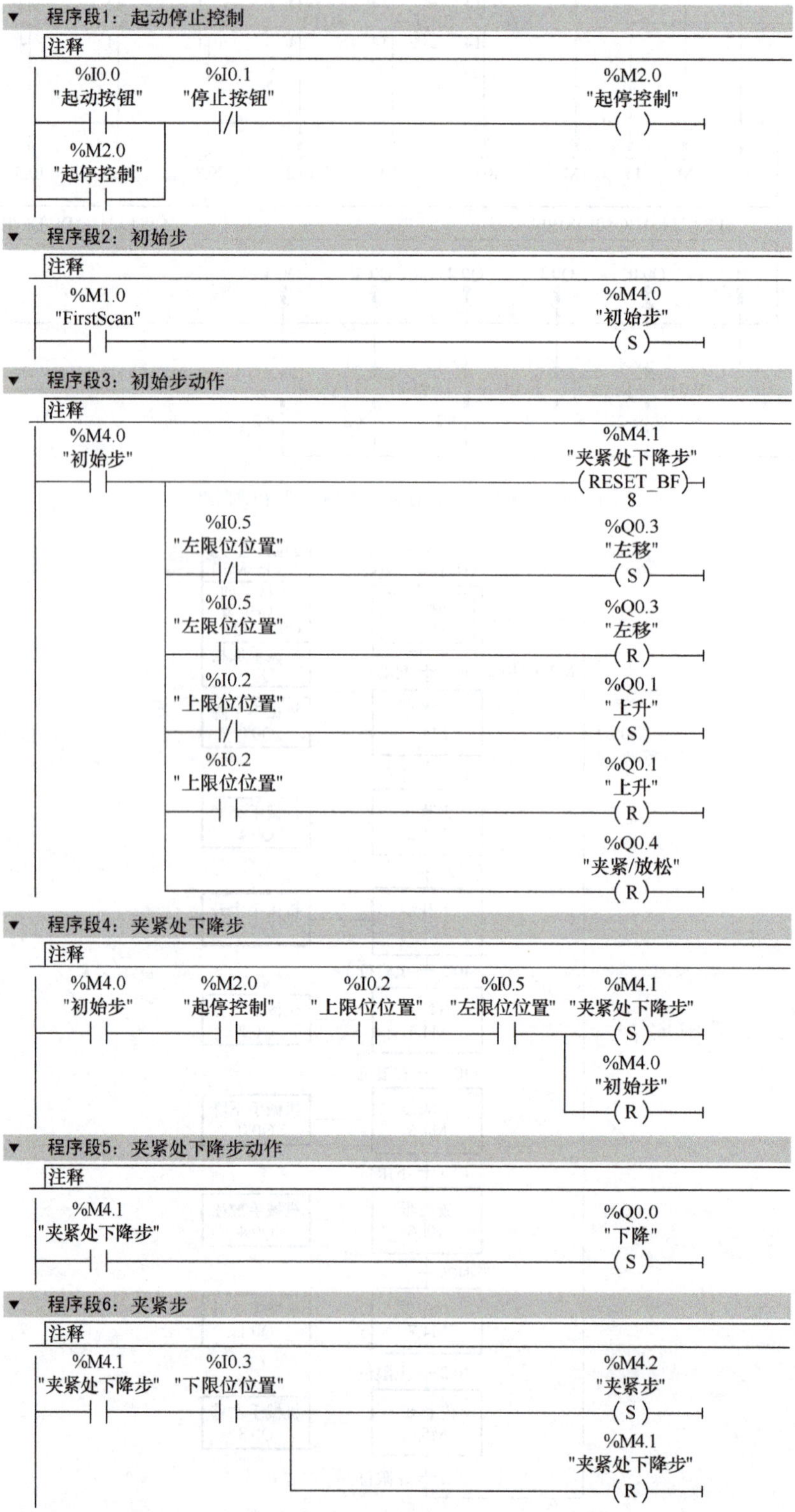

图 4-17 机械手运行参考程序

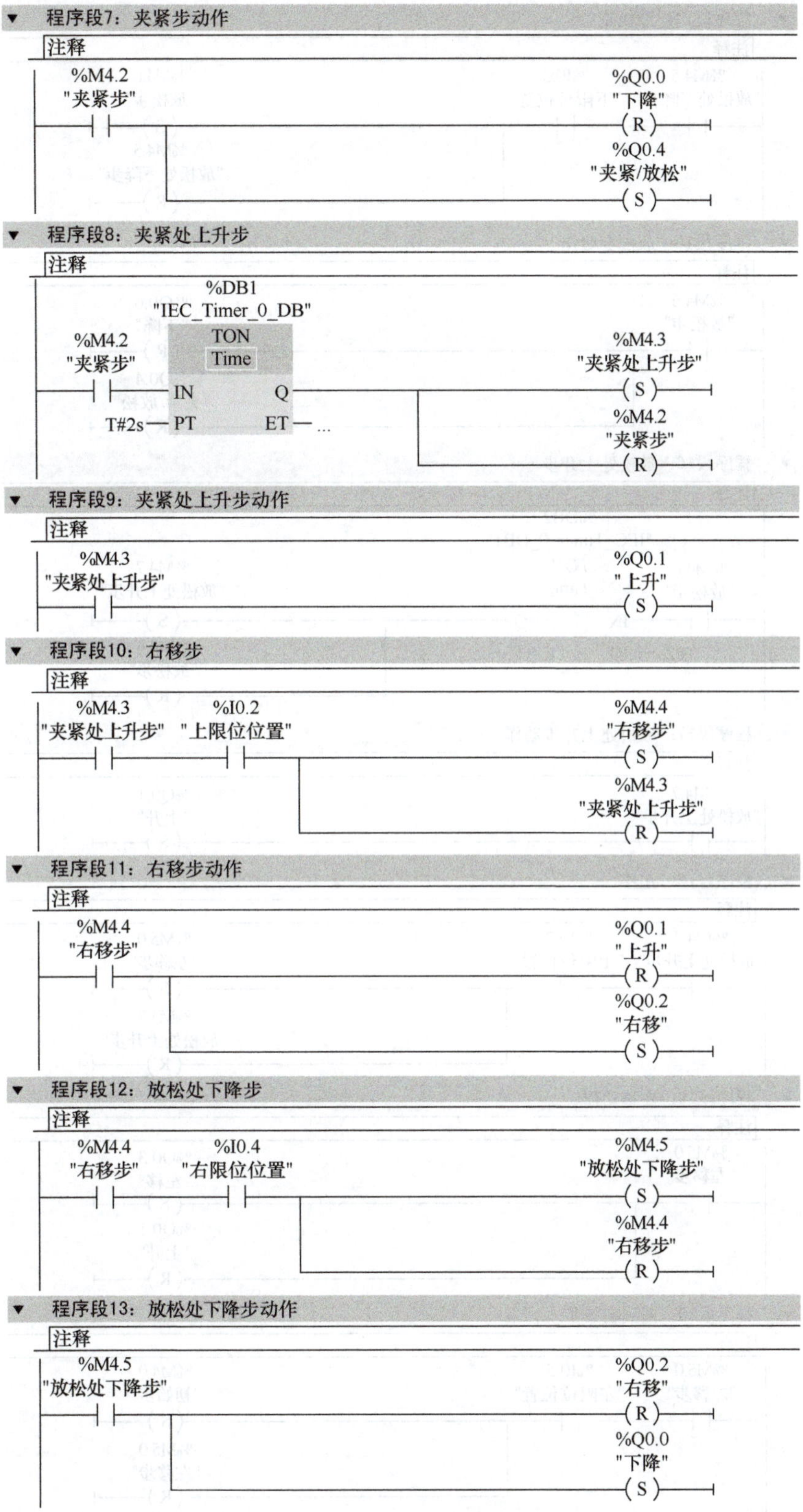

图 4-17　机械手运行参考程序（续）

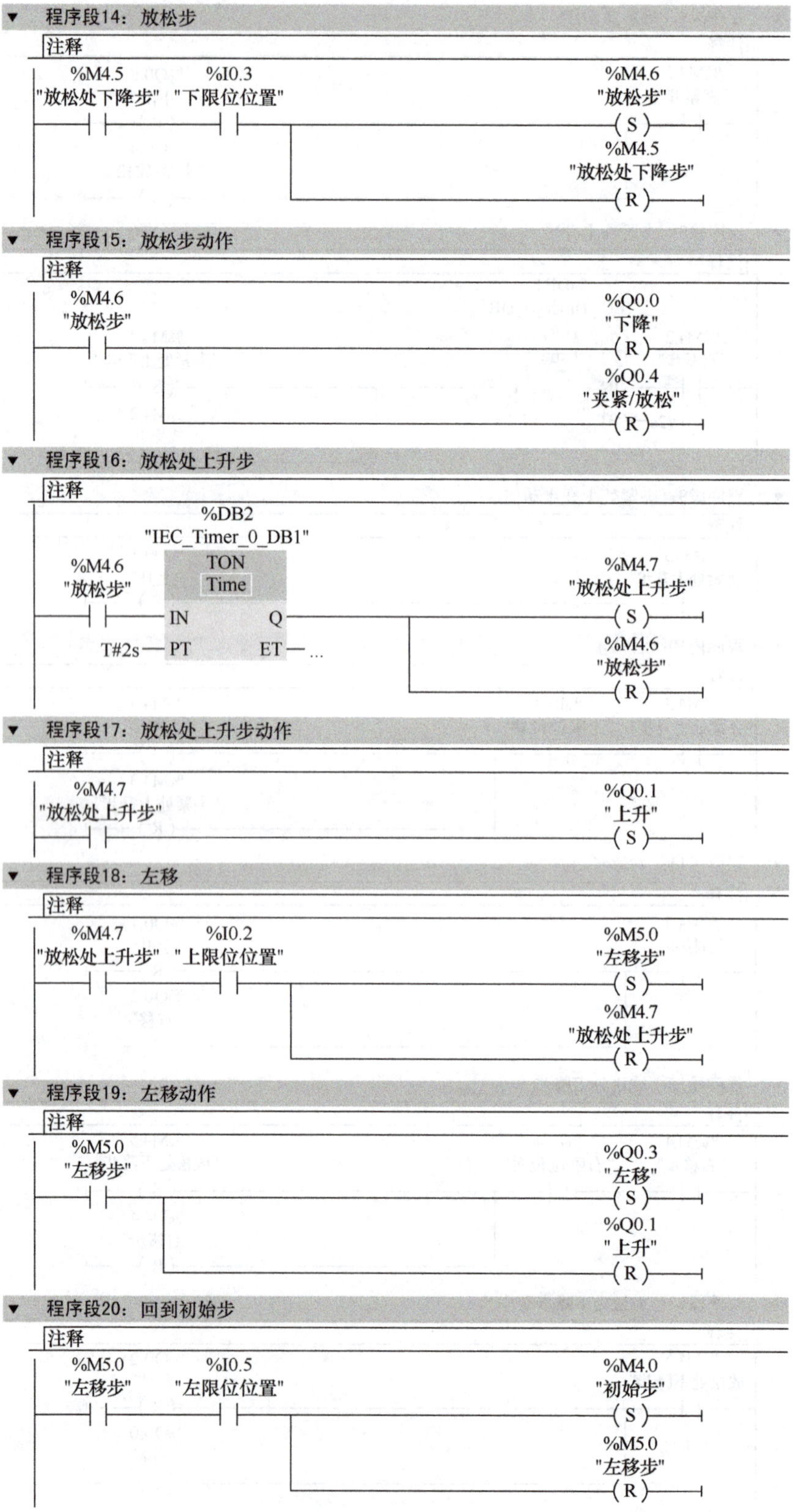

图 4-17　机械手运行参考程序（续）

6. 调试运行

PLC 上电后，如果机械手不是处于原位状态，则需要先对机械手进行调整，调整机械手到原位状态。

二、任务考核与评价

教师根据学生的完成情况，对结果进行评分，并将得分填入表 4-3 中。

表 4-3 机械手控制系统设计考核评分表

评分点		得分
程序设计（50 分）	能正确绘制机械手运行顺序功能图（10 分）	
	能正确进行机械手控制程序设计（10 分）	
	能正确进行机械手复位，调整运行程序设计（10 分）	
	能准确进行程序下载，进行 PLC 的联机调试（10 分）	
	机械手运行流畅（10 分）	
安全素养（10 分）	存在危险用电等情况（每次扣 3 分，上不封顶）	
	存在带电插拔工作站上的电缆、电线等情况（每次扣 3 分，上不封顶）	
	穿着不符合要求（每次扣 4 分，上不封顶）	
6S 素养（20 分）	桌面物品及工具摆放整齐、整洁（10 分）	
	地面清理干净（10 分）	
发展素养（20 分）	表达沟通能力（10 分）	
	团队协作能力（10 分）	
总分		

练习与提高

1. 在本任务中增加急停功能，在任何时候，若按下急停按钮，机械手都会停止当前的动作，马上返回原点。

2. 试用移位指令编写本任务中的机械手控制程序。

任务 4.2 交通信号灯控制系统设计

学习目标

1. 知识目标

1）了解 S7-1200 PLC 编程中块的概念。

2）掌握不同组织块（OB）的添加和使用方法。

3）掌握函数（FC）、函数块（FB）、数据块（DB）的添加和使用方法。

2. 技能目标

1）能够根据任务要求选择合适的组织块进行程序的模块化设计。

2）能够了解函数和函数块的区别和优缺点，并合理选用和进行程序设计。

3. 素质目标

1）通过对交通信号灯控制系统的设计，培养学生的规矩意识，提升学生的职业素养。

2）通过利用函数、函数块进行模块化编程，使学生具备系统集成设计的开发思路。

任务描述

某路口交通信号灯的工作方式分为自动运行方式、急车强通工作方式和夜间工作方式 3 种。分别设计 3 种工作方式的控制功能块，在满足条件的时候调用该功能块，采用结构化程序设计的思路完成该路口交通信号灯控制程序的编写。

1）自动运行方式时，当起停开关闭合时，首先是南北红灯、东西绿灯亮。东西绿灯亮 20s 后闪烁 3s 自动熄灭，同时东西黄灯亮。东西黄灯亮 2s 后熄灭，并使东西红灯及南北绿灯亮。与东西绿灯工作方式一样，南北绿灯亮 20s、闪烁 3s 后熄灭，同时南北黄灯亮，南北黄灯亮 2s 后熄灭，南北红灯、东西绿灯亮，系统进入下一工作周期，周而复始工作。起停开关断开时，各方向交通信号灯全部熄灭。

2）急车强通工作方式在系统启动后使用。工作时，可分别通过南北、东西强通开关切换南北运行或东西运行。无急车时，系统按自动运行方式工作。有急车来时，将该方向急车强通开关接通，不管原来交通信号灯的状态如何，一律强制让急车来车方向的绿灯亮，将急车放行，急车一过，将强通开关断开，交通信号灯的状态立即转为急车放行方向上的绿灯闪 3 次，随后按正常时序工作。急车强通信号只能响应一路方向的急车，若两个方向先后来急车，则响应先来一方，随后再响应另一方。

3）夜间工作方式也在系统启动后使用。工作时，仅为各方向黄灯按 0.5s 亮、0.5s 灭的工作频率闪亮。

知识准备

知识点 1　函数块

在工业控制中，程序往往是庞大和复杂的，采用块的概念便于大规模的设计和程序的阅读及理解，还可以设计标准化的块程序进行重复调用，采用块结构显著地增加了 PLC 程序的组织透明性和可读性。西门子 S7-1200 PLC 的编程中使用函数（Function，FC）、函数块和组织块可以使程序结构优化，便于程序的调试和阅读。通过对机电设备控制系统的设计，让读者掌握块的概念和使用块编程的方法。

S7-1200 PLC 编程采用块的概念，即将程序分解为独立的各个部件。块类似于子程序的功能，但类型更多、功能更强大。S7-1200 PLC 的用户程序提供了不同类型的块，见表 4-4。

表 4-4　S7-1200 PLC 的用户程序中的块

块（Block）	简要描述
组织块（OB）	操作系统与用户程序的接口，决定用户程序的结构
函数（FC）	用户编写的包含经常使用的功能的子程序，无专用的存储区
函数块（FB）	用户编写的包含经常使用的功能的子程序，有专用的存储区（即背景数据块）
数据块（DB）	存储用户数据的数据区域

函数块是用户编写的子程序，它们包含完成特定任务的程序，在主程序 OB1 或其他程序块（包括组织块、函数和函数块）中调用。函数块的典型应用是执行不能在一个扫描周期结束的操作。每次调用函数块时，都需要指定一个背景数据块，其随函数块的调用而打开，在调用结束时自动关闭。函数块的输入参数、输出参数和静态局部变量（Static）用指定的背景数据块保存，但是不会保存临时局部变量（Temp）中的数据。函数块执行完后，背景数据块中的数据不会丢失。

1. 生成函数块

打开 TIA Portal 软件的项目视图，生成一个名为“交通信号灯”的新项目。双击项目树中的“添加新设备”，添加一个新设备，CPU 的型号选择为 CPU 1214C AC/DC/RLY。

打开项目视图中的文件夹“\PLC_1\ 程序块”，双击“添加新块”，打开“添加新块”对话框，如图 4-18 所示，单击其中的“函数块”按钮，函数块默认编号方式为“自动”，编程语言为“LAD”（梯形图）。

默认名称为“块 _1”，设置函数块的名称为“自动运行”，（右击程序块文件夹下的函数块，选择弹出列表中的“重命名”，也可更改名称）。勾选左下角的“新增并打开”，然后单击“确定”按钮，自动生成 FB1，并打开其编程窗口，此时可以在项目树的文件夹“PLC_1\ 程序块”中看到新生成的“自动运行”函数块，如图 4-19 所示。

图 4-18　“添加新块”对话框

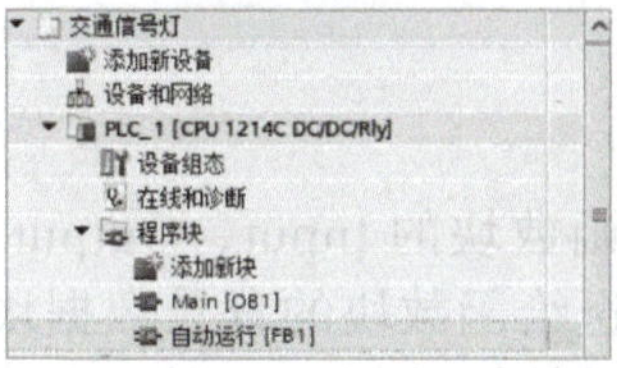

图 4-19　新块添加完成

2. 生成函数块的局部变量

局部变量在函数块的接口区（Interface）定义，分隔条上面是功能的接口区，如图 4-20 所示，下面是程序编辑区。

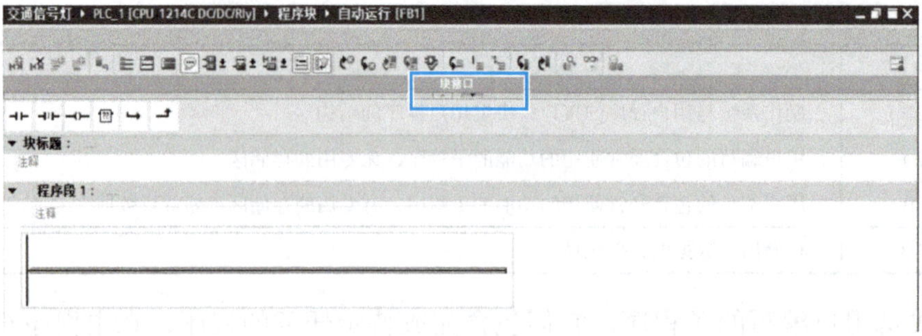

图 4-20　函数块的接口区示意图

函数块的局部变量中有Input（输入参数）、Output（输出参数），InOut（输入/输出参数）和Temp（临时局部变量）等类型。Static（静态局部变量）不是输入、输出类型的参数，它和Temp是类似的，只不过Static是可以保存的。函数块执行完后，下一次重新调用它时，其Static的值保持不变。

背景数据块中的变量就是其函数块的局部变量中的Input、Output、InOut和Static，如图4-21所示。函数块中的数据永久性地保存在它的背景数据块中，在函数块执行完后也不会丢失，以供下次执行时使用。其他代码块可以访问背景数据块中的变量。程序运行过程中不能直接删除和修改背景数据块中的变量，这些变量只能在它的函数块的接口区中删除和修改。

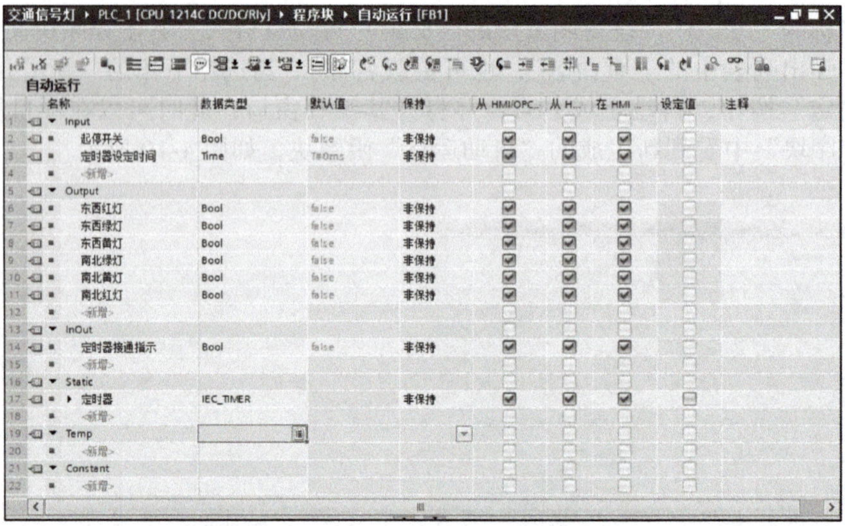

图 4-21　FB1 的背景数据块

生成函数块的Input、Output和Static时，它们被自动指定一个默认值。变量的默认值被传送给函数块的背景数据块，作为同一个变量的初始值。用户可以在背景数据块中修改变量的初始值。调用函数块时，没有指定实参的形参也会使用背景数据块中的初始值。

3. 编写函数块中程序

在此，函数块的控制要求为：用输入参数“起停开关”、静态局部变量“定时器”、输入/输出参数“定时器接通指示”控制“东西红灯”等6个输出参数。接通“起停开关”，通电延时定时器（TON）开始计时，用比较指令控制交通信号灯的运行。在打开的FB1程序编辑视窗中编写交通信号灯自动运行的程序，程序窗口同主程序Main（OB1）。TON的参数用静态局部变量“定时器”来保存，其数据类型为IEC_TIMER。其控制程序设计如图4-22所示。

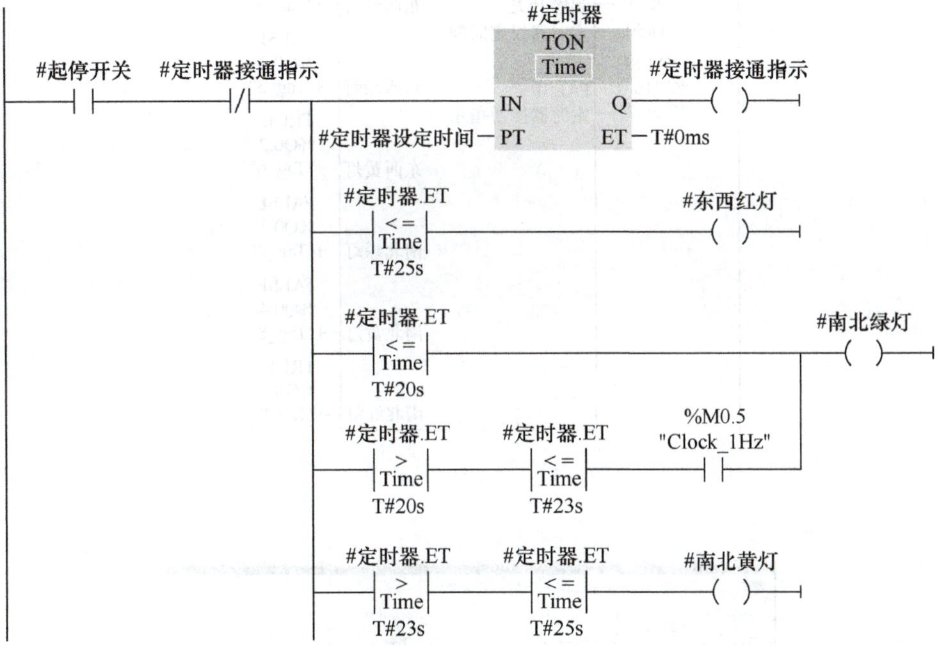

图4-22　FB1中控制程序设计

4. 在OB1中调用FB1

在OB1程序编辑视窗中，按住鼠标左键将项目树中的FB1拖放到右侧程序区的水平“导线”上，松开鼠标左键时，在弹出的“调用选项”对话框中输入FB1背景数据块名称，在此采用默认名称，完成后如图4-23所示，单击“确定”按钮后，则生成FB1的背景数据块DB1。FB1方框中左侧的“起停开关”等是FB1的接口区中定义的输入参数和输入/输出参数，右侧的“东西红灯”等是输出参数。它们是FB1的形参，在此它们实参分别赋予为I0.0、T#50s、Q0.0～Q0.5，如图4-24所示。

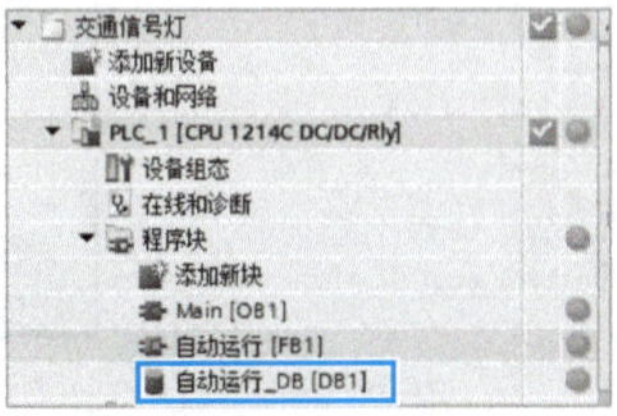

图4-23　创建FB1的背景数据块

5. 处理调用错误

若在OB1中调用FB1后，在FB1中增加或删减某个参数，或修改了某个参数名称或其默认值，在OB1中被调用的FB1的方框、字符或背景数据块将变为红色。这时，右击出错的FB1，执行快捷菜单中的“更新块调用”命令，出现如图4-25所示的“接口同步”对话框，显示出原有的旧接口和增加了输入参数后的新接口。单击“确定”按钮，“接口同步”对话框消失。OB1中调用的FB1被修改为新接口，程序中FB1的红色字符变为黑色。也可以在OB1中删除FB1，重新调用。

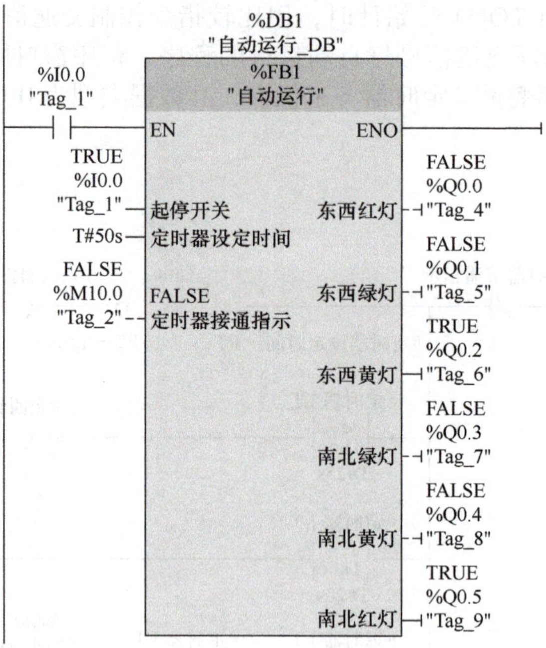

图 4-24　在 OB 中调用 FB1

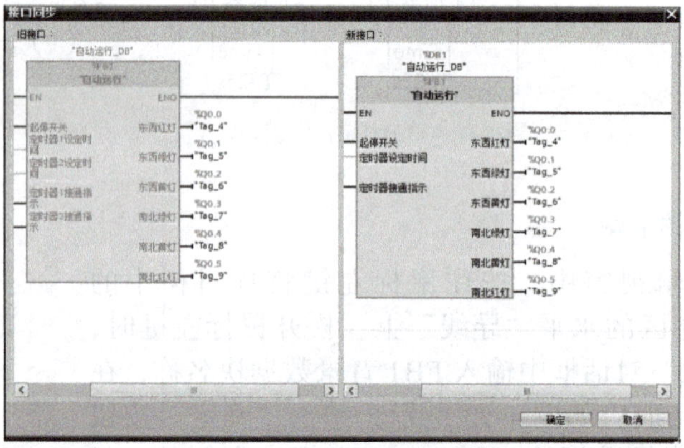

图 4-25　更新函数块调用

知识点 2　函数

函数是一种可以快速执行的子程序块，它包含用于完成特定任务的代码和参数，通常用于根据输入参数执行指令。使用函数可以完成以下任务：

1）创建一个可以重复使用的操作（如公式计算）。

2）创建一个可以重复使用的控制功能。

在程序中的不同点可以多次调用函数，函数没有固定的存储区（背景数据块），功能执行结束后，其局部变量中的临时数据就会丢失。可以用全局变量来存储在功能执行结果后需要保存的数据。

1. 生成函数

在 TIA Portal 软件的项目视图中，打开项目视图中的文件夹“\PLC_1\程序块”，双击“添加新块”，打开“添加新块”对话框，如图 4-26 所示，单击其中的“函数”按钮，函数默认编号方式为“自动”，编程语言为“LAD”（梯形图）。

默认名称为“块_1”，设置函数的名称为“夜间模式”（右击程序块文件夹下的函数，选择弹出列表中的“重命名”，也可更改名称）。勾选左下角的“新增并打开”，然后单击“确定”按钮，自动生成 FC1，并打开其编程窗口，此时可以在项目树的文件夹“PLC_1\程序块”中看到新生成的“夜间模式”函数，如图 4-27 所示。

图 4-26 “添加新块”对话框

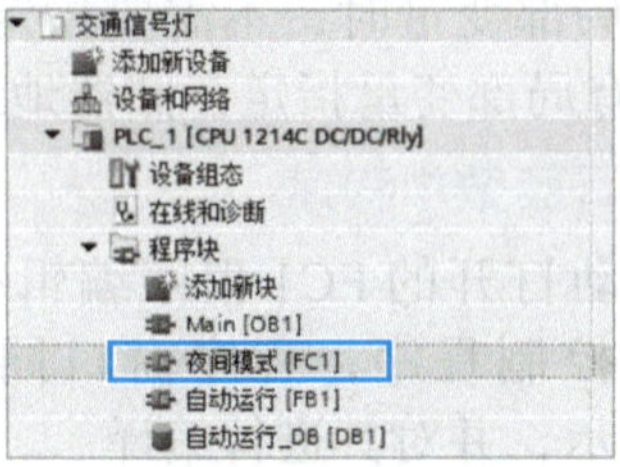

图 4-27 生成新的“夜间模式”函数

2. 生成函数的局部数据

将光标放在 FC1 的程序区最上面的分隔条上，按住鼠标的左键，往下拉动分隔条，分隔条上面的函数的接口区如图 4-28 所示，下面是程序编辑区。将水平分隔条拉至程序编程器视窗的顶部，不再显示接口区，但是它仍然存在。或者通过单击接口区与程序编辑区之间的 ▲ 和 ▼ 隐藏或显示接口区。

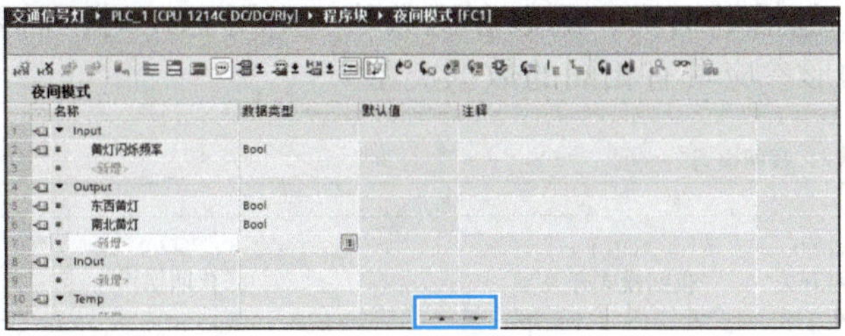

图 4-28 接口区

在接口区中生成局部变量，但只能在它所在的块中使用，且为符号寻址访问。块的局部变量的名称由字符（包括汉字）、下划线和数字组成，在编程时程序编辑器自动地在局部变量名前加上 # 号来标识它们（全局变量或符号使用双引号，绝对地址使用 %）。

函数各种类型的局部变量的作用如下：

1）Input（输入参数）：用于接收调用它的主调块提供的输入数据。

2）Output（输出参数）：用于将块的程序执行结果返回给主调块。

3）InOut（输入 / 输出参数）：初值由主调块提供，块执行完后用同一个参数将它的值返回给主调块。

4）Temp（临时局部变量）：用于存储临时中间结果的变量。同一优先级的函数和函数块及其调用的块的临时数据保存在局部数据堆栈中的同一片物理存储区，它类似于公用的布告栏，大家都可以往上面贴布告，后贴的布告将原来的布告覆盖。只是在执行块时使用临时数据，每次调用块之后，不再保存它的临时数据的值，它可能被同一优先级中后面调用的块的临时数据覆盖。调用函数和函数块时，首先应初始化它的临时局部变量（写入数值），然后再使用它，简称为“先赋值后使用”。

5）Constant（常量）：是在块中使用并且带有声明的符号名的常数。

6）Return（返回）：属于输出参数。返回值默认的数据类型为 Void，表示函数没有返回值，在调用 FC1 时，程序中看不到它。如果将它设置为 Void 之外的数据类型，在 FC1 内部编程时可以使用该输出变量，调用 FC1 时可以在方框的右边看到它，说明它属于输出参数。返回值的设置与标准 IEC 61131-3 有关，该标准的函数没有输出参数，只有一个与函数同名的返回值。

生成局部变量时，不需要指定存储器地址。根据各变量的数据类型，程序编辑器自动地为所有局部变量指定存储器地址。

3. 编写函数中程序

在自动打开的 FC1 程序编辑视窗中编写交通信号灯夜间运行的控制程序，程序窗口同 Main 主程序（OB1），如图 4-29 所示，并对其进行编译。

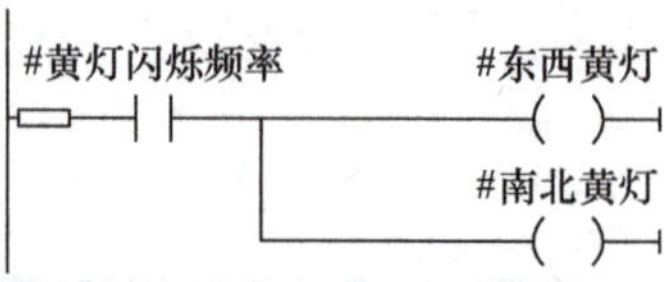

图 4-29　交通信号灯夜间运行模式控制程序

编程时单击触点或线圈上方的 <??.?> 时，可手动输入其名称，再次单击 <??.?>，通过弹出的按钮，用下拉列表选择其变量。

4. 在 OB1 中调用 FC1

在 OB1 程序编辑视窗中，将项目树中的 FC1 拖放到右侧程序区的水平“导线”上，如图 4-30 所示。FC1 方框中左侧的“黄灯闪烁频率”是 FC1 接口区中定义的输入参数，右侧的“东西黄灯、南北黄灯”是输出参数，它们为形参。形参在 FC1 内部的程序中使用，在其他逻辑块（包括组织块、函数和函数块）调用 FC1 时，需要为每个形参指定实参。实参与它对应的形参应具有相同的数据类型。

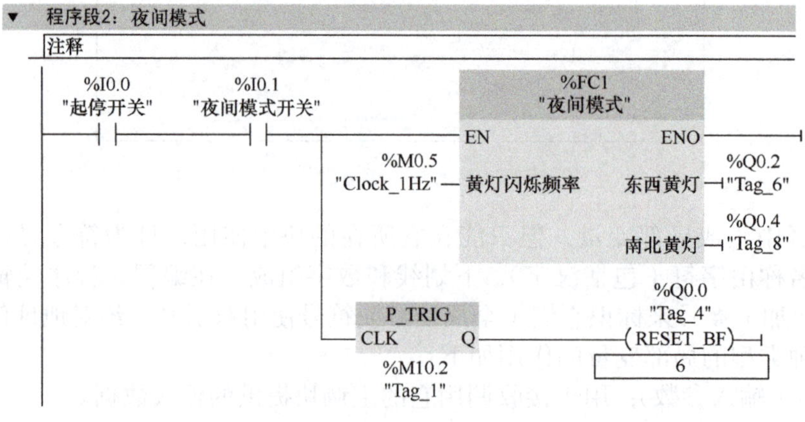

图 4-30　在 OB1 中调用 FC1

指定形参时，可以使用变量表和全局数据块中定义的符号地址或绝对地址，也可以是调用 FC1 的块（例如 OB1）的局部变量。

如果在函数中不使用局部变量，直接使用绝对地址或符号地址进行编程，则如同在主程序中编程一样，若使用些程序段，必须在主程序或其他逻辑块加以调用。

从上述使用形参和未使用形参进行函数的编程及调用来看，使用形参编程比较灵活、方便，特别对于功能相同或相近的程序来说，只需要在调用的逻辑块中改变函数的实参即可，便于用户阅读及程序的维护，而且能做到模块化和结构化的编程，比线性化方式编程更易理解控制系统的各种功能及各功能之间的相互关系。

5. 调试函数程序

选中项目 PLC_1，将组态数据和用户程序下载到 CPU，将 CPU 切换到 RUN 模式。打开函数的程序编辑视窗，单击工具栏上的 按钮，启动程序状态监控功能，监控方法同主程序。

6. 为块提供密码保护

右击项目树中的 FC1，执行快捷菜单命令“专有技术保护”，单击打开的对话框中的“定义”，在“定义密码”对话框中输入密码和密码的确认值。两次单击“确定”按钮后，项目树中 FC1 的图标变为有一把锁的符号 ，表示 FC1 受到保护，双击打开 FC1，需要在出现的对话框中输入密码，才能看到程序区的程序。

右击项目树中已加密的 FC1，执行快捷菜单命令“专有技术保护”，单击打开的对话框中的复选框“隐藏代码”，去掉其中的勾选，输入密码，单击“确定”按钮，FC1 的密码保护被解除，项目树中 FC1 图标上一把锁的符号消失。

块加密后，需要关闭 TIA Portal，再打开后才能对关闭前加密的块解除密码。

7. 函数与函数块的区别

函数和函数块均为用户编写的子程序，接口区中均有 Input、Output、InOut 参数和 Temp 数据，函数的返回值实际上属于输出参数。下面是函数和函数块的区别：

1）函数没有背景数据块，函数块有背景数据块。

2）只能在函数内部访问它的局部变量。其他代码块或 HMI（人机界面）可以访问函数块的背景数据块中的变量。

3）函数没有 Static，函数块有保存在背景数据块中的 Static。

函数如果有执行完后需要保存的数据，只能用全局数据区（例如全局数据块和 M 区）来保存，但是这样会影响函数的可移植性。如果函数或函数块的内部不使用全局变量，只使用局部变量，不需要做任何修改，就可以将块移植到其他项目。如果块的内部使用了全局变量，在移植时需要重新统一分配所有的块内部使用的全局变量的地址，以保证不会出现地址冲突。当程序很复杂、代码块很多时，这种重新分配全局变量地址的工作量非常大，也很容易出错。

如果代码块有执行完后需要保存的数据，显然应使用函数块，而不是函数。

4）函数块的局部变量（不包括 Temp）有默认值（初始值），函数的局部变量没有默认值。在调用函数块时可以不设置某些有默认值的 Input、Output 的实参，这种情况下将使用这些参数在背景数据块中的初始值，或使用上一次执行后的参数值，这可以简化调用函数块的操作。调用函数时应给所有的形参指定实参。

5）函数块的 Output 值不仅与来自外部的 Input 有关，还与用静态局部变量保存的内部状态数据有关。函数因为没有静态局部变量，相同的 Input 产生相同的执行结果。

知识点 3 数据块

S7-1200 PLC 中的数据块是一块可以保存变量数据的内存区域。在数据块中，可以预先建立不同数据类型的变量，以便在程序设计中进行变量的使用和管理。

1. 数据块的使用

在项目中添加了 S7-1200 PLC 设备之后，在项目树中此 PLC 的“程序块”下即可以添加新的数据块，如图 4-31 所示。

图 4-31 数据块的创建

在打开的“添加新块”窗口下选择数据块。以下是对此窗口下各项配置的说明：

1）名称：此处可以键入数据块的符号名。如果不做更改，那么将保留系统分配的默认符号名，例如此处为数据块分配的符号名为“数据块 _1”。

2）类型：此处可以通过下拉菜单选择所要创建的数据块类型：全局数据块、背景数据块或基于 UDT 以及 SDT 的全局数据块。如果要创建背景数据块，下拉菜单中列出了此项目中已有的函数块供用户选择。

3）语言：对于创建数据块，此处不可更改。

4）编号：默认配置为“自动”，即系统自动为所生成的数据块分配块号。当然也可以选择“手动”，则“编号”处的下拉菜单变为高亮状态，以便用户自行分配数据块编号。

当以上的数据块属性全部定义完成时，单击“确定”按钮即创建完成一个数据块。用户可以在项目树中看到刚刚创建的数据块，如图 4-32 所示。

接下来为数据块定义变量：双击打开数据块即可逐行添加变量，如图 4-33 所示。

如果取消勾选数据块的属性对话框中“优化的块访问”复选框，则在数据块中可以看到“偏移量”列，并且系统在编译之后在该列生成每个变量的地址偏移量。反之则无此列。默认情况下会有一些变量属性列未被显示出来，可以通过右击任意列标题，在出现的菜单中选择显示被隐藏的列，如图 4-34 所示。

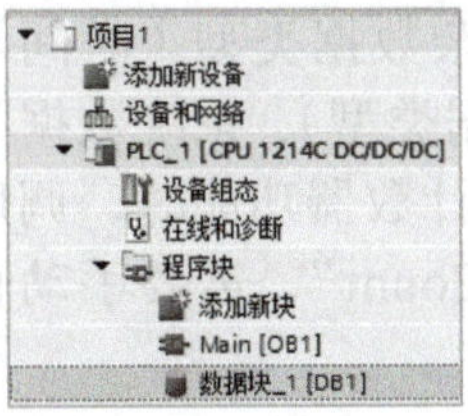

图 4-32　项目树中的数据块

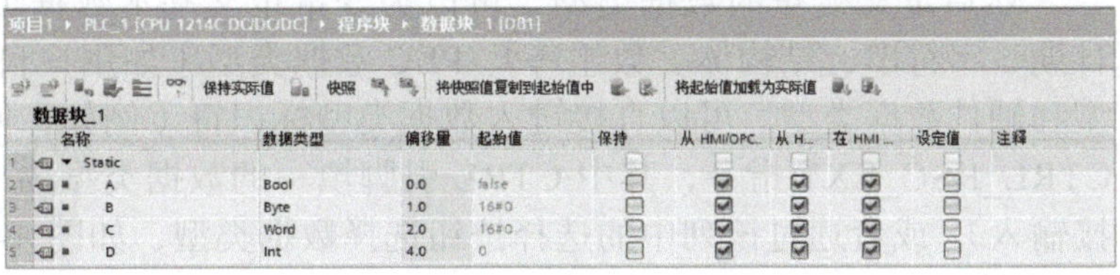

图 4-33　数据块的编辑

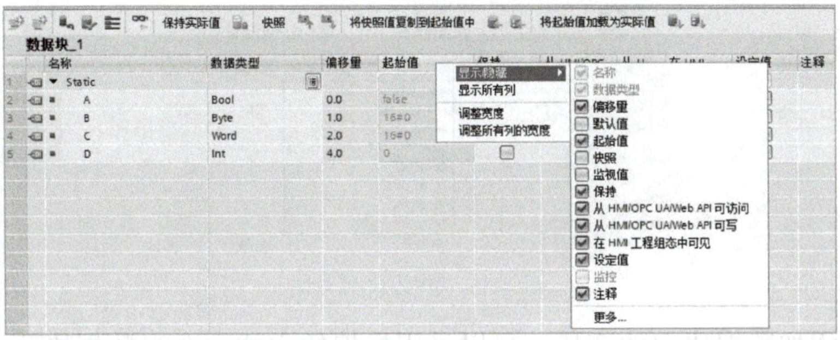

图 4-34　显示隐藏列

表 4-5 所示为对数据块变量定义的所有列说明，可根据需要显示或隐藏各列。显示的列数取决于 CPU 类型。

表 4-5　数据块变量定义的所有列说明

列	说明
	单击符号以移动或复制变量。例如，可以将变量拖动到程序中作为操作数
名称	变量名称
数据类型	变量的数据类型
偏移量	在非优化的数据块中，显示变量的地址
默认值	高级别代码块接口中或 PLC 数据类型中变量的默认值
起始值	在启动时变量采用的值。创建数据块时，代码块中定义的默认值将用作起始值。之后，即可使用实例特定的起始值替换所用的默认值
监视值	CPU 中的当前数据值。只有当在线连接可用并单击“监视”按钮时，此列才会出现
快照	显示从设备加载的值
保持	将变量标记为具有保持性。即使在关断电源后，保持性变量的值也将保留不变
在 HMI 工程组态中可见	显示默认情况下，该变量在 HMI 选择列表中是否显示
从 HMI/OPC UA 可访问	指示在运行过程中，HMI/OPC UA 是否可访问该变量
从 HMI/OPC UA 可写	指示在运行过程中，是否可从 HMI/OPC UA 写入变量
设定值	设定值是指在调试过程中可能需要微调的值。经过调试之后，这些变量的值可作为起始值传输到离线程序中并进行保存
监控	指示是否已为该变量的过程诊断创建有监视
注释	用于说明变量的注释信息

然后定义变量的数据类型。可以为变量定义基本数据类型、复杂数据类型（时间与日期、字符串、结构体、数组等）、PLC 数据类型（如用户自定义数据类型）、系统数据类型和硬件数据类型。可以直接键入数据类型标识符（例如：使用高速计数器功能时，调用 CTRL_HSC_EXT 指令，其中 CTRL 引脚填写的数据类型为“HSC_Count”，需要手动直接输入），或者通过该列中的选择按钮选择数据类型，如图 4-35 所示。

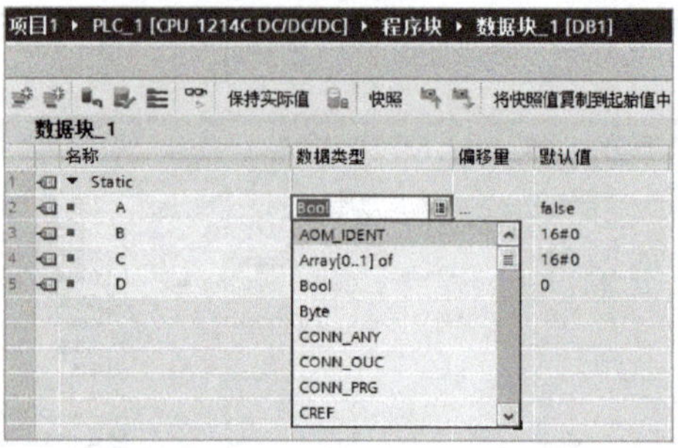

图 4-35　定义数据类型

在程序中添加数据块中的变量，可以采用拖拽的方式，左击数据块，在“详细视图”中显示数据块中的所有变量，选中相应的变量（例如：变量 D），按住鼠标左键，将变量 D 直接拖动到 MOVE 指令的 OUT1 引脚即可，如图 4-36 所示。

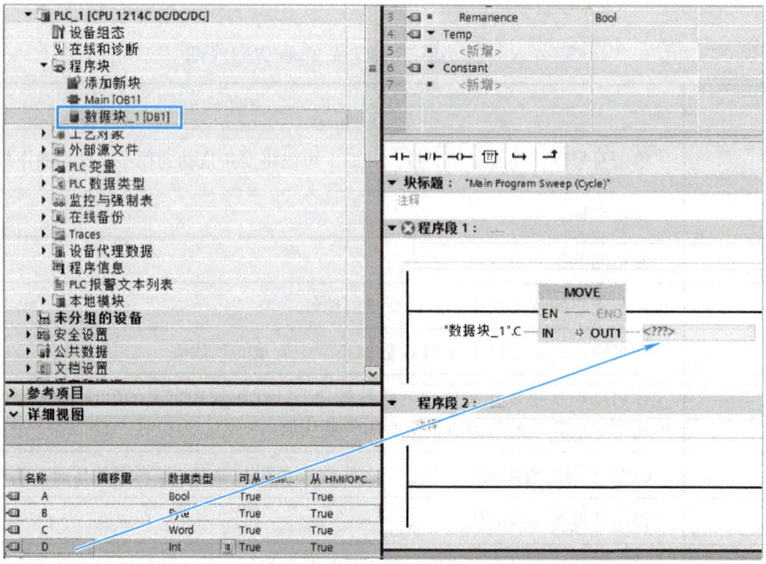

图 4-36　在程序中添加数据块中的变量

2. 数据块的访问

符号访问：<数据块名>.<变量名>。例如，"Data_Block_1".A。

绝对地址访问：<数据块号>.<变量长度及偏移量>。例如，DB1.DBX0.0，DB1.DBB0，DB1.DBW0，DB1.DBD0。

注意：复杂数据类型只能采用符号访问。

3. 优化的块访问

在带有优化访问功能的块变量声明中，仅包含数据元素的符号名称。系统将自动优化并管理地址。这将提高 CPU 的性能并同时有效防止来自如 SIMATIC HMI 的访问错误。如图 4-37 所示，如果勾选“数据块从 OPC UA 可访问”复选框，则该数据块可作为完整的对象从 OPC UA 进行访问，然后可为 OPC UA 分别发布或锁定该数据块的各个变量。如果勾选“数据块可通过 Web 服务器访问”复选框，则数据块可作为一个完整的对象从 Web 服务器进行访问，然后可对该数据块的各变量进行分别发布或锁定。

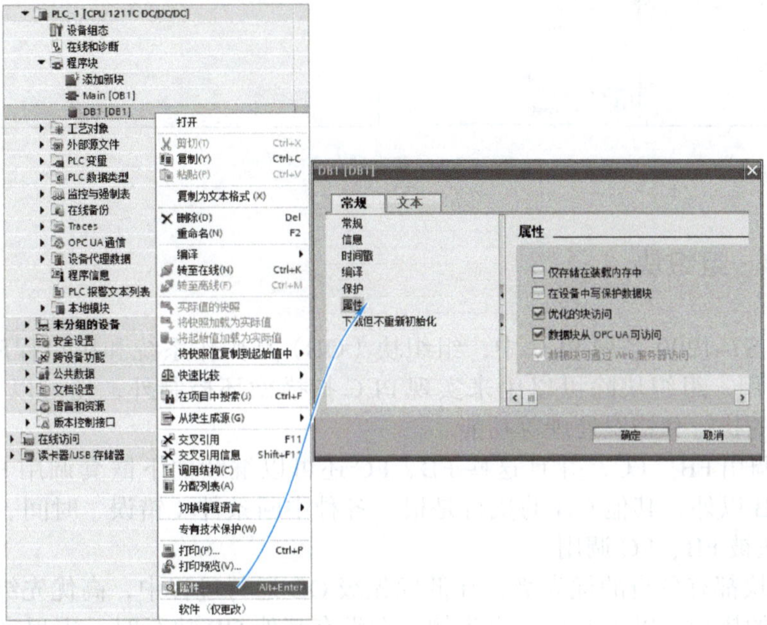

图 4-37　数据块的属性

4. 全局数据块中的数据类型

S7-1200 PLC 全局数据块中的数据类型包括基本数据类型、系统数据类型和硬件数据类型。在数据块中新建一个变量，在数据类型列的下拉列表中选择需要的数据类型，如图 4-38 所示。

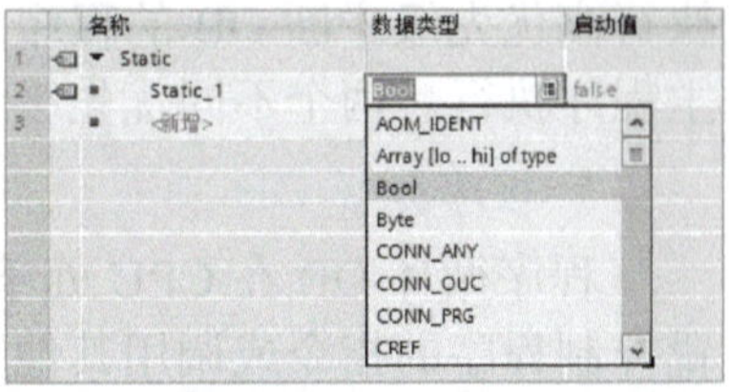

图 4-38　数据块变量选择数据类型

5. 多重背景数据块

在编程时，若一个程序需要使用多个定时器或计数器指令时，需要为每一个定时器或计数器指定一个背景数据块。每次调用定时器和计数器指令时，都需要指定一个背景数据块。如果这类指令很多，将会生成大量的数据块“碎片”。为了避免背景数据块碎片的生成，在函数块中使用定时器、计数器等指令时，可以在函数块的接口区定义数据类型为 IEC_TIMER 或 IEC_COUNTER 的静态变量，用这些静态变量来提供定时器和计数器的背景数据。这种函数块的背景数据块被称为多重背景数据块，如图 4-39 所示。这样多个定时器或计数器的背景数据块被包含在它们所在的功能块的背景数据块中，而不需要为每个定时器或计数器设置一个单独的背景数据块，减少了处理数据的时间，能更合理地利用存储空间。在共享的多重背景数据块中，定时器、计数器的数据结构之间不会产生相互作用。

只能以多重背景方式调用 TIA Portal 编程软件提供的库中包含的函数块，不能以多重背景方式调用用户创建的函数块。

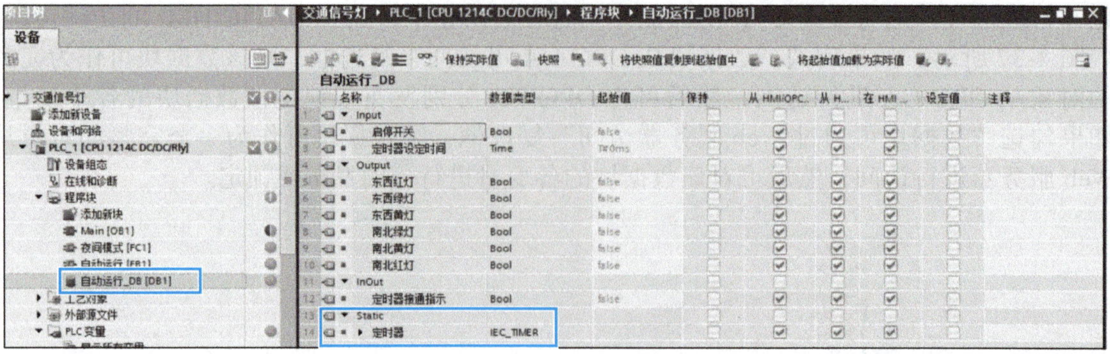

图 4-39　多重背景数据块

知识点 4　组织块

在西门子 S7-1200 系列 PLC 中，组织块（OB）是操作系统和用户程序之间的接口，由操作系统调用。组织块除可以用来实现 PLC 扫描循环控制外，还可以完成 PLC 的启动、中断程序的执行和错误处理等功能。

OB 内部调用 FB、FC，并且这些 FB、FC 还可以继续向下嵌套调用 FB、FC。除主程序和启动 OB 以外，其他 OB 的执行是根据各种中断条件（错误、时间、硬件等）来触发的，OB 无法被 FB、FC 调用。

每个组织块都有各自的优先级，在低优先级 OB 运行过程中，高优先级 OB 的到来会打断低优先级的执行。以主循环程序为例，在没有其他 OB 执行时，主程序在周而复始地执行，当有高优先级中断 OB（例如循环中断 OB）出现时，立即停止主程序执行，转而执行高优先级中断 OB 的程序，当高优先级中断 OB 的程序执行完后，则继续从中断处的主程序执行。两个不同优先级 OB 的程序之间的中断也是同样道理。

1. 程序循环 OB

程序循环 OB 在 CPU 处于 RUN 模式时，周期性地循环执行。可在程序循环 OB 中放置控制程序的指令或调用其他功能块（FC 或 FB）。主程序（Main）为程序循环 OB，要启动程序执行，项目中至少有一个程序循环 OB。操作系统每个周期调用该程序循环 OB 一次，从而启动用户程序的执行。

S7-1200 PLC 允许使用多个程序循环 OB，按 OB 的编号顺序执行。OB1 是默认设置，其他程序循环 OB 的编号必须大于或等于 123。程序循环 OB 的优先级为 1，可被高优先级的 OB 中断；程序循环执行一次需要的时间即为程序的循环扫描周期时间。最长循环时间默认设置为 150ms。如果程序超过了最长循环时间，操作系统将调用 OB80（时间故障 OB）；如果 OB80 不存在，则 CPU 停机。

注意：在 TIA Portal 中创建项目并添加 PLC 后，TIA Portal 会自动创建程序循环组织块 OB1，并为其命名为 Main。

2. 启动 OB

如果 CPU 的操作模式从 STOP 切换到 RUN，包括启动模式处于 RUN 模式时 CPU 断电再上电和执行 STOP 到 RUN 命令切换，启动 OB 将被执行一次。启动 OB 执行完毕后才开始执行主程序循环 OB。S7-1200 PLC CPU 中支持多个启动 OB，按照编号顺序（由小到大）依次执行，OB100 是默认设置。其他启动 OB 的编号必须大于或等于 123。

启动组织块应用示例：在启动组织块 OB100 中无条件为地址为 MW100 赋初值 100；有条件（当 I0.0 = true 时）为 MW102 赋初值 200。

按图 4-40 所示步骤创建启动组织块 OB100。

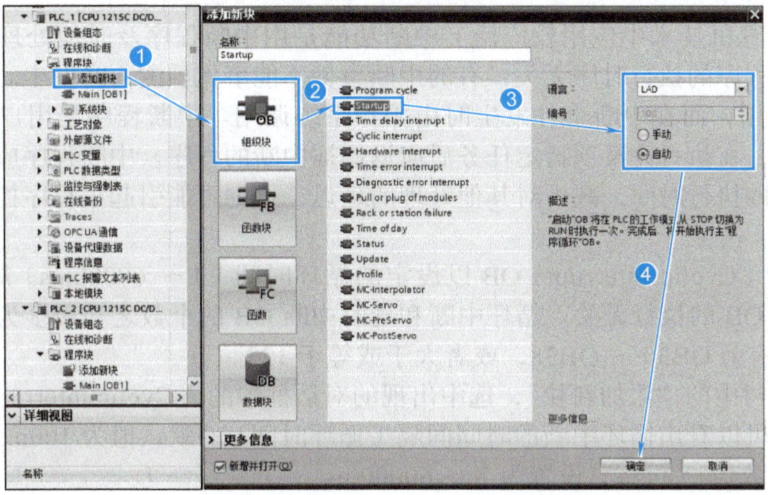

图 4-40　创建启动组织块 OB100

OB100 中编程如图 4-41 所示。

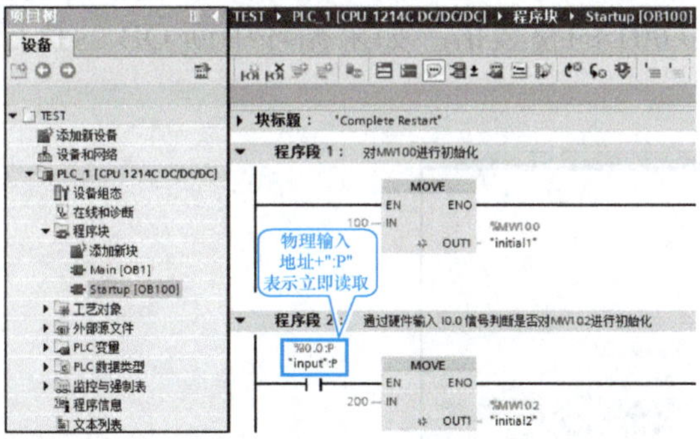

图 4-41　OB100 中编程

测试结果：程序下载后，在监控表中查看 MW100、MW102 的数据。

1）当硬件输入 I0.0 为 0 时，CPU 上电启动或从 STOP 切换到 RUN 操作时，首先执行 OB100，即 MW100 被赋值 100，MW102 未被赋值 200，如图 4-42 所示。

2）当硬件输入 I0.0 为 1 时，CPU 上电启动或从 STOP 切换到 RUN 操作时，首先执行 OB100，即 MW100 被赋值 100，MW102 被赋值 200，如图 4-43 所示。

	i	名称	地址	显示格式	监视值
1		"initial1"	%MW100	带符号十进制	100
2		"initial2"	%MW102	带符号十进制	0
3		"input"	%I0.0	布尔型	FALSE

图 4-42　测试结果 1

	i	名称	地址	显示格式	监视值
1		"initial1"	%MW100	带符号十进制	100
2		"initial2"	%MW102	带符号十进制	200
3		"input"	%I0.0	布尔型	TRUE

图 4-43　测试结果 2

注意：①在启动阶段，对中断事件进行排队但不进行处理，需要等到启动事件完成后才进行处理；②启动 OB 的执行过程没有时间限制，不会激活程序最大循环监视时间；③在启动模式下，可以更改 HSC（高速计数器）、PWM（脉冲宽度调制）以及 PTP（点对点通信）模块的组态。

3. 循环中断 OB

中断在计算机技术中应用较广泛。中断功能是用中断程序及时地处理中断事件，中断事件与用户程序的执行时序无关，有的中断事件不能事先预测何时发生。中断程序不是由用户程序调用，而在中断事件发生时由操作系统调用。中断程序是用户编写的。中断程序应该优化，在执行完某项特定任务后应返回被中断的程序。中断程序应尽量短小，以减少中断程序的执行时间，减少对其他处理的延迟，否则可能引起主程序控制的设备操作异常。

循环中断（Cyclic Interrupt）OB 以设定的循环时间（1 ～ 60000ms）周期性地执行，而与程序循环 OB 的执行无关。循环中断和延时中断 OB 的个数之和最多为 4 个，循环中断 OB 的编号应为 OB30 ～ OB38，或者大于或等于 123。

双击项目树中的“添加新块”，选中出现的对话框中的“Cyclic interrupt”，如图 4-44 所示，从图中可以看出循环中断的时间间隔（循环时间）的默认值为 100ms（是基本时钟周期 1ms 的整数倍），可将它设置为 1 ～ 60000ms。

双击打开项目树中的 OB30，选中巡视窗口的“属性”/“常规”/“循环中断”，如图 4-45 所示，可以设置循环时间和相移。相移是相位偏移的简称，是与基本时间周期相比启动时间所偏移的时间，用于防止循环时间有公倍数的几个循环中断 OB 同时启动，导致连续执行中断程序的时间太长，相移的默认值为 0。相移的设置范围为 1 ～ 100（单位是 ms），其数值必须是 0.001 的整数倍。如果循环中断 OB 的执行时间大于循环时间，将会启动时间错误 OB。

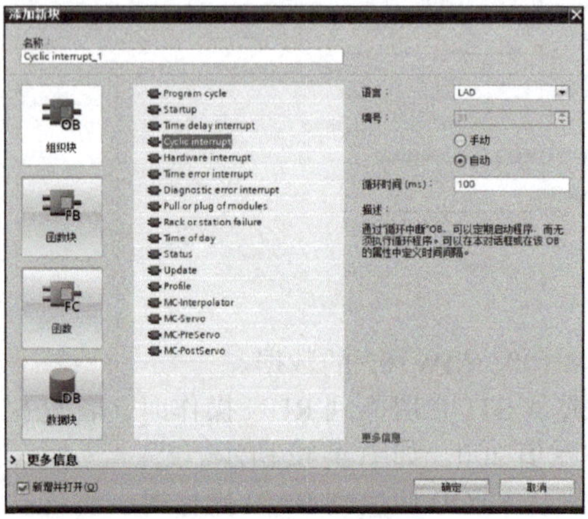

图 4-44　生成循环中断 OB

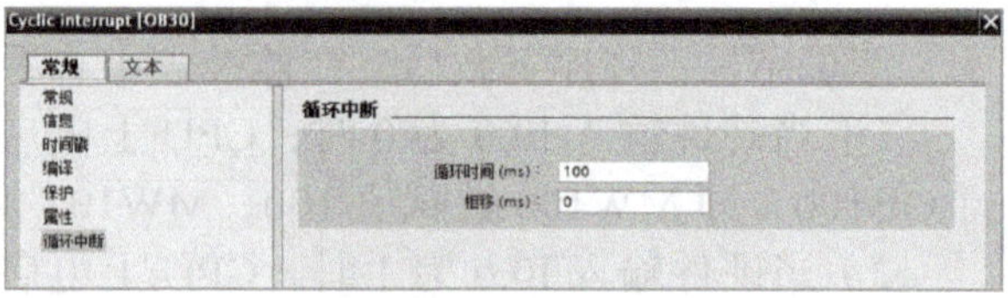

图 4-45　循环中断 OB 属性窗口

4. 延时中断 OB

PLC 普通定时器的工作过程与扫描工作方式有关，其定时精度较差。如果需要高精度的延时，应使用延时中断。在 SRT_DINT 指令的使能输入 EN 的上升沿，启动延时过程（见图 4-46）。该指令的延时时间为 1 ～ 60000ms，精度为 1ms。用该指令的参数

DTIME（1 ～ 60000ms）来设置延时时间。在时间延时中断 OB 中配合使用计数器，可以得到比 60s 更长的延时时间。用参数 OB_NR 来指定延时时间到时调用的 OB 编号，S7-1200 PLC 未使用参数 SIGN，可以设置为任意的值。RET_VAL 是指令执行的状态代码。

延时中断启用完后，若不再需要使用延时中断，则可使用 CAN_DINT 指令来取消已启动的延时中断 OB，还可以在超出所组态的延时时间之后取消调用待执行的延时中断 OB。参数 OB_NR 可以指定将取消调用的 OB 编号。

延时时间到时触发延时中断，调用指定的延时中断 OB。延时中断 OB 的编号应为 20 ～ 23，或者大于或等于 123。

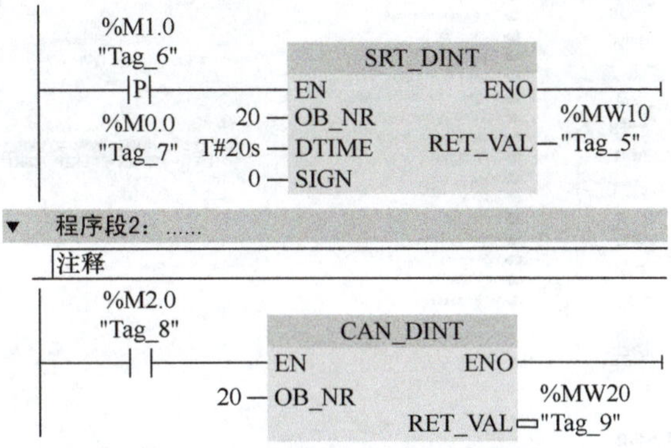

图 4-46　SRT_DINT 与 CAN_DINT 指令

5. 硬件中断 OB

（1）硬件中断事件与硬件中断 OB　硬件中断 OB 用于处理需要快速响应的过程事件。出现硬件中断事件时，立即中止当前正在执行的程序，改为执行对应的硬件中断 OB，硬件中断没有启动信息。

S7-1200 PLC 最多可以生成 50 个硬件中断 OB，在硬件组态时定义硬件中断事件，硬件中断 OB 的编号应为 40 ～ 47，或者大于或等于 123。S7-1200 PLC 支持下列硬件中断事件：

1）CPU 某些内置的数字量输入和信号板的数字量输入的上升沿事件和下降沿事件。

2）HSC 的实际计数值等于设定值。

3）HSC 的方向改变，即计数值由增大变为减小，或由减小变为增大。

4）HSC 的外部复位，某些 HSC 模式允许分配一个数字输入作为外部复位端，用于将 HSC 的计数值重置为零。当该输入从 OFF 切换为 ON 时，会发生 HSC 的外部复位事件。

如果在执行硬件中断 OB 期间，同一个硬件中断事件再次发生，则新发生的硬件中断事件丢失。

如果一个硬件中断事件发生，在执行该硬件中断 OB 期间，又发生多个不同的硬件中断事件，则新发生的硬件中断事件进入排队，等待第一个硬件中断 OB 执行完毕后依次执行。

（2）硬件中断事件的处理方法

1）给一个事件指定一个硬件中断 OB，这种方法最为简单方便，应优先采用。

2）多个硬件中断 OB 分时处理一个硬件中断事件，需要用 DETACH 指令取消原有的 OB 与事件的连接，用 ATTACH 指令将一个新的硬件中断 OB 分配给中断事件。

（3）生成硬件中断 OB　打开项目视图，生成一个名为“硬件中断例程 1”的新项目。CPU 的型号为 CPU 1214C。打开项目视图中的文件夹“\PLC_1 程序块”，双击其中的“添加新块”，单击打开的对话框中的“组织块”按钮（见图 4-47），选中“Hardware interrupt”（硬件中断），生成一个硬件中断 OB，OB 的编号为 40，语言为“LAD”。将块的名称修改为“硬件中断 1”。单击“确定”按钮，OB 被自动生成和打开。

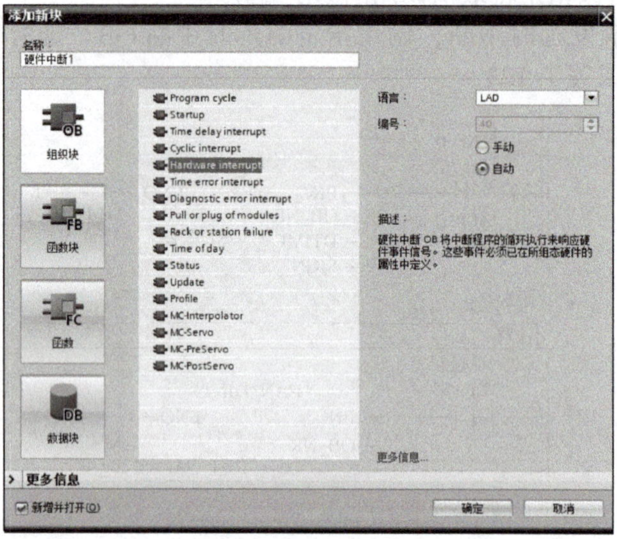

图 4-47　生成硬件中断组织块 OB40

（4）组态硬件中断事件　双击项目树的文件夹“PLC_1”中的“设备组态”，打开设备视图，首先选中 CPU，再选中巡视窗口的“属性”/“常规”选项卡左边的“数字量输入”的“通道 0”（即 I0.0，见图 4-48），勾选“启用上升沿检测”功能。单击“硬件中断”右边的按钮，用下拉列表将 OB40（硬件中断 1）指定给 I0.0 的上升沿中断事件，出现该中断事件时将调用 OB40。

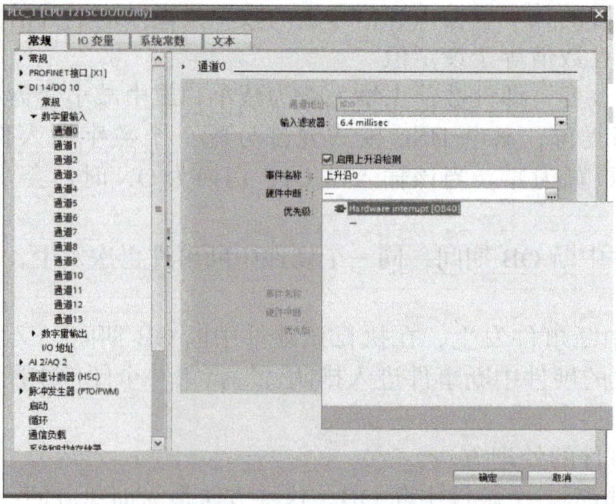

图 4-48　组态硬件中断事件

（5）编写硬件中断 OB 的程序　根据控制要求，在硬件中断 OB 中编写相应的控制程序，其程序编辑视窗同主程序及其他程序块，编程内容根据控制要求而定。

6. OB 与 FB 和 FC 的区别

出现事件或故障时，由操作系统调用对应的 OB，FB 和 FC 是用户程序在代码块中调用的。OB 的输入参数是操作系统提供的启动信息，此外用户可以生成临时变量和常量。OB 没有输出参数、输入 / 输出参数和静态局部变量。

OB 中的程序是用户编写的，用户可以自己定义和使用 OB 的临时局部数据。

任务实施

一、实施步骤

1. 硬件选择

根据任务要求，选择 PLC 型号为 CPU 1214C DC/DC/RLY。

2. I/O 地址分配

根据系统的控制要求，东西方向和南北方向共有 6 个交通信号灯，一个起停开关，一个夜间模式开关，2 个强通开关。所以，有 6 个输出和 4 个输入。I/O 地址分配表见表 4-6。

表 4-6　I/O 地址分配表

输入信号		输出信号	
元件作用	输入地址	元件作用	输出地址
起停开关	I0.0	东西红灯	Q0.0
夜间模式开关	I0.1	东西绿灯	Q0.4
南北强通开关	I0.2	东西黄灯	Q0.5
东西强通开关	I0.3	南北绿灯	Q0.1
		南北黄灯	Q0.2
		南北红灯	Q0.3

3. 电气原理图

根据任务要求及 I/O 分配表，设计的交通信号灯 PLC 控制原理图如图 4-49 所示。

4. 硬件组态和时钟存储器的设置

在硬件组态中，为了实现交通信号灯的闪烁功能，在 TIA Portal 软件中进行硬件组态，首先需要设置时钟存储器，如图 4-50 所示，设置好时钟存储器后，保存、编译硬件组态。

5. 程序设计

根据任务要求，绘制交通信号灯运行时序图如图 4-51 所示，再根据时序图来设计梯形图。

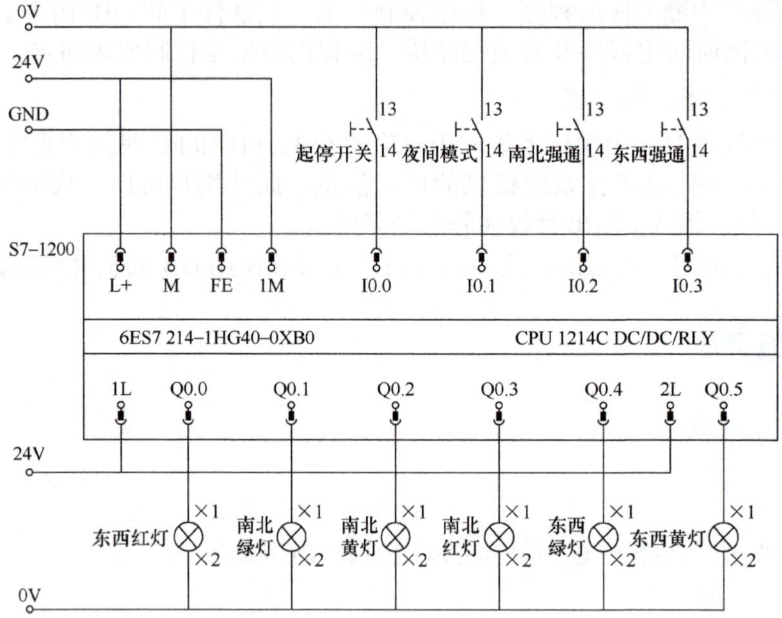

图 4-49　交通信号灯 PLC 控制原理图

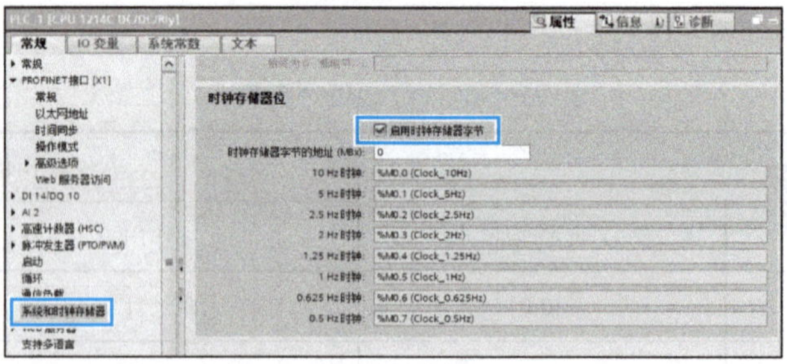

图 4-50　设置时钟存储器

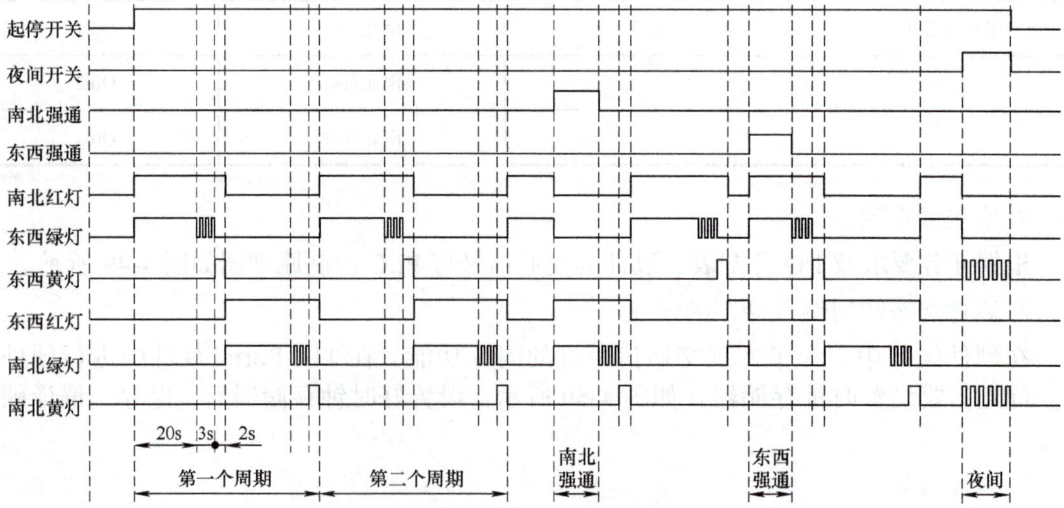

图 4-51　交通信号灯运行时序图

根据任务要求，分别设计自动运行模式、夜间模式功能和急车强通模式，然后在 OB1 中分别在满足条件的情况下调用不同的功能块，这就是结构化程序设计的思路。

（1）自动运行模式的设计　在自动运行模式的设计中，由于遵循时间原则，因此可以采用定时器指令和比较指令来实现自动运行功能。

FB1 中的自动运行模式程序如图 4-52 所示。

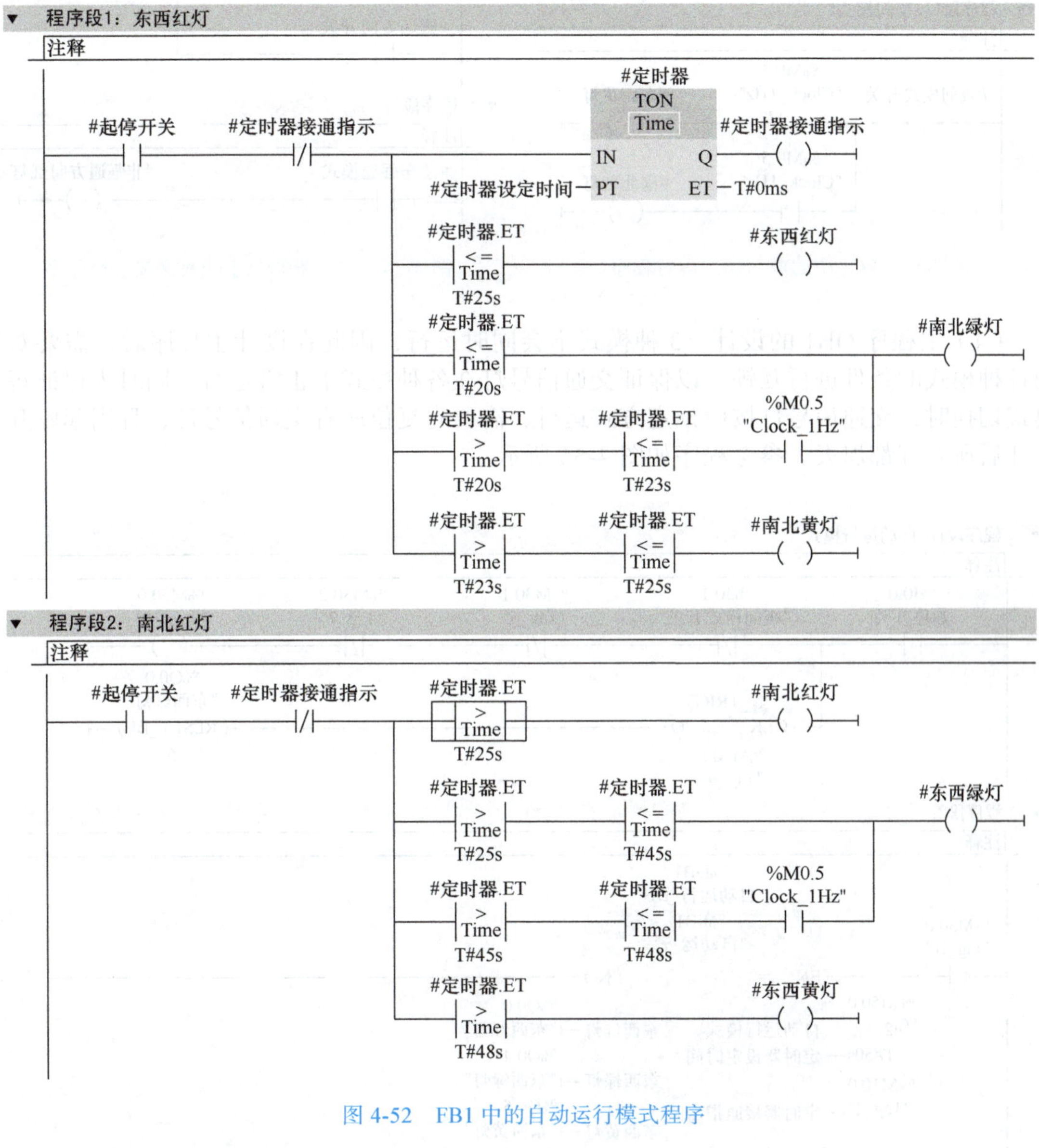

图 4-52　FB1 中的自动运行模式程序

（2）夜间模式程序设计　夜间模式下，只有黄灯闪烁，其他灯都处于熄灭状态。为实现闪烁功能，要设置时钟存储器，这样可以减少编程步骤、节省编程时间。

FC1 中的夜间模式运行程序如图 4-53 所示。

（3）急车强通模式程序设计　根据任务要求，南北方向强通和东西方向强通时交通信号灯的运行情况完全一致，因此可以首先设计一个当前方向的强通模式控制功能 FC2，南北方向强通和东西方向强通各调用一次该函数，如图 4-54 所示。

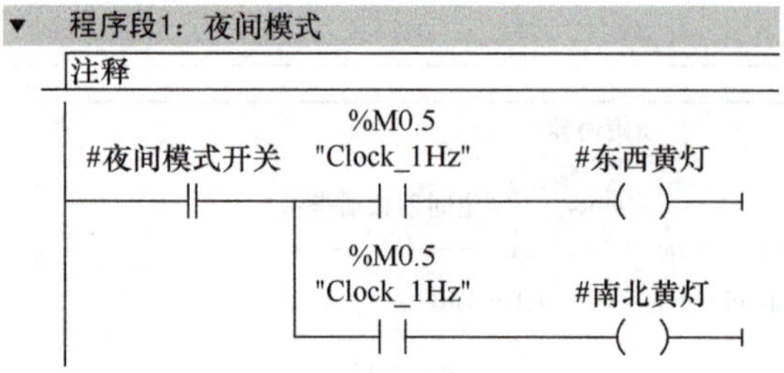

图 4-53　FC1 中的夜间模式运行程序

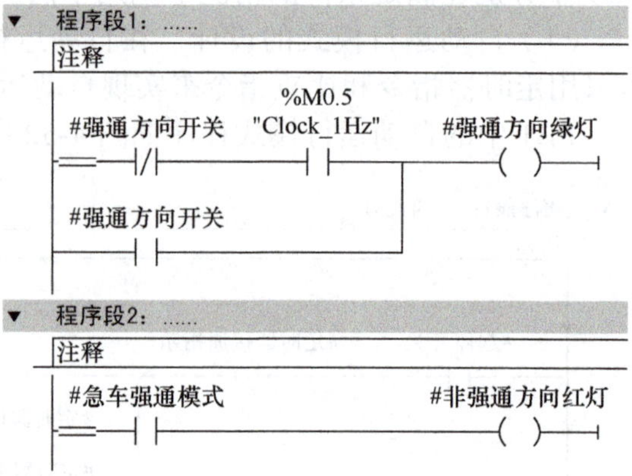

图 4-54　FC2 中的急车强通模式运行程序

（4）主程序 OB1 的设计　3 种模式不会同时运行，因此在设计主程序时，需要对调用各种模式的条件进行互锁，以保证交通信号灯在各种模式下正常运行。同时为保证每次模式切换时，交通信号灯按照预定方式运行，需要先复位所有交通信号灯，且当起停开关断开后所有灯都熄灭。参考程序如图 4-55 所示。

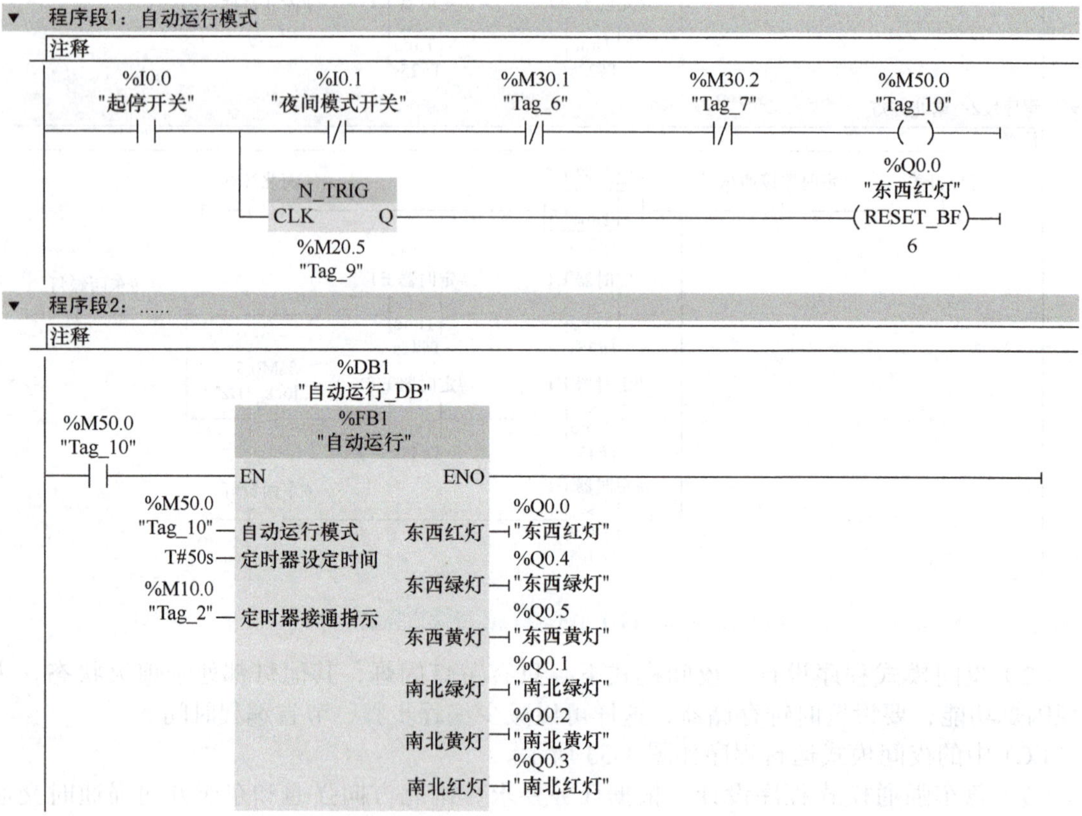

图 4-55　OB1 中的主程序

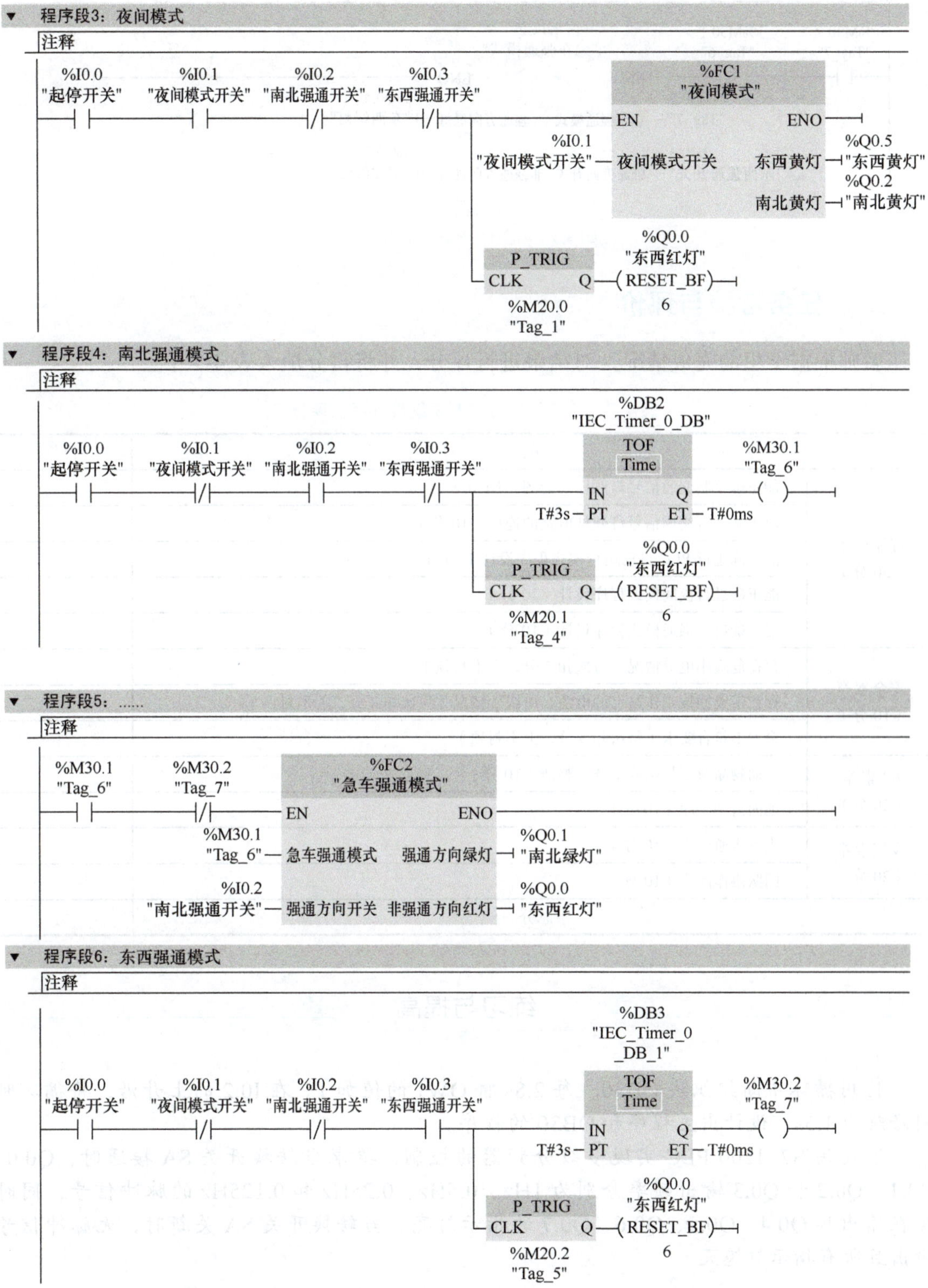

图 4-55 OB1 中的主程序（续）

▼ 程序段7：……

注释

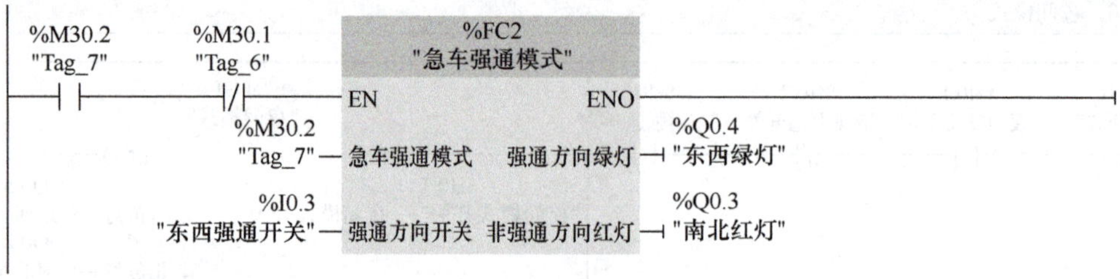

图 4-55　OB1 中的主程序（续）

二、任务考核与评价

教师根据学生的完成情况，对结果进行评分，并将得分填入表 4-7 中。

表 4-7　交通信号灯控制系统设计考核评分表

评分点		得分
程序设计（50 分）	能正确绘制交通信号灯顺序功能图（10 分）	
	能正确进行交通信号灯硬件电路的连接（10 分）	
	能正确进行 PLC 自动运行模式程序设计（10 分）	
	能正确进行夜间模式程序设计（10 分）	
	能正确进行强通模式程序设计（10 分）	
安全素养（10 分）	存在危险用电等情况（每次扣 3 分，上不封顶）	
	存在带电插拔工作站上的电缆、电线等情况（每次扣 3 分，上不封顶）	
	穿着不符合要求（每次扣 4 分，上不封顶）	
6S 素养（20 分）	桌面物品及工具摆放整齐、整洁（10 分）	
	地面清理干净（10 分）	
发展素养（20 分）	表达沟通能力（10 分）	
	团队协作能力（10 分）	
总分		

练习与提高

1. 用循环中断组织块 OB30，每 2.8s 将 QW1 的值加 1。在 I0.2 的上升沿，将循环时间修改为 1.5s。设计出主程序和 OB30 的程序。

2. 使用 S7-1200 PLC 实现多级分频器的控制，要求当转换开关 SA 接通时，Q0.0、Q0.1、Q0.2 和 Q0.3 输出频率分别为 1Hz、0.5Hz、0.25Hz 和 0.125Hz 的脉冲信号，同时接在输出端 Q0.4、Q0.5、Q0.6、Q0.7 的指示灯亮。当转换开关 SA 关断时，无脉冲信号输出且所有指示灯熄灭。

项目 5

自动分拣系统设计

项目导入

自动分拣系统是对已加工或装配的工件进行分拣，使不同颜色的工件从不同的料槽分流的功能。当工件放到传送带上并被进料定位 U 形板内置的光纤传感器检测到时，即起动变频器，工件开始送入分拣区进行分拣。

自动分拣系统主要结构组成为传送和分拣机构、传动带驱动机构、变频器模块、电磁阀组、接线端口、PLC 模块、按钮 / 指示灯模块及底板等。其中，装置侧装配总成如图 5-1 所示。为了准确确定工件在传送带的位置，在传送带进料口安装了定位 U 形板，用来纠偏输送过来的工件并确定其初始位置。传送过程中工件移动的距离通过对旋转编码器产生的脉冲进行高速计数确定。

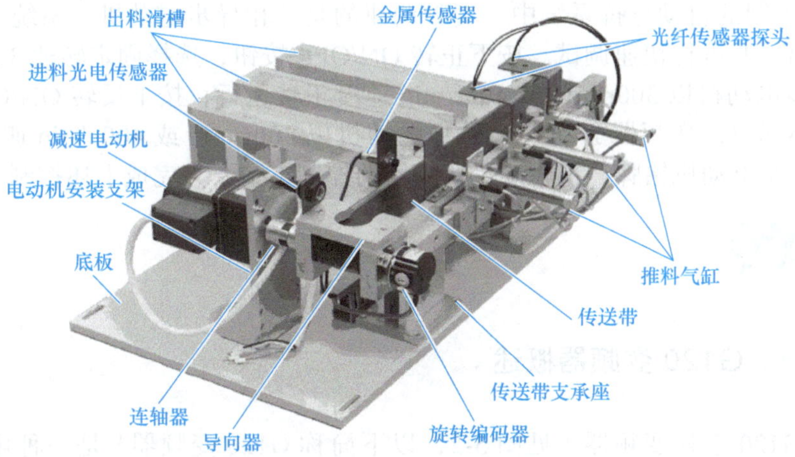

图 5-1　自动分拣系统装置侧装配总成

知识导图

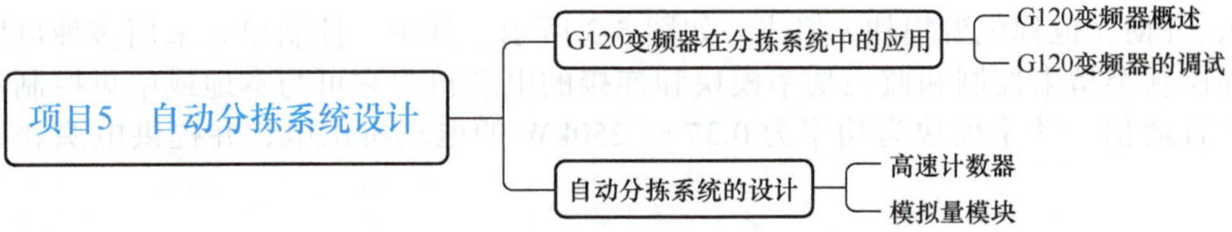

任务 5.1　G120 变频器在分拣系统中的应用

学习目标

1. 知识目标

1）了解 G120 变频器的结构。

2）掌握 G120 变频器参数设置方法。

3）掌握采用 PLC 对变频器进行起停、正反转、多段速控制的方法。

2. 技能目标

1）能通过基本操作面板 BOP-2 正确设置变频器的参数。

2）能在 TIA Portal 软件中正确组态和配置变频器的参数。

3）能使用 G120 变频器对电动机进行简单控制。

3. 素质目标

1）培养学生按照步骤正确、规范连接电路的职业素养。

2）培养学生一丝不苟、追求卓越的工匠精神。

3）培养学生节约成本、避免浪费的环保意识。

任务描述

在 PLC 控制的自动分拣系统中，变频调速的是三相异步电动机。系统上电后，完成变频器恢复出厂并进行快速调试。按下正转 ON/OFF 按钮，选择固定转速 3 或 4，变频器驱动三相异步电动机以 300r/min 或 400r/min 速度正转运行；按下反转 ON/OFF 按钮，选择固定转速 3 或 4，变频器驱动三相异步电动机以 300r/min 或 400r/min 速度反转运行。请根据三相异步电动机铭牌，正确设置变频器的控制参数，并完成上述控制要求。

知识准备

知识点 1　G120 变频器概述

西门子 G120 系列变频器（见图 5-2，以下简称 G120 变频器）是一种可满足多样化要求的模块化变频器，组件采用模块化设计，功率范围宽（0.37 ～ 250kW），可确保始终能够组合出一种满足要求的变频器。该系列变频器提供 3 种电压型号，可连接 200V、400V 和 690V 电网。另外，G120 变频器还提供有功能全面的安全软件包 STARTER 或 SINAMICS Startdrive，用于对安全功能进行调试。

每个 G120 变频器都是由一个控制单元（Control Unit，CU）和一个功率模块（Power Module，PM，也称电源模块）组成，如图 5-3 所示。其中，控制单元采用多种可以选择的闭环控制类型来控制和监视功率模块和连接的电动机。它可与本地或中央控制器以及监控装置通信。功率模块为功率为 0.37 ～ 250kW 的电动机供电，并提供电源和电动机端子。

图 5-2 西门子 G120 变频器

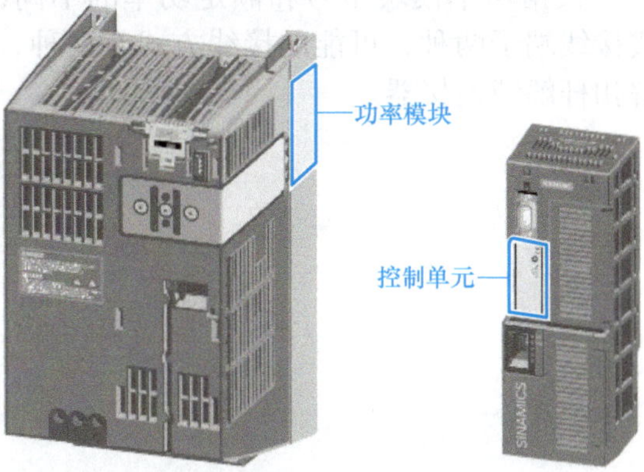

图 5-3 G120 变频器的功率模块和控制单元

可以在功率模块铭牌上查阅以下数据：

1）名称，如功率模块 PM240-2。

2）技术数据：电压和电流。

3）产品编号，如 6SL3210-1PE21-1UL0。

4）版本，如 A02。

可以在控制单元铭牌上查阅以下数据：

1）名称，如控制单元 CU240E-2 DP-F。

2）产品编号，如 6SL3244-0BB13-1PA0。

3）版本，如 A02（硬件）、4.7（固件）。

为使变频器适用于不同的使用场合和环境条件，西门子提供以下部件：进线滤波器、进线电抗器、输出电抗器、正弦滤波器、制动电阻、制动继电器（用于控制电动机抱闸）。

1. 接线端子

（1）功率模块的端子及接线　G120 变频器功率模块提供电源和电动机接线端子。电源侧根据功率模块型号不同，分为单相和三相两种，如果功率模块为单相 200V，则将单相 AC 200V 电源连接至功率模块的 L1 和 L2 端子。如果功率模块为三相 AC 400V，则将三相 400V 电源连接至功率模块的 L1、L2、L3 端子。电动机侧将功率模块的 U2、V2、W2 端子和三相交流异步电动机连接即可（电动机根据需要采用星形联结或者三角形联结）。此外，需要将电源的保护接地线和电动机的保护接地线连接到变频器的 PE 端子上。电源电抗器、输出电抗器、制动电阻、制动继电器可选为可选件。功率模块的接线图如图 5-4 所示。

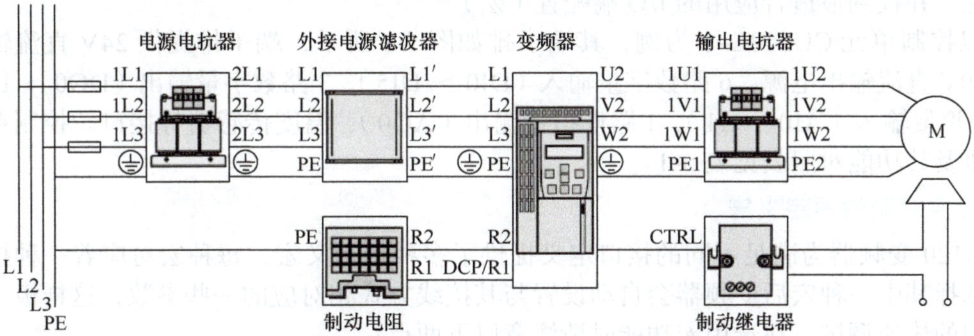

图 5-4 功率模块的接线图（以 PM240-2 为例）

根据功率模块型号和额定功率的不同，功率模块的接线端子分别有螺钉端子和螺钉式接线端子两种，可能的接线方式有两种，如图 5-5 所示。要拔出连接器，必须通过按压解扣杆解锁连接器。

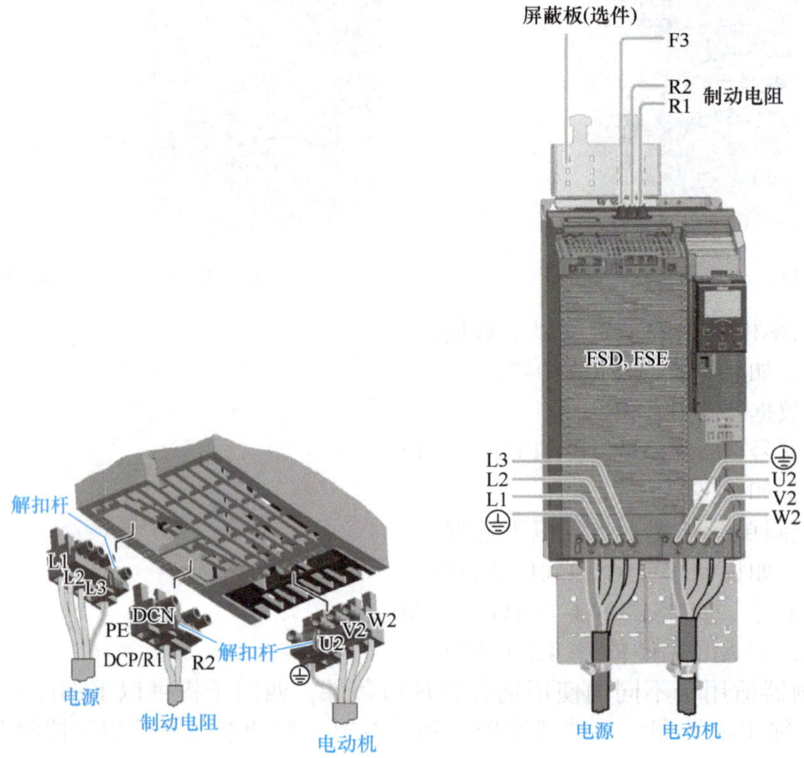

图 5-5 G120 变频器功率模块的接线方式（以 PM240-2 为例）

（2）控制单元的接线端子　G120 变频器控制单元的接线端子提供 24V 直流输出电源、10V 直流输出电源、数字量输入 DI、数字量输出 DO、模拟量输入 AI、模拟量输出 AO、温度传感器等接口。

在出厂设置中，变频器的 I/O 端和现场总线接口都具备一定的功能。调试变频器时，可对变频器的每个 I/O 端的功能和现场总线接口的设置进行修改。同时，变频器提供了不同的预定义（宏）以简化参数的设置。用户可以根据实际应用需要，选择使用 I/O 端的哪个功能，并找到最适合应用的 I/O 端配置（宏）。

以控制单元 CU240E-2 为例，其端子排如图 5-6 所示，端子排提供 24V 直流输出电源、10V 直流输出电源、6 路数字量输入（DI0 ～ DI5）、3 路数字量输出（DO0 ～ DO2）、2 路模拟量输入（AI0、AI1）、1 路模拟量输出（AO0）、温度传感器等接口。控制单元的端子排及其功能对照表见表 5-1。

2. 变频器的预定义宏

G120 变频器为满足不同的接口定义提供了多种预定义宏，每种宏对应着一种接线方式。选择其中一种宏后变频器会自动设置与其接线方式相对应的一些参数，这样极大方便了用户的快速调试。在选用宏功能时请注意以下两点：

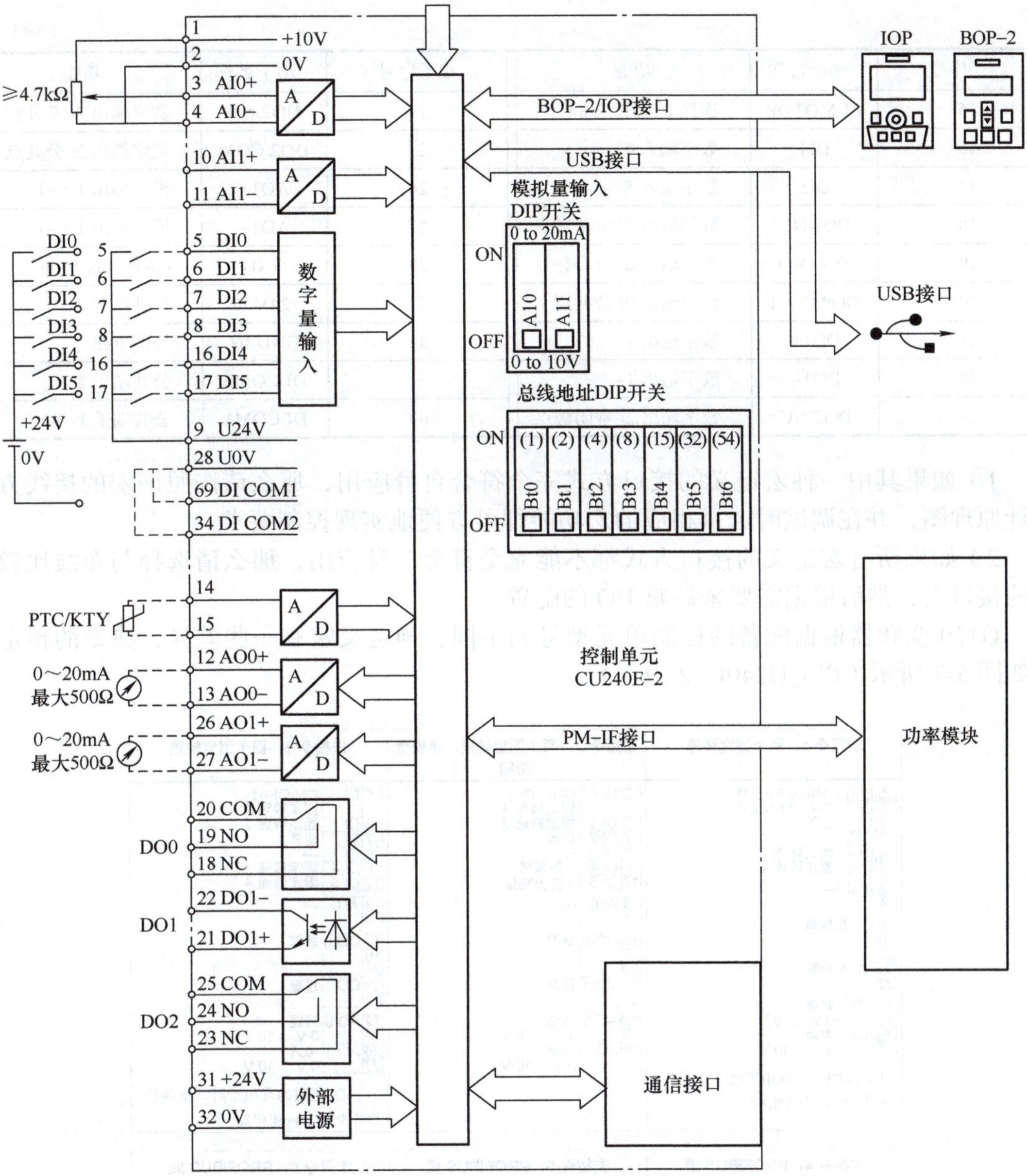

图 5-6　控制单元的端子排（以 CU240E-2 为例）

表 5-1　控制单元的端子排及其功能对照表（以 CU240E-2 为例）

端子序号	端子名称	功能	端子序号	端子名称	功能
1	+10V OUT	输出 +10V	7	DI2	数字输入 2
2	GND	输出 0V/GND	8	DI3	数字输入 3
3	AI0+	模拟输入 0（+）	9	+24V OUT	隔离输出 +24V OUT
4	AI0-	模拟输入 0（-）	12	AO0+	模拟输出 0（+）
5	DI0	数字输入 0	13	AO0-	GND/ 模拟输出 0（-）
6	DI1	数字输入 1	14	T1 MOTOR	连接 PTC/KTY84

（续）

端子序号	端子名称	功能	端子序号	端子名称	功能
15	T1 MOTOR	连接 PTC/KTY84	24	DO2 NO	数字输出 2/ 常开触点
16	DI4	数字输入 4	25	DO2 COM	数字输出 2/ 公共点
17	DI5	数字输入 5	26	AO1+	模拟输出 1（+）
18	DO0 NC	数字输出 0/ 常闭触点	27	AO1-	模拟输出 1（-）
19	DO0 NO	数字输出 0/ 常开触点	28	GND	GND/max.100mA
20	DO0 COM	数字输出 0/ 公共点	31	+24V IN	外部电源
21	DO1+	数字输出 1+	32	GND IN	外部电源
22	DO1-	数字输出 1-	34	DI COM2	公共端子 2
23	DO2 NC	数字输出 2/ 常闭触点	69	DI COM1	公共端子 1

1）如果其中一种宏定义的接口方式完全符合自身应用，那么请按照该宏的接线方式设计原理图，并在调试时选择相应的宏功能即可方便地实现控制要求。

2）如果所有宏定义的接口方式都不能完全符合自身应用，那么请选择与布线比较相近的接口宏，然后根据需要来调整 I/O 的配置。

G120 变频器根据配备的控制单元型号的不同，预定义宏有一些差异，典型的预定义宏如图 5-7 所示（以 CU240E-2 为例）。

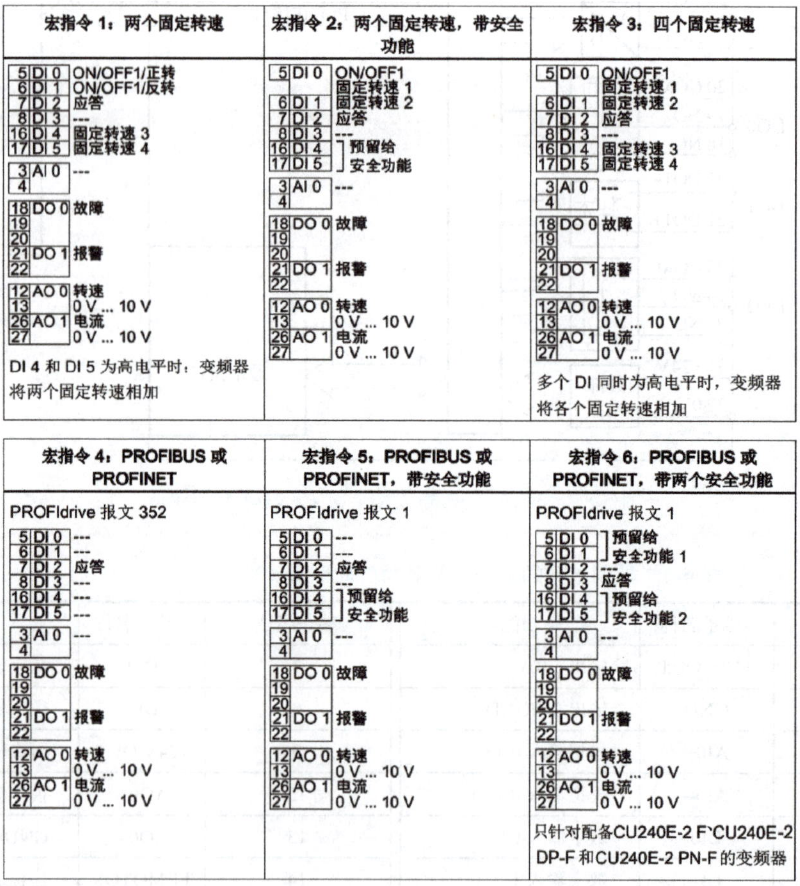

图 5-7　G120 变频器的部分宏定义（以 CU240E-2 为例）

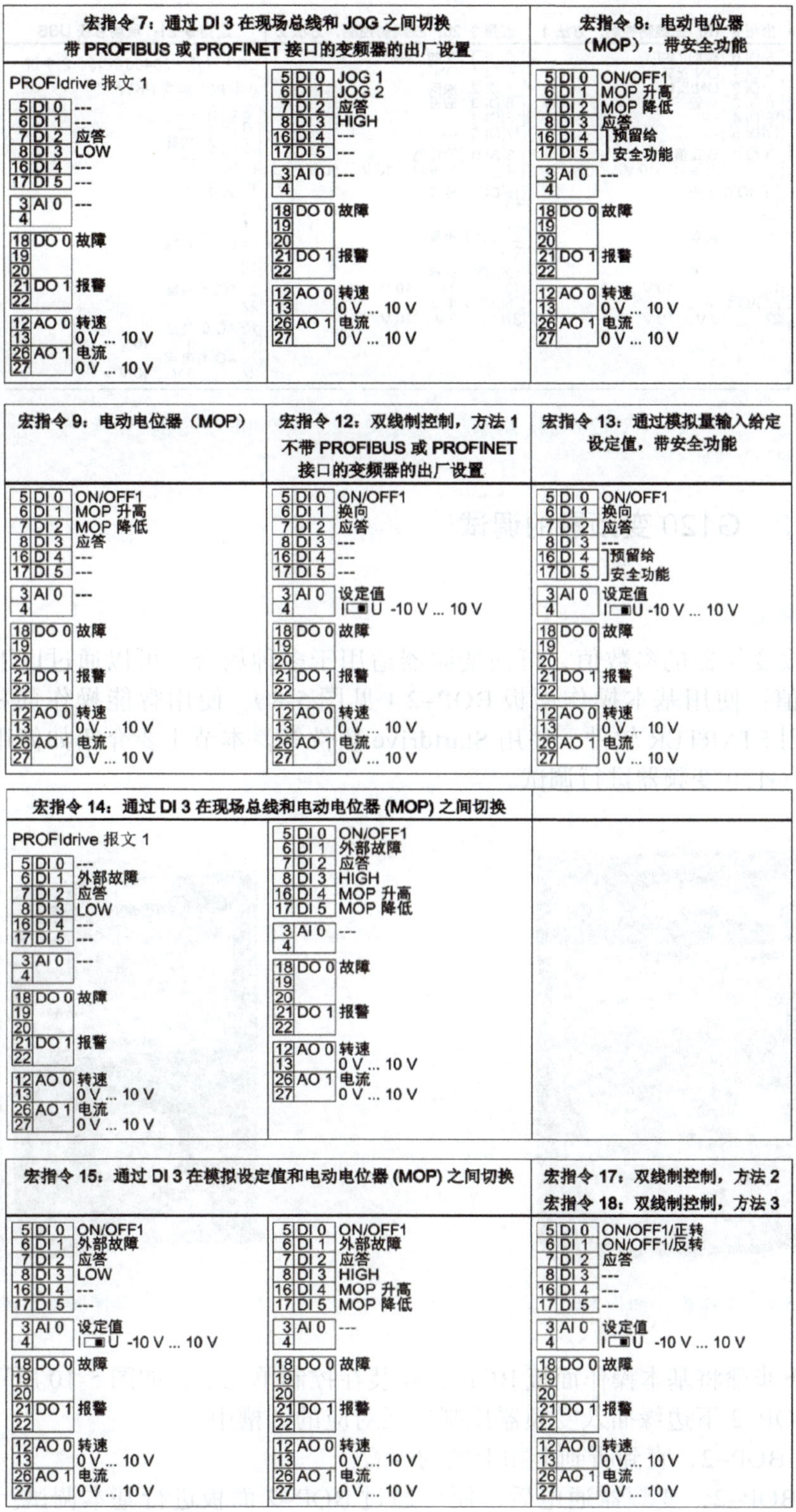

图 5-7　G120 变频器的部分宏定义（以 CU240E-2 为例）（续）

宏指令 19：三线制控制，方法 1	宏指令 20：三线制控制，方法 2	宏指令 21：现场总线 USS
5 DI 0 使能/OFF1 6 DI 1 ON/正转 7 DI 2 ON/反转 8 DI 3 应答 16 DI 4 --- 17 DI 5 --- 3 AI 0 设定值 4 I□U -10 V ... 10 V 18 DO 0 故障 19 20 21 DO 1 报警 22 12 AO 0 转速 13 0 V ... 10 V 26 AO 1 电流 27 0 V ... 10 V	5 DI 0 使能/OFF1 6 DI 1 ON 7 DI 2 换向 8 DI 3 应答 16 DI 4 --- 17 DI 5 --- 3 AI 0 设定值 4 I□U -10 V ... 10 V 18 DO 0 故障 19 20 21 DO 1 报警 22 12 AO 0 转速 13 0 V ... 10 V 26 AO 1 电流 27 0 V ... 10 V	USS 设置：38400 波特、2 个过程数据、可变 PKW 5 DI 0 --- 6 DI 1 --- 7 DI 2 应答 8 DI 3 --- 16 DI 4 --- 17 DI 5 --- 3 AI 0 --- 4 18 DO 0 故障 19 20 21 DO 1 报警 22 12 AO 0 转速 13 0 V ... 10 V 26 AO 1 电流 27 0 V ... 10 V

图 5-7 G120 变频器的部分宏定义（以 CU240E-2 为例）（续）

知识点 2 G120 变频器的调试

1. 基本调试

通过修改变频器的参数值，可使变频器适用于多种场合。可以通过以下方式修改变频器的参数值：使用基本操作面板 BOP-2（见图 5-8）、使用智能操作面板 IOP-2（见图 5-9）、使用 STARTER 软件、使用 Startdrive 软件等。本节主要介绍如何用基本操作面板 BOP-2 对 G120 变频器进行调试。

图 5-8 基本操作面板 BOP-2

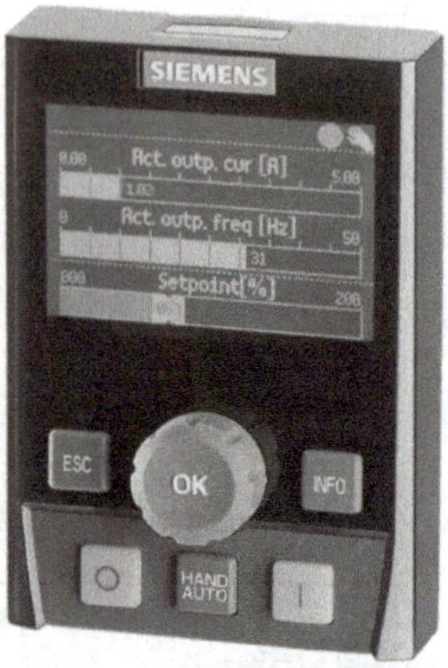

图 5-9 智能操作面板 IOP-2

通过以下步骤将基本操作面板 BOP-2 安装在控制单元上，如图 5-10 所示。

1）将 BOP-2 下边缘插入变频器控制单元对应的凹槽中。

2）推入 BOP-2，直到听到卡扣卡紧的声音。

安装好 BOP-2，变频器通电后，便可通过 BOP-2 面板进行基本调试。BOP-2 面板可引导用户完成基本调试，并提示用户设置变频器的重要数据。

BOP-2 面板上显示和按键功能如图 5-11 所示。

图 5-10 安装 BOP-2

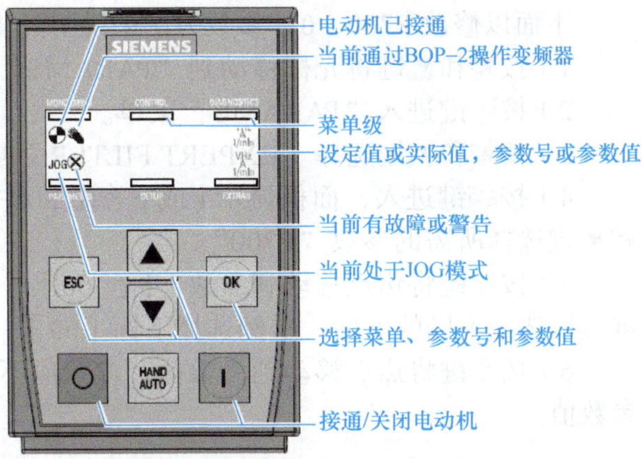

图 5-11 BOP-2 面板上显示和按键功能

BOP-2 用于显示参数的序号和数值、报警和故障信息，以及该参数的设定值和实际值。BOP 不能存储参数的信息。BOP-2 面板上的手动 / 自动切换键可以切换变频器的手动 / 自动模式。在手动模式下，面板上会显示手动符号。手动模式有两种操作方式，即起停操作方式和点动操作方式。

1）起停操作：按一下起动键起动变频器，并以“SETPOINT”（设置值）功能中设定的速度运行，按停止键停止变频器。

2）点动操作：长按起动键变频器按照点动速度运行，释放起动键变频器停止运行，点动速度在参数 P1058 中设置。

BOP-2 面板菜单结构如图 5-12 所示。

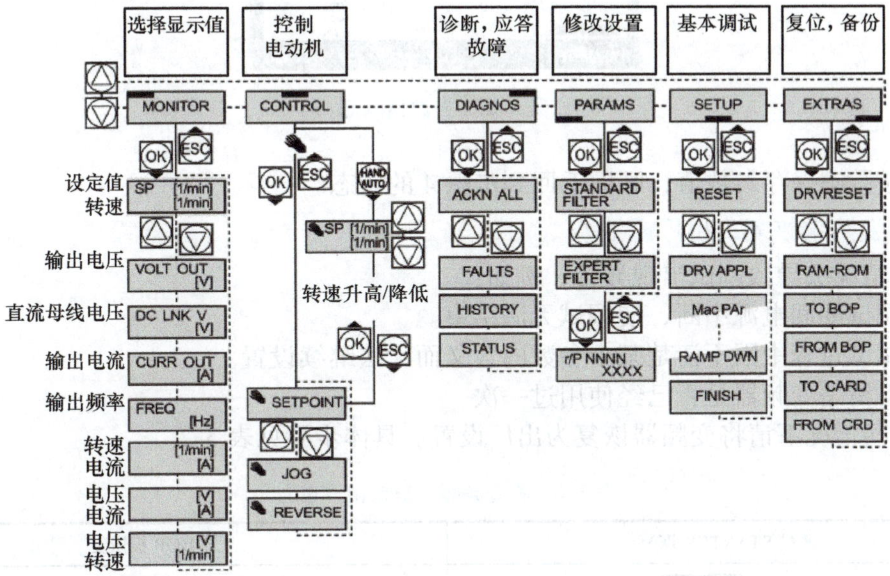

图 5-12 BOP-2 面板菜单结构

BOP-2 修改参数是在菜单“PARAMS”和“SETUP”中进行。

1）选择参数号：当显示的参数号闪烁时，按▲和▼键选择所需的参数号；按键进入参数，显示当前参数值。

2）修改参数值：当显示的参数值闪烁时，按▲和▼调整参数值；按键保存参数值。

下面以修改P700［0］参数为例来说明具体步骤。

1）按▲和▼键将光标移动到“PARAMS”。

2）按OK键进入“PARAMS”菜单。

3）按▲和▼键选择“EXPERT FILTER”功能。

4）按OK键进入，面板显示r或p参数，并且参数号不断闪烁，如图5-13所示。按▲和▼键选择所需的参数“P700”。

5）按OK键将焦点移动到参数下标［00］，［00］不断闪烁，如图5-14所示。按▲和▼键可以选择不同的下标。本例选择下标［00］。

6）按OK键将焦点移动到参数值，参数值不断闪烁，如图5-15所示，按▲和▼键调整参数值。

图5-13　参数号闪烁

图5-14　参数下标闪烁

图5-15　参数值闪烁

7）按OK键保存参数值，画面返回到步骤4的状态。

2. 将变频器恢复为出厂设置

有些情况会导致调试出现异常，例如：

1）调试期间电源中断，使调试无法结束。

2）调试过程中因不清楚某个参数的含义而无法继续设置。

3）不清楚变频器是否已经使用过一次。

在这些情况下请将变频器恢复为出厂设置。具体步骤见表5-2。

表5-2　将变频器恢复为出厂设置

通过STARTER恢复	通过BOP板恢复

1）单击按钮，进入STARTER在线模式 2）单击按钮“Restore factory settings”	1）在菜单“Extras”中选择“DRVRESET” 2）按下“OK”键，确认恢复出厂设置

3. G120 变频器的快速调试

快速调试是通过设置电动机参数、变频器的命令源、速度设定源等基本参数，从而达到简单快速运转电动机的一种操作模式。使用 BOP-2 进行快速调试的步骤如下：

1）按▲或▼键将光标移动到“SETUP”。

2）按OK键进入“SETUP”菜单，显示工厂复位功能，按OK键；按▲或▼键选择“YES”，按OK键开始工厂复位，面板显示“BUSY”。如果不需要工厂复位按▼键。

3）按OK键进入 P1300 参数，根据需要选择电动机的控制方式。按▲或▼键选择参数值，按OK键确认参数。

4）参照电动机铭牌参数用同样的方法设置表 5-3 所示的参数。

表 5-3　电动机相关参数设置

参数	功能
EUR/USA P100 OK	电动机标准（kW 50Hz IEC）
MOT VOLT P304 OK	额定电压（V）
MOT CURR P305 OK	额定电流（A）
MOT POW P307 OK	额定功率（kW）
MOT RPM P311 OK	额定转速（r/min）
MAc PAr P15 OK	选择与应用相适宜的变频器接口配置（预定义宏）
MOT ID P1900 OK	电动机数据检测及旋转检测（电动机数据检测和转速控制器优化）
MIN RPM P1080 OK	设置电动机的最小转速（r/min）
RAMP UP P1120 OK	设置电动机的斜坡上升时间（s）
RAMP DWN P1121 OK	设置电动机的斜坡下降时间（s）
FINISH OK	结束基本调试

5）参数设置完毕后进入结束快速调试画面。按OK键进入，按▲或▼键选择“YES”，按OK键确认结束快速调试。

6）面板显示“BUSY”，变频器进行参数计算。

7）计算完成短暂显示“DONE”画面，随后光标返回到“MONITOR”菜单。此时面板上会出现一个不跳动的小叉，需启动变频器对电动机进行识别，单击面板上“HAND/AUTO”按钮切换至手动模式，设置一个较小的转速，单击面板上的绿色起动按键起动变频器，这时变频器起动，电动机会发出电流的嗞嗞声，一段时间后自动识别完成，面板上小叉消失，基本调试完成。

如果在快速调试中设置 P1900 不等于 0，在快速调试后变频器会显示报警 A07991，提示已激活电动机数据辨识，等待起动命令。

任务实施

一、实施步骤

本项目采用的是 G120 变频器系统，包括 PM240 型功率模块、CU240E-2 型控制单元和基本操作面板 BOP-2。

电动机铭牌参数见表 5-4 所示，请正确设置变频器的参数，实现对电动机的正反转控制。

表 5-4 电动机铭牌参数

序号	参数	电动机参数	说明
1	P0100	电动机标准 IEC/NEMA（50Hz）	0：欧洲 50（Hz） 1：NEMA 电动机（60Hz，US 单位） 2：NEMA 电动机（60Hz，SI 单位）
2	P0304	380V	电动机额定电压
3	P0305	0.18A	电动机额定电流
4	P0307	0.03kW	电动机额定功率
5	P0310	50Hz	电动机额定频率
6	P0311	1300r/min	电动机额定转速
7	P0341	0.00001	电动机转动惯量
8	P0756	0	单极电压输入（0 ～ 10V）
9	P1082	1300r/min	最大转速
10	P1120	0.1s	加速时间
11	P1121	0.1s	减速时间

1. G120 变频器的接线

G120 变频器宏 1 接线图如图 5-16 所示，如果使用内部 24V 电源，必须使用 9 号端子（U24V），此外，公共端子 DI COM1 和 DI COM2 要与 0V 短接。

2. 电气原理图设计和连接

按图 5-17 所示完成电动机和变频器间的接线，电气接线包括在工作系统装置侧完成各种传感器、电磁阀、电源端子等引线到装置侧接线端口之间的接线。

3. G120 变频器参数设置

为了实现任务要求中变频器对电动机的控制，必须设置变频器的参数。任务要求实现多段速功能，多段速也称为固定转速，就是在设置 P1000=3 的条件下，用开关量端子选择固定设定值的组合，实现电动机多段速运行。参数设置步骤如下：

1）变频器预定义宏设置。G120 变频器为满足不同的接口定义提供了多种预定义宏，利用预定义宏可以方便地设置变频器的命令源和设定值源。可以通过修改参数 P0015 修改宏。

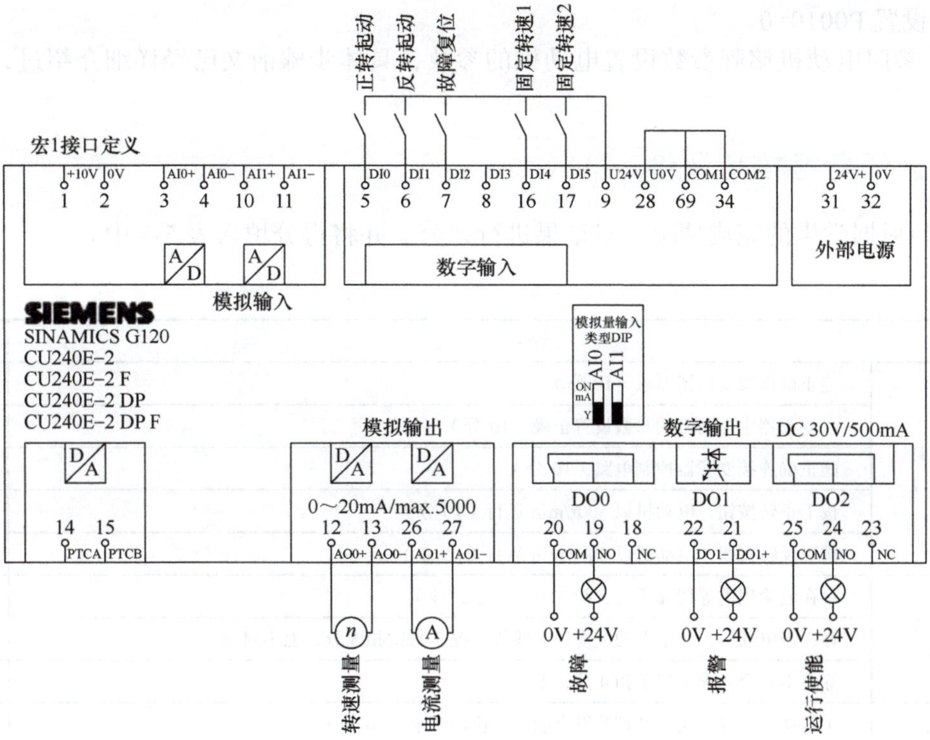

图 5-16　G120 变频器宏 1 接线图

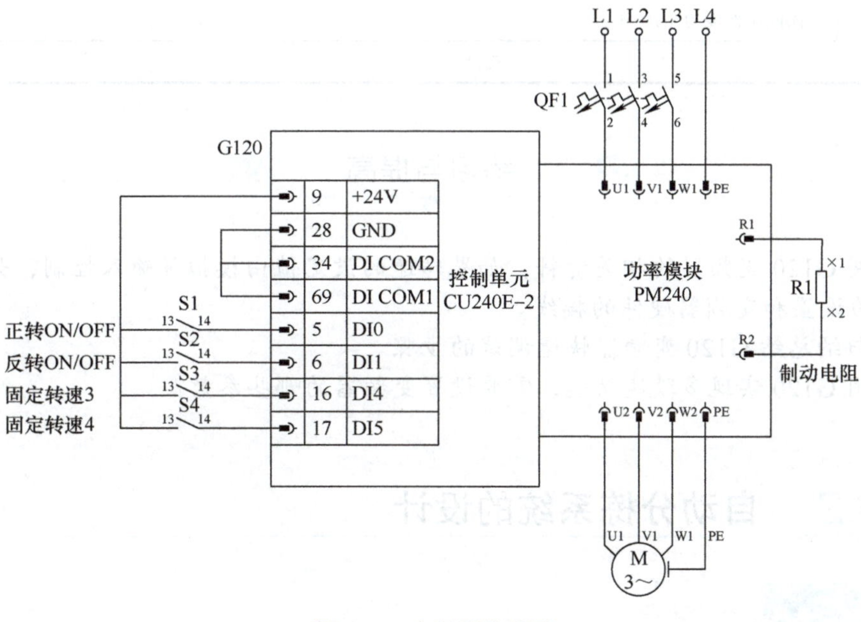

图 5-17　变频器接线图

修改参数 P0015 步骤（只有设置 P0010=1 时才能更改参数 P0015）：

① 设置 P0010=1。

② 修改 P0015。在本次任务中，设置 P0015=1，即双方向双线制控制两个固定转速。然后手动设置 P1003=300r/min，P1004=400r/min。

③ 设置 P0010=0。

2）参照电动机铭牌参数设置电动机的参数，具体步骤前文已经详细介绍过，此处不再赘述。

二、任务考核与评价

教师根据学生的完成情况，对结果进行评分，并将得分填入表 5-5 中。

表 5-5　G120 变频器在分拣系统中的应用评分表

评分点		得分
程序设计（50 分）	能正确设置变频器参数（10 分）	
	在变频器中电动机的参数设置正确（10 分）	
	能正确连接变频器控制电路（10 分）	
	按下正转按钮，电动机以 300r/min 运行（10 分）	
	按下反转按钮，电动机以 400r/min 运行（10 分）	
安全素养（10 分）	存在危险用电等情况（每次扣 3 分，上不封顶）	
	存在带电插拔工作站上的电缆、电线等情况（每次扣 3 分，上不封顶）	
	穿着不符合要求（每次扣 4 分，上不封顶）	
6S 素养（20 分）	工具摆放、导线线头处理等符合职业岗位的要求（10 分）	
	地面清理干净（10 分）	
发展素养（20 分）	表达沟通能力（10 分）	
	团队协作能力（10 分）	
总分		

练习与提高

1. 查阅 G120 变频器的相关资料，如果转速的设定值由模拟量输入控制，如何进行变频器参数的设置和变频器硬件的接线。
2. 请归纳总结 G120 变频器快速调试的步骤。
3. 采用 G120 实现多段速功能，需要设置变频器的哪些参数？

任务 5.2　自动分拣系统的设计

学习目标

1. 知识目标

1）了解自动分拣系统的工作过程。
2）掌握 G120 变频器参数设置方法。
3）掌握高速计数器硬件组态的方法。

2. 技能目标

1）能通过 BOP-2 面板正确设置变频器的参数。

2）掌握采用 PLC 对变频器进行起停、正反转、多段速控制的方法。

3）能根据任务要求利用高数计数器完成工件的定位。

3. 素质目标

1）培养学生按照步骤正确规范连接电路的职业素养。

2）通过对自动分拣系统控制功能的设计，培养学生善于钻研、不怕困难的精神。

3）通过规范化的搭建控制电路，培养学生节约成本、避免浪费的意识。

任务描述

如图 5-1 所示的自动分拣系统中，通过 PLC 的程序起动变频器，控制电动机运转驱动传送带工作，把工件传送至分拣区分拣，使不同颜色和材质的工件分流到不同的料槽中。具体的控制要求为：当工件放到传送带上时，按下起动按钮，PLC 起动变频器，电动机运转驱动传送带工作，把工件传送至分拣区，如果进入分拣区的工件为金属物料，1 号槽推料气缸动作，将金属物料推至 1 号槽中；如果进入分拣区的工件为塑料黑色外壳、黑色芯，2 号槽推料气缸动作，将黑色物料推至 2 号槽中；如果进入分拣区工件为塑料白色外壳、白色芯，3 号槽推料气缸动作，将白色物料推至 3 号槽中；除此之外其他类型的工件视为废料，传送带将废料送到废料区后停止，自动分拣系统工作结束。传送过程中工件移动的距离通过对旋转编码器产生的脉冲进行高速计数确定。

知识准备

知识点 1　高速计数器

计数器是 PLC 内部重要的软元件之一，在 PLC 为核心部件的自动控制系统中，这种软元件通过相应的应用程序来实现对被测信号实时准确的计数。普通计数器的计数过程与 CPU 的工作方式有关，在每一个扫描周期读取一次被测信号，以此来捕捉被测信号的上升沿。当被测信号的频率较高时，会丢失计数脉冲，导致计数不准确，而高速计数器（HSC）可以对发生速率快于程序循环组织块执行速率的事件进行计数。在 PLC 中，这两种计数器的责任不同、分工明确，工作上不能互相代替。

1. 旋转编码器

旋转编码器是一个机械与电子紧密结合的精密测量器件，作为传感器的一种，主要用来检测机械运动的速度、位置、角度、距离等参数。用旋转编码器作为信号检测的方法，已经广泛应用于数控车床、纺织、冶金、石油、矿山等的机械设备上。

旋转编码器有增量式编码器和绝对式编码器两种。在生产过程控制中，经常采用高速计数器与增量式编码器配合使用来计算高速脉冲。增量式编码器每圈发出一定数量的计数脉冲和一个复位脉冲，作为高速计数器的输入。

（1）增量式编码器　增量式编码器读取角度位移的变化，是将位移转换成周期性的电信号，再把这个电信号转变成计数脉冲，用脉冲的个数表示位移的大小。增量式编码器主要由光源、码盘、检测光栅、光电检测器件和转换电路组成，如图5-18所示。在码盘上刻有节距相等的辐射状透光缝隙，相邻两个透光缝隙之间代表一个增量周期。检测光栅上刻有A、B两组与码盘相对应的透光缝隙，用以通过或阻挡光源和光电检测器件之间的光线，它们的节距和码盘上的节距相等，并且两组透光缝隙错开1/4节距，使得光电检测器件输出的信号在相位上相差90°。当码盘随着被测转轴转动时，检测光栅不动，光线透过码盘和检测光栅上的缝隙照射到光电检测器件上，光电检测器件就输出两组相位相差90°的近似于正弦波的电信号，电信号经过转换电路的信号处理，就可以得到被测轴的转角或速度信息。

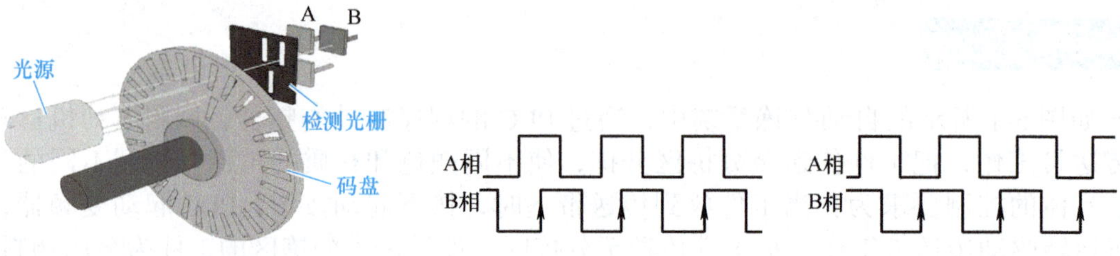

a) 增量式编码器原理图　b) 码盘正转时的输出波形　c) 码盘反转时的输出波形

图5-18　增量式编码器

（2）绝对式编码器　绝对式编码器的原理及组成部件与增量式编码器基本相同，如图5-19所示。与增量式编码器不同的是，绝对式编码器用不同的数码来指示每个不同的增量位置，它是一种直接输出数字量的传感器。绝对式编码器的圆形码盘上沿径向有若干同心码道，每条码道上由透光和不透光的扇形区相间组成，相邻码道的扇区数目是双倍关系，码盘上的码道数就是它的二进制数码的位数。码盘的一侧是光源，另一侧对应每一码道有一光敏器件。当码盘处于不同位置时，各光敏器件根据受光照与否转换出相应的电平信号，形成二进制数。码道越多，分辨率就越高，对于一个具有n位二进制分辨率的编码器，其码盘必须有n条码道。

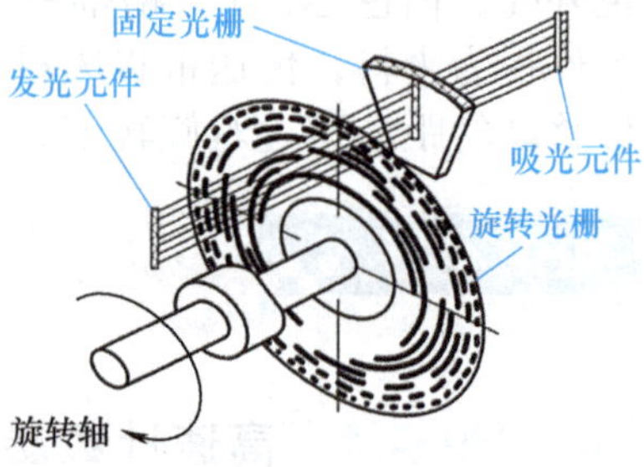

图5-19　绝对式编码器

2. 高速计数器的指令与组态

高速计数模块主要用于评估接入模块的各种脉冲信号，用于对编码器输出的脉冲信号进行计数和测量等。西门子S7的全系列产品都有支持高速计数功能的模块，可以适用于各种不同场合的应用。S7-1200 PLC最多提供6个高速计数器HSC1～HSC6，实际计数值的数据类型为双整数，默认的地址为ID1000～ID1020，可以在组态时对地址进行修改。

S7-1200 PLC V4.0及以上版本的高速计数器有4种工作模式：内部方向控制的单相计数器、外部方向控制的单相计数器、两路脉冲输入的双相增/减计数器、A/B相正交计数器。

高速计数器的组态：首先在设备与组态中选择CPU，单击“属性”，激活高速计数器，并设置相关参数（此步骤必须事先执行，因为S7-1200 PLC的高速计数器功能必须要先在硬件组态中激活，才能进行下面的步骤）。添加硬件中断块，关联相对应的高速计数器所产生的预置值中断，在中断块中添加高速计数器指令块，编写修改预置值程序，设置复位计数器等参数。将程序下载，执行功能。

（1）高速计数器的指令　在 TIA Portal 软件集成的工艺指令文件夹中可以找到 CTRL_HSC_EXT 与 CTRL_HSC 指令，如图 5-20 所示。其中 CTRL_HSC_EXT 指令支持所有功能，例如门功能、同步功能、捕捉功能、计数、频率测量、周期测量、修改参数等。而 CTRL_HSC 指令是从 S7-1200 PLC V1.0 版本就开始支持的旧指令，只支持修改计数方向、参考值、当前值、频率测量周期等参数的功能。

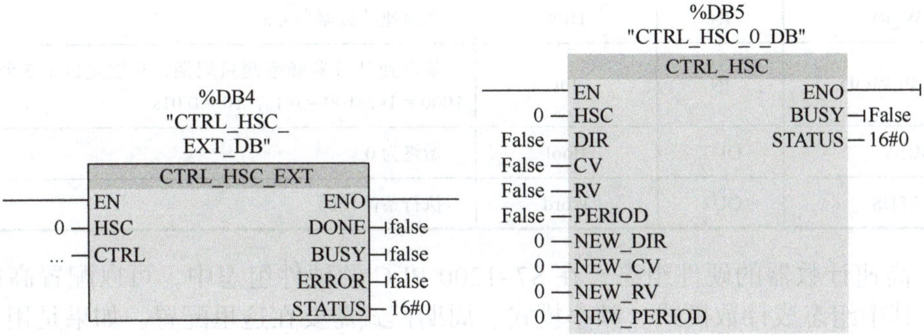

图 5-20　高速计数器的指令

如果只需要计数或者测量频率，以及复位计数值为零、比较输出等基本功能，而其他功能都不使用，可以只组态，然后读取相应计数器地址即可，无须调用指令。

如果除基本功能以外，还需要修改计数方向、参考值、当前值、频率测量周期等参数，可以使用 CTRL_HSC 指令，该指令使用更为简单。如果有更多功能需求，则必须使用 CTRL_HSC_EXT 指令。

CTRL_HSC_EXT 指令和 CTRL_HSC 指令各参数含义见表 5-6 和表 5-7。

表 5-6　CTRL_HSC_EXT 各参数含义

参数	声明	数据类型	描述
HSC	IN	HW_HSC	高速计数器硬件标识符
CTRL	IN_OUT	Variant	连接 HSC 参数，支持 HSC_Count、HSC_Frequency 和 HSC_Period 数据类型变量
DONE	OUT	Bool	1 表示已完成
BUSY	OUT	Bool	始终为 0
ERROR	OUT	Bool	1 表示错误
STATUS	OUT	Word	执行条件代码

表 5-7　CTRL_HSC 各参数含义

参数	声明	数据类型	描述
HSC	IN	HW_HSC	高速计数器硬件标识符
DIR	IN	Bool	True：使能新方向
CV	IN	Bool	True：使能新起始值
RV	IN	Bool	True：使能新参考值

（续）

参数	声明	数据类型	描述
PERIOD	IN	Bool	True：使能新频率测量周期
NEW_DIR	IN	Int	新方向：1 为正向，–1 为反向
NEW_CV	IN	DInt	新高速计数器起始值
NEW_RV	IN	DInt	新高速计数器参考值
NEW_PERIOD	IN	Int	新高速计数器频率测量周期，只能是以下 3 个数值之一：1000 = 1s，100 = 0.1s，10 = 0.01s
BUSY	OUT	Bool	始终为 0
STATUS	OUT	Word	执行条件代码

（2）高速计数器的硬件组态　在 S7–1200 PLC 的硬件组态中，可以配置高速计数器的参数，其中组态成计数模式、频率模式、周期模式需要在这里配置。如果是用于闭环运动控制，则此处无须配置。

1）进入 CPU 的硬件视图。展开 PLC，双击“设备组态”，在 CPU 硬件视图中，选中 CPU。

2）启用高速计数器。导航栏中选择“高速计数器（HSC)”，在“HSC1”中选择“常规”。勾选“启用该高速计数器”，如图 5-21 所示。

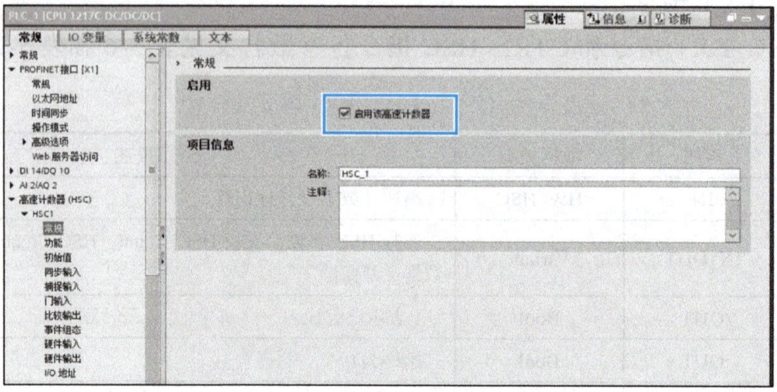

图 5-21　启用高数计数器

3）高速计数器的基本设置。

① 单击“功能”，如图 5-22 所示。

② 设置计数类型：计数、频率、周期。

③ 设置工作模式：单相、两相位、A/B 计数器、A/B 计数器四倍频，值得注意的是组态 A/B 计数器四倍频会使得计数值变为组态 A/B 计数器的 4 倍，但频率相比组态 A/B 计数器不会发生变化。

④ 计数方向：取决于用户程序（通过指令修改）或外部输入，该功能只与单相计数有关。

⑤ 初始计数方向：加计数、减计数。

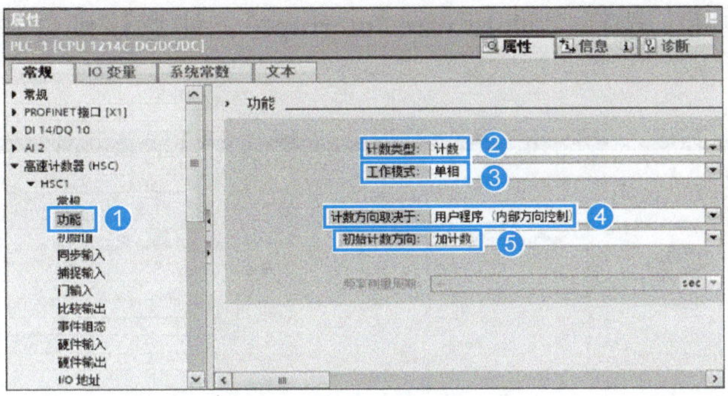

图 5-22　激活高速计数功能

⑥ 频率测量周期：与频率模式、周期模式有关，只能选择 1s、0.1s、0.01s，一般情况下当脉冲频率比较高时选择更小的测量周期可以更新得更加及时，当脉冲频率比较低时选择更大的测量周期可以测量得更准确。

4）设置计数器初始值，如图 5-23 所示。如果组态为计数模式，则计数启动后，计数值使用组态中的初始计数值开始计数。当计数正方向达到上限后再继续从下限开始正方向计数，当计数反方向达到下限后再继续从上限开始反方向计数。

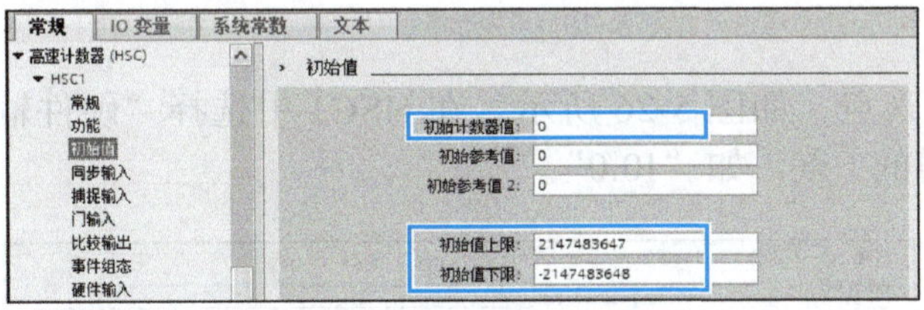

图 5-23　设置计数器初始值

5）组态事件。如果需要在高速计数器的某些情况下迅速做出反应，可以使用高速计数器的事件功能，如图 5-24 所示。该功能将触发相应的硬件中断，在硬件中断中编写相关工艺程序实现迅速反应。S7-1200 PLC 高速计数器支持 3 种事件：计数值等于参考值（仅支持计数模式）、同步事件（仅支持计数模式）和方向信号改变（仅支持单相模式外部方向信号）。使用哪一个事件则激活该事件以及对应硬件中断，然后在中断中编写程序。

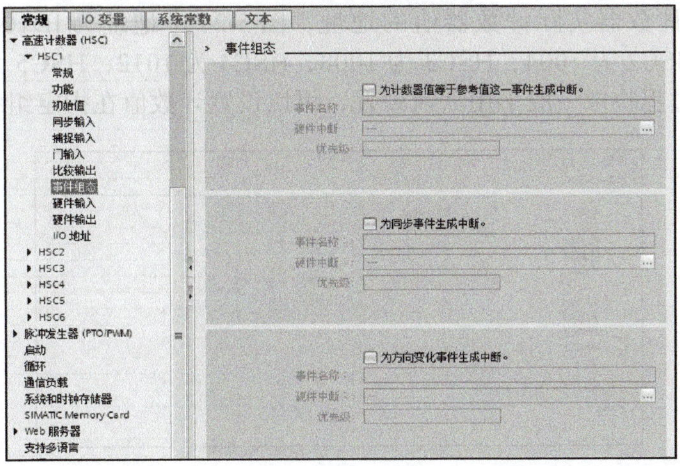

图 5-24　事件组态

6）添加硬件中断。选择“Hardware interrupt”，注意该硬件中断的中断 OB 编号，单击“确定”按钮。

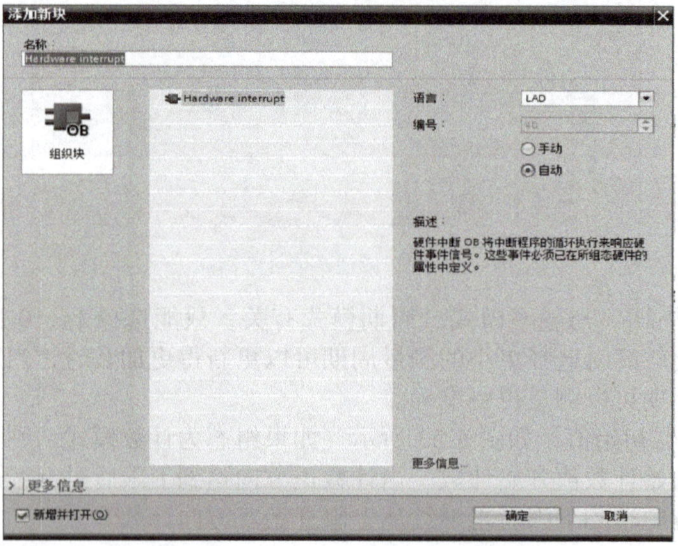

图 5-25　添加新的硬件中断

7）设置硬件输入点，如图 5-26 所示。在 HSC1 中选择“硬件输入”，在“时钟发生器输入”中选择所需的 I 点，如“I0.0”。

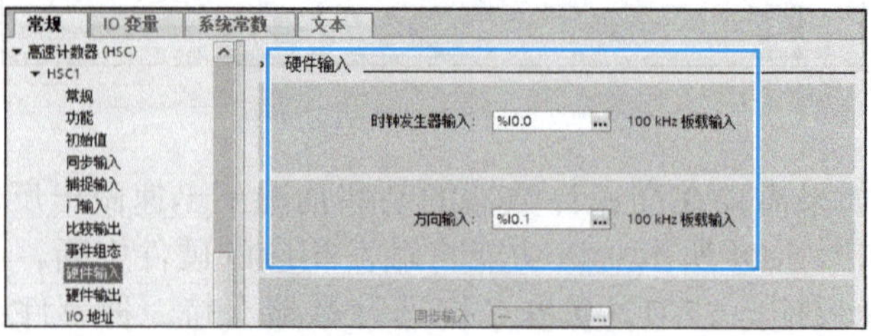

图 5-26　设置硬件输入点

8）查看高速计数器的计数值地址。在“HSC1”中选择“I/O 地址”，起始地址到结束地址为高速计数器实际计数器值的地址，图 5-27 中地址为 ID1000。默认情况下，HSC1 为 1000，HSC2 为 1004，HSC3 为 1008，HSC4 为 1012，HSC5 为 1016，HSC6 为 1020。组织块和过程映像一般采用默认设置，可以设置计数值在指定组织块更新。

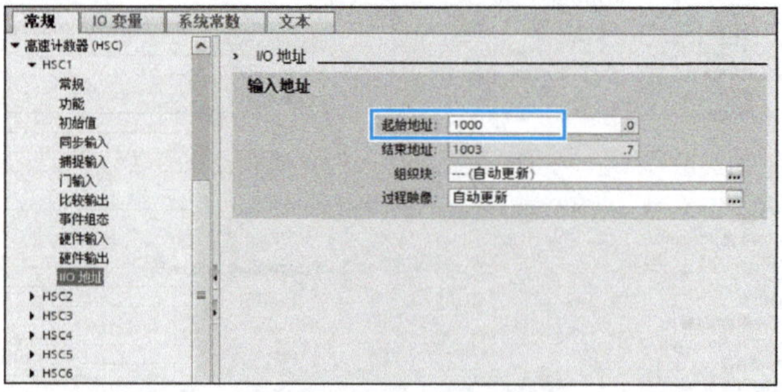

图 5-27　计数值地址

9）设置 I 点的输入滤波器时间。在 CPU 或者信号板中找到使用的通道，在输入滤波器中设置合适的滤波值（V4.0 以后版本需要设置），如图 5-28 所示。

输入滤波时间与可检测到的最大频率相关。

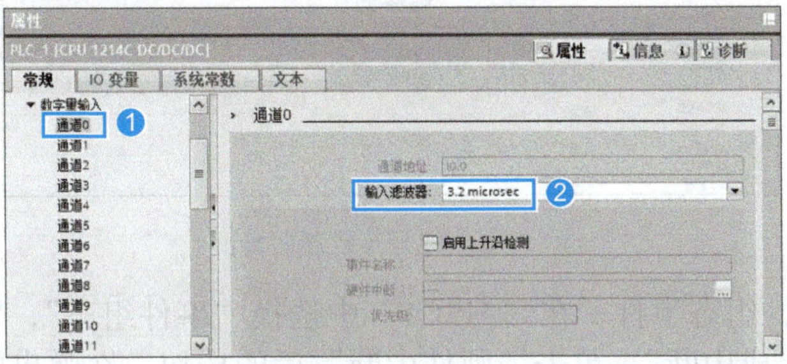

图 5-28　输入滤波器

3. 应用举例

假设在旋转机械上有单相增量式编码器作为反馈，接入 S7-1200 PLC CPU，要求在计数 25000 个脉冲时，计数器复位，置位 M0.5，并设定新预置值为 50000 个脉冲，当计满 50000 个脉冲后复位 M0.5，并将预置值再设为 25000，周而复始执行此功能。

针对此应用，选择 CPU 1214C，高速计数器为 HSC1，模式为单相计数，内部方向控制，无外部复位。脉冲输入接入 I0.0，使用 HSC1 的计数值等于参考值（CV=RV）中断功能实现此应用。

组态步骤：先在设备与组态中选择 CPU，单击“属性”，激活高速计数器，并设置相关参数。添加硬件中断块，关联相对应的高速计数器所产生的预置值中断，在中断块中添加高速计数器指令块，编写修改预置值程序，设置复位计数器等参数。将程序下载，执行功能。

（1）硬件组态　如图 5-29 所示，进入 CPU 的硬件视图。单击②选择属性，在导航栏中选择“高速计数器（HSC）”，在 HSC1 中选择“常规”，勾选“启用该高速计数器”。激活高速计数功能，在 HSC1 中选择“功能”，计数类型选择“计数”，工作模式选择“单相”，计数方向取决于选择“用户程序（内部方向控制）”，初始计数方向选择“加计数”。

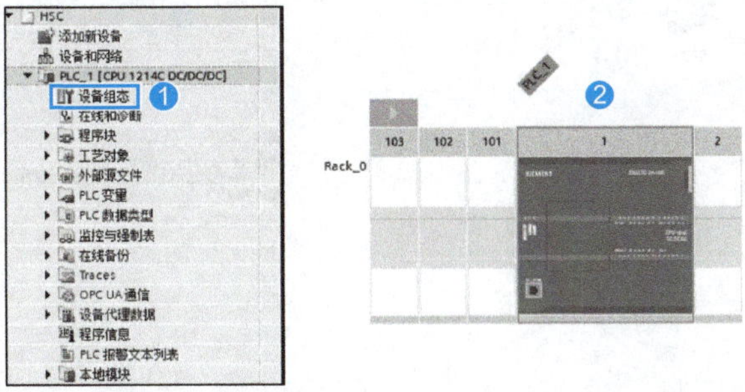

图 5-29　选中 CPU

如图 5-30 所示，设置计数器初始值。在“HSC1”中选择“初始值”，“初始计数器值”设置为“0”，“初始参考值”设置为“25000”。

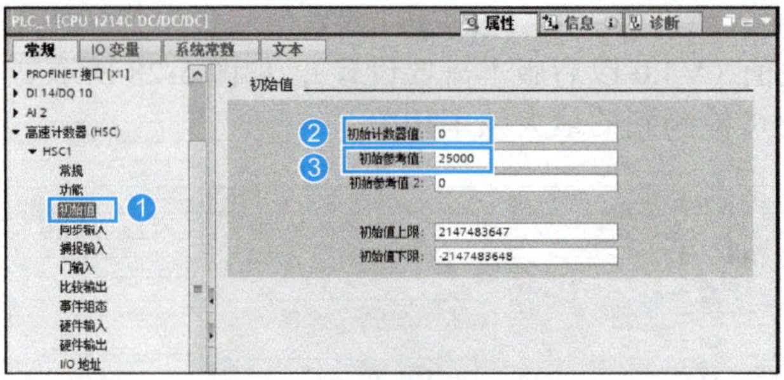

图 5-30　设置计数器初始值

如图 5-31 所示，组态事件。在“HSC1”中选择“事件组态”，勾选“为计数器值等于参考值这一事件生成中断”，单击“硬件中断”后的按钮，在弹出的页面中选择所需的硬件中断，如果没有硬件中断或者没有所需要的硬件中断，则单击“新增”按钮，会弹出页面，如图 5-32 所示，选择“Hardware interrupt”，注意该硬件中断的中断 OB 编号，单击“确定”按钮。

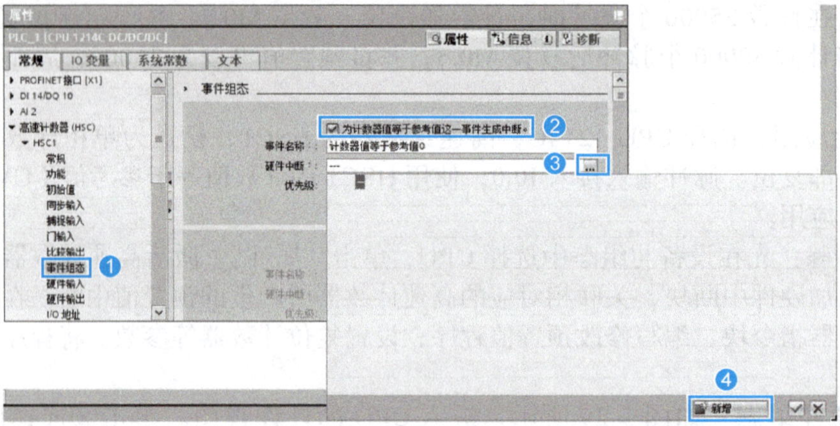

图 5-31　事件组态

图 5-32　添加新的硬件中断

如图 5-33 所示，设置硬件输入点。在“HSC1”中选择“硬件输入”，在“时钟发生器输入”中选择所需的 I 点，如图中的“I0.0”。

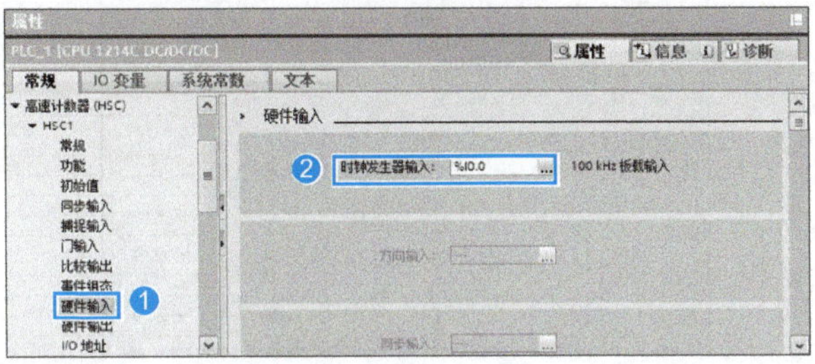

图 5-33　设置硬件输入点

如图 5-34 所示，设置 I 点的输入滤波器时间。CPU 或者信号板中找到使用的通道，在“输入滤波器”设置合适的滤波值。

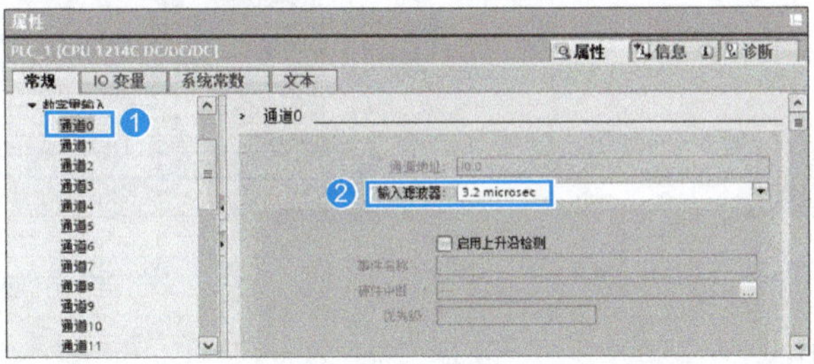

图 5-34　输入滤波器

（2）程序编写

1）展开项目树中 PLC 的程序块，选择所需的硬件中断，双击打开所需的硬件中断，如图 5-35 所示。

2）如图 5-36 所示，在指令列表中找到“工艺”指令 /“计数”/“CTRL_HSC_EXT”。将指令拖入硬件中断的程序编辑器，会产生如图 5-37 所示的“调用选项”，只能选择单个实例，单击“确定”按钮。

图 5-35　打开硬件中断

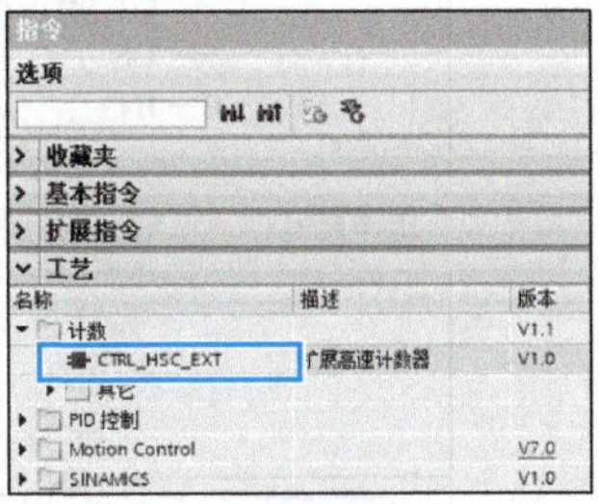

图 5-36　添加高速计数器

3）新建数据块，新建变量，数据类型为 HSC_Count，在数据类型处手动输入 HSC_Count，如图 5-38 所示，输入完按 <Enter> 键确认。

4）展开该变量，如图 5-39 所示，将标记①处变量设置为 1，也就是高速计数器的软件门使能。

5）在硬件中断内编程。硬件中断内编写的程序如图 5-40 所示。

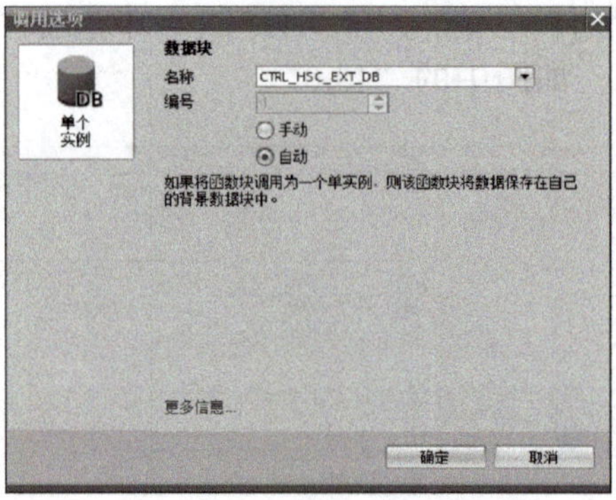

图 5-37 定义指令背景数据块

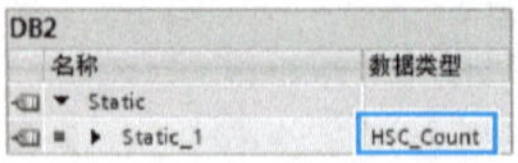

图 5-38 新建高速计数器变量

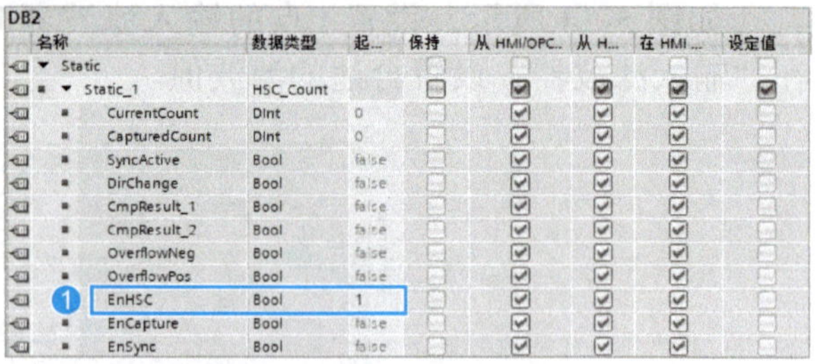

图 5-39 设置高速计数器变量

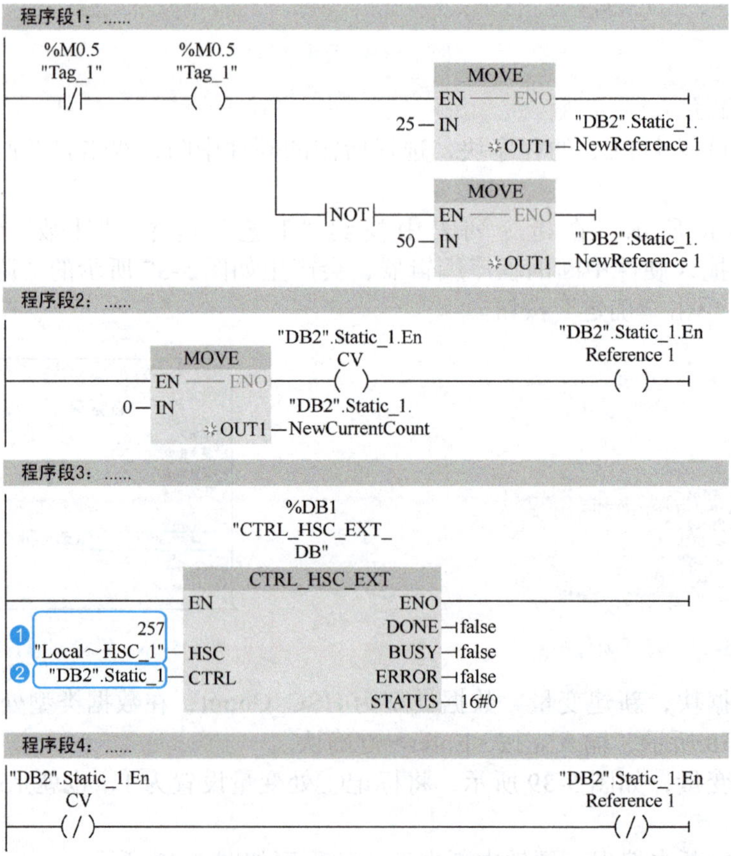

图 5-40 硬件中断内编程

程序段 1：M0.5 作为标志位，在 OB1 第一个扫描周期置位，该标志位为 1 时指参考值为 25000，为 0 时指参考值为 50000。当进入中断时，反转标志位，并赋值新的参考值。

程序段 2：设置新的当前值为 0，设置新的当前值使能，设置新的参考值使能。

程序段 3：触发高速计数器指令。在 HSC 处输入高速计数器标识符，以 HSC1 为例，建议输入符号名“Local ~ HSC_1”。在 CTRL 处输入图 5-39 处新建的变量。

6）在 OB1 中编写程序，如图 5-41 所示，只需将图 5-40 中的程序段 3 复制到 OB1 即可。

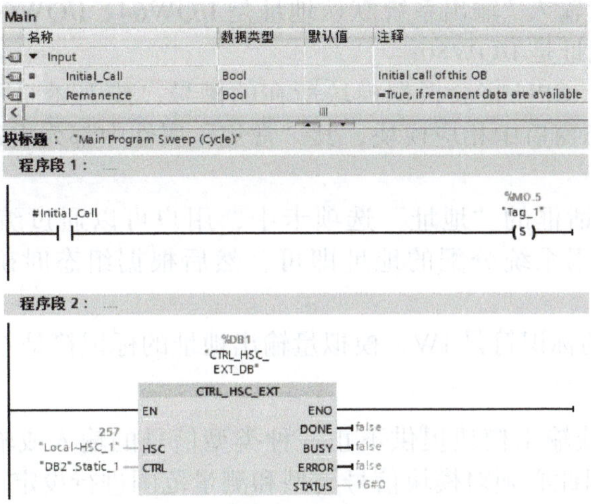

图 5-41　OB1 程序

至此程序编制完成，将完成的组态与程序下载到 CPU 后即可执行，当前的计数值可在 ID1000 中读出，关于高速计数器指令块，若不需要修改当前值、参考值等参数，可不需要调用，系统仍然可以计数。

知识点 2　模拟量模块

在工业控制中，某些输入量（温度、压力、流量、转速等）是模拟量，某些执行机构（例如电动调节阀和变频器等）要求 PLC 输出模拟量信号，而 PLC 的 CPU 只能处理数字量。模拟量模块的任务就是实现 A/D 和 D/A 转换。模拟量首先被传感器和变送器转换为标准量程的电压或电流，例如 4 ~ 20mA、0 ~ 10V，PLC 用模拟量输入模块的 A/D 转换器将它们转换成数字量。带正负号的电流或电压在 A/D 转换后用二进制补码来表示。模拟量输出模块的 D/A 转换器将 PLC 中的数字量转换为模拟电压或电流，再去控制执行机构。A/D 和 D/A 转换的二进制位数反映了它们的分辨率，位数越多，分辨率越高。

1. 模拟量模块的类型

S7-1200 PLC 的模拟量信号模块包括模拟量输入模块 SM1231、模拟量输出模块 SM1232、模拟量输入 / 输出模块 SM1234。

SM1232 有 2 路和 4 路的模拟量输出，-10 ~ +10V 电压输出为 14 位，最小负载阻抗 1000Ω；0 ~ 20mA 或 4 ~ 20mA 电流输出为 13 位，最大负载阻抗 600Ω。-27648 ~ 27648

对应满量程电压，0 ～ 27648 对应满量程电流。电压输出负载为电阻时转换时间为 300μs，负载为 1μF 电容时转换时间为 750μs；电流输出负载为 1mH 电感时转换时间为 600μs，负载为 10mH 电感时为 2ms。

2. 模拟量模块的地址分配

模拟量模块以通道为单位，一个通道占一个字（2 个字节）的地址，所以在模拟量地址中只有偶数。S7-1200 PLC 模拟量模块的系统默认地址为 I/QW96 ～ I/QW222。一个模拟量模块最多有 8 个通道，从 96 号字节开始，S7-1200 PLC 给每一个模拟量模块分配 16B（8 个字）的地址。*N* 号槽的模拟量模块的起始地址为 16（*N*–2）+96，其中 *N* 大于或等于 2。集成的模拟量输入 / 输出系统默认地址是 I/QW64、I/QW66；信号板上的模拟量输入 / 输出系统默认地址是 I/QW80。

信号模块组态时，CPU 将会根据模块所在的槽号，按上述原则自动地分配模块的默认地址。双击设备组态窗口中相应模块，其“常规”属性中都列出每个通道的输入或输出起始地址。

在模块的属性对话框的“地址”选项卡中，用户可以通过编程软件修改系统自动分配的地址，一般采用系统分配的地址即可，然后根据组态时确定的 I/O 点的地址来编程。

模拟量输入地址的标识符是 IW，模拟量输出地址的标识符是 QW。

3. 模拟量模块的组态

由于模拟量输入或输出模块提供不止一种类型信号的输入或输出，每种信号的测量范围又有多种选择，因此必须对模块信号类型和测量范围进行设定。

CPU 上集成的模拟量，均为模拟量输入电压（0 ～ 10V）通道，模拟量输出电流通道（0 ～ 20mA），无法对其更改。通常每个模拟量信号模块都可以更改其测量信号的类型和范围，在参考硬件手册正确地进行接线的情况下，再利用编程软件进行更改。

在项目视图中打开“设备组态”，双击第 1 号槽上的模拟量模块，便可直接打开其属性窗口。其“常规”属性中包括“常规”和“AI 4/AQ 2”两个选项，“常规”项给出了该模块的名称、描述、注释、订货号及固件版本等。在“AI 4/AQ 2”选项卡的“模拟量输入”项中可设置信号的测量类型、电压范围及滤波级别（一般选择“弱”级，可以抑制工频信号对模拟量信号的干扰）。如图 5-42 所示，单击测量类型后面的下拉按钮，可以看到测量类型有电压和电流两种选择。

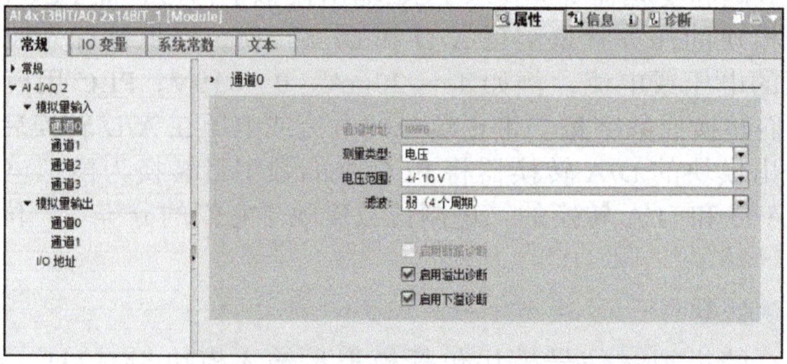

图 5-42　模拟量模块的输入通道设置对话框

在“模拟量输出”项中可设置输出模拟量的信号类型（电压和电流）及范围（若输出为电压信号，则范围为 ±10V）；若输出为电流信号，则范围为 0 ～ 20mA 或者

4～20mA)，如图 5-43 所示。还可以设置 CPU 进入 STOP 模式后，各输出点保持最后的值，或使用替换值，选中后者时，可以设置各点的替换值。可以激活电压输出的短路诊断功能，电流输出的断路诊断功能，以及超出上界值 32511 或低于下界值 -32512 的诊断功能（模拟量的超上限值为 32767，超下限值为 -32768）。

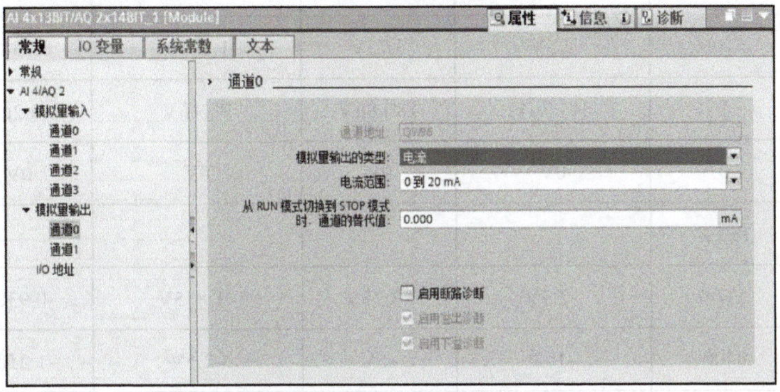

图 5-43　模拟量模块的输出通道设置对话框

“AQ 2/AI 4”选项下的“I/O 地址”项给出了输入 / 输出通道的起始地址和结束地址，如图 5-44 所示，用户可以自定义通道地址（这些地址可在设备组态中更改，范围为 0～1022）。

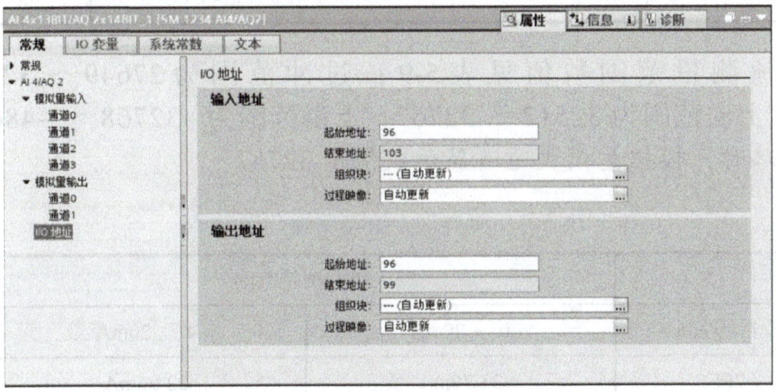

图 5-44　模拟量模块的 I/O 地址设置对话框

4. 模拟量模块的测量范围

SM1231 电压测量范围数值见表 5-8：过冲范围为 27649～32511，下冲范围为 -32512～-27649，上溢范围为 32512～32767，下溢范围为 -32768～-32513。

表 5-8　SM1231 电压测量范围数值

系统		电压测量范围				
十进制	十六进制	±10V	±5V	±2.5V	±1.25V	
32767	7FFF	11.851V	5.926V	2.963V	1.481V	上溢范围
32512	7F00					
32511	7EFF	11.759V	5.879V	2.940V	1.470V	过冲范围
27649	6C01					

（续）

系统		电压测量范围				
十进制	十六进制	±10V	±5V	±2.5V	±1.25V	
27648	6C00	10V	5V	2.5V	1.250V	额定范围
20736	5100	7.5V	3.75V	1.875V	0.938V	
1	1	361.7μV	180.8μV	90.4μV	45.2μV	
0	0	0V	0V	0V	0V	
-1	FFFF					
-20736	AF00	-7.5V	-3.75V	-1.875V	-0.938V	
-27648	9400	-10V	-5V	-2.5V	-1.250V	
-27649	93FF					下冲范围
-32512	8100	-11.759V	-5.879V	-2.940V	-1.470V	
-32513	80FF					下溢范围
-32768	8000	-11.851V	-5.926V	-2.963V	-1.481V	

SM1231电流测量范围数值见表5-9：过冲范围为27649～32511，下冲范围为-4864～-1，上溢范围为32512～32767，下溢范围为-32768～-4865。

注意：当开路时，模拟量模块通道显示数值是32767。

表5-9　SM1231电流测量范围数值

系统		电流测量范围		
十进制	十六进制	0～20mA	4～20mA	
32767	7FFF	23.70mA	22.96mA	上溢范围
32512	7F00			
32511	7EFF	23.52mA	22.81mA	过冲范围
27649	6C01			
27648	6C00	20mA	20mA	额定范围
20736	5100	15mA	16mA	
1	1	723.4nA	4mA+578.7nA	
0	0	0mA	4mA	
-1	FFFF			下冲范围
-4864	8100	-3.52mA	1.185mA	
-4865	80FF			下溢范围
-32768	8000			

任务实施

一、实施步骤

1. 硬件电路设计

（1）硬件选择　自动分拣系统的硬件选型见表 5-10。

表 5-10　自动分拣系统的硬件选择

名称	型号	名称	型号
旋转编码器	ZKE48S8GR500Z12/24C	光纤传感器	E3X-NA11
磁性开关	D-C73	二位五通电磁阀	4V110-06
气缸	CDJ2B16X75	调压过滤器	GFR200-08
电动机	1：10 减速电动机	PLC	CPU 1214C DC/DC/DC
电感式接近开关	OBM-D04NK	信号模块	SM1221，8 输入 DC SB1232 AQ 1X12BIT
漫射式光电传感器	GH3-N1810NA	变频器	G120 变频器控制单元：CU240E G120 变频器功率模块：0.55kW G120 变频器操作面板：BOP-2
光电传感器	MHT15-N2317	按钮	LA38-11BN

（2）I/O 接口分配　自动分拣系统的 I/O 接口分配见表 5-11。

表 5-11　自动分拣系统的 I/O 接口分配表

输入		输出	
作用	输入地址	作用	输出地址
旋转编码器 A 相	I0.0	DI0（变频器起动）	Q0.0
旋转编码器 B 相	I0.1	DI1（变频器反转）	Q0.1
旋转编码器 Z 相	I0.2	DI2（变频器低速）	Q0.2
进料检测光电传感器 SC1	I0.3	DI3（变频器中速）	Q0.3
金属检测传感器 SC2	I0.4	分拣气缸 1 电磁阀 1Y1	Q0.4
光纤传感器 SC3	I0.5	分拣气缸 2 电磁阀 2Y1	Q0.5
光纤传感器 SC4	I0.6	分拣气缸 3 电磁阀 3Y1	Q0.6
分拣气缸 1 推杆推出到位 1B2	I0.7		
分拣气缸 2 推杆推出到位 2B2	I1.0		
分拣气缸 3 推杆推出到位 3B2	I1.1		
起动按钮 SB1	I1.2		
停止按钮 SB2	I1.3		
分拣气缸 1 推杆缩回到位 1B1	I1.4		
分拣气缸 2 推杆缩回到位 2B1	I1.5		
分拣气缸 3 推杆缩回到位 3B1	I2.0		
废料检测光电传感器 SC5	I2.1		

（3）电气原理图　根据任务要求和硬件选型，自动分拣系统电气原理图如图 5-45 所示。

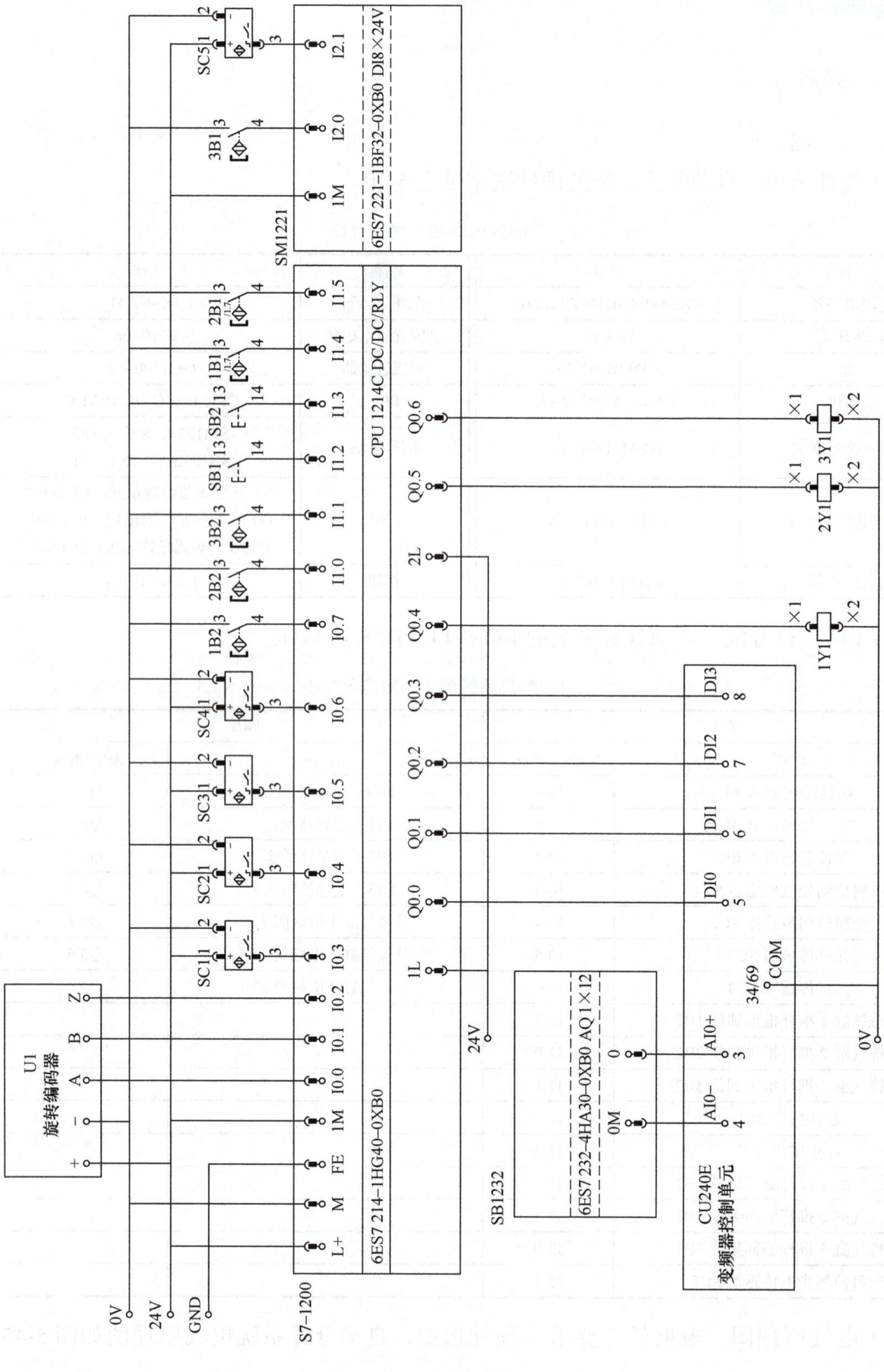

图 5-45 自动分拣系统电气原理图

2. 硬件电路连接

（1）PLC 和变频器的连接　任务中主要使用的 I/O 点为 Q0.0 控制变频器 DI0 端作为起动信号，Q0.1 控制变频器 DI1 端作为反转信号。模拟量调速所需的模拟电压由 PLC 的模拟量输出模块提供，在项目设备组态中加入 S7-1200 SB1232 模拟量扩展模块，模拟量输出起始地址设定为 112，如图 5-46 所示，1232 模拟量扩展模块共有两路模拟量输出，输出地址分别为 QW112 和 QW114。

（2）变频器参数设置　变频器使用模拟量调速，首先必须正确设置模拟量输入通道对应的 DIP 拨码开关的位置，该开关位于控制单元正面保护盖的后面，如图 5-47 所示，出厂设置默认为电压输入 U，如须设置为电流输入 I，只需将对应拨码开关拨到 I。然后选择正确的宏，此处选择宏 17（双方向两线制控制模拟量调速），将 P0015 设置为 17。

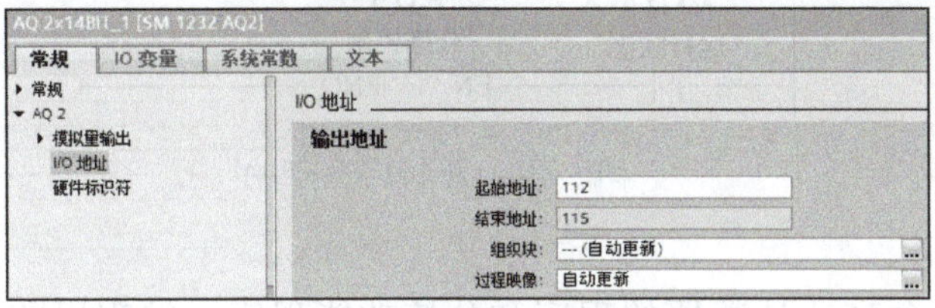

图 5-46　模拟量输出地址设定

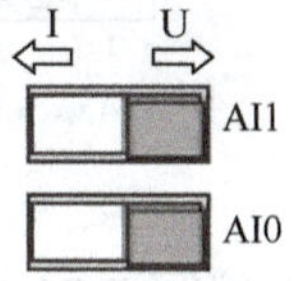

图 5-47　变频器模拟量通道开关

电压输入：开关设置 U（出厂设置）。

电流输入：开关设置 I。

需要手动设定的参数见表 5-12，P756［0］（此处采用默认值）设置好后，P757［0］及后面的参数会自动设定完成。

表 5-12　模拟量调速参数设置值

参数	设定值	功能
P756［0］	4	模拟量输入 AI0：类型 -10V ～ +10V
P757［0］	0	模拟量输入 AI0：标定 X1 值
P758［0］	0	模拟量输入 AI0：标定 Y1 值
P759［0］	10	模拟量输入 AI0：标定 X2 值
P760［0］	100	模拟量输入 AI0：标定 Y2 值

3. 程序设计

（1）硬件组态　打开项目视图中的文件夹“\PLC_1\ 程序块”，双击“设备组态”，打开设备组态视图，用拖拽的方法把对应的主机模块和扩展模块拖到机架中。双击“添加新块”，生成名为“分拣控制”的 FC1。

在使用 HSC 之前，应为 HSC 组态，设置 HSC 的计数模式。某些 HSC 的参数在设备组态中初始化，以后可以用程序来修改。

（2）PLC 程序的编制

1）高速计数器的编程。将右边指令列表“工艺”选项卡文件夹“计数”中的 CTRL_HSC 指令拖放到程序区，单击出现的“调用选项”对话框中的“确定”按钮，生成该指令的背景数据块 DB1。

单击参数“HSC”左边的“0”，输入“257”，它是 HSC1 硬件标识符的值，如

图 5-48 所示。

2）OB1 程序的编制。初始化，调用 FC1。OB1 中部分程序如图 5-49 所示。

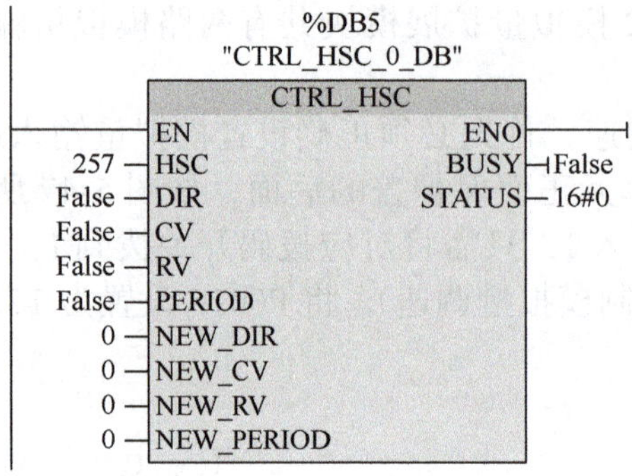

图 5-48　CTRL_HSC 指令编程

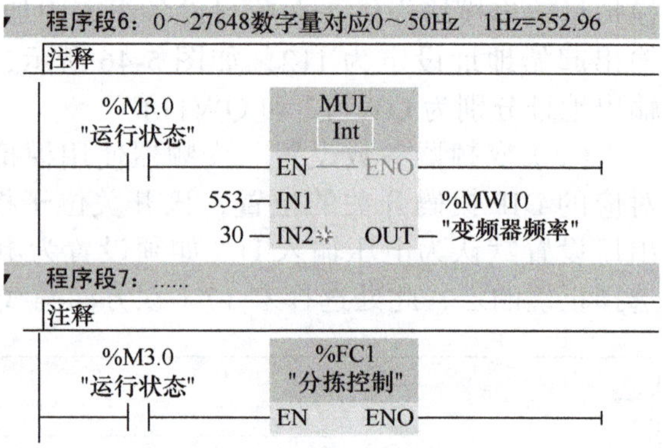

图 5-49　OB1 中部分程序

3）编写 FC1 中程序。FC1 中程序包含高速计数器的程序和分拣功能程序。编程思路如下：

① 当检测到工件被放置到进料口后，复位高速计数器，并以固定频率起动变频器驱动电动机带动工件运动。

② 工件经过光纤和光电传感器时，根据传感器的动作，判别工件的属性。

③ 根据工件属性和分拣任务要求，推料气缸把相应的工件推出。

参考程序如图 5-50 所示。

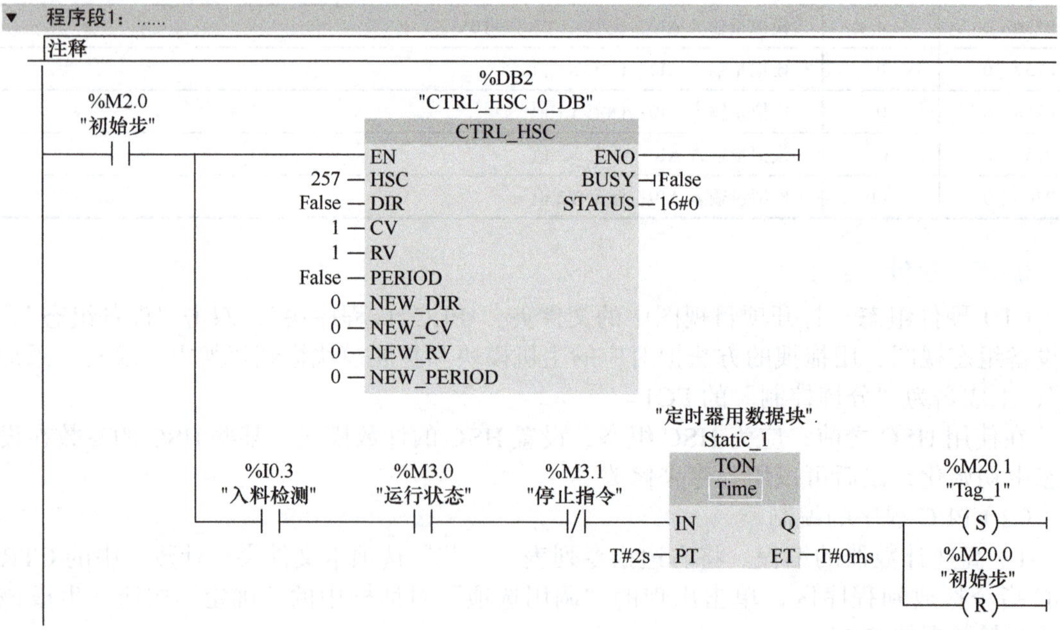

图 5-50　分拣功能参考程序

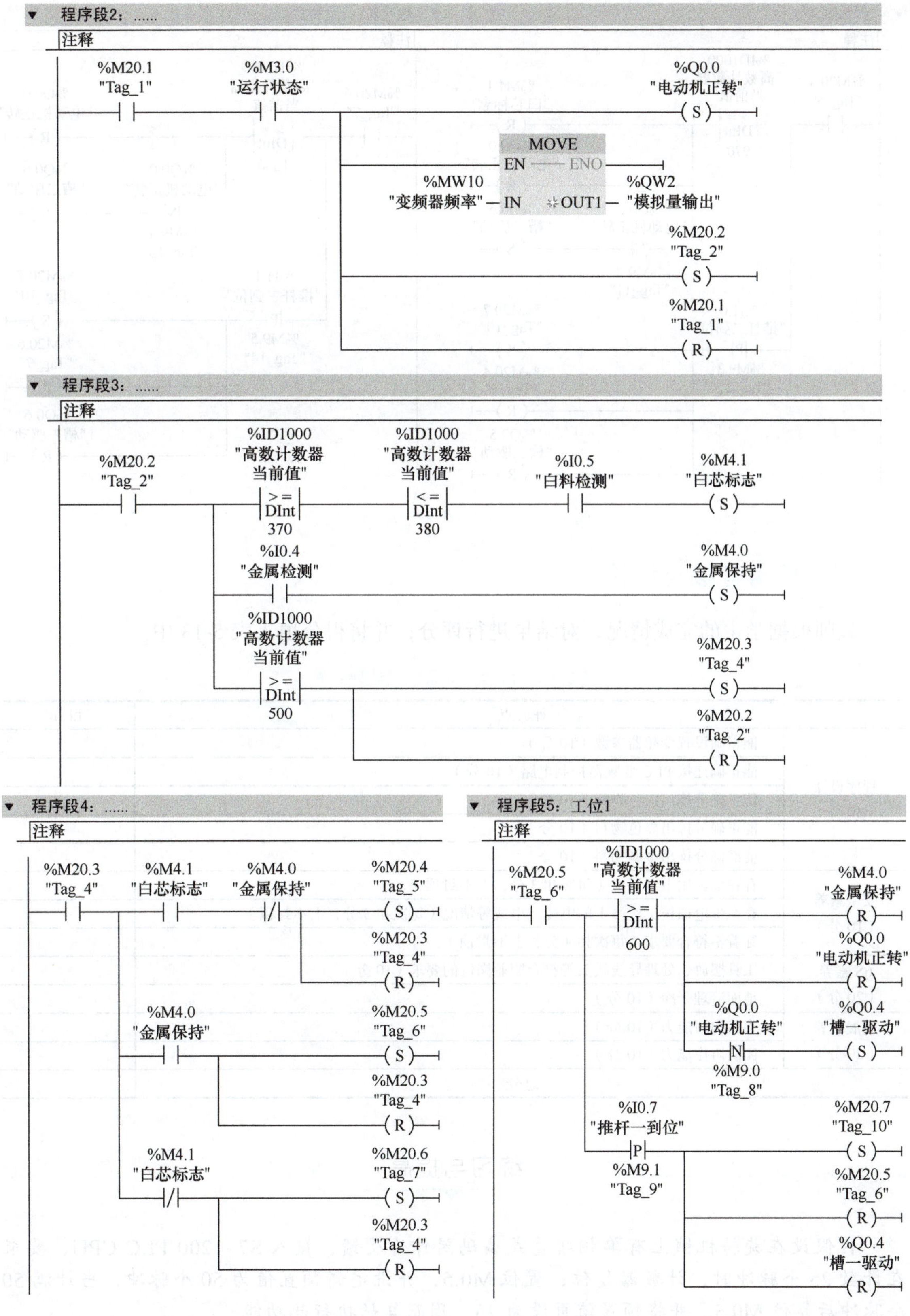

图 5-50 分拣功能参考程序（续）

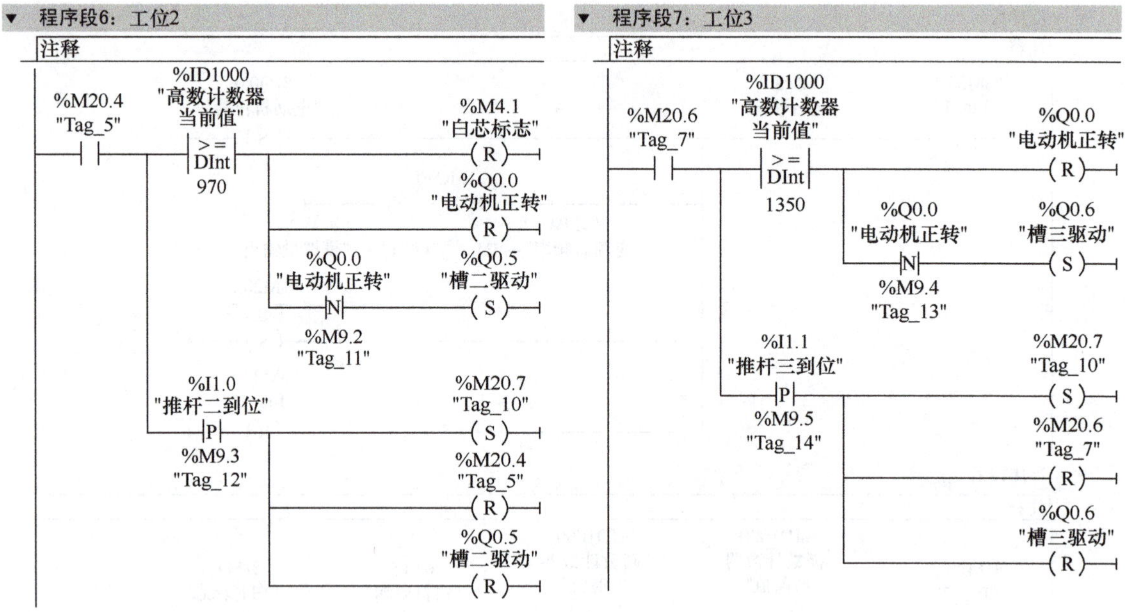

图 5-50　分拣功能参考程序（续）

二、任务考核与评价

教师根据学生的完成情况，对结果进行评分，并将得分填入表 5-13 中。

表 5-13　自动分拣系统设计评分表

评分点		得分
程序设计（50 分）	能正确设置变频器参数（10 分）	
	能正确连接 PLC 变频器控制电路（10 分）	
	能正确分拣出白色物料（10 分）	
	能正确分拣出黑色物料（10 分）	
	能准确分拣出金属物料（10 分）	
安全素养（10 分）	存在危险用电等情况（每次扣 3 分，上不封顶）	
	存在带电插拔工作站上的电缆、电线等情况（每次扣 3 分，上不封顶）	
	穿着不符合要求（每次扣 4 分，上不封顶）	
6S 素养（20 分）	工具摆放、处理导线线头等符合职业岗位的要求（10 分）	
	地面清理干净（10 分）	
发展素养（20 分）	表达沟通能力（10 分）	
	团队协作能力（10 分）	
总分		

练习与提高

1. 假设在旋转机械上有单相增量式编码器作为反馈，接入 S7-1200 PLC CPU，要求在计数 25 个脉冲时，计数器复位，置位 M0.5，并设定新预置值为 50 个脉冲，当计满 50 个脉冲后复位 M0.5，并将预置值再设为 25，周而复始执行此功能。

2. 用 G120 变频器的多段速调速功能来实现本任务中的自动分拣功能。

项目 6

旋转供料台控制系统设计

项目导入

运动控制是自动化生产实践中的重要环节，其基本组成包括控制器、驱动器、执行机构和反馈电路等。PLC 作为运动控制中核心部件的控制器，具有高速脉冲 I/O、工艺对象设置及运动控制等软 / 硬件模块。运动控制被广泛应用于包装、印刷、搬运和装配工艺领域，通常需要实现较为复杂的运行，在运动中需要精确定位。

本项目通过旋转供料台控制系统电气控制软硬件设计、装调，让读者能够学会运动控制系统硬件电路的设计，PLC 控制系统的设计和调试，PLC 系统中 I/O 设备的接线、测试方法等，让读者学会搭建运动控制系统，利用运动控制指令实现对步进电动机、伺服电动机的自动控制，以达到位置控制以及位移采集的目标。

知识导图

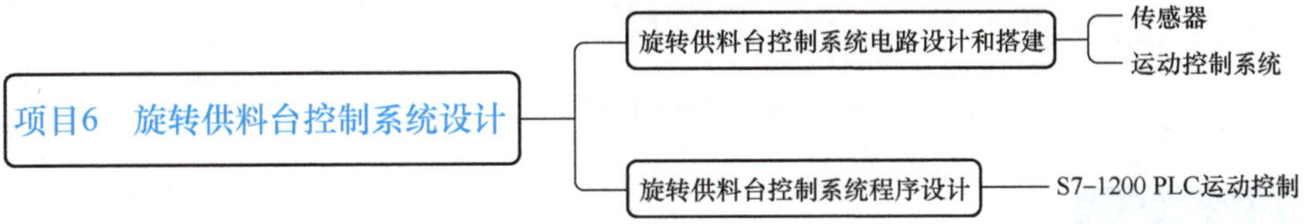

任务 6.1　旋转供料台控制系统电路设计和搭建

学习目标

1. 知识目标

1）了解旋转供料台控制系统的机械结构组成。

2）了解步进运动控制系统的结构组成。

3）理解接近传感器的工作原理。

4）理解常见传感器与 PLC 的连接方法。

5）掌握接近传感器的安装方法。

2. 技能目标

1）能够进行 PLC 控制系统的 I/O 接线。
2）能够进行步进驱动器的参数设置。
3）能正确按照信号分配表设计 PLC 的 I/O 接线原理图。

3. 素质目标

1）能够按照 6S 整理模式进行项目实施。
2）能够通过任务分析与探究培养团队协作能力、创新能力以及职业素养。

任务描述

旋转供料台控制系统主要是为产线提供原料，机械结构如图 6-1 所示。它主要由旋转台、固定底板等组成。其中，旋转台主要由步进电动机驱动，机械结构原点设有接近开关，要求在用户按下复位按钮后，装置自动回原点；当按下起动按钮后，圆盘能够自动正向旋转 90°，现请根据要求完成 PLC 控制系统外部接线图的绘制及硬件电路的安装接线。

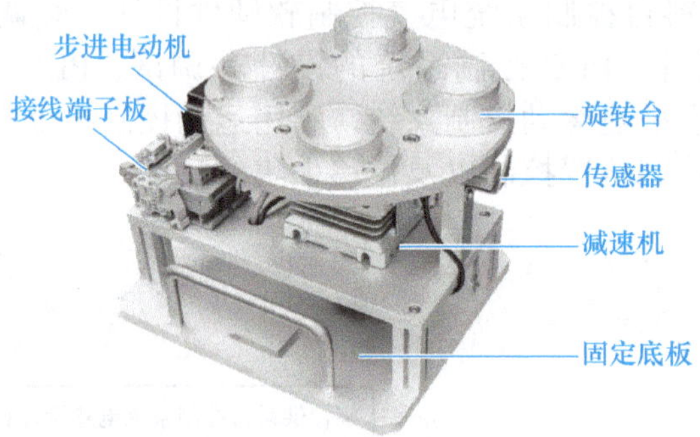

图 6-1 旋转供料台控制系统机械结构

知识准备

知识点 1 传感器

1. 电感式接近传感器

电感式接近传感器是利用电涡流效应制造的传感器。电涡流效应是指，当金属物体处于一个交变磁场中时，在金属内部会产生交变的电涡流，该涡流又会反作用于产生它的磁场。如果这个交变的磁场是由一个电感线圈产生的，则这个电感线圈中的电流就会发生变化，用于平衡涡流产生的磁场。

利用这一原理，以高频振荡器（*LC* 振荡器）中的电感线圈作为检测元件，当被测金属物体接近电感线圈时产生了涡流效应，引起振荡器振幅或频率的变化，由传感器的信号调制电路（包括检波、放大、整形、输出等）将该变化转换成开关量输出，从而达到检测目的。电感式接近传感器原理图及外形如图 6-2 所示。旋转供料模块中，为了检测转盘原点，在底座上安装了一个电感式接近传感器。

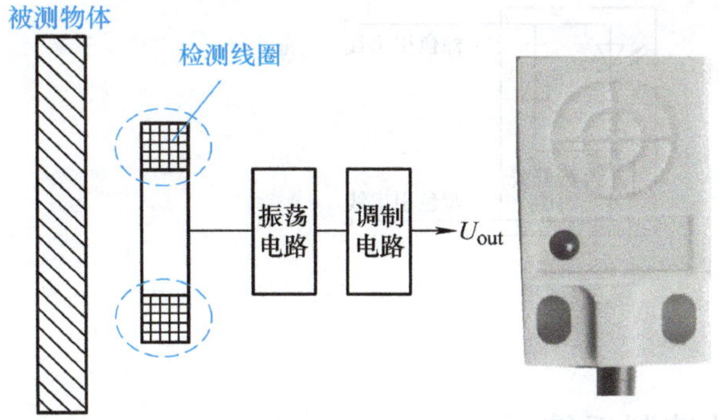

图 6-2　电感式接近传感器原理图及外形

在接近传感器的选用和安装中，必须认真考虑检测距离、设定距离，保证生产线上的传感器可靠动作。安装距离注意说明如图 6-3 所示。

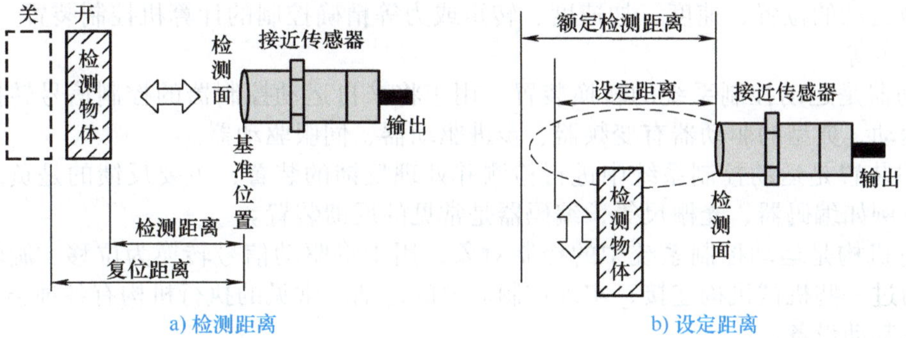

图 6-3　安装距离注意说明

2. 磁性开关

本项目中使用的气缸都是带磁性开关（D–M9B、D–C73）的气缸。这些气缸的缸筒采用导磁性弱、隔磁性强的材料，如硬铝、不锈钢等。在非磁性体的活塞上安装一个永久磁铁的磁环，这样就提供了一个反映气缸活塞位置的磁场。而安装在气缸外侧的磁性开关则是用来检测气缸活塞位置，即检测活塞的运动行程。

有触点的磁性开关用舌簧开关作磁场检测元件。舌簧开关成型于合成树脂块内，并且一般动作指示灯、过电压保护电路也塑封在内。当气缸中随活塞移动的磁环靠近开关时，舌簧开关的两根簧片被磁化而相互吸引，触点闭合；当磁环移开开关后，簧片失磁，触点断开。当触点闭合或断开时发出电控信号，在 PLC 的自动控制中，可以利用该信号判断推料及顶料缸的运动状态或所处的位置，以确定工件是否被推出或气缸是否返回。

在磁性开关上设置的 LED 显示用于显示其信号状态，供调试时使用。磁性开关动作时，输出信号“1”，LED 亮；磁性开关不动作时，输出信号“0”，LED 不亮。

磁性开关的安装位置可以调整，调整方法是松开它的紧固定位螺栓，让磁性开关顺着气缸滑动，到达指定位置后，再旋紧固定螺栓。

磁性开关有蓝色和棕色两根引出线，使用时，蓝色引出线应连接到 PLC 输入公共端，棕色引出线应连接到 PLC 输入端。磁性开关的内部电路和实物图如图 6-4 所示。

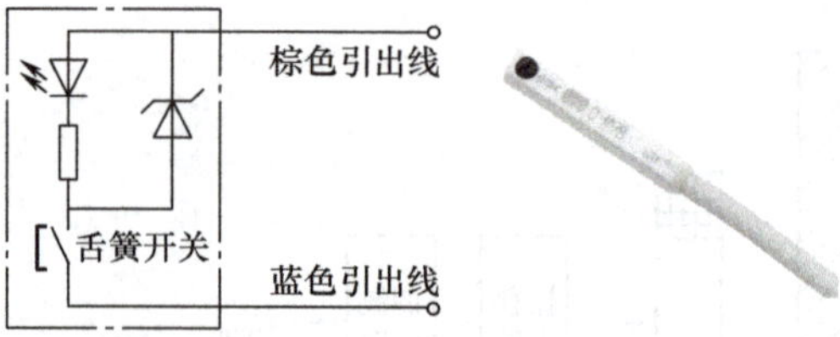

图 6-4　磁性开关的内部电路和实物图

知识点 2　运动控制系统

运动控制系统由运动控制器、驱动器或放大器、反馈装置、执行机构和机械传动部件组成。

运动控制器是运动控制系统的核心部件，是决定自动控制系统性能的主要器件，能实现机械运动的位置、速度、加速度、转矩或力等精确控制的计算机控制装置，如 PLC、运动控制卡等。

驱动器是运动控制系统的转换装置，用于将来自运动控制器的控制信号转换为执行机构的运动，典型的驱动器有变频器、步进驱动器、伺服驱动器。

反馈装置是运动控制系统中进行检测并处理反馈的装置，主要反馈的是负载的位置和速度，例如编码器、光栅尺等，编码器是常见的反馈装置。

执行机构是运动控制系统中的控制对象，用于将驱动信号转换为位移、旋转等，执行机构通过一些机械机构连接，实现控制对象的运动。常见的执行机构有各种类型的电动机、液压起动设备。

机械传动部件用于将执行器的运动转换为期望的运动形式，包括减速箱、轴、联轴器、滚珠丝杠、轴承等。

1. 步进电动机

步进电动机又称为脉冲电动机，它是将电脉冲信号转变为角位移或线位移的开环控制电动机，是现代数字程序控制系统中的主要执行器件，应用极为广泛。它的旋转是以固定的角度一步一步运行的，所以称这种电动机为“步进”电动机，常见步进电动机外观如图 6-5 所示。

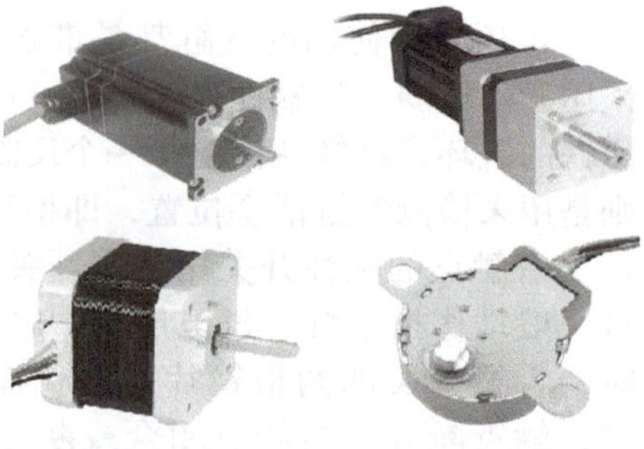

图 6-5　常见步进电动机外观

步进电动机工作受脉冲信号的控制，其转子的角位移量和转速与输入脉冲的数量和脉冲频率成正比，可以通过控制脉冲数量来控制角位移量，从而达到准确定位的目的，也可以通过控制脉冲频率来控制电动机转动的速度和加速度，从而达到调速的目的。

（1）步进电动机的工作原理　步进电动机是将电脉冲信号转换为相应的角位移或直线位移的一种特殊执行电动机。每输入一个电脉冲信号，电动机就转动一个角度。

下面以一台最简单的三相反应式步进电动机为例，介绍步进电动机的工作原理，如图 6-6 所示。定子铁心为凸极式，共有 3 对（6 个）磁极，每两个空间相对的磁极上绕有一相控制绕组。转子用软磁性材料制成，也是凸极结构，只有 4 个齿，齿宽等于定子的极宽。

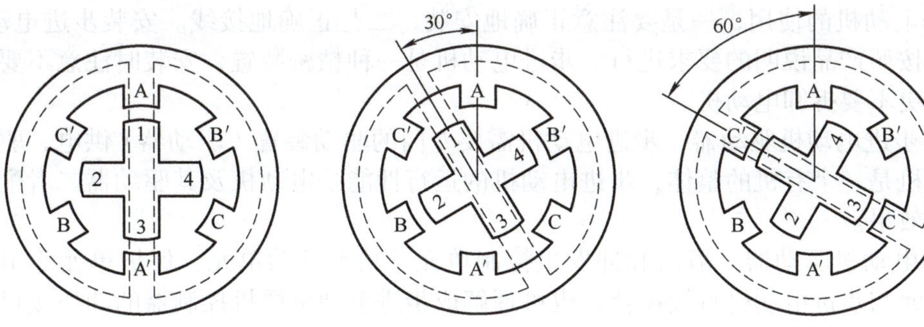

a) A相通电　　b) B相通电　　c) C相通电

图 6-6　三相反应式步进电动机工作原理图

当 A 相控制绕组通电，其余两相均不通电时，电动机内建立以定子 A 相极为轴线的磁场。由于磁通具有力图走磁阻最小路径的特点，使转子齿 1、3 的轴线与定子 A 相极轴线对齐，如图 6-6a 所示。当 A 相控制绕组断电、B 相控制绕组通电时，转子在反应转矩的作用下，逆时针转过 30°，使转子齿 2、4 的轴线与定子 B 相极轴线对齐，即转子走了一步，如图 6-6b 所示。若在断开 B 相，使 C 相控制绕组通电，转子逆时针方向又转过 30°，使转子齿 1、3 的轴线与定子 C 相极轴线对齐，如图 6-6c 所示。如此按 A → B → C → A 的顺序轮流通电，转子就会一步一步地按逆时针方向转动。其转速取决于各相控制绕组通电与断电的频率，旋转方向取决于控制绕组轮流通电的顺序。若按 A → C → B → A 的顺序通电，则电动机按顺时针方向转动。

上述通电方式称为三相单三拍。“三相”是指三相步进电动机；“单三拍”是指每次只有一相控制绕组通电；控制绕组每改变一次通电状态称为一拍，“三拍”是指改变三次通电状态为一个循环。把每一拍转子转过的角度称为步距角。三相单三拍运行时，步距角为 30°。显然，这个角度太大，不能实际应用。

如果把控制绕组的通电方式改为 A → AB → B → BC → C → CA → A，即一相通电接着二相通电间隔地轮流进行，完成一个循环需要经过 6 次改变通电状态，称为三相单、双六拍通电方式。当 A、B 两相绕组同时通电时，转子齿的位置应同时考虑到两对定子极的作用，只有 A 相极和 B 相极对转子齿所产生的磁拉力相平衡的中间位置，才是转子的平衡位置。这样，三相单、双六拍通电方式下转子平衡位置增加了一倍，步距角为 15°。

进一步减少步距角的措施是采用定子磁极带有小齿，转子齿数很多的结构，分析表明，这样结构的步进电动机，其步距角可以做得很小。一般地说，实际的步进电动机产品，都采用这种方法实现步距角的细分。例如本项目所选用的信捷两相步进电动机 MP3–57H088，它的步距角是在整步方式下为 1.8°。

除了步距角外，步进电动机还有保持转矩、阻尼转矩等技术参数，这些参数的物理意义请参阅有关步进电动机的专门资料。MP3–57H088 步进电动机部分技术参数见表 6-1。

表 6-1　MP3–57H088 步进电动机部分技术参数

电动机型号	机座号 /mm	步距角 / (°)	保持转矩 /N · m	相电流 /A	相电阻 /Ω
MP3–57H088	57	1.8	3	5	0.46
相电感 /mH	转动惯量 /g · cm^2	电动机轴身	电动机轴径 /mm	适配驱动器	
2	840	平扁	8	DP3L–565	

步进电动机的使用，一是要注意正确地安装，二是正确地接线。安装步进电动机时，必须严格按照产品说明的要求进行。步进电动机是一种精密装置，安装时注意不要敲打它的轴端，更不要拆卸电动机。

（2）步进电动机驱动器 步进电动机需要专门的驱动装置（驱动器）供电，驱动器和步进电动机是一个有机的整体，步进电动机的运行性能是电动机及其驱动器二者配合所反映的综合效果。

步进电动机驱动器一般由脉冲发生控制单元、功率驱动单元、保护单元等组成。功率驱动单元与步进电动机直接耦合，也可理解成步进电动机微机控制器的功率接口。步进电动机驱动系统组成如图 6-7 所示。

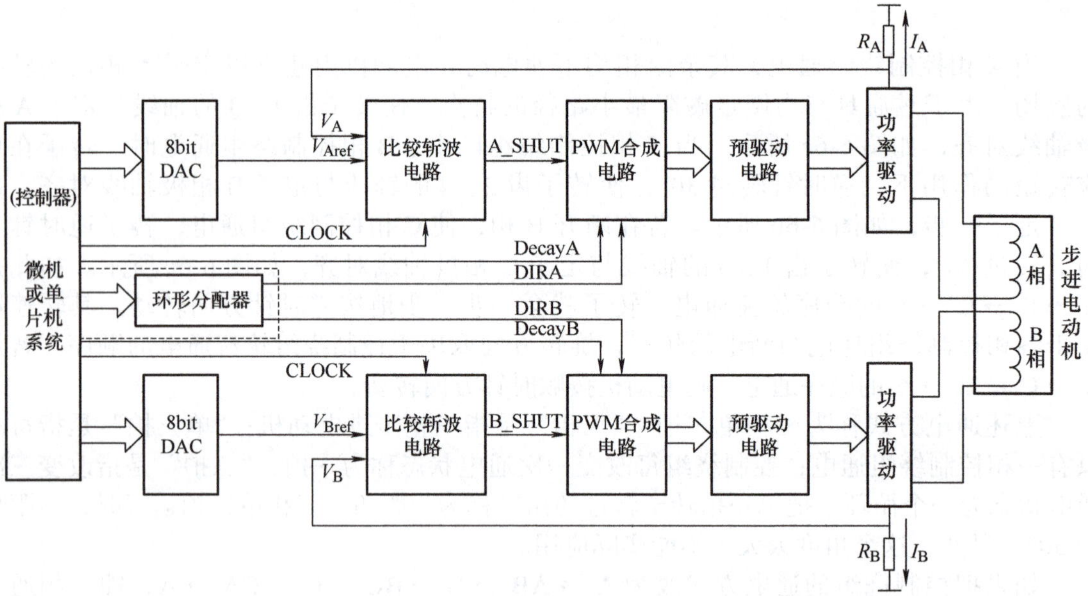

图 6-7 步进电动机驱动系统组成

在图 6-7 中，假设采用 PLC 作为控制器，DP3L-565 作为步进驱动器，驱动的对象为 MP3-57H088 两相型步进电动机，则结合《DP3L 型步进驱动器使用手册》中关于接口信号的功能说明，利用 PLC 的高速脉冲输出接口，采用脉冲 + 方向的方式控制，其对应的接线示意图如图 6-8 所示。在使用过程中，注意驱动器工作电源的正确接入、驱动电流以及细分数的正确设置。

2. 伺服电动机

伺服电动机又称执行电动机，其实物图如图 6-9 所示，在自动控制系统中用作执行元件，可以把所接收到的电信号转换成电动机轴的角位移或角速度输出。其主要特点是，当信号电压为零时无自传现象，转速随着转矩的增加而匀速下降。伺服电动机可以分为直流伺服电动机和交流伺服电动机。

伺服电动机的应用领域非常广泛，只要对精度有要求的场合一般都可能涉及伺服电动机，如机床、各种加工设备、自动化生产线等对工艺精度、加工效率和各种可靠性等要求相对较高的场合。

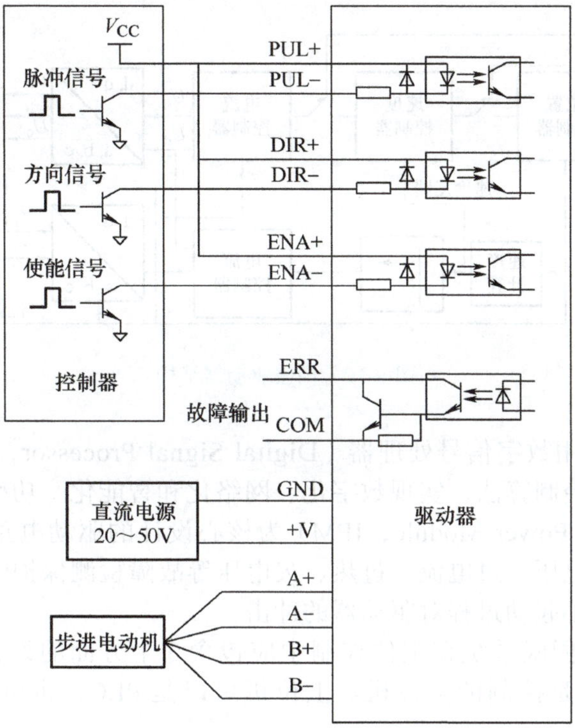

图 6-8　步进运动控制系统接线示意图

（1）伺服电动机的工作原理　伺服电动机内部的转子是永磁铁，驱动器控制的 U/V/W 三相电形成电磁场，转子在此磁场的作用下转动，同时电动机自带的编码器反馈信号给驱动器，驱动器根据反馈值与目标值进行比较，调整转子转动的角度。伺服电动机的精度决定于编码器的精度，即伺服电动机每转能发出多少个反馈脉冲（线数）。

图 6-9　伺服电动机实物图

伺服电动机主要靠脉冲来定位，伺服电动机接收到 1 个脉冲，就会旋转 1 个脉冲对应的角度，从而实现位移。因为，伺服电动机本身具备发出脉冲的功能，所以伺服电动机每旋转一个角度，都会发出对应数量的脉冲，从而和伺服电动机接收的脉冲形成了对应关系，或者叫闭环，如此一来，系统就会知道发出多少脉冲给伺服电动机，同时又反馈回来多少脉冲，就能够精确地控制电动机的转动，从而实现精确的定位，精度可以达到 0.001mm。

（2）伺服驱动器　由于技术和其他原因，伺服电动机和伺服驱动器必须由同一个制造商提供，即 A 公司的伺服电动机只能用 A 公司的伺服驱动器，不能和 B 公司的伺服驱动器配合。而普通交流异步电动机能和各个公司的变频器随意组合成交流变频驱动系统。

交流永磁同步伺服驱动器主要有伺服控制单元、功率驱动单元、通信接口单元、伺服电动机及相应的反馈检测器件组成，其中伺服控制单元包括位置控制器、速度控制器、转矩和电流控制器等，图 6-10 所示为伺服驱动器的结构。

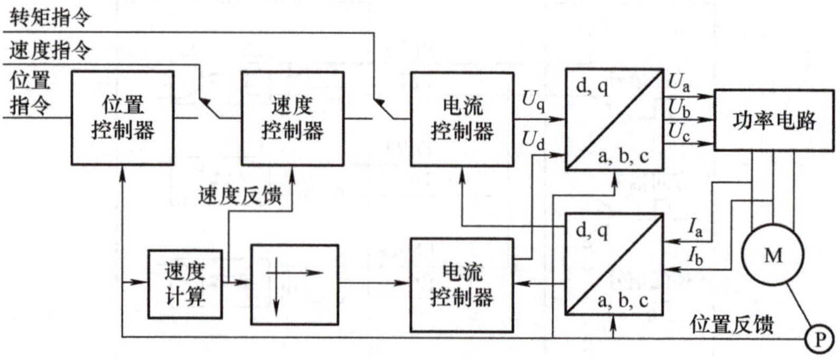

图 6-10 伺服驱动器结构

伺服驱动器均采用数字信号处理器（Digital Signal Processor，DSP）作为控制核心，可以实现比较复杂的控制算法，实现数字化、网络化和智能化。功率器件普遍采用以智能功率模块（Intelligent Power Module，IPM）为核心设计的驱动电路，IPM 内部集成了驱动电路，同时具有过电压、过电流、过热、欠电压等故障检测保护电路，在主回路中还加入软起动电路，以减小起动过程对驱动器的冲击。

（3）伺服系统 伺服系统在定位控制中应包含 3 个方面的设备，一是伺服电动机，二是伺服驱动器，三是控制的上位机。上位机可以是 PLC，也可以是专用的运动控制模块。

3. 步进电动机与伺服电动机比较

1）控制精度不同：伺服电动机精度更高。

2）低频特性不同：步进电动机在低速时易出现低频振动现象，对机器的正常运转非常不利。交流伺服电动机运转非常平稳，即使在低速时也不会出现振动现象。

3）转矩特性不同：步进电动机的输出转矩随转速升高而下降，且在较高转速时会急剧下降，其最高工作转速一般在 300 ～ 1000r/min。交流伺服电动机为恒转矩输出，即在其额定转速（一般为 2000r/min 或 3000r/min）以内，都能输出额定转矩，在额定转速以上为恒功率输出。

4）过载能力不同：步进电动机一般不具有过载能力。步进电动机因为没有较好的过载能力，为了克服负载惯性转矩，往往需要选取较大转矩的电动机，而机器在正常工作期间又不需要那么大的转矩，产生转矩浪费的现象。

交流伺服电动机具有较强的过载能力。它具有速度过载和转矩过载能力。其最大转矩为额定转矩的 2 ～ 3 倍，可用于克服惯性负载在起动瞬间的惯性转矩。

5）运行性能不同：步进电动机控制为开环控制，起动频率过高或负载过大易出现丢步或堵转的现象，停止时转速过高易出现过冲现象，为保证其控制精度，应处理好升速、降速问题。

伺服驱动系统为闭环控制，可直接对电动机编码器反馈信号进行采样，内部构成位置环和速度环，不会出现丢步或过冲现象，控制性能更为可靠。

6）速度响应性能不同：步进电动机从静止加速到工作转速（一般为每分钟几百转）需要几百毫秒。交流伺服系统的加速性能较好，从静止加速到其额定转速 3000r/min 仅需几毫秒，可用于要求快速起停的控制场合。

任务实施

一、实施步骤

1. 硬件选型（见表6-2）

表6-2 旋转供料台控制系统硬件选型列表

名称	型号或规格
PLC	CPU 1214C DC/DC/RLY
按钮	圆形按键自复位 LA38-11BN
转盘原点	LJ12A3-4-Z/BY 三线 PNP 常开型
步进电动机	MP3-57H088
驱动	DP3L-565

2. 系统I/O分配

根据旋转供料系统的控制要求，系统要有3路输入信号和2路输出信号，具体见表6-3。其中，转盘主要采用步进电动机驱动，步进电动机采用脉冲+方向的方式进行位置控制。另外，转盘原点位置采用接近传感器检测。

表6-3 系统的I/O分配表

输入	信号	输出	信号
I0.3	转盘原点	Q0.4	脉冲
I4.5	起动按钮	Q0.5	方向
I4.7	复位按钮		

3. 接线原理图设计

根据表6-3确立的系统I/O分配，设计出旋转供料单元输入端接线，如图6-11所示，步进驱动器接线原理图如图6-12所示。

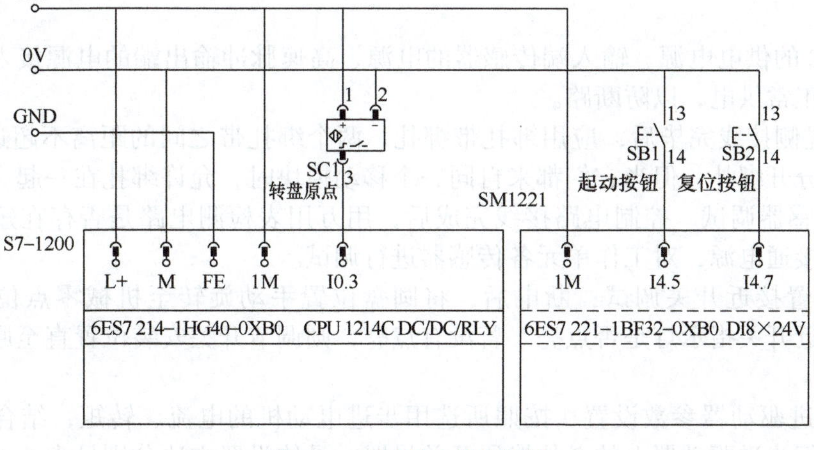

图6-11 系统输入端接线图

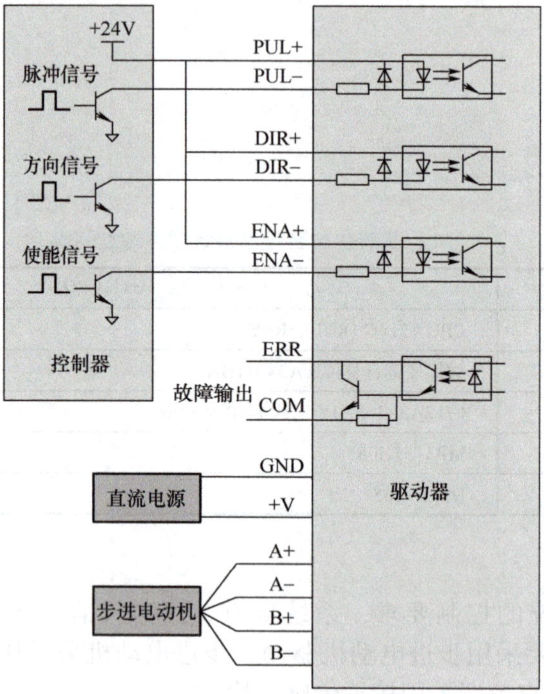

图 6-12　步进驱动器接线原理图

4. 电气接线与硬件测试

电气接线包括在工作单元装置侧完成各传感器、步进驱动器、电源端子等引线到装置侧接线端口之间的接线，在 PLC 侧连接电源、I/O 点等。

（1）电气接线规定

1）电线连接时必须采用合适的冷压端子，端子制作时切勿损伤电线绝缘部分。

2）连接线须有符合规定的标号；每一端子连接的导线不超过 2 根，电线金属材料不外露，冷压端子金属部分不外露。

3）电缆在线槽里最少有 10cm 余量（若是一根短接线，在同一个线槽里不要求）。

4）电缆绝缘部分应在线槽里。接线后线槽应盖住，没有出现翘起和未完全盖住的现象。

5）PLC 的供电电源、输入端传感器的电源、高速脉冲输出端的电源接入请注意一一核对，确保正常供电，以防断路。

6）装置侧接线完毕后，应用绑扎带绑扎，两个绑扎带之间的距离不超过 50mm。电缆和气管应分开绑扎，但当它们都来自同一个移动模块时，允许绑扎在一起。

（2）传感器调试　控制电路接线完成后，用万用表检测电路是否存在短路情况，若正常，即可接通电源，对工作单元各传感器进行调试。

原点位置接近开关调试：断电后，将圆盘位置手动旋转至机械零点位置，然后上电，查看接近开关指示灯是否点亮。若没有点亮，则调节开关安装位置直至原点位置合适为止。

（3）步进驱动器参数设置　按照所选用步进电动机的电流、转矩，结合后续程序编写规划，进行步进驱动器上的 8 位拨码开关设置，具体设置方法分别见表 6-4 和表 6-5。

表 6-4　步进驱动电流设置表

输出峰值电流 /A	输出均值电流 /A	SW1	SW2	SW3
1.8	1.3	ON	ON	ON
2.1	1.5	OFF	ON	ON
2.7	1.9	ON	OFF	ON
3.2	2.3	OFF	OFF	ON
3.8	2.7	ON	ON	OFF
4.3	3.1	OFF	ON	OFF
4.9	3.5	ON	OFF	OFF
5.6	4.0	OFF	OFF	OFF

表 6-5　步进驱动细分表

步数	SW5	SW6	SW7	SW8
200	ON	ON	ON	ON
400	OFF	ON	ON	ON
800	ON	OFF	ON	ON
1600	OFF	OFF	ON	ON
3200	ON	ON	OFF	ON
6400	OFF	ON	OFF	ON
12800	ON	OFF	OFF	ON
25600	OFF	OFF	OFF	ON
1000	ON	ON	ON	OFF
2000	OFF	ON	ON	OFF
4000	ON	OFF	ON	OFF
5000	OFF	OFF	ON	OFF
8000	ON	ON	OFF	OFF
10000	OFF	ON	OFF	OFF
20000	ON	OFF	OFF	OFF
25000	OFF	OFF	OFF	OFF

二、任务考核与评价

教师根据学生的完成情况，对结果进行评分，并将得分填入表 6-6 中。

表 6-6 旋转供料台控制系统电路设计与搭建评分表

评分点		得分
硬件设计（50 分）	能绘制出旋转供料台控制系统电气原理图（20 分）	
	接近传感器安装正确（5 分）	
	接近传感器接线正确（5 分）	
	步进电动机接线正确（5 分）	
	会进行步进驱动器的参数设置（10 分）	
	旋转供料台控制系统 PLC I/O 接线正确（5 分）	
安全素养（10 分）	存在危险用电等情况（每次扣 3 分，上不封顶）	
	存在带电插拔工作站上的电缆、电线等情况（每次扣 3 分，上不封顶）	
	穿着不符合要求（每次扣 4 分，上不封顶）	
6S 素养（20 分）	桌面物品及工具摆放整齐、整洁（10 分）	
	地面清理干净（10 分）	
发展素养（20 分）	表达沟通能力（10 分）	
	团队协作能力（10 分）	
总分		

练习与提高

1. 练习传感器的调试。
2. 设置步进驱动器的参数。

任务 6.2 旋转供料台控制系统程序设计

学习目标

1. 知识目标

1）掌握 PLC 编程软件的使用。
2）掌握 PLC 内部基本指令的使用。
3）掌握 PLC 高速脉冲输出定位控制指令。

2. 技能目标

1）能够使用 PLC 发送高速脉冲。
2）能用高速脉冲输出定位控制指令实现旋转供料台控制系统中圆盘的位置控制。
3）在程序执行过程中，能够改变运行速度的值。

3. 素质目标

1）通过运动控制组态，培养学生精益求精的工匠精神。

2）通过对旋转供料台控制系统的搭建和程序设计，培养学生安全意识和规范操作的职业素养。

任务描述

旋转供料台控制系统中的圆盘装置采用步进电动机驱动，因此其旋转的角度、方向以及速度均取决于步进电动机。由于步进电动机采用 PLC 与 DPL 型的步进电动机驱动器联合控制，因此，其速度主要取决于 PLC 发出的高速脉冲频率，其旋转的角度主要取决于 PLC 发出的高速脉冲个数，其方向主要取决于 PLC 发出的方向控制信号。为此，本任务要求根据系统的控制要求，利用 PLC 实现对旋转圆盘的角位移控制，完成如下功能：

1）系统上电后，若用户按下复位按钮，转盘自动回至原点，原点开关点亮。

2）若用户按下起动按钮，则转盘自动旋转 90°。

3）在 HMI 画面中添加“jog 正转”和“jog 反转”按钮，以及“速度设置”输入对话框，能够手动输入 jog 速度，当单击“jog 正转”和“jog 反转”按钮时，能够完成转盘的正转和反转控制。

试完成 PLC 程序的编写并下载调试运行。

知识准备

知识点 S7-1200 PLC 运动控制

S7-1200 PLC 运动控制根据连接驱动方式不同，分成 3 种控制方式。

1）PROFIdrive：S7-1200 PLC 通过基于 PROFIBUS/PROFINET 的 PROFIdrive 方式与支持 PROFIdrive 的驱动器连接，进行运动控制。

2）PTO（脉冲串输出）：S7-1200 PLC 本体通过发送 PTO 的方式控制驱动器，可以是脉冲 + 方向、A/B 正交，也可以是正 / 反脉冲的方式。

3）模拟量：S7-1200 PLC 通过输出模拟量来控制驱动器。

其中，PTO 方式是目前普遍应用的运动控制方式，也是目前为止所有版本的 S7-1200 PLC 都支持的控制方式，该方式由 CPU 向轴驱动器发送高速脉冲信号（以及方向信号）来控制轴的运行。本书主要介绍 PTO 方式的运动控制。

S7-1200 PLC 在运动控制中使用了轴的概念，通过对轴的组态，包括硬件接口、位置定义、动态特性及机械特性等，与相关的指令块（符合 PLC open 规范）组合使用，可实现绝对位置、相对位置、点动、转速控制及自动寻找参考点的功能。

CPU 可用驱动器的数目取决于 PTO 数目以及可用的脉冲发生器输出数目，每个配备工艺版本 V4 的 CPU 都可以使用 4 个 PTO，也就是说最多可以控制 4 个驱动器。

根据 CPU 类型，脉冲信号发生器输出 Q0.0 ～ Q1.1 可与以下频率范围配合使用，见表 6-7。

表 6-7　不同类型 CPU（DC/DC/DC）脉冲信号发生器输出的频率范围

CPU	Q0.0	Q0.1	Q0.2	Q0.3	Q0.4	Q0.5	Q0.6	Q0.7	Q1.0	Q1.1
1211	100kHz	100kHz	100kHz	100kHz						
1212	100kHz	100kHz	100kHz	100kHz	20kHz	20kHz				
1214	100kHz	100kHz	100kHz	100kHz	20kHz	20kHz	20kHz	20kHz	20kHz	20kHz
1215	100kHz	100kHz	100kHz	100kHz	20kHz	20kHz	20kHz	20kHz	20kHz	20kHz
1217	1MHz	1MHz	1MHz	1MHz	100kHz	100kHz	100kHz	100kHz	100kHz	100kHz

S7–1200 PLC 输出脉冲和方向信号至伺服驱动器，再将从 CPU 输入的给定值经过处理后输出到伺服电动机，控制伺服电动机加速 / 减速和移动到指定位置，如图 6-13 所示。伺服电动机的编码器信号输入伺服驱动器形成闭环控制，用于计算速度与当前位置，而 S7–1200 PLC 内部的高速计数器则测量 CPU 上的脉冲输出，计算速度与位置，但此数值并非电动机编码器所反馈的实际速度与位置。S7–1200 PLC 提供了运行修改速度和位置的功能，可以使运动系统在停止的情况下，实时改变目标速度与位置。

PTO 运动控制功能原理图如图 6-14 所示。可以看出，S7–1200 PLC 运动控制功能的实现包含以下 4 部分。

1）相关执行设备。

2）CPU 硬件输出。

3）定义工艺对象“轴”。

4）程序中的控制指令块。

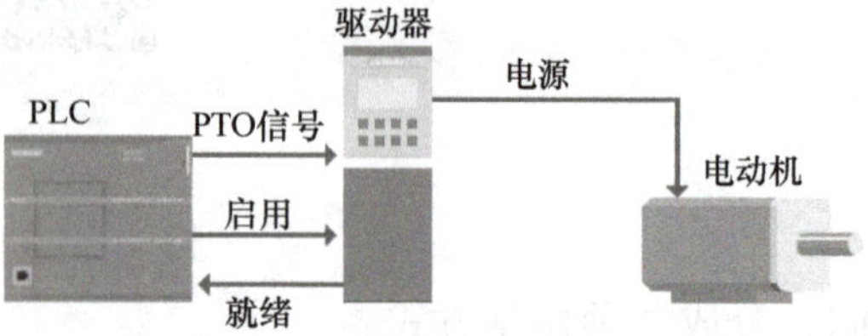

图 6-13　S7–1200 运动控制示意图

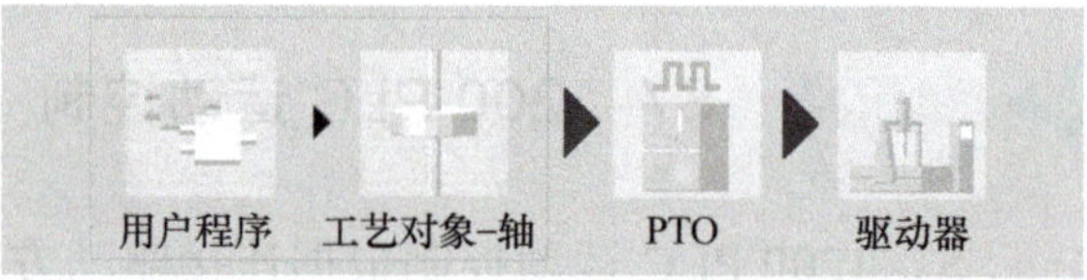

图 6-14　PTO 运动控制功能原理图

执行设备主要包括伺服驱动器和伺服电动机，CPU 通过硬件输出，给出脉冲与方向信号用于控制执行设备的运转。

1. S7–1200 PLC 运动控制组态

（1）硬件组态　以 CPU 1215C DC/DC/DC 类型的 PLC 为例进行说明。在 TIA Portal 软件中插入 S7–1200 PLC CPU（DC 输出类型），在“设备视图”中配置 PTO。

1）进入 CPU“常规”属性，设置“脉冲发生器”，如图 6-15 所示。可以给该脉冲发生器起一个名字，也可以不做任何修改采用软件默认名字，还可以为该脉冲发生器添加注释。

2）参数分配：PTO 脉冲输出有 4 种方式，如图 6-16 所示，分别是脉冲 A 和方向 B、脉冲上升沿 A 和脉冲下降沿 B、A/B 相移、A/B 相移 – 四倍频。其中，脉冲 A 和方向 B 是比较常见的“脉冲 + 方向”方式，A 点用来产生高速脉冲串，B 点用来控制轴运动的方向。

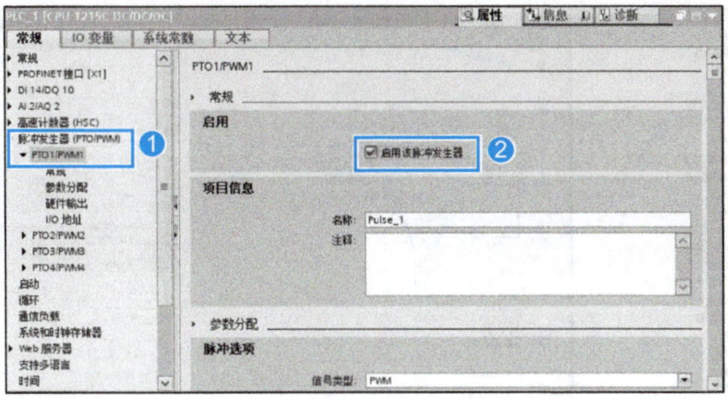

图 6-15　启用 PTO 脉冲发生器

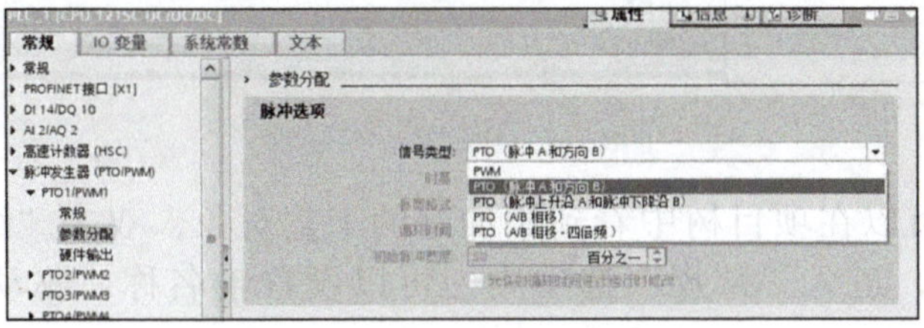

图 6-16　配置 PTO 脉冲输出方式

3）硬件输出：根据“脉冲选项”的类型不同，脉冲的硬件输出也相应不同。

控制方式为脉冲 + 方向，则脉冲硬件输出的配置如图 6-17 所示。“脉冲输出”点可以根据实际硬件分配情况改成其他 Q 点；“方向输出”点也可以根据实际需要修改成其他 Q 点。可以取消“启用方向输出”，这样修改后该控制方式会变成单脉冲，无法进行方向控制。

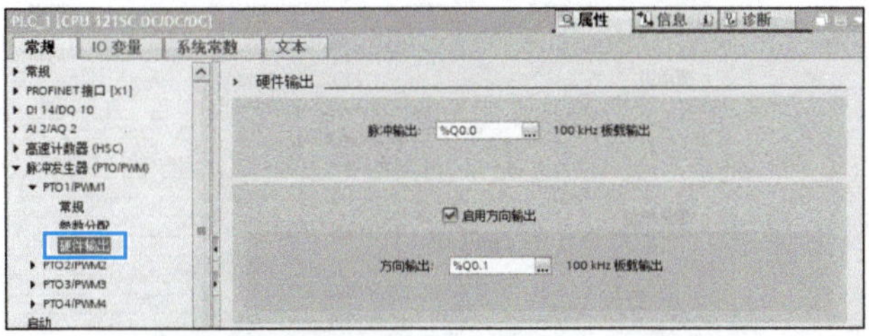

图 6-17　配置 PTO 脉冲输出和方向输出

（2）组态轴工艺对象　轴表示驱动的工艺对象。轴工艺对象是用户程序与驱动的接口。工艺对象从用户程序中收到运动控制命令，在运行时执行并监视执行状态。运动控制中必须对工艺对象进行组态才能应用控制指令块，工艺对象的组态包含参数组态、控制面板设置和诊断面板设置 3 部分，这里重点介绍参数组态。

参数组态主要定义轴的工程单位（如脉冲 /s、r/min)、软硬件限位、启动 / 停止速度及参考点等。进行参数组态前，需要添加工艺对象。

双击项目树 PLC 设备下工艺对象的“新增对象”项，在打开的对话框中选中左侧的“运动控制”，运动控制工艺对象有两种类型，分别为“定位轴”TO_PositioningAxis 和“命令表”TO_CommandTable，这里选择“定位轴”，输入轴的名称后，即可新建一个工艺对象数据块，如图 6-18 所示。

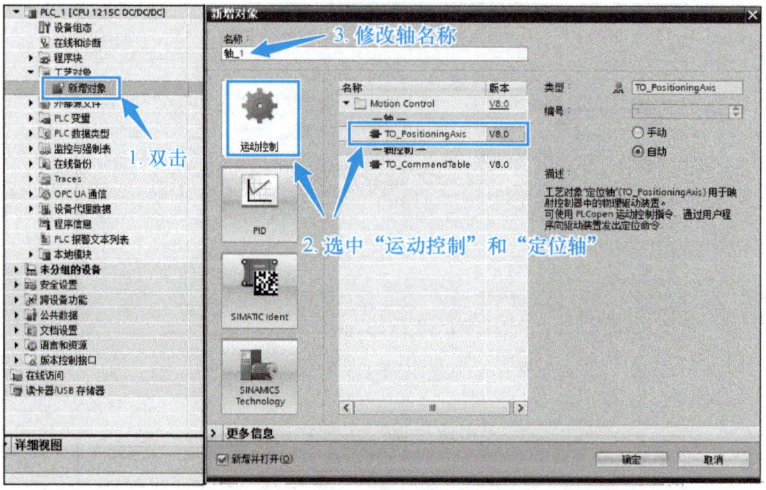

图 6-18　新建运动控制轴

添加完成后，可以在项目树中看到添加好的工艺对象，双击“组态”项进行参数组态，如图 6-19 所示，进入“常规”选项中，可以设置轴名称、驱动器类型以及位置单位等。

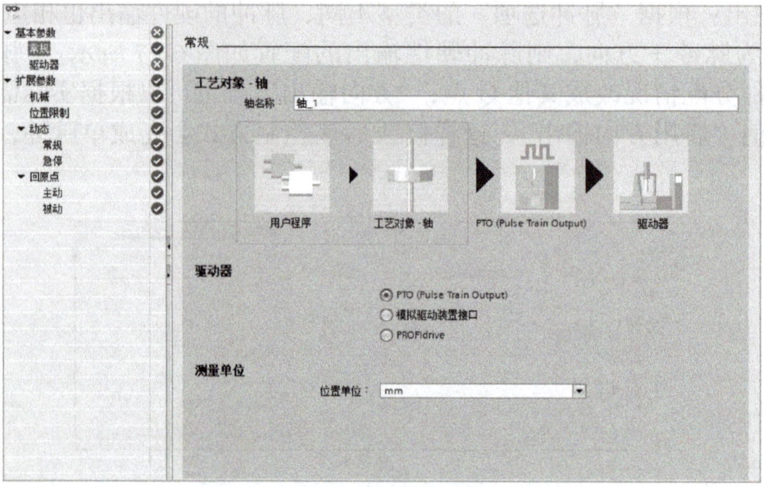

图 6-19　设置轴的基本参数

在“驱动器”选项卡下，单击“硬件接口”中“脉冲发生器”右侧的向下箭头，弹出的下拉列表可以为轴选择 PTO 输出，如图 6-20 所示。在该下拉列表中，可以选择 Pulse_1 ～ Pulse_4 作为 PTO 的输出，通过脉冲接口来控制步进电动机或伺服电动机。如果没有在设备组态中的其他地方使用脉冲发生器和高速计数器，则系统会自动组态硬件接口。这种情况下，下拉列表中所选的 PTO 以白色背景显示。

单击图 6-21 的“扩展参数”选项，可以设置机械、位置限制、动态及回原点等扩展参数。“机械”组态中，“电动机每转的脉冲数”输入电动机旋转一周所需脉冲个数，“电动机每转的负载位移”项设置电动机旋转一周生产机械所产生的位移，这里的单位与“基本参数”设置的单位对应；勾选“反向信号”可颠倒整个驱动系统的运行方向。

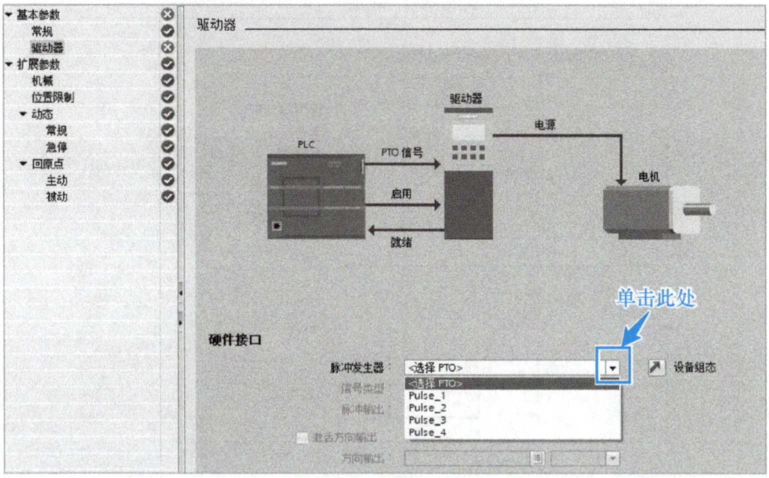

图 6-20　设置驱动器参数

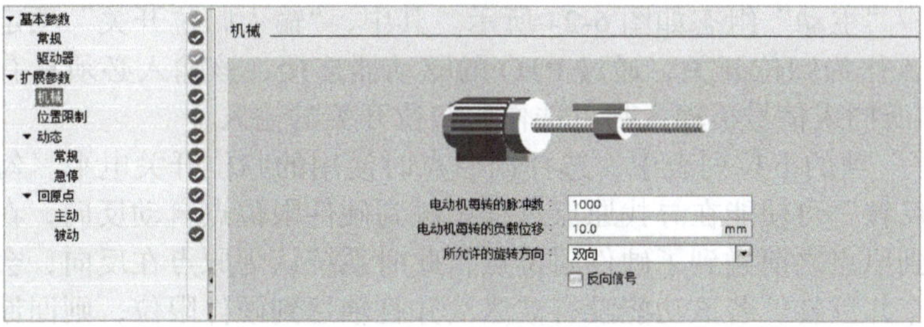

图 6-21　设置机械参数

“位置限制”组态如图 6-22 所示。其中，勾选“启用硬限位开关”项使能机械系统的硬件限位功能，在下拉列表中，选择硬件限位开关下限或上限的数字量输入。在轴到达硬件限位开关时，它将使用急停减速斜坡停车。

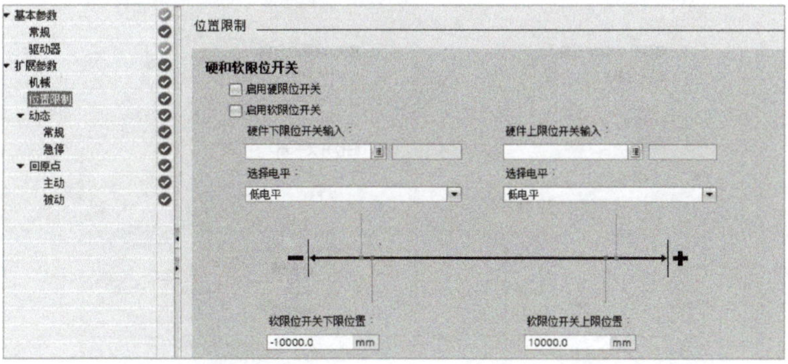

图 6-22　设置位置限制参数

“动态”参数中“常规”参数的组态如图 6-23 所示。其中，“速度限值的单位”项选择速度限制值单位，包括“转 / 分钟”“脉冲 /s”和“mm/s”3 种，“最大转速”定义系统的最大运行速度，系统自动运算以 mm/s 为单位的最大速度；“启动 / 停止速度”项定义系统的启动 / 停止速度，考虑到电动机的转矩等机械特性，其启动 / 停止速度不能为 0，系统自动运算以 mm/s 为单位的启动 / 停止速度；可以设置加、减速度和加、减速时间。

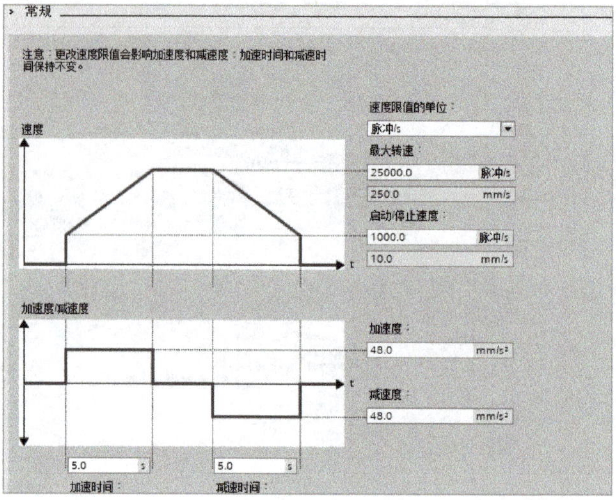

图 6-23　设置动态参数

"回原点"/"主动"组态如图6-24所示。其中，"输入归位开关"项定义原点，一般使用数字量输入作为归位开关，通过PTO的驱动器连接，该输入必须具有中断功能。板载CPU输入和所插入信号板输入都可选作为归位开关的输入。

"选择电平"项的下拉列表中，选择回原点时使用的归位开关电平。勾选"允许硬限位开关处自动反转"可使能在寻找原点过程中碰到硬件限位点自动反向，在激活回原点功能后，轴在碰到原点之前碰到了硬件限位点，此时系统认为原点在反向，会按组态好的斜坡减速曲线停车并反转。若该功能没有被激活并且轴达到硬件限位，则回原点过程会因为错误被取消，并以急停减速度对轴进行制动。

"接近/回原点方向"项定义可以决定主动回原点过程中搜索归位开关的接近方向以及回原点的方向。回原点方向指定执行回原点操作时轴用于接近组态的归位开关端的行进方向。

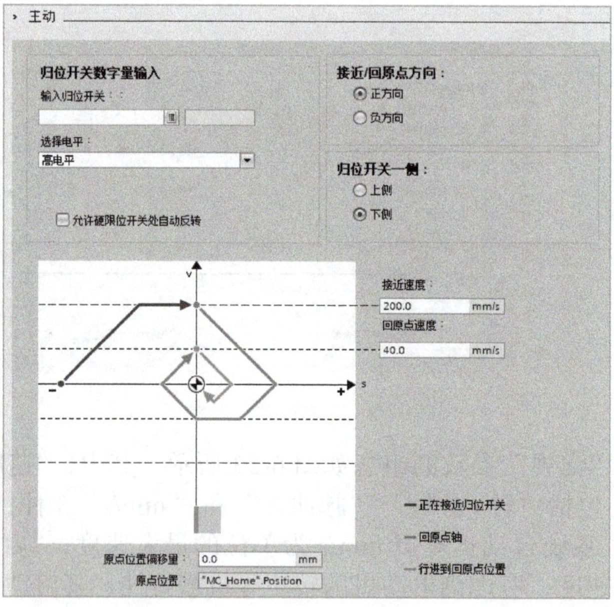

图 6-24　设置主动参数

2. 运动控制指令

运动控制指令使用 PTO 功能和轴工艺对象的接口控制运动机械的运行，运动控制指令被用于传输指令到工艺对象，以完成处理和监视。S7-1200 PLC 运动控制指令见表 6-8。

表 6-8　S7-1200 PLC 运动控制指令

指令	功能	指令	功能
MC_Power	系统使能指令块	MC_MoveVelocity	以设定速度移动轴指令块
MC_Reset	错误确认指令块	MC_MoveJog	点动指令块
MC_Home	归位轴 / 设置原点指令块	MC_CommandTable	按照运动顺序运行轴命令指令块
MC_Halt	停止轴指令块	MC_ChangeDynamic	更改轴的动态设置指令块
MC_MoveAbsolute	绝对位移指令块	MC_WreiteParam	写入工艺对象变量指令块
MC_MoveRelative	相对位移指令块	MC_ReadParam	连续读取定位轴的运动数据指令块

（1）MC_Power 系统使能指令块　MC_Power 系统使能指令块如图 6-25 所示，其参数含义见表 6-9。轴在运动之前必须先被使能。MC_Power 指令块的 Enable 端变为高电平后，CPU 按照工艺对象中组态好的方式使能外部伺服驱动，当 Enable 端变为低电平后，轴将按 StopMode 中定义的模式停车。当 Enable 端为 0 时，将按照组态好的急停方式停车。当 Enable 端值为 1 时将会立即终止输出。用户程序中，针对每个轴只能调用一次“启用和禁用轴”指令，需要指定背景数据块。

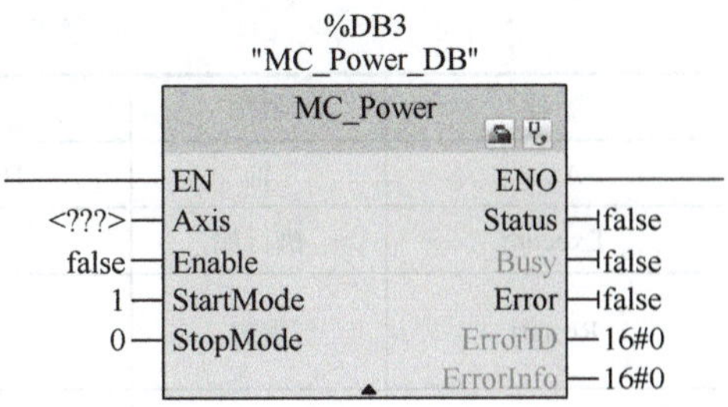

图 6-25　MC_Power

表 6-9　MC_Power 参数含义

参数	名称	数据类型	含义
Axis	轴	TO_Axis_PTO	轴工艺对象
Enable	使能端	Bool	0 表示根据组态的“StopMode”中断当前所有作业，停止并禁用轴 1 表示启用轴
StartMode	启用模式	Int	0 表示启用位置不受控的定位轴 1 表示启用位置受控的定位轴
StopMode	停止模式	Int	0 表示紧急停止 1 表示立即停止 2 表示带有加速度变化的紧急停止
Status	使能状态	Bool	1 表示轴已启用

（续）

参数	名称	数据类型	含义
Busy	忙	Bool	1 表示指令正在执行
Error	错误	Bool	1 表示启动过程出错
ErrorID	错误 ID	Word	错误 ID
ErrorInfo	错误索引	Word	错误信息

（2）MC_Reset 错误确认指令块　MC_Reset 错误确认指令块如图 6-26 所示，其参数含义见表 6-10，需要指定背景数据块。如果存在一个需要确认的错误，可通过上升沿激活 MC Reset 指令块的 Execute 端，进行复位。

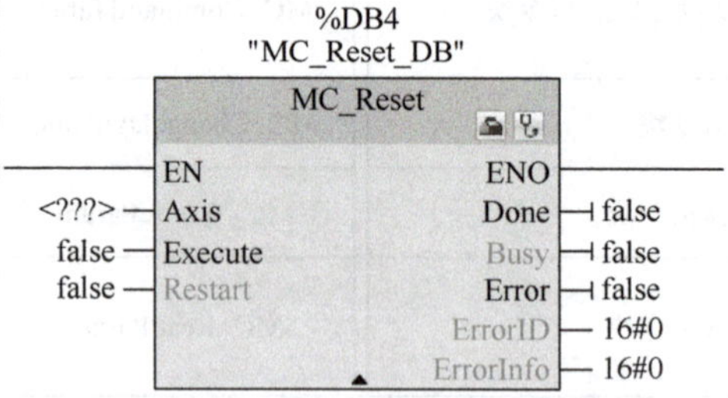

图 6-26　MC_Reset

表 6-10　MC_Reset 参数含义

参数	名称	数据类型	含义
Axis	轴	TO_Axis_PTO	轴工艺对象
Execute	执行端	Bool	在上升沿启动命令
Restart	重启	Bool	0 表示确认待决的错误 1 表示将轴组态从装载存储器下载到工作存储器
Done	完成	Bool	1 表示指令已经执行完毕
Busy	忙	Bool	1 表示指令正在执行
Error	错误	Bool	1 表示启动过程出错
ErrorID	错误 ID	Word	错误 ID
ErrorInfo	错误索引	Word	错误信息

（3）MC_Home 归位轴 / 设置原点指令块　MC_Home 归位轴 / 设置原点指令块如图 6-27 所示，其参数含义见表 6-11，需要指定背景数据块。该指令块用于定义原点位置，上升沿使能 Execute 端，指令块按照模式中定义好的值执行定义参考原点的功能，回原点过程中，轴在运行中时，MC_Home 指令块中的 Busy 位始终输出高电平，一旦整个回原点过程执行完毕，工艺对象数据块中的 HomingDone 位被置 1。

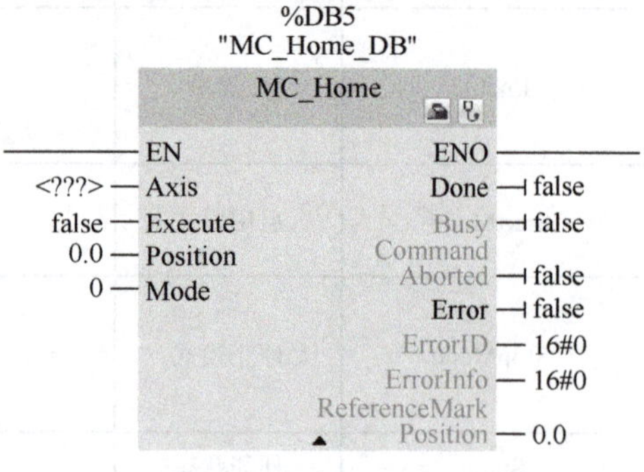

图 6-27　MC_Home

表 6-11　MC_Home 参数含义

参数	名称	数据类型	含义
Axis	轴	TO_Axis_PTO	轴工艺对象
Execute	执行端	Bool	在上升沿启动命令
Positon	位置	Real	完成原点操作后，轴的绝对位置
Mode	模式	Int	0 表示绝对式直接回原点 1 表示相对直接回原点 2 表示被动回原点 3 表示主动回原点 6 表示绝对编码器调节（相对） 7 表示绝对编码器调节（绝对）
Done	完成	Bool	1 表示指令已经执行完毕
Busy	忙	Bool	1 表示指令正在执行
Error	错误	Bool	1 表示启动过程出错
ErrorID	错误 ID	Word	错误 ID
ErrorInfo	错误索引	Word	错误信息

（4）MC_Halt 停止轴指令块　MC_Halt 停止轴指令块如图 6-28 所示，其参数含义见表 6-12，需要指定背景数据块。MC_Halt 指令块用于停止轴的运动，每个被激活的运动指令都可由此指令停止，上升沿使能 Execute 后，轴会立即按组态好的减速曲线停车。

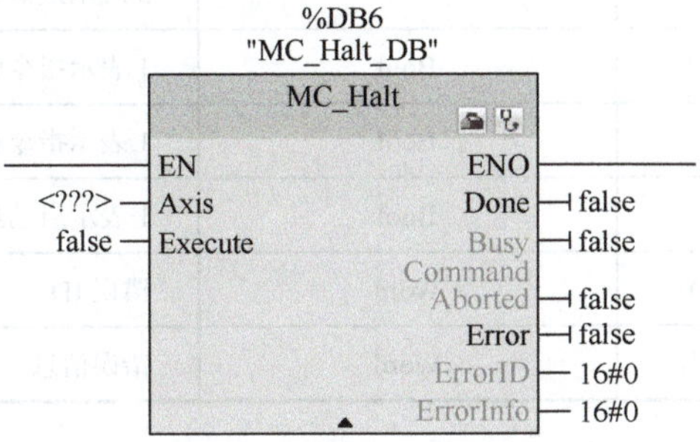

图 6-28　MC_Halt

表 6-12　MC_Halt 参数含义

参数	名称	数据类型	含义
Axis	轴	TO_Axis_PTO	轴工艺对象
Execute	执行端	Bool	在上升沿启动命令
Done	完成	Bool	1 表示指令已经执行完毕
Busy	忙	Bool	1 表示指令正在执行
Error	错误	Bool	1 表示启动过程出错
ErrorID	错误 ID	Word	错误 ID
ErrorInfo	错误索引	Word	错误信息

（5）MC_MoveAbsolute 绝对位移指令块　MC_MoveAbsolute 绝对位移指令块如图 6-29 所示，其参数含义见表 6-13，需要指定背景数据块。

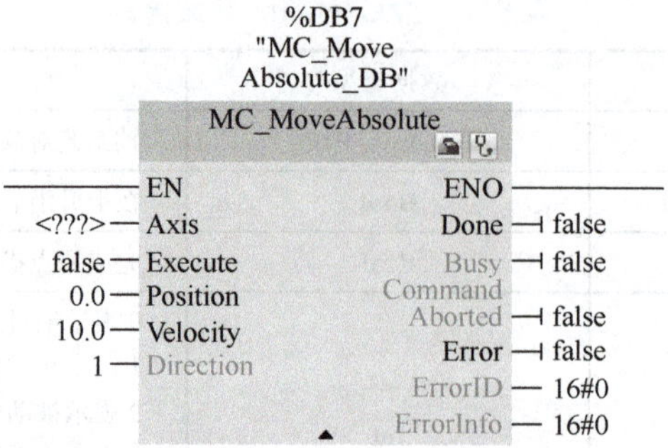

图 6-29　MC_MoveAbsolute

表 6-13　MC_MoveAbsolute 参数含义

参数	名称	数据类型	含义
Axis	轴	TO_Axis_PTO	轴工艺对象
Execute	执行端	Bool	在上升沿启动命令
Position	目标位置	Real	绝对目标位置值
Velocity	运行速度	Real	运行速度，必须大于或等于启动速度
Direction	方向	Int	1 表示正方向 2 表示负方向 3 表示最短距离
Done	完成	Bool	1 表示指令已经完成
Busy	忙	Bool	1 表示指令正在执行
Error	错误	Bool	1 表示启动过程出错
ErrorID	错误 ID	Word	错误 ID
ErrorInfo	错误索引	Word	错误信息

（6）MC_MoveRelative 相对位移指令块　MC_MoveRelative 相对位移指令块如图 6-30 所示，其参数含义见表 6-14，需要指定背景数据块。它的执行不需要建立参考原点，只需定义运行距离、方向及速度。当上升沿使能 Execute 端后，轴按照设置好的距离与速度运行，其方向根据距离值的符号（+/–）决定。

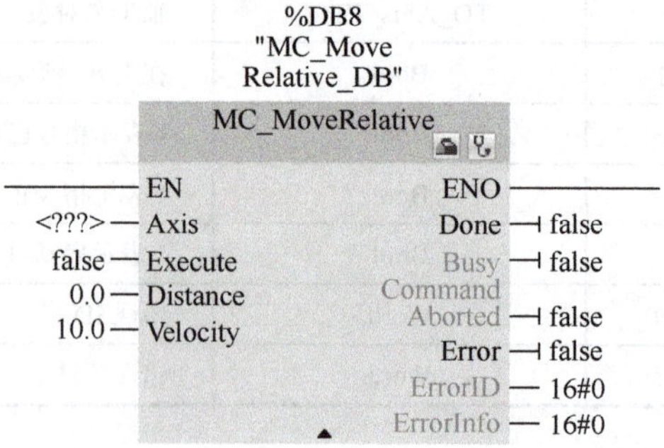

图 6-30　MC_MoveRelative

表 6-14　MC_MoveRelative 参数含义

参数	名称	数据类型	含义
Axis	轴	TO_Axis_PTO	轴工艺对象
Execute	执行端	Bool	在上升沿启动命令
Distance	运行距离	Real	运行的相对距离
Velocity	运行速度	Real	运行速度，必须大于或等于启动速度
Done	完成	Bool	1 表示指令已经完成
Busy	忙	Bool	1 表示指令正在执行
Error	错误	Bool	1 表示启动过程出错
ErrorID	错误 ID	Word	错误 ID
ErrorInfo	错误索引	Word	错误信息

（7）MC_MoveVelocity 以设定速度移动轴指令块　MC_MoveVelocity 以设定速度移动轴指令块如图 6-31 所示，其参数含义见表 6-15，需要指定背景数据块。MC_MoveVelocity 指令块可使轴按预设速度运动，需要在 Velocity 端设定速度，并上升沿使能 Execute 端，激活此指令块。

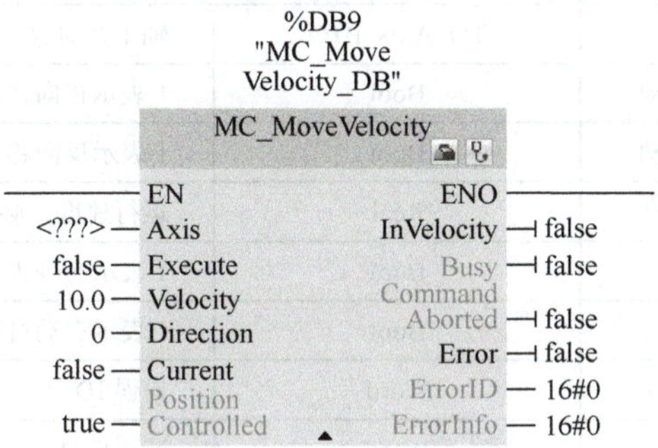

图 6-31　MC_MoveVelocity

表 6-15　MC_MoveVelocity 参数含义

参数	名称	数据类型	含义
Axis	轴	TO_Axis_PTO	轴工艺对象
Execute	执行端	Bool	在上升沿启动命令
Velocity	运行速度	Real	运行速度，必须大于或等于启动速度
Direction	方向	Int	1 表示正方向 2 表示负方向 0 表示方向决定于 Velocity 的符号
Busy	忙	Bool	1 表示指令正在执行
Error	错误	Bool	1 表示启动过程出错
ErrorID	错误 ID	Word	错误 ID
ErrorInfo	错误索引	Word	错误信息

（8）MC_MoveJog 点动指令块　MC_MoveJog 点动指令块如图 6-32 所示，其参数含义见表 6-16，需要指定背景数据块。MC_MoveJog 指令块可让轴运行在点动模式，首先要在 Velocity 端设置好点动速度，然后置位向前点动和向后点动端，当 JogForward 或 JogBackward 端复位时点动停止。轴在运行时，Busy 端被激活。

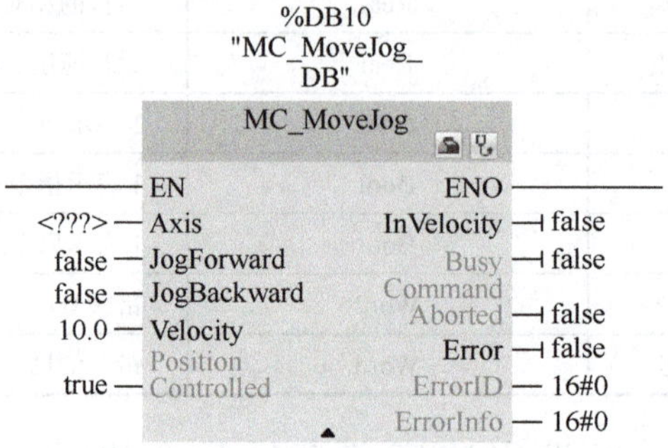

图 6-32　MC_MoveJog

表 6-16　MC_MoveJog 参数含义

参数	名称	数据类型	含义
Axis	轴	TO_Axis_PTO	轴工艺对象
JogForward	向前点动	Bool	1 表示正向移动
JogBackward	向后点动	Bool	1 表示反向移动
Velocity	运行速度	Real	运行速度，必须大于或等于启动速度
Busy	忙	Bool	1 表示命令正在执行
Error	错误	Bool	1 表示启动过程出错
ErrorID	错误 ID	Word	错误 ID
ErrorInfo	错误索引	Word	错误信息

3. S7–1200 PLC 运动控制项目实施步骤

1）在 TIA Portal 软件中对 S7–1200 PLC CPU 进行硬件组态。

2）插入轴工艺对象，设置参数，下载项目。

3）使用“调试面板”进行调试。

S7–1200 PLC 运动控制功能的调试面板是一个重要的调试工具，使用该工具可在编写控制程序前，用来测试轴的硬件组件以及轴的参数是否正确。

4）调用运动控制指令设计程序并调试，最终完成项目的编写。

任务实施

一、实施步骤

1. 控制系统分析

通过对旋转供料台控制系统的控制需求分析发现，其控制的难点在于两大动作：第一，按照要求能够自动回原点；第二，能够按照用户需求旋转指定的角位移。其程序流程图如图 6-33 所示。

由“知识准备”中所讲述的运动控制指令可知，回原点可以通过 MC_Home 指令实现，定位控制可以采用 MC_MoveRelative 指令或者 MC_MoveAbsolute 指令实现。

2. 程序设计

（1）系统回原点程序实现　根据表 6-3 控制单元的 I/O 分配，采用 MC_Home 指令实现回原点的程序，如图 6-34 所示，当复位按钮按下后，执行回原点动作，当回到原点后，M10.0 中间变量会被置位，为后续动作做准备。

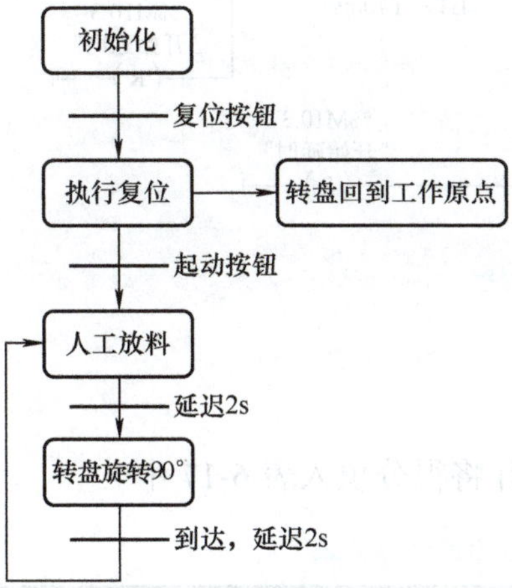

图 6-33　程序流程图

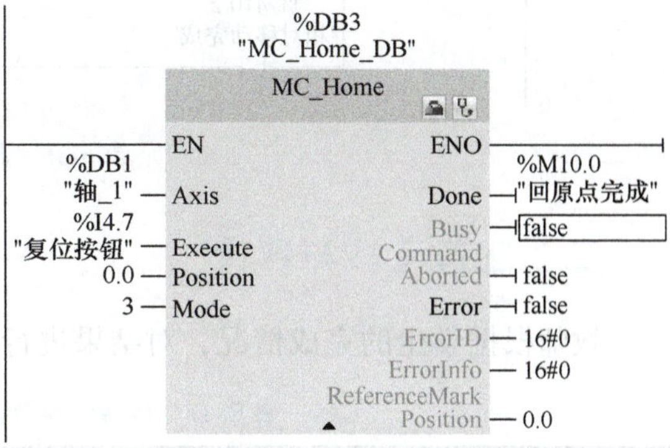

图 6-34　回原点程序

（2）系统定位旋转 90° 控制程序实现　根据系统的 I/O 分配表，采用 MC_MoveRelative 指令实现定位旋转 90° 控制程序，如图 6-35 所示。

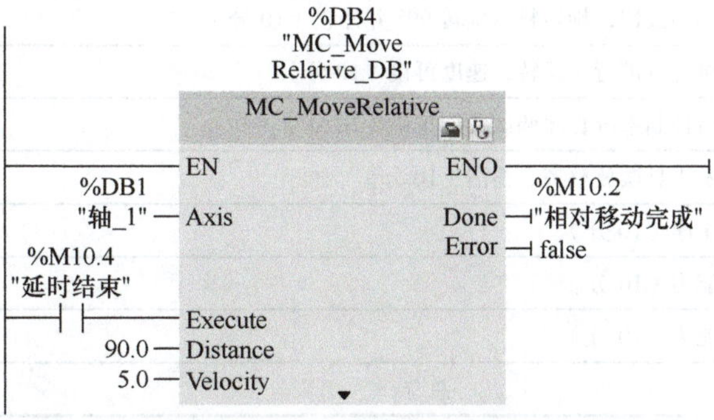

图 6-35　定位旋转 90° 控制程序

当用户按下起动按钮后，置位运行标志，驱动定时器开始延时，2s 后，驱动相对定位指令完成 90° 动作，之后每过 2s 都执行一次 90° 的相对运动，如图 6-36 所示。

3. 调试与运行

1）检查接近开关的安装位置是否到位，接近开关工作是否正常。

2）检查 I/O 接线是否正确。

3）运行程序，观察运动控制模块动作是否满足任务要求。

4）优化程序。

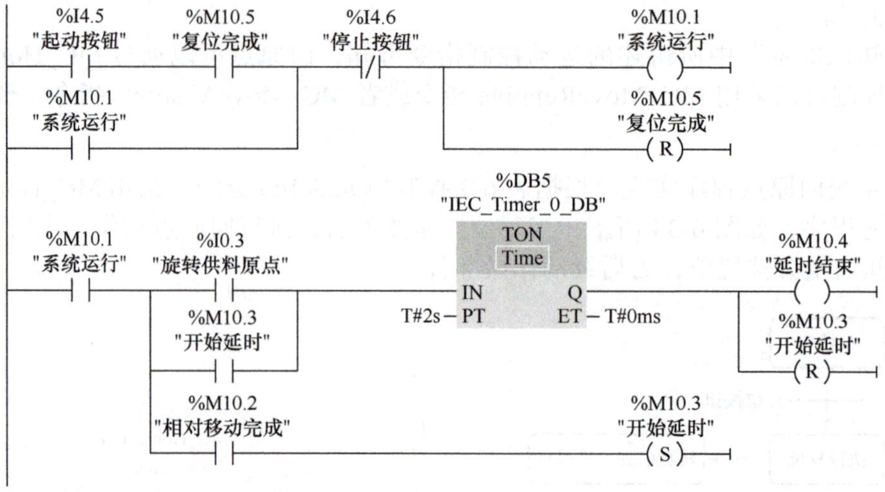

图 6-36　起停控制程序

二、任务考核与评价

教师根据学生的完成情况，对结果进行评分，并将得分填入表 6-17 中。

表 6-17　旋转供料台控制系统程序设计评分表

评分点		得分
程序设计（60 分）	按下复位按钮后，步进电动机可回到原点位置（10 分）	
	TIA 编程软件中变量表与表 6-3 能够对应（10 分）	
	按下停止按钮后，步进电动机正常停止（10 分）	
	每按一次起动按钮，旋转料盘旋转 90° 并停止（10 分）	
	步进电动机可以进行正反转，速度可设（10 分）	
	旋转供料台控制系统程序调试功能正确（10 分）	
6S 素养（20 分）	桌面物品及工具摆放整齐、整洁（10 分）	
	地面清理干净（10 分）	
发展素养（20 分）	表达沟通能力（10 分）	
	团队协作能力（10 分）	
总分		

练习与提高

1. 练习运动控制指令中的停止轴指令 MC_Halt、速度运行指令 MC_MoveVelocity、读参数指令 MC_ReadParam 以及写参数指令 MC_WriteParam。

2. 设计程序：在 HMI 画面中添加“当前位置”IO 域和“当前速度”IO 域，用于显示旋转供料台的当前位置和转动速度，要求在供料台转动过程中，这两个 IO 域能够实时地显示运行状态。

第三部分

工 艺 篇

项目 7
PLC 在工业通信中的应用

项目导入

在工业控制现场，一台设备或者一条生产线可能由多种控制单元组成，作为控制系统核心位置的 PLC 需要通过与外设交换数据来控制设备，或处于从站位置的 PLC 需要从主站控制器接受命令。受工业环境、通信稳定性、维护以及开发成本等多方面影响，需要横向比较各种通信协议特点，进而选择合适的通信协议及设备以组建智能化控制网络。本项目选取工业中 3 种常见的通信应用，通过任务的讲解和实施让读者掌握西门子 S7-1200 PLC 的通信配置方法。

知识导图

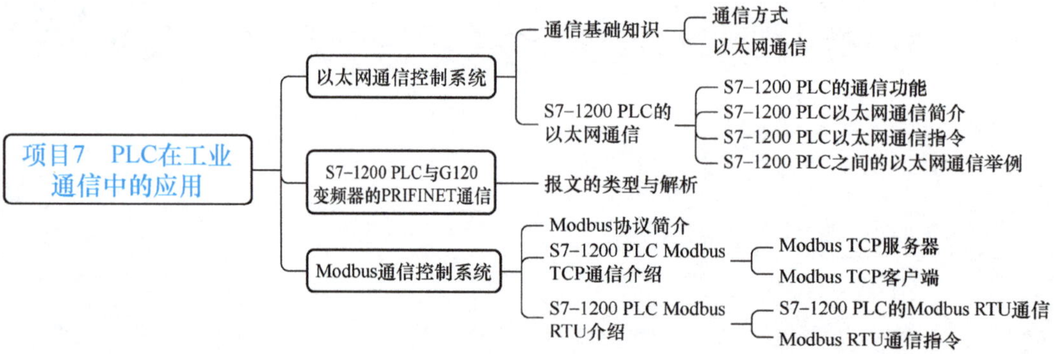

任务 7.1　以太网通信控制系统

学习目标

1. 知识目标

1）了解通信的基础知识。

2）熟悉 S7-1200 PLC 的通信方式。

2. 技能目标

1）能正确配置 S7-1200 PLC 的硬件组态。

2）能正确配置 S7-1200 PLC 的以太网通信指令。

3. 素质目标

1）通过对通信知识的学习，加强网络运行安全和应急通信保障意识。

2）通过对通信系统通信过程的程序设计，培养学生科技报国情怀和精益求精的工作作风。

任务描述

使用 S7-1200 PLC 以太网通信方式实现指示灯的远程控制。

控制要求如下：按下 PLC1 的起动按钮或停止按钮，本地指示灯 HL1 闪亮或熄灭；按下异地指示灯 HL2 的起动按钮或停止按钮，则异地指示灯 HL2 闪亮或熄灭。

知识准备

知识点 1　通信基础知识

通信是指一地与另一地之间的信息传递。PLC 通信是包括 PLC 与 PLC 之间的通信、PLC 与上位机（含触摸屏）之间的通信、PLC 与变频器以及 PLC 与其他智能设备之间的数据传递。

1. 通信方式

（1）串行通信与并行通信　串行通信就是通过一对导线将发送方与接收方连接，传输数据的每个二进制位，按照规定顺序在同一导线上依次发送与接收，数据一位一位地传输的通信方式，如图 7-1 所示。由于只需要一条传输线，故成本低，适合远距离的数据通信，但其通信控制相对复杂。

并行通信是指数据的各个位同时进行传输的通信方式，每一位都采用单独的导线进行传输，并将传送方和接收方进行并行连接，如图 7-2 所示。其特点是数据传输速度快，由于它需要的传输线多，故成本高，只适合近距离的数据通信。

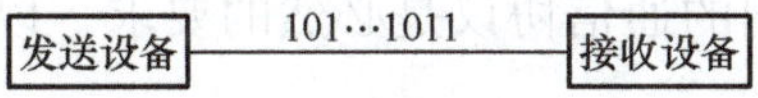

图 7-1　串行通信

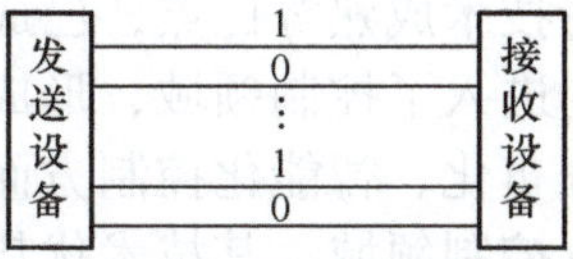

图 7-2　并行通信

（2）异步通信和同步通信　异步通信与同步通信又称为异步传输与同步传输，是串行通信中的两种基本信息传送方式。PLC 与其他设备通信主要采用串行异步通信方式。

串行通信时，数据是以帧为单位传送的。在异步通信中，数据是一帧一帧地传送，一帧数据传送完成后，可以传下一帧数据，也可以等待。帧数据有一定的格式，它由起始位、数据位、奇偶校验位和停止位组成。异步通信方式具有硬件简单、成本低的特点。

在异步通信中，每一帧数据发送前要用起始位，在结束时要用停止位，这样会导致数据传输速度较慢。为了提高数据传输速度，在计算机与一些高速设备数据通信时，常采用同步通信。同步通信的数据后面取消了停止位，前面的起始位用同步信号代替，在同步信号后面可以跟很多数据，所以同步通信传输速度快，但其硬件复杂、成本较高。

（3）单工通信和双工通信　在串行通信中，根据数据的传输方向不同，可分为 3 种通信方式：单工通信、全双工通信和半双工通信。

单工通信：数据只能往一个方向传送的通信，即只能由发送端传输给接收端。一般用于数据的输出，不可以进行数据交换。

全双工通信：数据可以进行双向传送，并且同一时刻既能发送数据，也能接收数据。通常需要两对双绞线连接，通信线路成本高。

半双工通信：数据可以进行双向数据传送，但同一时刻只能发送数据或者接收数据，通常需要一对双绞线连接，与全双工通信相比，半双工通信线路成本低。

（4）有线通信和无线通信　有线通信是指以导线、电缆、光缆等看得见的材料为传输介质的通信。无线通信是指以看不见的材料（如电磁波）为传输介质的通信，常见的无线通信有微波通信、短波通信、移动通信和卫星通信等。

2. 以太网通信

以太网是一种基带局域网技术，以太网通信是一种使用同轴电缆作为网络媒体，采用载波多路访问和冲突检测机制的通信方式，可满足非持续性网络数据传输的需要。以太网中所有的站点共享一个通信信道，在发送数据的时候，站点将自己要发送的数据帧在这个信道上进行广播，以太网上所有其他站点都能够接收到这个帧，他们通过比较自己的 MAC 地址和数据帧中包含的目的地 MAC 地址来判断该帧是否是发往自己的，一旦确认是发给自己的，则复制该帧做进一步处理。

比较通用的以太网通信协议是 TCP/IP，TCP/IP 与开放互联模型 ISO 相比，采用了更加开放的方式，并被广泛应用于实际工程。TCP/IP 可以用在各种信道和底层协议之上。

工业以太网是基于 IEEE 802.3（Ethernet）的强大的区域和单元网络。

工业以太网是应用于工业控制领域的以太网技术，在技术上与商用以太网（即 IEEE 802.3 标准）兼容，但是实际产品和应用却又完全不同。这主要表现在普通商用以太网的产品设计时，在材质的选用、产品的强度、适用性、实时性、可互操作性、可靠性、抗干扰性、本质安全性等方面不能满足工业现场的需要。故在工业现场控制应用的是与商用以太网不同的工业以太网。

工业以太网技术具有价格低廉、稳定可靠、通信速率高、软硬件产品丰富、应用广泛以及支持技术成熟等优点，已成为受欢迎的通信网络之一。近年来，随着网络技术的发展，以太网进入了控制领域，形成了新型的以太网控制网络技术。这主要是由于工业自动化系统向分布化、智能化控制方面发展，开放、透明的通信协议是必然的要求。以太网技术引入工业控制领域，其技术优势非常明显：

1）工业以太网是全开放、全数字化的网络，遵照网络协议，不同厂商的设备可以很容易实现互联。

2）以太网能实现工业控制网络与企业信息网络的无缝连接，形成企业级管控一体化的全开放网络。

3）软硬件成本低廉，由于以太网技术已经非常成熟，支持以太网的软硬件受到厂商的高度重视和广泛支持，有多种软件开发环境和硬件设备供用户选择。

4）通信速率高，随着企业信息系统规模的扩大和复杂程度的提高，对信息量的需求也越来越大，当前通信速率为 100Mbit/s、1000Mbit/s 的快速以太网广泛应用，其速率比现场总线快很多。

知识点 2 S7-1200 PLC 的以太网通信

1. S7-1200 PLC 的通信功能

S7-1200 PLC 有丰富的通信接口和通信模块，及强大的通信功能，提供各种通信选项，如 I-Device（智能设备）、PROFINET、PROFIBUS、远程控制通信、PtP（点对点）通信、Modbus、USS、AS-i 和 I/O Link MASTER 等。

（1）集成的 PROFINET 接口　PROFINET 用于通过以太网与其他通信伙伴交换数据，作为 PROFINET I/O 的 I/O 控制器，可在本地 PN 网络上通过 PN/PN 耦合器（连接器）连接最多 16 台 PN 通信设备。

（2）PROFIBUS 通信模块　通过 PROFIBUS 网络与其他通信伙伴交换数据。通过通信模块 CM 1242-5，CPU 作为 PROFIBUS-DP 从站运行。通过通信模块 CM 1243-5，CPU 作为 1 类 PROFIBUS-DP 主站运行。PROFIBUS-DP 从站、PROFIBUS-DP 主站和 AS-i（左侧 3 个通信模块）以及 PROFI-NET 均采用单独的通信网络，不会相互制约。

（3）PtP 通信模块　实现 S7-1200 PLC 直接发送信息到微型打印机等外设，或者从条形码扫描器、RFID（射频识别）读写器或视觉系统等外设接收信息，以及与 GPS 装置、无线电调制解调器或其他类型的设备交换信息。

点对点通信模块 CM 1241 可执行的协议包括 ASCII、USS 协议、Modbus RTU 主站协议和从站协议，还可以装载其他协议等。

（4）AS-i 通信模块　AS-i 是执行器传感器接口（Actuator Sensor Interface）的缩写，是用于现场自动化设备的双向数据通信网络，位于工厂自动化网络的最底层。AS-i 特别适用于连接需要传送开关量的传感器和执行器，例如读取各种接近开关、光电开关、压力开关、温度开关及物料位置开关的状态，控制各种阀门、声光报警器、继电器和接触器等，AS-i 也可以传送模拟量数据。通过 S7-1200 PLC CM 1243-2 AS-i 主站可将 AS-i 网络连接到 S7-1200 PLC CPU。

（5）远程控制通信模块　通过使用 GPRS 通信处理器 CP1242-7，S7-1200 PLC 可以实现与中央控制站、其他远程站、移动设备、编程设备和使用开放式用户通信的其他设备进行无线通信。

（6）I/O-Link 主站模块　I/O-Link 是 IEC 61131 中定义的用于传感器 / 执行器领域的点对点通信接口，使用非屏蔽的 3 线制标准电缆。I/O-Link 主站模块 SM 1278 用于连接 S7-1200 PLC CPU 和 I/O-Link 设备，其有 4 个 I/O-Link 端口，同时具有信号模块功能和通信模块功能。

2. S7-1200 PLC 以太网通信简介

S7-1200 PLC CPU 本体上集成了一个 PROFINET 通信接口，支持以太网和基于 TCP/IP 的通信标准。使用这个通信接口可以实现 S7-1200 PLC CPU 与编程设备的通信、与 HMI 触摸屏的通信，以及与其他 CPU 之间的通信。这个 PROFINET 通信接口支持 10Mbit/s 或 100Mbit/s 的 RJ45 口，支持电缆交叉自适应。因此，一个标准或者交叉的以太网线都可以用于该接口。

开放式用户通信支持的连接类型有：TCP 连接、ISO-on-TCP 连接、S7 通信连接 3 种。

对于不支持 ISO-on-TCP 连接的通信伙伴，应使用 TCP 连接。对于诸如第三方设备或 PC 这些类型的通信伙伴，在分配连接参数时，须为伙伴端点输入“未指定”。

S7-1200 PLC CPU 的 PROFIENT 接口有两种网络连接方法：直接连接和网络连接。

（1）直接连接　当一个 S7-1200 PLC CPU 与一个编程设备、一个 HMI 或一个 PLC 通信时，即只有两个通信设备时，实现的是直接通信。用网线直接连接两个设备即可，不需要使用交换机，如图 7-3 所示。

（2）网络连接　当多个通信设备进行通信即通信设备数量为两个以上时，实现的是网络连接，如图 7-4 所示。

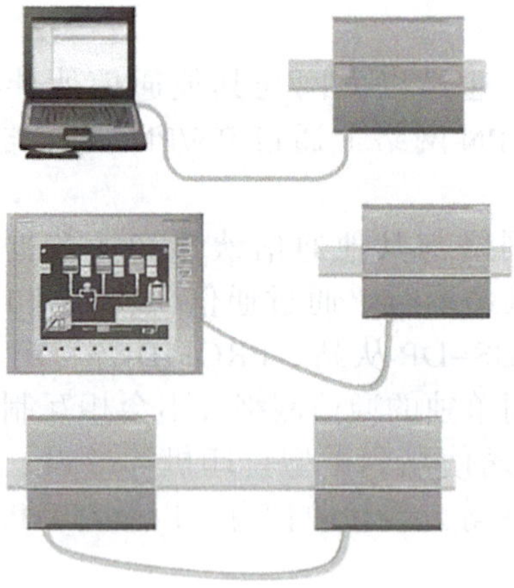

图 7-3　直接连接示意图

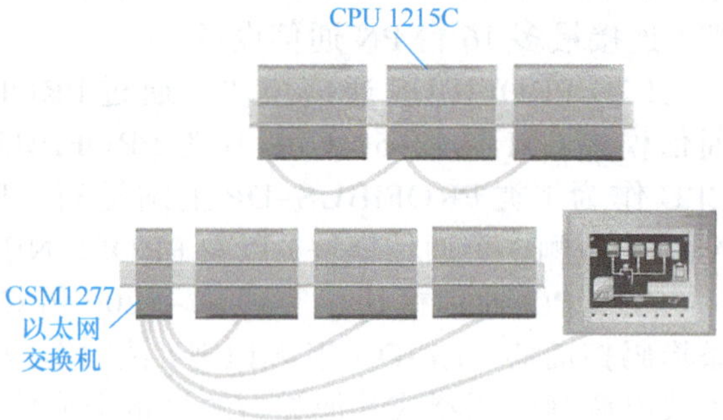

图 7-4　多个通信设备的网络连接

CPU 1215C 和 CPU 1217C 具有内置的双端口以太网交换机。可以使用内置双端口以太网交换机和其他 CPU 或 HMI 设备组建网络，也可以使用安装在机架上的 CSM1277 以太网交换机来连接多个 CPU 和 HMI 设备。CSM1277 交换机是即插即用的，使用前不用进行任何设置。

3. S7-1200 PLC 以太网通信指令

S7-1200 PLC CPU 中所有需要编程的以太网通信都使用开放式以太网通信指令 T-block 来实现，所有 T-block 通信指令必须在 OB1 中调用。调用 T-block 通信指令并配置两个 CPU 之间的连接参数，定义数据发送或接收信息的参数。TIA Portal 软件提供了两套通信指令：不带连接管理的通信指令和带连接管理的通信指令。

不带连接管理的通信指令见表 7-1。

表 7-1　不带连接管理的通信指令

指令	功能
TCON	建立以太网连接
TDISCON	断开以太网连接
TSEND	发送数据
TRCV	接收数据
T_RESET	可终止并重新建立现有的连接
T_DIAG	检查连接状态并读取该连接的本地端点详细信息
T_CONFIG	更改以太网地址、PROFINET 设备名称或 NTP 服务器的 IP 地址，从而在用户程序中进行时间同步，同时覆盖现有的组态数据

带连接管理的通信指令见表 7-2。

表 7-2　带连接管理的通信指令

指令	功能
TSEND_C	建立以太网连接并发送数据
TRCV_C	建立以太网连接并接收数据
TMAIL_C	可通过通信模块（CM）或通信处理器（CP）的以太网接口发送电子邮件

实际上 TSEND_C 指令在内部使用了通信指令 TCON、TSEND、T_DIAG、T_RESET 和 TDISCON。而 TRCV_C 指令在内部使用了通信指令 TCON、TRCV、T_DIAG、T_RESET 和 TDISCON。

TSEND_C 指令建立与另一个通信伙伴站的 TCP、UDP 或 ISO-on-TCP 连接，发送数据并可以控制结束连接。TSEND_C 指令及参数见表 7-3，指令功能如下：

1）要建立连接，设置 TSEND_C 的参数 CONT=1。成功建立连接后，TSEND_C 置位参数 DONE 一个扫描周期为 1。

2）如果需要结束连接，那么设置 TSEND_C 的参数 CONT=0，连接会立即自动中断。这也会影响接收站的连接，造成接收缓存区的内容丢失，但如果对 TSEND_C 使用了组态连接，将不会终止连接，在发送作业完成前不允许编辑要发送的数据。

3）要建立连接并发送数据，设置 TSEND_C 的参数 CONT=1，并需要给参数 REQ 一个上升沿，成功执行完一个发送操作后，TSEND_C 会置位参数 DONE 一个扫描周期为 1。

表 7-3　TSEND_C 指令及参数

指令	参数	描述	数据类型
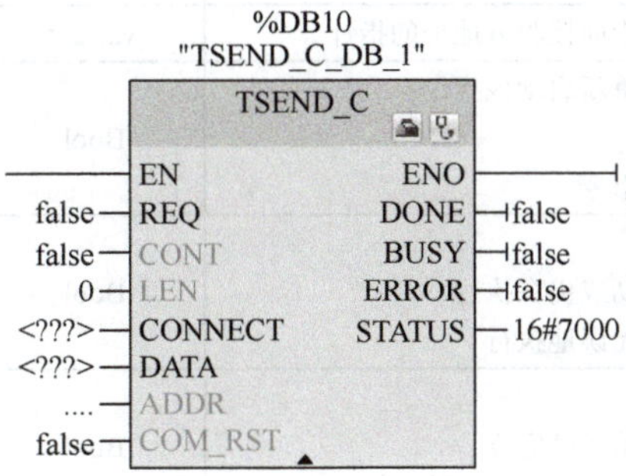	EN	使能	Bool
	REQ	在上升沿启动发送作业	Bool
	CONT	控制通信连接： 0：数据发送完成后断开通信连接 1：建立并保持通信连接。发送数据参数 CONT 的值必须为 true，才能建立或保持连接	Bool
	LEN	可选参数（隐藏）；通过作业发送（TSEND_C）或接收（TRCV_C）的最大字节数。如果在参数 DATA 中使用纯符号值，则参数 LEN 的值必须为“0”	UDInt
	CONNECT	连接数据块	TCON_Param
	DATA	指向发送区的指针，包含待发送数据的地址和长度	Variant
	ADDR	可选参数（隐藏），指向接收方地址的指针	Variant
	COM_RST	可选参数（隐藏），重新启动该指令： 0：不相关 1：完全重新启动该指令	Bool
	DONE	状态参数： 0：发送作业尚未启动或仍在执行 1：发送作业已正确无误地执行	Bool

（续）

指令	参数	描述	数据类型
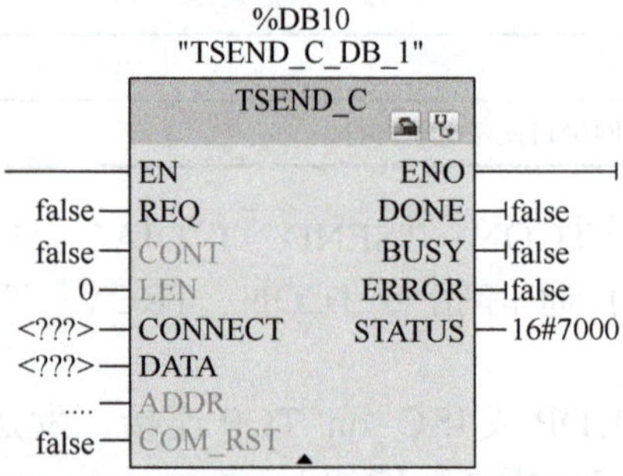	BUSY	状态参数： 0：发送作业尚未开始或已完成 1：发送作业尚未完成。无法启动新的发送作业	Bool
	ERROR	状态参数： 0：无错误 1：建立连接、传输数据或终止连接过程中发生错误	Bool
	STATUS	指令状态	Word

TRCV_C 指令建立与另一个通信伙伴站的 TCP、UDP 或 ISO-on-TCP 连接，接收数据并可以控制结束连接。TRCV_C 指令使本地机接收远程机发送来的数据，TRCV_C 指令及参数见表 7-4 所示。

表 7-4 TRCV_C 指令及参数

指令	参数	描述	数据类型
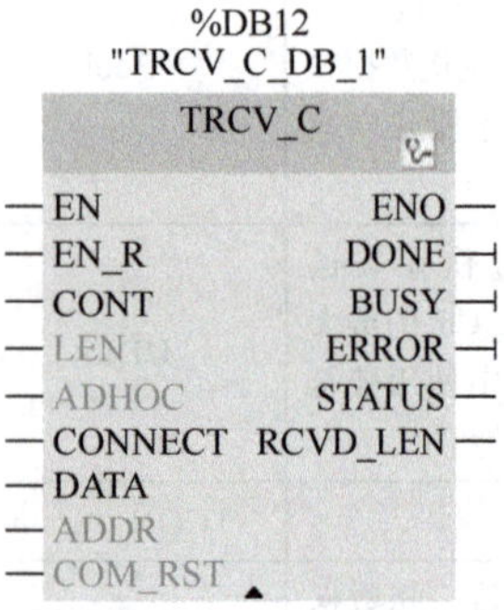	EN	使能	Bool
	EN_R	启用接收	Bool
	CONT	控制通信连接： 0：数据发送完成后断开通信连接 1：建立并保持通信连接。发送数据参数 CONT 的值必须为 TRUE，才能建立或保持连接	Bool
	LEN	可选参数（隐藏），通过作业发送（TSEND_C）或接收（TRCV_C）的最大字节数。如果在参数 DATA 中使用纯符号值，则参数 LEN 的值必须为“0”	UDInt
	ADHOC	可选参数（隐藏），TCP 连接类型的特殊模式请求	Bool
	CONNECT	连接数据块	TCON_Param
	DATA	指向发送区的指针，包含所接收数据的地址和最大长度	Variant
	ADDR	可选参数（隐藏），指向接收方地址的指针	Variant
	COM_RST	可选参数（隐藏），重新启动该指令： 0：不相关 1：完全重新启动该指令	Bool
	DONE	状态参数： 0：发送作业尚未启动或仍在执行 1：发送作业已正确无误地执行	Bool
	BUSY	状态参数： 0：发送作业尚未开始或已完成 1：发送作业尚未完成。无法启动新的发送作业	Bool
	ERROR	状态参数： 0：无错误 1：建立连接、传输数据或终止连接过程中发生错误	Bool
	STATUS	指令状态	Word
	RCVD_LEN	实际接收到的数据量（字节）	UDInt

4. S7-1200 PLC 之间的以太网通信举例

下面通过一个简单例子演示 S7-1200 PLC 之间以太网通信的组态步骤。

要求：将 PLC_1 的通信数据区数据块中的数据发送到 PLC_2 的接收数据区数据块中，PLC_1 的 QB0 接收 PLC_2 发送的数据 IB0 的数据。

（1）组态网络　创建一个新项目，添加两个 PLC，分别命名为 PLC_1 和 PLC_2。为了编程方便，使用 CPU 属性中定义的时钟位，设置 PLC_1 和 PLC_2 的系统存储器位 MB1 和时钟存储器位 MB0，如图 7-5 所示。时钟存储器位主要使用 M0.3，它是以 2Hz 的频率在 0 和 1 两者之间切换，可以使用它自动激活发送任务。

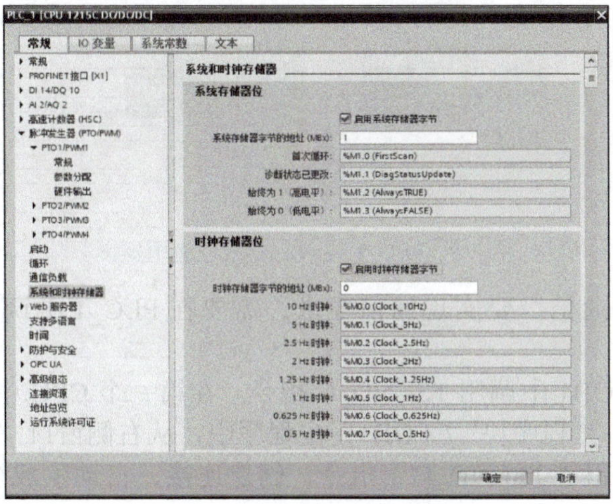

图 7-5　设置 PLC 系统和时钟存储器

在项目视图 PLC 的“设备配置”中，单击 CPU 属性的“PROFINET 接口”项，可以设置 IP 地址，设置 PLC_1 和 PLC_2 的 IP 地址分别为 192.168.0.1 和 192.168.0.2，如图 7-6 和图 7-7 所示。切换到“网络视图”，要创建 PROFINET 的逻辑连接，先选中第一台 PLC PROFIENT 接口的绿色小方框，然后按住鼠标左键拖拽出一条线连接到另外一台 PLC 的 PROFIENT 接口上，松开鼠标，连接就建立起来了，如图 7-8 所示。

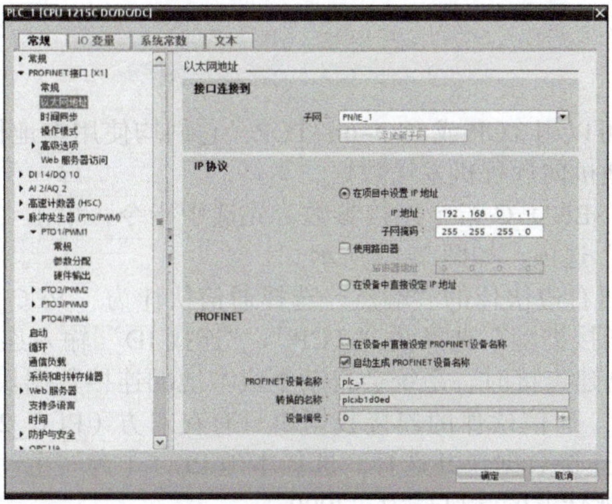

图 7-6　设置 PLC_1 的 IP 地址

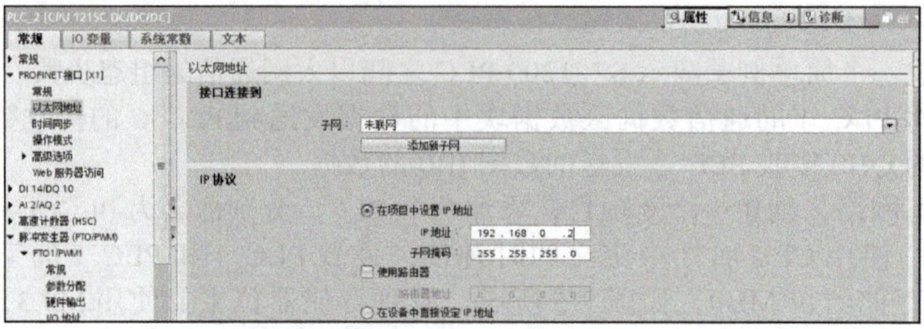

图 7-7 设置 PLC_2 的 IP 地址

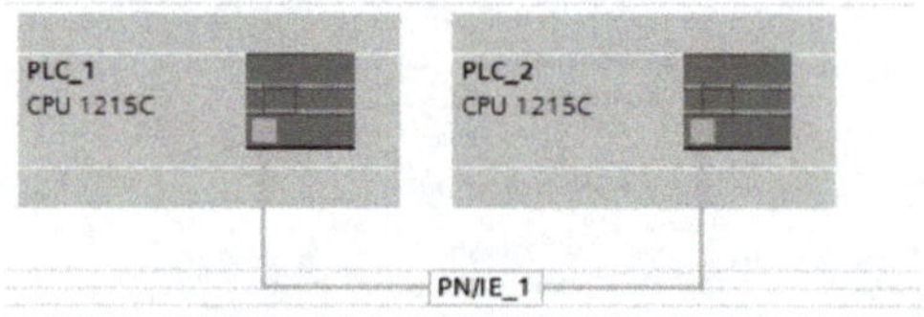

图 7-8 PLC_1 与 PLC_2 建立逻辑连接

（2）PLC_1 编程通信 要实现通信要求，需要在 PLC_1 中调用并配置 TSEND_C、TRCV_C 指令。

1）在 PLC_1 的 OB1 中调用 TSEND_C 指令。在第一个 CPU 中调用通信指令，进入“项目树”/“PLC_1”/“程序块”/“OB1”主程序中，从右侧窗口“指令”/“通信”/“开放式用户通信”下调用“TSEND_C”指令，创建连接，自动生成名称为 TSEND_C_DB 的背景数据块，如图 7-9 所示。

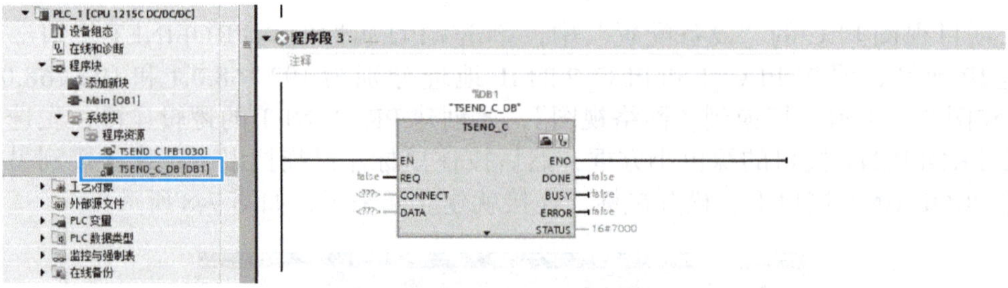

图 7-9 TSEND_C 指令生成数据块

TSEND_C 指令可以用 TCP 或 ISO-on-TCP，它们均使用本地机与远程机进行通信，TSEND_C 指令使本地机向远程机发送数据。

定义 PLC_1 的 TSEND_C 指令连接参数。先选中指令，单击“属性”，选择“组态”选项卡中“连接参数”选项，如图 7-10 所示。

“连接参数”界面右边伙伴的“端点”选择通信伙伴为“PLC_2”，则接口、子网及地址等自动更新。“连接类型”选择为“TCP”。“连接 ID”输入连接的地址 ID 号“1”。“连接数据”项中，创建连接时，系统会自动生成本地的连接数据块，所有的连接数据都会存在于该数据块中。通信伙伴的连接数据块只有在对方（PLC_2）建立连接后才能生成，新建通信伙伴的连接数据块并选择。选择本地 PLC_1 为“主动建立连接”，“地址详细信息”项定义通信伙伴方的端口号为“2000”。

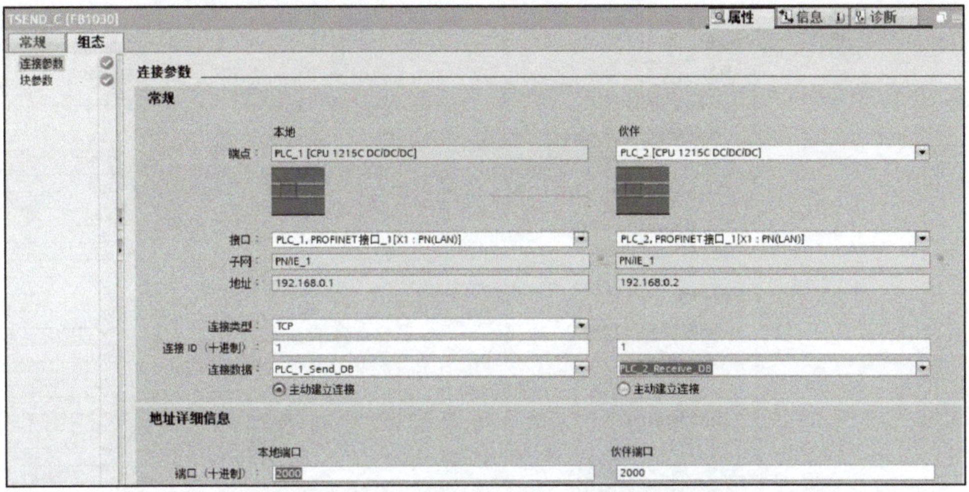

图 7-10　TSEND_C 指令属性对话框

如果“连接类型”选用的是 ISO-on-TCP，则需要设定 TSAP 地址，此时本地 PLC_1 可以设置成“PLC1”，伙伴方 PLC_2 可以设置成“PLC2”。使用 ISO-on-TCP 通信，除了连接参数的定义不同，其他组态编程与 TCP 通信完全相同。

2）定义 PLC_1 的 TSEND_C 指令发送通信块接口参数。创建并定义 PLC_1 的发送数据区 DB2。注意：在数据块的属性中，不勾选“优化的块访问”项，如图 7-11 所示。

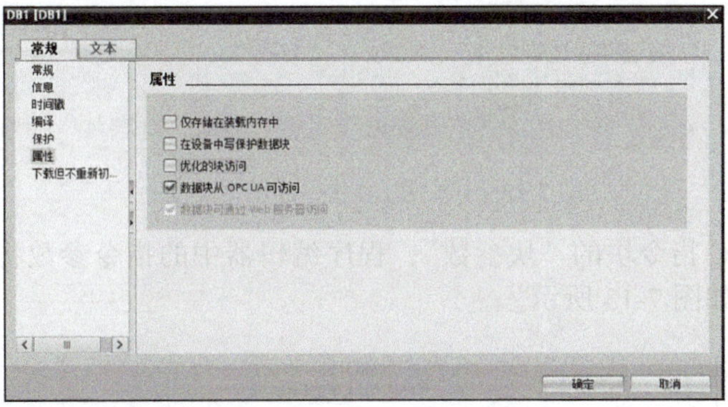

图 7-11　不勾选“优化的块访问”项

对于双边编程通信的 CPU，如果通信数据区使用数据块，既可以将数据块定义成符号寻址，也可以定义成绝对寻址。使用指针寻址方式时，必须创建绝对寻址的数据块。

设置 TSEND_C 指令的发送参数，选中参数，单击其属性对话框的“块参数”项，如图 7-12 所示。其中，“输入”参数中“启动请求”使用 2Hz 的时钟脉冲（M0.3），上升沿激活发送任务，“连接状态”设置为常数 1，表示建立连接并一直保持连接；“输入 / 输出”参数中，“相关的连接指针”为前面建立的连接数据块 PLC_1_Send_DB；“发送区域”使用指针寻址或符号地址，“起始地址”为发送数据块的开始地址；“长度”设置为“1”，数据块要设置绝对寻址，“P#I0.0 BYTE 1”的含义是发送数据块 IB0 开始的 1 个字节数据；“输出”参数中，“请求完成”“请求处理”“错误”均为位存储状态标志，“错误信息”为字存储错误信息代码，以上位和字可以自定义，也可默认。

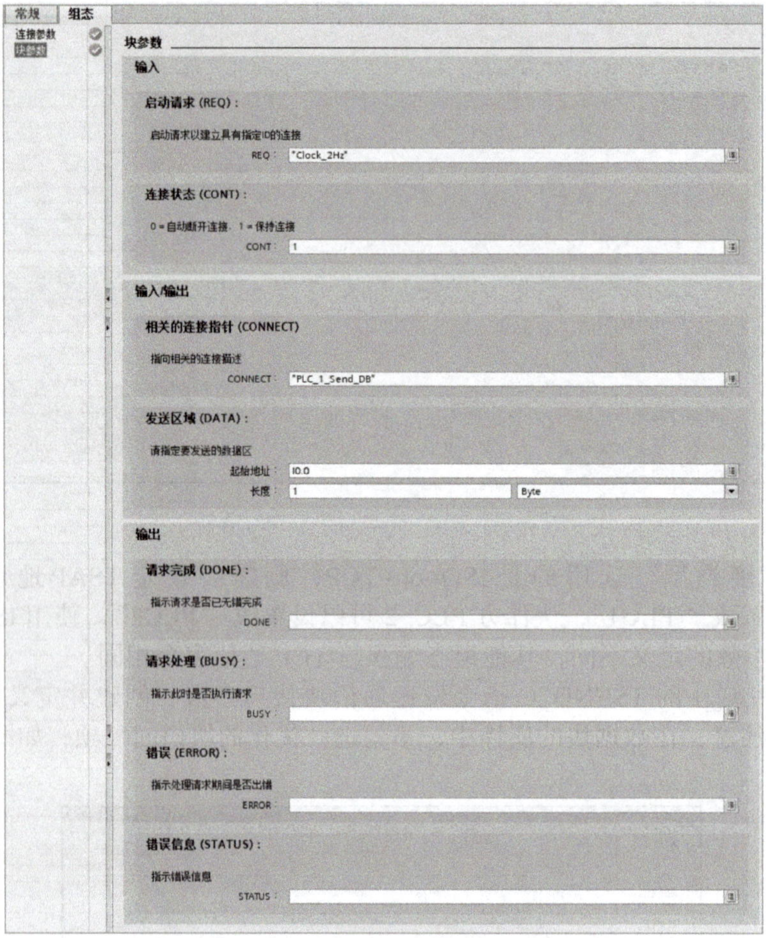

图 7-12　TSEND_C 指令的块参数设置

设置 TSEND_C 指令块的“块参数”，程序编辑器中的指令参数将随之更新，也可以直接编辑指令块，如图 7-13 所示。

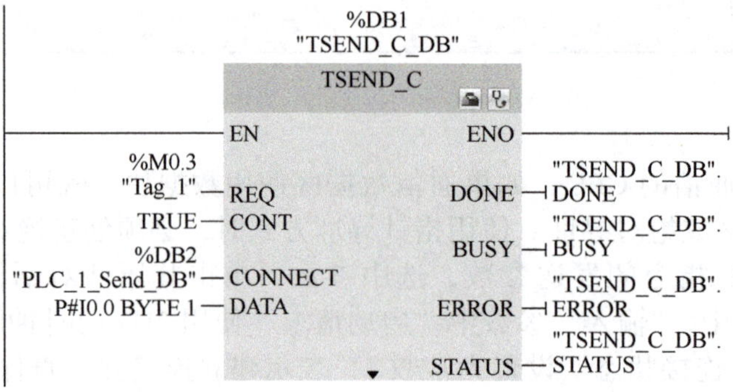

图 7-13　直接设置 TSEND_C 指令块的块参数

3）PLC_1 的 OB1 中调用接收指令 TRCV 并配置基本参数。为了实现 PLC_1 接收来自 PLC_2 的数据，需要在 PLC_1 中调用接收指令 TRCV 并配置基本参数。

接收数据与发送数据使用同一连接，使用不带连接管理的 TRCV 指令。根据所使用的接口参数定义符号表，配置接口参数如图 7-14 所示。

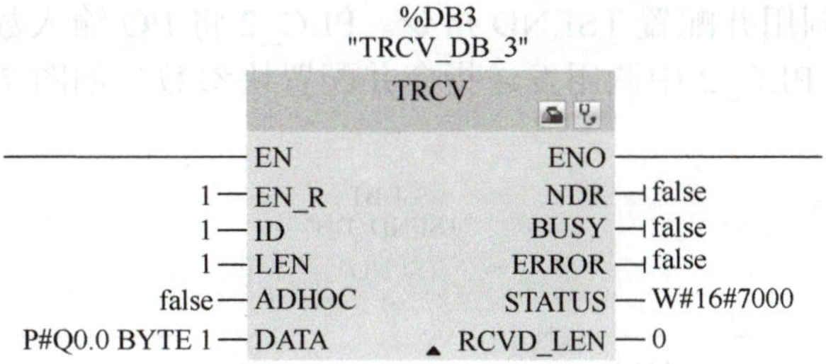

图 7-14　TRCV 指令参数设置

其中，参数 EN_R 为 1 表示准备好接收数据。TSEND_C 和 TRCV_C 指令中发送数据区或接收数据区若为一个字节、一个字或一个双字，可直接输入地址，如果是超过 4 个字节的数据区域必须使用“P#”格式。发送和接收数据区也可以使用符号地址寻址。

注意：本地使用 TSEND_C 指令发送数据，在通信伙伴（远程站）就得使用 TRCV_C 指令接收数据。双向通信时，本地调用 TSEND_C 指令发送数据和 TRCV 指令接收数据；在远程站调用 TRCV_C 指令接收数据和 TSEND 指令发送数据。

（3）PLC_2 编程通信　要实现前述通信要求，还需要在 PLC_2 中调用并配置 TRCV_C、TSEND 通信指令。

1）在 PLC_2 中调用并配置 TRCV_C 指令。打开 PLC_2 主程序 OB1 的编辑窗口，拖动指令树中的 TRCV_C 指令到 OB1 的程序段 1，自动生成名称为 TRCV_C_DB 的背景数据块。定义连接参数如图 7-15 所示。连接参数的配置与 TSEND_C 的连接参数配置相似，各参数要与通信伙伴 CPU 对应设置。

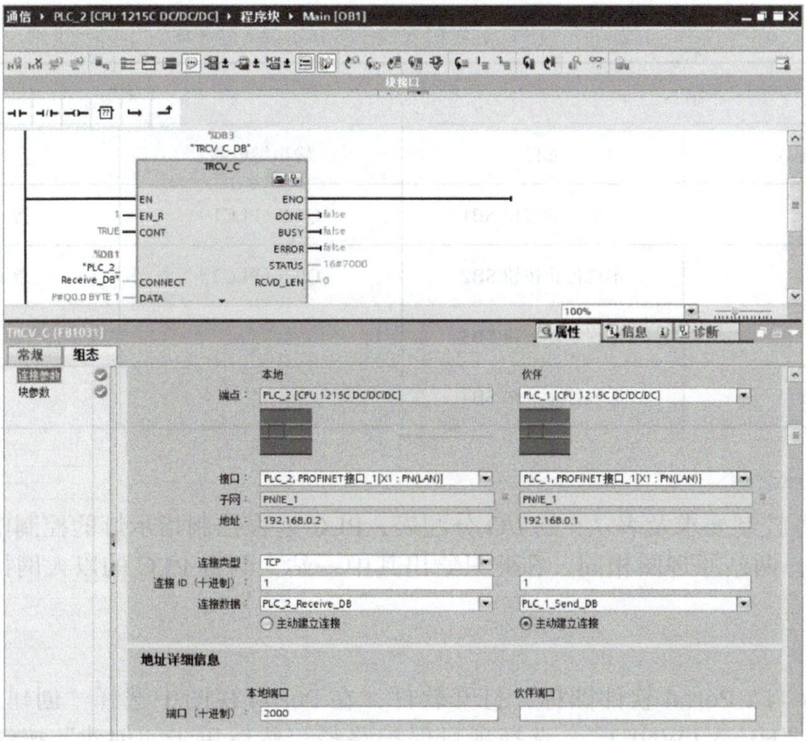

图 7-15　PLC_2 中设置 TRCV_C 连接参数

2）在 PLC_2 中调用并配置 TSEND 指令。PLC_2 将 I/O 输入数据 IB0 发送到 PLC_1 的输出 QB0 中，则在 PLC_2 中调用发送指令并配置块参数，如图 7-16 所示。

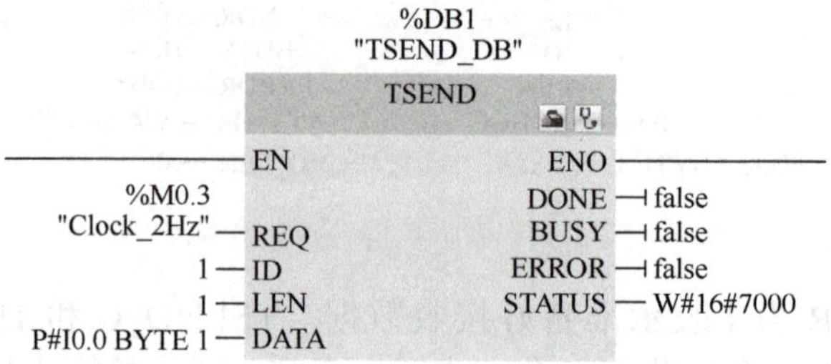

图 7-16 PLC_2 中 TSEND 指令参数设置

任务实施

一、实施步骤

1. 硬件选择

2 台装有 TIA Portal V16 的计算机，2 个指示灯，2 台 CPU 1215C 的 S7-1200 PLC，1 根屏蔽双绞线以及导线，按钮若干。

2. 系统 I/O 分配（见表 7-5）

表 7-5 PLC 远程控制指示灯系统 I/O 分配表

输入		输出	
输入继电器	元件	输出继电器	元件
I0.0	本地起动按钮 SB1	Q0.0（PLC1）	指示灯 HL1
I0.1	本地停止按钮 SB2	Q0.0（PLC2）	指示灯 HL2
I0.2	远程起动按钮 SB3		
I0.3	远程停止按钮 SB4		

3. 电气原理图

根据任务控制要求及表 7-5 的 I/O 分配表，PLC 远程控制指示灯的控制电路原理图如图 7-17 所示，两站原理图相同，在此只给出其中一站，两台 PLC 的以太网接口通过双绞线方式连接。

4. 程序设计

1）双击 TIA Portal 软件图标，打开软件，在 Portal 视图中选择“创建新项目”，输入项目名称“HL_YTWNET”，选择项目保护路径，然后单击“创建”按钮，创建项目完成。

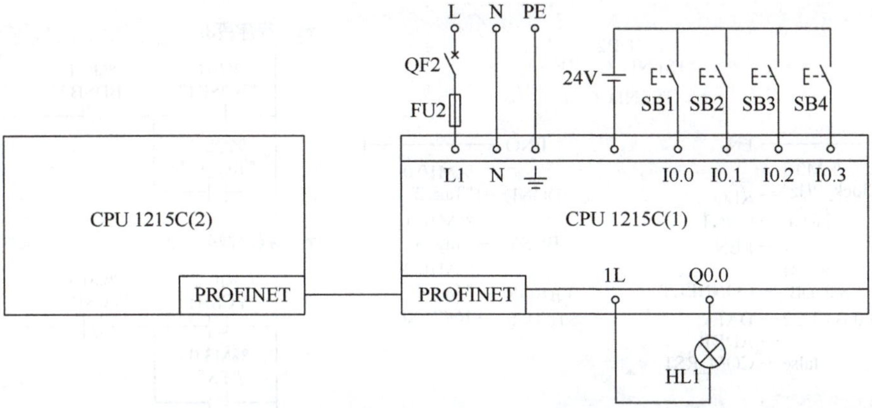

图 7-17　PLC 远程控制指示灯的控制电路原理图

2）在项目视图的项目树窗口中双击“添加新设备”图标，添加两台 PLC，设备名称分别默认为 PLC_1 和 PLC_2，为了编程方便，使用 CPU 属性中定义的时钟位，设置 PLC_1 和 PLC_2 的系统存储器位 MB1 和时钟存储器位 MB0。时钟存储器位主要使用 M0.3，它是以 2Hz 的频率在 0 和 1 之间切换，可以使用它自动激活发送任务。

3）在项目视图 PLC 的“设备配置”中，单击 CPU 属性的“PROFINET 接口”项，可以设置 IP 地址，设置 PLC_1 和 PLC_2 的 IP 地址分别为 192.168.0.1 和 192.168.0.2。

切换到“网络视图”，创建 PROFINET 的逻辑连接，选中第一台 PLC 的 PROFIENT 接口的绿色小方框，拖拽出一条线连接到另外一台 PLC 的 PROFIENT 接口上，建立通信连接。

4）分别打开 PLC_1 和 PLC_2 下的变量表文件夹，双击“添加新变量表”，根据表 7-5 生成系统所需的变量表，如图 7-18 所示。

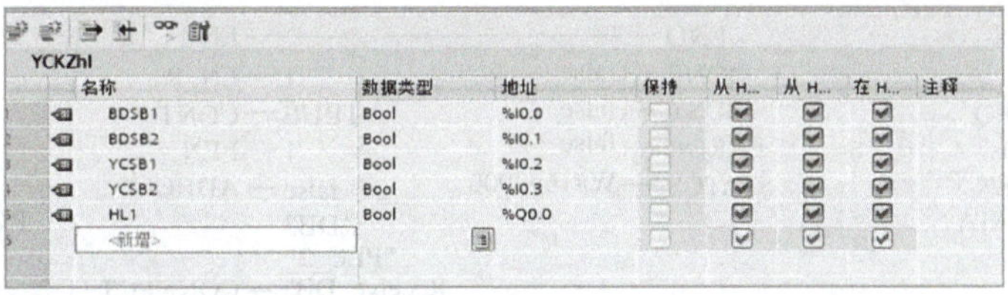

图 7-18　PLC_1 变量表

5. 编写程序

1）在 PLC_1 的 OB1 中调用 TSEND_C 和 TRCV 指令。打开 PLC_1 口，双击或拖动 TSEND_C 和 TRCV 指令至程序段中，自动生成名称为 TSEND_C_DB 和 TRCV_DB 的背景数据块，在此使用 TCP。

2）设置 TSEND_C 指令的连接参数和块参数。

3）PLC_1 的 OB1 编程。本地 PLC_1 的 OB1 程序如图 7-19 所示。程序中 M0.3 为 2Hz 的脉冲，即每秒发送两次数据，M1.2 为始终接通，在此可以直接输入 1。

4）PLC_2 通信指令的参数设置及编程。

PLC_2 通信指令的参数设置与 PLC_1 类似，但注意本地应为 PLC_2，通信伙伴应为 PLC_1，通信伙伴为主动建立连接，编程同 PLC_1，其 OB1 程序如图 7-20 所示。

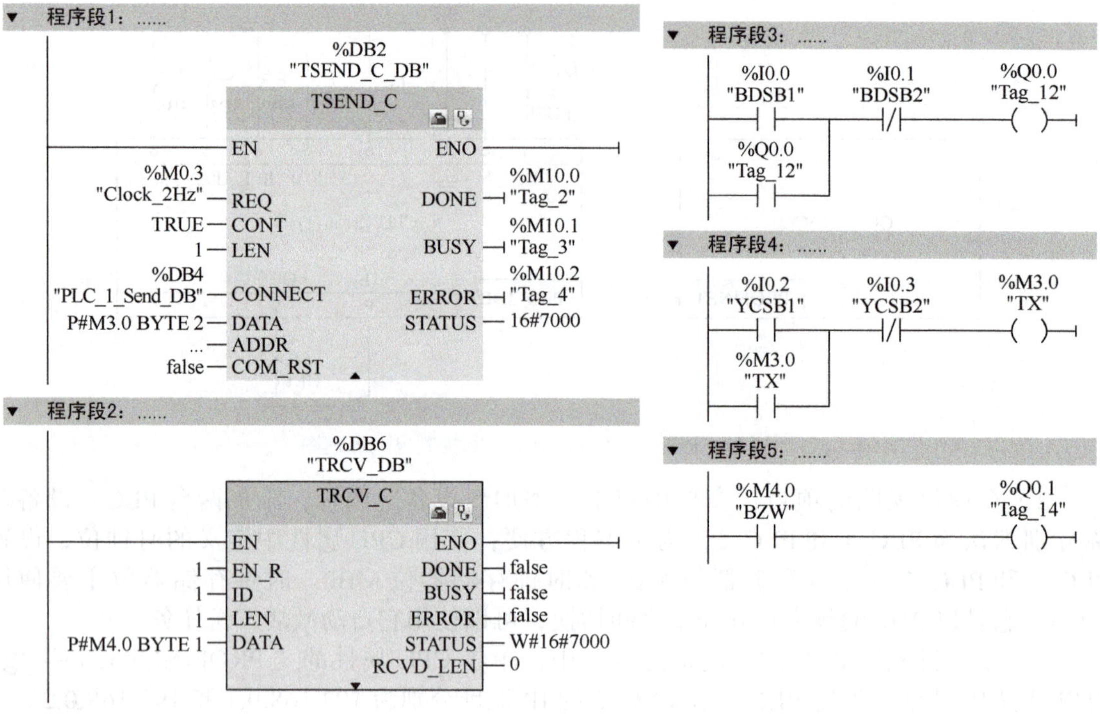

图 7-19 PLC_1 的 OB1 程序

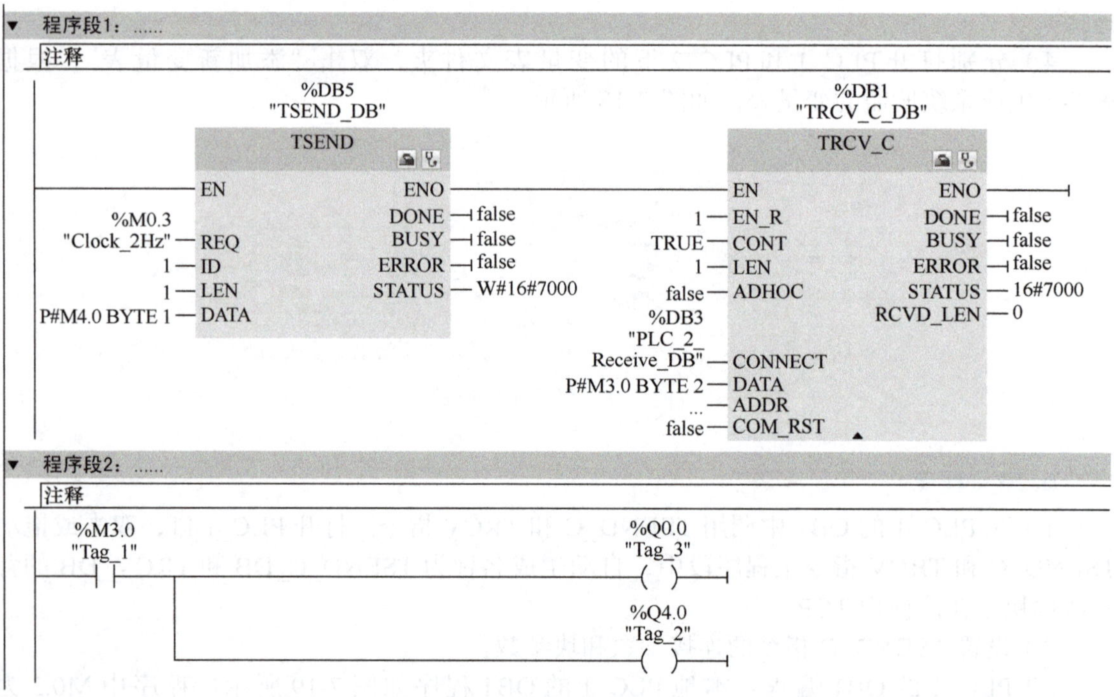

图 7-20 PLC_2 的 OB1 程序

在 PLC_2 中，设置发送指令将 PLC_2 的输出 Q0.0 发送给 PLC_1，PLC_1 接到数据后通过本机（PLC_1）的 Q0.1 显示 PLC_2 的指示灯是否闪亮或熄灭。

6. 调试程序

连接好线路，检查无误后，将调试好的用户程序及设备组态分别到下载到各自 CPU 中。按下本地（PLC_1）起动按钮和停止按钮，观察本地指示灯是否能正常亮起或熄灭。再按下本地控制远程指示灯的起动按钮和停止按钮，观察远程指示灯是否能正常亮起或熄灭。同样，可以控制另一站（PLC_2）调试本地起停和控制远程指示灯的亮灭，若上述调试现象与控制要求一致，则说明本任务完成。

二、任务考核与评价

教师根据学生的完成情况，对结果进行评分，并将得分填入表 7-6 中。

表 7-6 以太网通信控制系统评分表

评分点		得分
程序设计（50 分）	能正确进行 S7-1200 PLC 的以太网通信连接（10 分）	
	能正确进行 S7-1200 PLC 以太网通信指令设置（20 分）	
	能正确进行 PLC 指示灯远程控制程序编写（10 分）	
	能准确进行程序下载，PLC 以太网联机调试成功（10 分）	
安全素养（10 分）	存在危险用电等情况（每次扣 3 分，上不封顶）	
	存在带电插拔工作站上的电缆、电线等情况（每次扣 3 分，上不封顶）	
	穿着不符合要求（每次扣 4 分，上不封顶）	
6S 素养（20 分）	桌面物品及工具摆放整齐、整洁（10 分）	
	地面清理干净（10 分）	
发展素养（20 分）	表达沟通能力（10 分）	
	团队协作能力（10 分）	
总分		

练习与提高

1. 使用以太网通信完成 S7-1200 PLC 与触摸屏、变频器等第三方设备的通信设置。

2. 使用以太网的 TCP 实现两个站点的两台电动机的同时起停控制，若有一台电动机不能起动，或使用中停止运行，运行中的电动机延时 5s 后停止运行。

任务 7.2 S7-1200 PLC 与 G120 变频器的 PRIFINET 通信

学习目标

1. 知识目标

1）掌握 SINAMICS 通信报文的分类和结构。

2）掌握 PROFINET IO 的使用方法。

3）掌握查看报文地址的方法。

2. 技能目标

1）能够解析标准报文。

2）能正确使用PROFINET IO的方式与G120变频器进行通信。

3）能按照报文地址编写控制G120变频器的程序。

3. 素质目标

1）培养学生精益求精的工匠精神。

2）培养学生安全意识和规范操作的职业素养。

任务描述

变频器是PLC应用中最常见的控制对象之一，西门子G120是采用模块化设计的变频器，主要包括两部分：控制单元和功率单元。控制单元支持常用的现场总线协议，如ModbusRTU、USS、PROFIBUS-DP、PROFINET IO、CANopen等。本任务介绍G120应用中的PROFINET通信以及SINAMICS的通信报文结构，这一部分较难掌握，但很常用。通过学习报文的结构来掌握PROFINET通信控制G120变频器的方法。

项目实施过程中需注重团队协作，调试过程中需注意设备功能精准度、稳定性，追求精益求精的工匠精神。

本任务中选用分拣模块，完成对物料的传输和分拣过程。该模块主要由传送带传送机构、三相异步电动机等部分组成，传送带传送机构用于传送工件，并把工件移到视觉镜头下方进行视觉分拣以及传送视觉检测通过的物料。传送带传送机构的工作原理是由三相异步电动机通过带轮带动传送带转动，物料便可以在传送带上进行水平移动；在传送机构末端存在一个光纤传感器，用于检测物料是否到达传送带传送末端位置。其外观如图7-21所示。

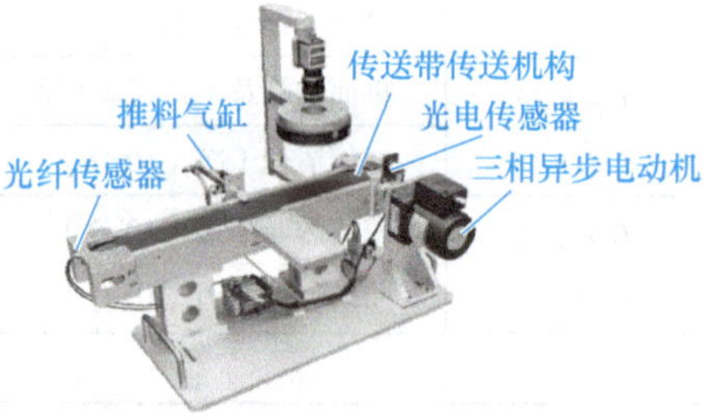

图7-21 分拣模块的外观

本次任务主要完成如下内容：入料口光电传感器检测到有工件时，三相异步电动机起动，在工件到达传送带末端且被光纤传感器检测到时，电动机停止运行，完成PLC控制系统外部接线图的绘制及硬件安装和PLC程序的设计。

知识准备

在SINAMCIS系列产品报文中，参数的访问通过非周期性通信来实现。PROFIdrive根据具体产品的功能特点，制定了特殊的报文结构，每一个报文结构都与驱动器的功能一一对应，因此在进行硬件配置的过程中，要根据所要实现的控制功能来选择相应的报文结构。

知识点 报文的类型与解析

1. SINAMICS通信报文类型

对于SINAMICS系列产品，其报文包括标准报文和制造商报文，这里重点介绍标准报文。标准报文根据 PROFIdrive 协议构建，报文描述及应用范围见表 7-7。

表 7-7　标准报文描述及应用范围

报文名称	描述	应用范围
标准报文 1①	16 位转速设定值	基本速度控制
标准报文 2①	32 位转速设定值	基本速度控制
标准报文 3①	32 位转速设定值，1 个位置编码器	支持等时模式的速度或位置控制
标准报文 4	32 位转速设定值，2 个位置编码器	支持等时模式的速度或位置控制，双编码器
标准报文 5①	32 位转速设定值，1 个位置编码器和 DSC	支持等时模式的速度或位置控制
标准报文 6	32 位转速设定值，2 个位置编码器和 DSC	支持等时模式的速度或位置控制，双编码器
标准报文 7	基本定位器功能	仅有程序块选择 EPOS
标准报文 9	直接给定的基本定位器	简化功能的 EPOS
标准报文 20	16 位转速设定值	VIK-NAMUR 标准定义
标准报文 81①	1 个编码器通道	编码器报文
标准报文 82	1 个编码器通道，16 位转速设定值	扩展编码器报文
标准报文 83①	1 个编码器通道，32 位转速设定值	扩展编码器报文

① 常用报文。

2. 报文结构

变频器从上级控制器中接收循环数据，再将循环数据反馈给控制器，如图 7-22 所示。在数据传输过程中，变频器和控制器各自在报文中打包数据。

如图 7-23 所示，循环数据交换的每种报文具有以下基本结构：① Herder 报文头和 Trailer 报文尾构成了协议框架；②框架内包括 PKW 及 PZD 数据，其中借助 PKW，变频器可以读取或更改变频器中的各个参数，值得说明的是并不是每个报文中都有 PKW 区域，变频器通过 PZD 接收控制指令和上级控制器的设定值，或发送状态消息和实际值。

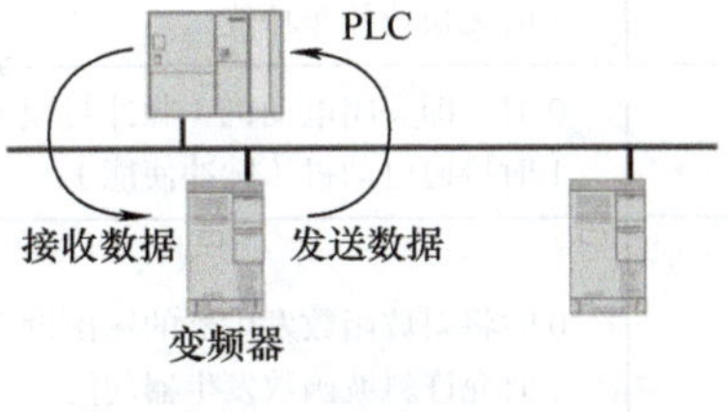

图 7-22　循环数据交换

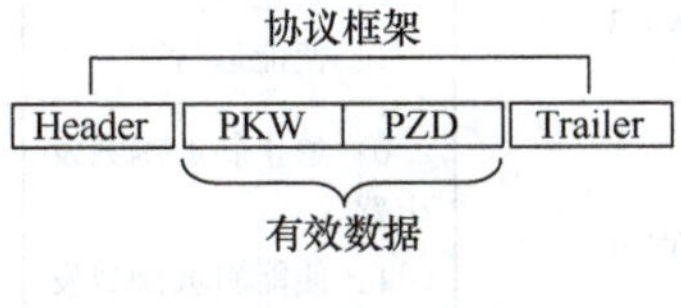

图 7-23　报文结构

常用的标准报文结构见表 7-8。

表 7-8　常用的标准报文结构

报文		PZD1	PZD2	PZD3	PZD4	PZD5	PZD6
报文 1	16 位转速设定值	STW1	NSOLL				
		ZSW1	NIST				
报文 2	32 位转速设定值	STW1	NSOLL		STW2		
		ZSW1	NIST		ZSW2		

（续）

报文		PZD1	PZD2	PZD3	PZD4	PZD5	PZD6
报文350	16位转速设定值，带转矩限制	STW1	NSOLL	M_LIM	STW3		
		ZSW1	NIST	IAIST	ZSW3		
报文352	16位转速设定值，PCS	STW1	NSOLL				
		ZSW1	NIST	IAIST	MIST	WARN_CODE	FAULT_CODE

表7-8中关键字含义如下：

STW1—控制字1，STW2—控制字2，STW3—控制字3，

ZSW1—状态字1，ZSW2—状态字2，ZSW3—状态字3，

NSOLL—速度设定值，NIST—实际速度，IAIST—实际电流，MIST—实际转矩，

WARN_CODE—报警代码，FAULT_CODE—故障代码。

3. 标准报文解析

标准报文适用于SINAMICS、MICROMASTER和SIMODRIVE 611系列变频器，标准报文只有2个字，写报文时，第一个字是控制字STW1，第二个字是主设定值；读报文时，第一个字是状态字ZSW1，第二个字是主监控值。

（1）控制字STW1　标准报文的控制字STW1各位的含义见表7-9。

表7-9　标准报文的控制字STW1各位含义

信号	含义	关联参数	说明
STW1.0	上升沿：使能 0：OFF1（减速停车）	P840［0］=r2090.0	0时按P1121的时间进行制动 上升沿时，进入就绪状态
STW1.1	0：OFF2（惯性停车） 1：OFF2不生效	P844［0］=r2090.1	0时电动机立即关闭，惯性停车 1时无惯性停车功能
STW1.2	0：OFF3（快速停车） 1：OFF3不生效	P848［0］=r2090.2	0时电动机快速停车，按P1135进行制动 1时无快速停车功能
STW1.3	0：禁止运行 1：使能运行	P852［0］=r2090.3	0时立即关闭电动机（脉冲封锁） 1时接通电动机（脉冲使能）
STW1.4	0：禁止斜坡函数发生器 1：使能斜坡函数发生器	P1140［0］=r2090.4	0时将斜坡函数发生器的输出设为0 1时允许斜坡函数发生器使能
STW1.5	0：停止斜坡函数发生器 1：使能斜坡函数发生器	P1141［0］=r2090.5	0时斜坡函数发生器输出保持在当前值 1时斜坡函数发生器的输出跟踪设定值
STW1.6	0：使能设定值 1：禁止设定值	P1142［0］=r2090.6	使能/禁止设定值
STW1.7	上升沿：确认故障	P2103［0］=r2090.7	应答故障
STW1.8	预留位		
STW1.9	预留位		

（续）

信号	含义	关联参数	说明
STW1.10	0：不受 PLC 控制 1：由 PLC 控制	P854［0］=r2090.10	0 时忽略来自现场总线的过程数据 1 时由现场总线控制
STW1.11	1：换向	P1113［0］=r2090.11	取反变频器内的设定值
STW1.12	预留位		
STW1.13	1：设置使能零脉冲	P1035［0］=r2090.13	设置使能零脉冲的信号源
STW1.14	1：设置持续降低电动电位器设定值	P1036［0］=r2090.14	设置持续降低电动电位器设定值的信号源
STW1.15	预留位		

控制字的第 0 位 STW1.0 与起停参数 P840 关联，且为上升沿有效，如需要变频器正向起动时，则 STW1.0 需要一个上升沿信号进行触发，再结合表 7-9 中其他控制位的含义可以得出：当控制字 STW1 由 16#047E 变为 16#047F 时，会产生正向起动的上升沿信号；同理，当控制字 STW1 由 16#047E 变为 16#0C7F 时，会产生反向起动的上升沿信号；而当控制字 STW1 为 16#047E 时，会向变频器发出停止信号。

（2）主设定值　主设定值是一个字，用十六进制格式表示，最大数值是 16#4000，对应变频器的额定频率或额定转速。例如，G120 变频器同步转速设置为 1500r/min 时，对应的主设定值为 16#4000；如果需要将变频器的转速设置为 1200r/min，则需要对转速进行标准化处理，16#4000 对应的十进制数据为 16384，所以 1200r/min 对应的十进制为

$$\frac{1200}{1500}\times 16384=13107$$

而 13107 对应的十六进制数为 16#3333，即应将主设定值设置为 16#3333。这里要注意的是，标准化时不要用十六进制数，如上面的公式变为

$$\frac{1200}{1500}\times 16\#4000=16\#3200$$

计算成 16#3200 是不对的。

任务实施

一、实施步骤

1. 硬件选型（见表 7-10）

表 7-10　硬件选型表

名称	型号或规格
PLC	CPU 1214C DC/DC/RLY
光电传感器	GRTE18S-N1317
光纤传感器	E3X-NA11 三线制
G120 变频器控制单元	CU250S-2 PN Vector
G120 变频器功率单元	PM240-2 IP20 U 400V 0.75kW
实验电动机	JW-6314 180W/1400r/min/380V/0.4A/50Hz

2. I/O 分配

根据任务要求可知，本次任务涉及的传感器为入料口光电传感器和传送带末端光纤传感器，故需要 2 个输入；变频器与 PLC 之间通过 PROFINET 通信进行交互信号，故不需要输出信号。I/O 分配表见表 7-11。

表 7-11　I/O 分配表

输入	信号
入料口光电传感器	I0.0
传送带末端光纤传感器	I0.1

3. 接线原理图设计

根据系统的 I/O 分配，设计本任务的输入端接线，如图 7-24 所示。

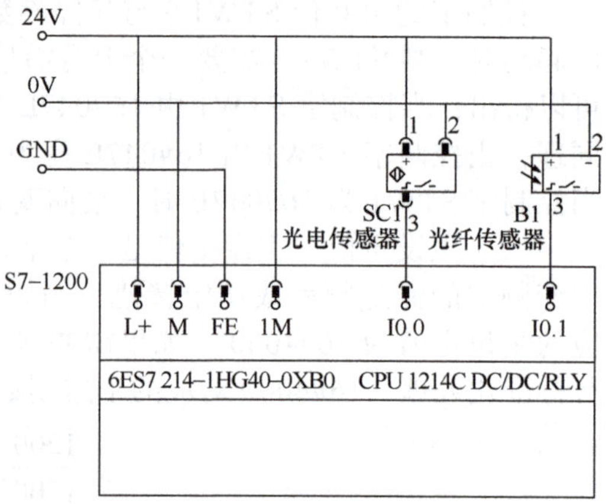

图 7-24　系统输入端接线图

4. 硬件组态

（1）创建项目，添加 PLC　打开 TIA Portal 软件，创建新项目，添加新设备，选择 CPU 1214C DC/DC/RLY，单击“确定”按钮，如图 7-25 所示。

（2）添加 G120 站　首先，添加 G120 控制单元。双击项目树中的“添加新项目”，在弹出的对话框中选择左侧的“驱动”，在右侧“SINAMIC G120”系列中的控制单元中，选中“CU250S-2 PN Vector”，并单击“确定”按钮，如图 7-26 所示。

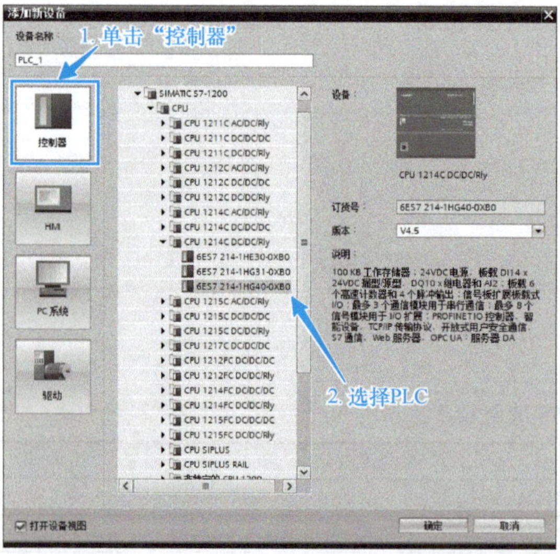

图 7-25　添加 PLC

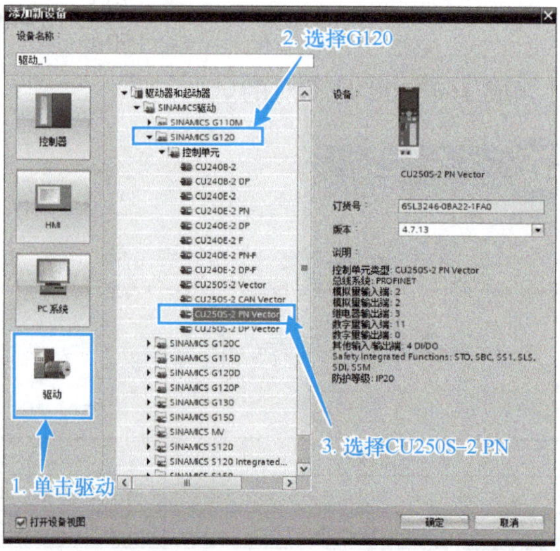

图 7-26　添加 G120 控制单元

然后，添加 G120 功率单元。在“设备视图”下，双击右侧“硬件目录下”的“功率单元”/“PM240-2”/“3AC 380-480V”/“FSA”/“IP20 U 400V 0.75kW”模块，则

模块会自动添加到驱动设备中，如图 7-27 所示。

（3）网络连接 单击右上角“网络视图”，切换到网络视图模式，单击“驱动_1”中的“未分配”，选择“PLC_1.PROFINET 接口_1”，完成 PLC 与变频器的网络连接，如图 7-28 所示。

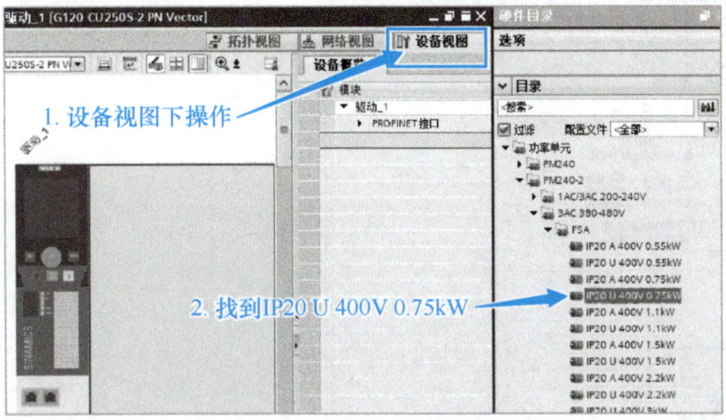

图 7-27 添加 G120 功率单元

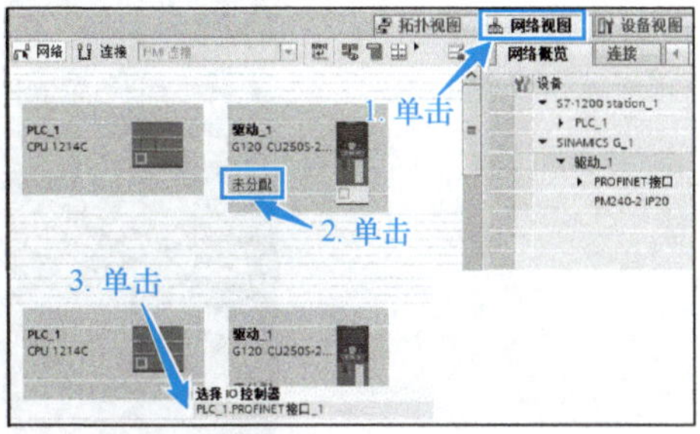

图 7-28 网络连接

（4）组态变频器 在项目树中，找到变频器（驱动_1），双击“调试”命令，在弹出的调试界面中，单击“调试向导”，如图 7-29 所示，则弹出“调试向导”对话框，如图 7-30 所示。

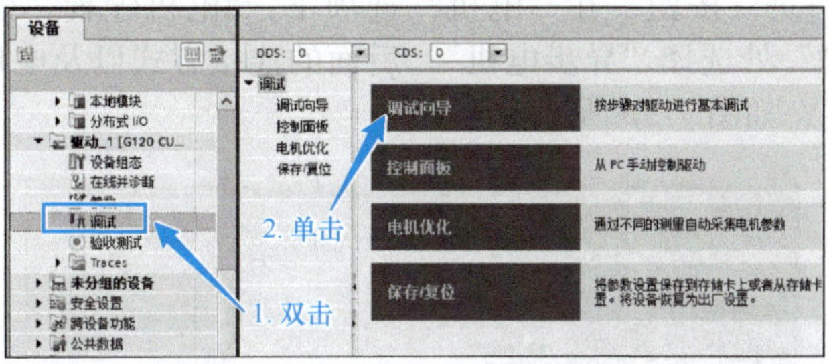

图 7-29 调试

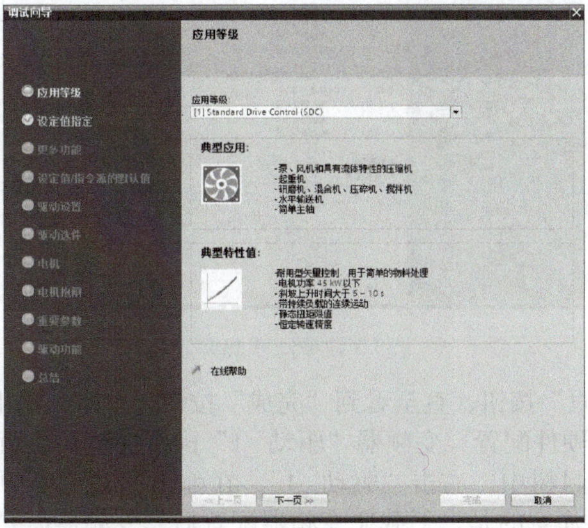

图 7-30 “调试向导”对话框

在“调试向导”对话框中，单击“下一页”按钮，在左侧“设定值/指令源的默认值”选项下，报文配置中选择“标准报文1，PZD-2/2”，这里使用标准报文1进行通信，如图7-31所示。

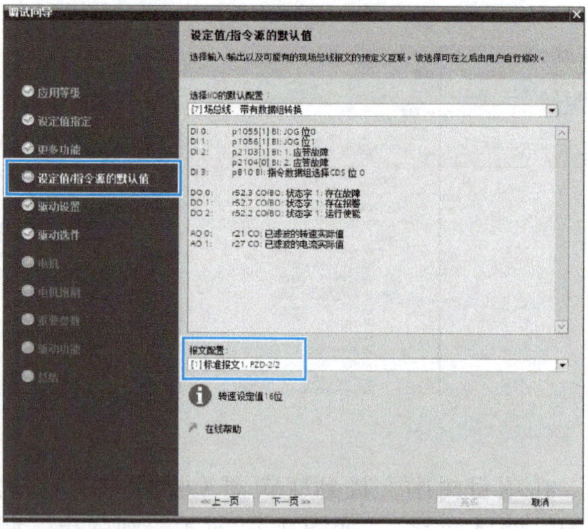

图7-31　配置报文

继续单击“下一页”按钮，在“电机”选项下，“电机配置”处选择“输入电机数据”，“选择电机类型”处选择“异步电机”，后面的连接方式以及电机数据，都根据实际的电机参数进行设置，如图7-32所示。

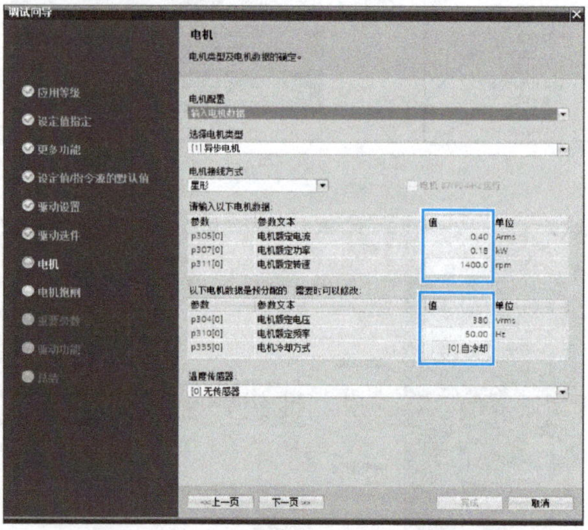

图7-32　配置电机参数

继续单击“下一页”按钮，直至看到“完成”按钮，单击后退出“调试向导”。

（5）下载变频器硬件配置　变频器“驱动_1”配置完成后，就可以将硬件配置下载到变频器中了。在项目树中，右击“驱动_1”，在弹出的对话框中选择“下载到设备”，如图7-33所示。需要注意的是，下载完变频器配置后，变频器需要重新上电后配置才能生效。

（6）编写 PLC 程序　变频器配置下载完成后，编写程序之前，需要查看本任务中使用的标准报文 1 的地址，在“驱动_1”的“属性”框中，找到“报文配置”下“驱动_1”的“接收（设定值）”，查看右边的起始地址，如图 7-34 所示，此处显示“Q 256”即是控制字 STW1 的地址，由于控制字是 16 位，所以实际地址为 QW256，根据表 7-8 关于报文 1 的信息，STW1 后是速度设定值 NSOLL，所以 NSOLL 的地址是 QW258。

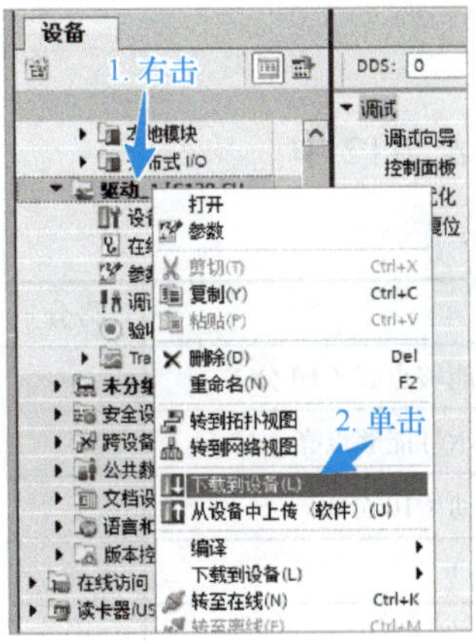

图 7-33　下载驱动配置

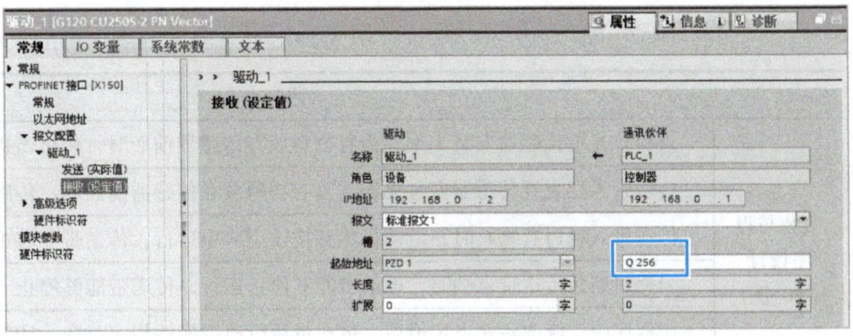

图 7-34　查看报文接收地址

下面开始编写程序，首先是起停变频器，根据任务要求，当入料口光电传感器检测到有工件时，三相异步电动机起动，在工件到达传送带末端且被光纤传感器检测到时，电动机停止运行，根据前面的介绍，停变频器只需要向控制字 STW1 中写入相应的数据即可，程序如图 7-35 所示。

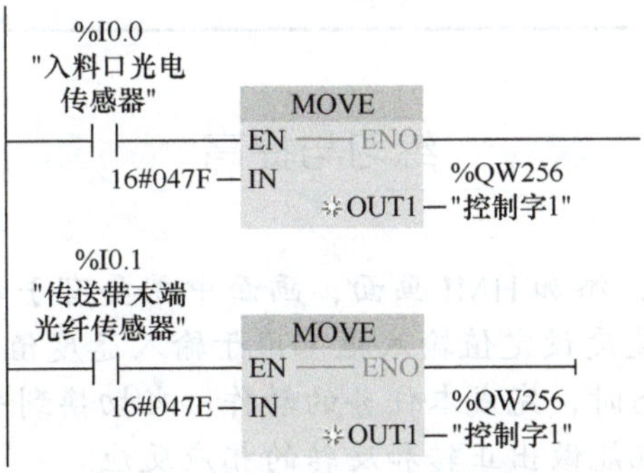

图 7-35　起停变频器程序

然后编写转速设定值，变频器转速设定值是向控制字 STW2 中写入相应数据，16#4000 表示最大速度，故程序如图 7-36 所示。

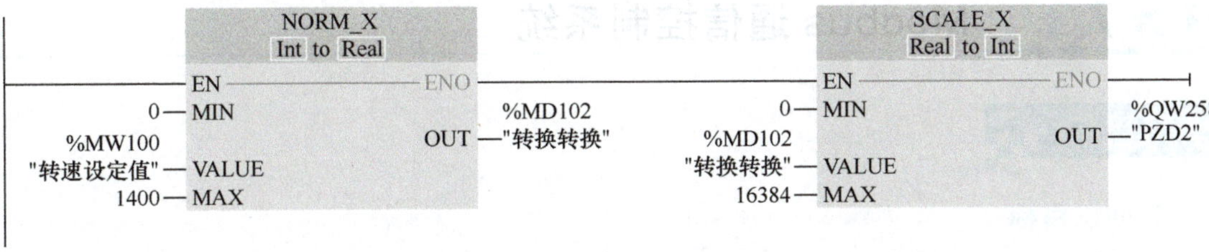

图 7-36　设定电动机转速程序

5. 调试与运行

1）检查光电传感器和光纤传感器的安装位置是否到位，工作是否正常。
2）检查 I/O 接线是否正确。
3）运行程序，观察运动控制模块动作是否满足任务要求。
4）优化程序。

二、任务考核与评价

教师根据学生的完成情况，对结果进行评分，并将得分填入表 7-12 中。

表 7-12 S7-1200 PLC 与 G120 变频器的 PRIFINET 通信评分表

评分点		得分
安装与程序设计（60 分）	入料口光电传感器安装无误，当有物料放在传感器前面时，传感器指示灯能够点亮（10 分）	
	传送带末端光纤传感器安装无误，当有物料放在传感器前面时，传感器指示灯能够点亮（10 分）	
	传送带入料口有物料时，电动机能够按设定频率运行，传送带能够正常移动（10 分）	
	当物料到达传送带末端时，电动机能够停止运行，传送带能够停止（10 分）	
	在程序中，修改转速设定值后，传送带运行速度能够相应改变（10 分）	
	程序调试功能正确（10 分）	
6S 素养（20 分）	桌面物品及工具摆放整齐、整洁（10 分）	
	地面清理干净（10 分）	
发展素养（20 分）	表达沟通能力（10 分）	
	团队协作能力（10 分）	
总分		

练习与提高

1. 在本任务的基础上，添加 HMI 画面，画面中需要有手动 / 自动切换按钮、手动正转按钮、手动反转按钮和速度设定值输入框（用于输入速度值）；本任务的动作作为自动流程，即当切换到自动状态时，完成本任务的动作；当切换到手动状态时，单击手动正转按钮、手动反转按钮电动机能做出正转和反转的相应反应。

2. 本任务仅完成了 PLC 到变频器的数据传输，查阅资料，编写程序，尝试通过报文读取变频器的实际运行速度值。

任务 7.3 Modbus 通信控制系统

学习目标

1. 知识目标

1）了解 Modbus 通信基本知识。

2）掌握 S7-1200 PLC Modbus 通信指令的功能。

2. 技能目标

1）能配置 S7-1200 PLC 的 Modbus TCP 通信指令。

2）能配置 S7-1200 PLC 的 Modbus RTU 通信指令。

3. 素质目标

1）通过对通信知识的学习，加强网络运行安全和应急通信保障意识。

2）通过对通信系统通信过程的程序设计，培养学生科技报国情怀和精益求精的工作作风。

任务描述

在工业中，用变频器控制电动机调速时常用到 Modbus 通信，本任务用一台 CPU 1215C 对变频器拖动的电动机进行 Modbus 无级调速，已知电动机的功率为 0.37W，额定转速为 1400r/min，额定电压为 380V，额定电流为 0.74A，额定频率为 50Hz，请设计方案。

知识准备

知识点　Modbus 通信

1. Modbus 协议简介

Modbus 协议是一项应用层报文传输协议，包括 Modbus-ASCII、Modbus RTU、Modbus TCP 三种，协议本身并没有定义物理层，只是定义了控制器能够认识和使用的消息结构，而不管它们是经过何种网络进行通信的。

标准的 Modbus 协议物理层接口有 RS232、RS422、RS485 和以太网口，采用 Master/Slave（主 / 从）方式通信。Modbus 协议在 2004 年成为我国国家标准。

Modbus 协议是一个 Master/Slave 架构的协议。有一个节点是 Master 节点，其他使用 Modbus 协议参与通信的节点是 Slave 节点。每一个 Slave 设备都有一个唯一的地址。在串行和 MB+ 网络中，只有被指定为主节点的节点可以启动一个指令（在以太网上，任何一个设备都能发送一个 Modbus 指令，但是通常只有一个主节点设备启动指令）。

一个 Modbus 指令包含了打算执行设备的 Modbus 地址。所有设备都会收到指令，但只有指定位置的设备会执行及回应指令（地址 0 例外，指定地址 0 的指令是广播指令，所有收到指令的设备都会运行，但不回应指令）。所有 Modbus 指令包含了检查码，以确定到达的指令没有被破坏。基本的 Modbus 指令能指定一个 RTU 改变寄存器的某个值，控制或者读取一个 I/O 端口，以及指挥设备回送一个或者多个寄存器中的数据。

在串行通信时，常使用 Modbus RTU，其报文格式见表 7-13，Modbus RTU 的报文包括 1 个起始位、8 个数据位、1 个校验位和 1 个停止位。

表 7-13　Modbus RTU 的报文格式

<table>
<tr><th rowspan="3">启动 / 暂停</th><th colspan="5">应用数据单元</th></tr>
<tr><th rowspan="2">Slave</th><th colspan="2">协议数据单元</th><th colspan="2" rowspan="2">CRC</th></tr>
<tr><th>功能代码</th><th>数据</th></tr>
<tr><td rowspan="2">≥3.5Byte</td><td rowspan="2">1Byte</td><td rowspan="2">1Byte</td><td rowspan="2">0 ～ 252Byte</td><td colspan="2">2Byte</td></tr>
<tr><td>CRC 低位</td><td>CRC 高位</td></tr>
</table>

2. S7-1200 PLC Modbus TCP 通信介绍

Modbus TCP（传输控制协议）是一个标准的网络通信协议，通过编程实现网络通信，可通过 CPU 或 CM/CP 的本地接口建立连接，不需要额外的通信硬件模块。Modbus TCP 使用开放式用户通信连接作为 Modbus 通信路径。除了 STEP 7 和 CPU 之间的连接外，还可能存在多个客户端 – 服务器连接，图 7-37 所示为 S7-1200 PLC Modbus TCP 通信连接图。

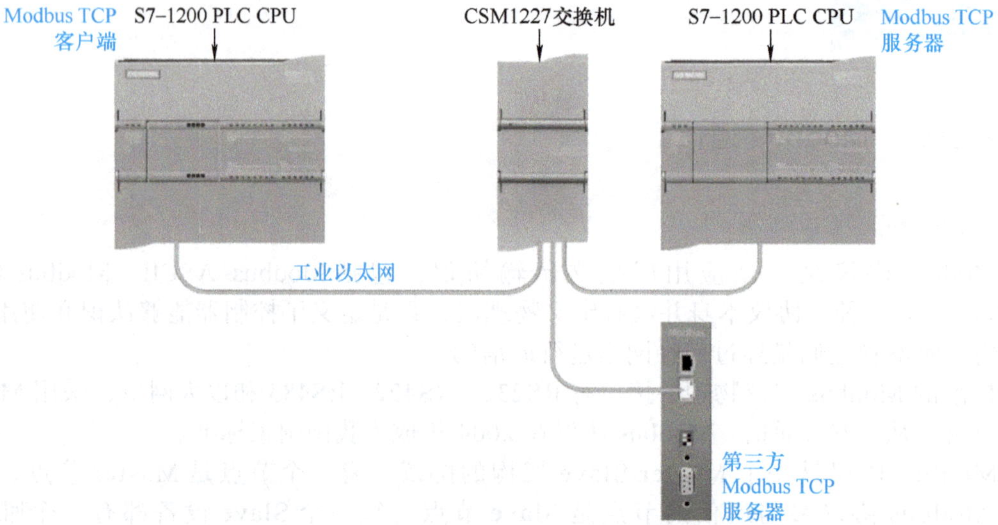

图 7-37　S7-1200 PLC Modbus TCP 通信连接图

Modbus TCP 客户端（主站）必须通过 DISCONNECT 参数控制客户端 – 服务器连接。基本的 Modbus 客户端操作如下：

1）连接到特定服务器（从站）IP 地址和 IP 端口号。

2）启动 Modbus 消息的客户端传输，并接收服务器响应。

3）根据需要断开客户端和服务器的连接，以便与其他服务器连接。

（1）Modbus TCP 服务器　Modbus TCP 服务器通过 MB_SERVER 指令配置，通过 PROFINET 连接进行通信。MB_SERVER 指令将处理 Modbus TCP 客户端的连接请求、接收并处理 Modbus 请求并发送响应。使用该指令时，可通过 CPU 或 CM/CP 的本地接口建立连接，无需其他任何硬件模块。MB_SERVER 指令功能表见表 7-14。

表 7-14　MB_SERVER 指令功能表

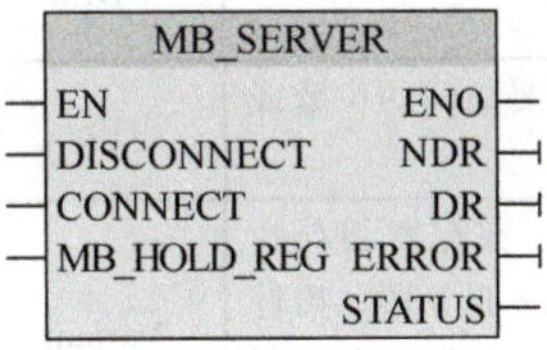

指令	参数	描述	数据类型
	EN	使能	Bool
	DISCONNECT	MB_SERVER 指令与伙伴设备进行“被动”连接。服务器被动地侦听来自任何请求 IP 地址的 TCP 连接请求。如果 DISCONNECT = 0 且不存在连接，则可以启动被动连接。如果 DISCONNECT = 1 且存在连接，则启动断开操作。该参数允许程序控制何时接受连接。每当启用此输入时，无法尝试其他操作	Bool
	CONNECT	引用包含系统数据类型为 TCON_IP_v4 的连接参数的数据块结构	Variant
	MB_HOLD_REG	指向 MB_SERVER Modbus 保持寄存器的指针，保持寄存器必须是一个未经优化的全局数据块或 M 存储区地址。存储区用于保存允许 Modbus 客户端使用 Modbus 寄存器读、写功能访问的数据	Variant
	NDR	新数据就绪：0 表示没有新数据，1 表示 Modbus 客户端已写入新数据	Bool
	DR	数据读取：0 表示没有读取数据，1 表示 Modbus 客户端已读取该数据	Bool
	ERROR	MB_SERVER 执行因错误而结束后，ERROR 位将在一个扫描周期时间内保持为 TRUE	Bool
	STATUS	执行条件代码	Bool

MB_SERVER 指令支持多个服务器连接，允许一个单独 CPU 能够同时接收来自多个 Modbus TCP 客户端的连接，连接的最大数目取决于所使用的 CPU。一个 CPU 的总连接数包括 Modbus TCP 客户端和服务器的连接数，不能超过所支持的最大连接数。Modbus TCP 连接还可由 MB_CLIENT 和 / 或 MB_SERVER 实例共用。

单独的并发服务器连接必须遵循以下规则：

1）各 MB_SERVER 连接必须使用一个唯一的背景数据块。

2）必须为各 MB_SERVER 连接分配一个唯一的 IP 端口号。每个端口只能用于 1 个连接。

3）必须为各 MB_SERVER 连接分配一个唯一的连接 ID。

4）必须为每个连接（带有各自的背景数据块）单独调用 MB_SERVER。

连接 ID 对于每个单独的连接必须是唯一的。每个单独的背景数据块必须使用单一的连接 ID。背景数据块和连接 ID 成对使用，且对每个连接必须是唯一的。

（2）Modbus TCP 客户端　MB_CLIENT 指令作为 Modbus TCP 客户端，通过 S7-1200 PLC CPU 上的 PROFINET 连接进行通信。使用该指令，无需其他任何硬件模块。通过 MB_CLIENT 指令，可以在客户端和服务器之间建立连接、发送请求、接收响应并控制 Modbus TCP 服务器的连接终端。MB_CLIENT 指令功能表见表 7-15。

表 7-15　MB_CLIENT 指令功能表

指令	参数	描述	数据类型
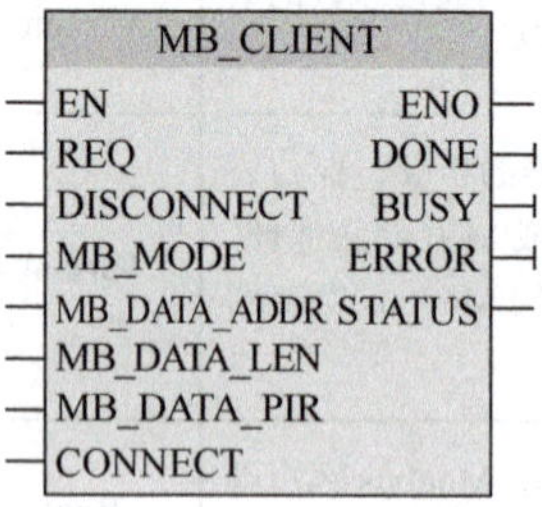	EN	使能	Bool
	REQ	0：无 Modbus 通信请求 1：请求与 Modbus TCP 服务器通信	Bool
	DISCONNECT	该参数允许程序控制与 Modbus 服务器设备的连接和断开 该值 =0 且不存在连接，则 MB_CLIENT 尝试连接到分配的 IP 地址和端口号 该值 =1 且存在连接，则尝试断开连接操作	Bool
	MB_MODE	模式选择：分配请求类型（读、写或诊断）	USInt
	MB_DATA_ADDR	Modbus 起始地址：分配 MB_CLIENT 访问数据的起始地址	UDInt
	MB_DATA_LEN	Modbus 数据长度：分配此请求中要访问的位数或字数	UInt
	MB_DATA_PTR	指向 Modbus 数据寄存器的指针：寄存器缓存数据进入 Modbus 服务器或来自 Modbus 服务器。指针必须分配一个未进行优化的全局数据块或 M 存储器地址	Variant
	CONNECT	引用包含系统数据类型为 TCON_IP_v4 的连接参数的数据块结构	Variant
	DONE	上一请求已完成且没有出错后，DONE 位将保持为 TRUE 一个扫描周期时间	Bool
	BUSY	0：无 MB_CLIENT 操作正在进行 1：MB_CLIENT 操作正在进行	Bool
	ERROR	MB_CLIENT 执行因错误而结束后，ERROR 位将在一个扫描周期时间内保持为 1	Bool
	STATUS	执行条件代码	Bool

使用 Modbus 客户端调用 Modbus 指令时，调用过程中统一输入数据，输入参数的状态将存储在内部，并在下一次调用时比较。这种比较用于确定这一特定调用是否初始化当前请求。

如果使用一个通用背景数据块，那么可以执行多个 MB_CLIENT 调用。在执行 MB_CLIENT 实例的过程中，不得更改输入参数的值。如果在执行过程中更改了输入参数，那么将无法使用 MB_CLIENT 检查实例当前是否正在执行。

Modbus TCP 客户端可以支持多个 TCP 连接，连接的最大数目取决于所使用的 CPU。一个 CPU 的总连接数包括 Modbus TCP 客户端和服务器的连接数，不能超过所支持的最大连接数。Modbus TCP 连接也可以由客户端和 / 或服务器连接共享。

使用各客户端连接时，请记住以下规则：

1）各 MB_CLIENT 连接必须使用一个唯一的背景数据块。

2）必须为各 MB_CLIENT 连接分配一个唯一的服务器 IP 地址。

3）各 MB_CLIENT 连接分配一个唯一的连接 ID。

4）是否需要唯一的 IP 端口号取决于服务器组态。

各个背景数据块必须使用不同的连接 ID。背景数据块和连接 ID 成对使用，且对每个连接必须是唯一的。

3. S7-1200 PLC Modbus RTU 介绍

（1）S7-1200 PLC 的 Modbus RTU 通信　串口通信模块 CM1241 RS232 和 CM1241 R485（CB 1241）均支持 Modbus RTU 协议，可作为 Modbus 主站或从站与支持 Modbus RTU 的第三方设备通信。作为 Modbus RTU 主站运行的 CPU 能够在 Modbus RTU 从站中通过通信连接读取和写入数据。作为 Modbus RTU 从站运行的 CPU 允许通信连接的 Modbus RTU 主站读取并写入数据。

使用 S7-1200 PLC 串口通信模块进行 Modbus RTU 协议的通信通常非常简单，先调用 MB_COMM_LOAD 指令来设置通信端口参数，然后调用 MB_MASTER 或 MB_SLAVE 指令为主站和从站与支持 Modbus RTU 的第三方设备通信。

S7-1200 PLC 串口通信模块 Modbus RTU 协议通信的注意事项如下：

1）在调用 MB_MASTER 或 MB_SLAVE 之前，必须调用 MB_COMM_LOAD 来设置端口的参数。

2）如果一个通信端口作为从站与另一主站通信，则其不能调用 MB_MASTER 为主站，同时 MB_SLAVE 只能调用一次。

3）如果一个通信端口作为主站与另一从站通信，则其不能调用 MB_SLAVE 作为从站。同时 MB_MASTER 可调用多次，并要使用相同的背景数据块。

4）Modbus 指令不使用通信中断时间来控制通信过程，所以必须在程序中循环调用 MB_MASTER 或 MB_SLAVE 指令来检查通信状态。

5）如果一个通信端口作为从站，则调用 MB_SLAVE 指令的循环时间必须短到足以及时响应来自主站的请求。

6）如果一个通信接口作为主站，则必须循环调用 MB_MASTER 指令直到收到从站的响应。

7）可在一个组织块中执行多个 MB_MASTER 指令。

（2）Modbus RTU 通信指令

1）MB_COMM_LOAD 指令。MB_COMM_LOAD 指令用于 Modbus RTU 协议通信的串行通信端口，分配通信参数。主站和从站都要调用此指令，其功能表见表 7-16。

表 7-16　MB_COMM_LOAD 指令功能表

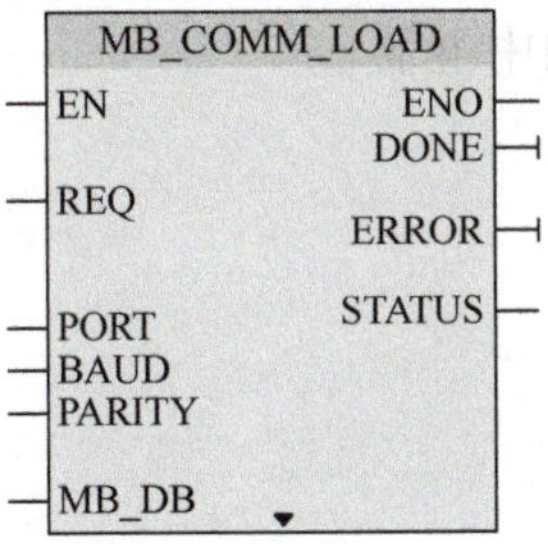

指令	参数	描述	数据类型
	EN	使能	Bool
	REQ	0 表示无请求 1 表示请求将数据传送到 Modbus 从站	Bool
	PORT	硬件标识符	Port
	BAUD	波特率	UDInt
	PARITY	奇偶校验选择：0—无，1—奇校验，2—偶校验	UInt
	MB_DB	对 MB_MASTER 或 MB_SLAVE 指令所使用的背景数据块的引用	Variant
	DONE	上一请求已完成且没有出错后，DONE 位将保持为 TRUE，持续一个扫描周期时间	Bool
	ERROR	是否出错；0—无错误，1—有错误	Bool
	STATUS	故障代码	Word

使用 MB_COMM_LOAD 指令时需注意：

① REQ 是上升沿信号有效，不需要高电平一直接通。

② 波特率和奇偶校验必须与变频器和串行通信模块硬件组态一致。

③ 通常运行一次即可，但波特率等修改后需要再次运行。当 PROFINET 或 PROFIBUS 分布式 I/O 机架上的串行通信模块与设备进行 Modbus 通信时，需要循环调用此指令。

2）MB_MASTER 指令。MB_MASTER 指令是 Modbus 主站指令，在执行此指令之前，要执行 MB_COMM_LOAD 指令组态端口。将 MB_MASTER 指令插入程序时，自动分配背景数据块。当指定 MB_COMM_LOAD 指令的参数 MB_DB 时将使用该 MB_MASTER 背景数据块。MB_MASTER 指令功能表见表 7-17。

表 7-17　MB_MASTER 指令功能表

指令	参数	描述	数据类型
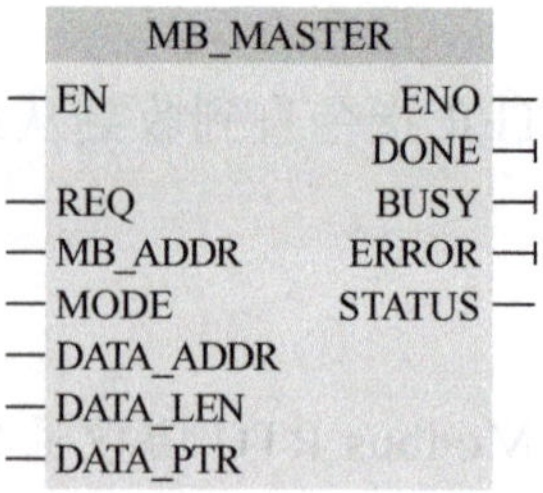	EN	使能	Bool
	REQ	0 表示无请求 1 表示请求将数据传送到 Modbus 从站	Bool
	MB_ADDR	从站站地址，有效值 1 ～ 247	UInt
	MODE	模式选择：0—读，1—写	USInt
	DATA_ADDR	从站中的寄存器地址：指定要在 Modbus 从站中访问的数据的起始地址	UDInt
	DATA_LEN	数据长度	UInt
	DATA_PTR	数据指针，指向要写入或读取的数据的 M 或数据块地址	Variant
	DONE	上一请求已完成且没有出错后，DONE 位将保持为 TRUE 一个扫描周期时间	Bool
	BUSY	0 表示无 MB_MASTER 操作正在进行 1 表示 MB_MASTER 操作正在进行	Bool
	ERROR	是否出错；0—无错误，1—有错误	Bool
	STATUS	执行条件代码	Word

使用 MB_MASTER 指令时需注意：支持最多 247 个从站（从站编号 1 ～ 247）；每个 Modbus 网段最多可以有 32 个设备，多于 32 个从站时需要添加中继器。

任务实施

一、实施步骤

1. 硬件选择

1 台装有 TIA Portal V16 软件的计算机，1 台 G120C 变频器，1 块 CPU 1215C 和 CB 1241（RS485）通信板，1 台电动机，1 根屏蔽双绞线，导线若干。

2. I/O 分配（见表 7-18）

表 7-18　I/O 分配表

输入		输出	
输入继电器	元件	输出继电器	元件
I0.0	正传起动按钮 SB1		
I0.1	反转起动按钮 SB2		
I0.2	停止按钮 SB3		

3. 电气原理图

电气原理图如图 7-38 所示，CB 1241（RS485）模块串口的 3 针脚和 8 针脚与 G120C 变频器的通信口的 2 和 3 号端子相连，PLC 端和变频器端的终端电阻置于 ON。

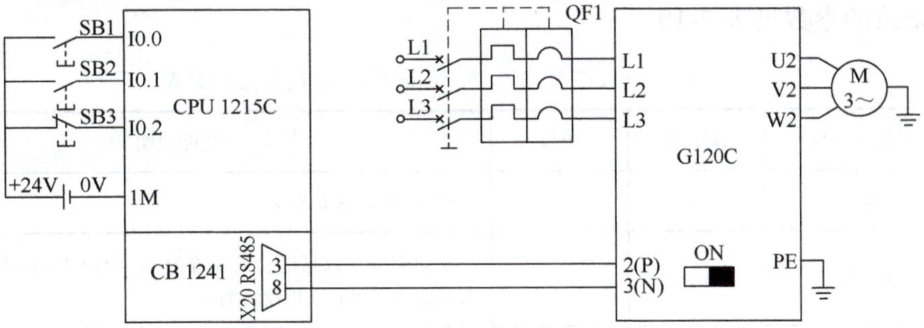

图 7-38　电气原理图

4. 程序设计

1）新建项目“MODBUS_1200”，添加新设备，先把 CPU 1215C 拖拽到设备视图，再将 CB 1241（RS485）通信模块拖拽到设备视图，如图 7-39 所示。

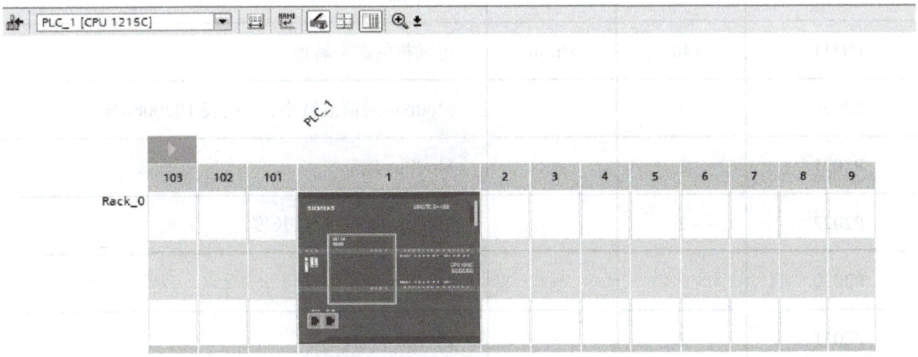

图 7-39　S7-1200 PLC 与 CB 1241 组态

2）选中 CB 1241（RS485）的串口，再选择“属性”/“常规”/“IO-Link”，不修改“IO-Link”串口的参数（也可根据实际情况修改，但变频器中的参数要和此参数一致），如图 7-40 所示。

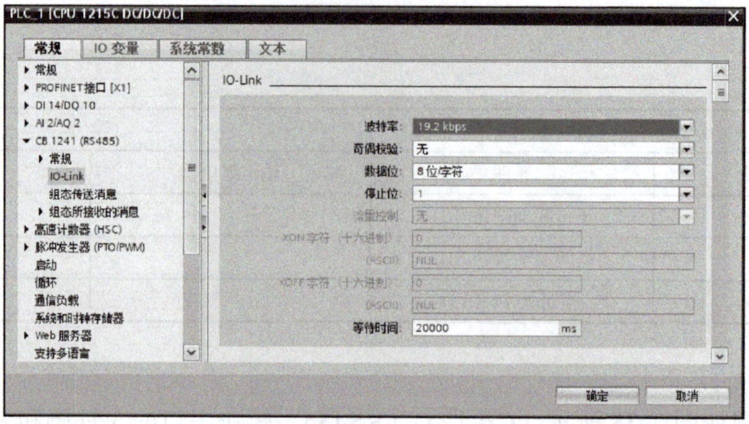

图 7-40　设置 CB 1241 通信参数

3）修改变频器参数。当 G120C 变频器采用 Modbus RTU 通信时，使用宏 21，变频器中需要修改的参数见表 7-19。

表 7-19　G120C 变频器 Modbus RTU 通信参数设置表

序号	变频器参数	设定值	单位	功能说明
1	P0003	3	—	权限级别，3 是专家级
2	P0010	1/0	—	驱动调试参数筛选。先设置为 1，当把 P0015 和电动机相关参数修改完成后，再设置为 0
3	P0015	21	—	驱动设备宏指令
4	P0304	380	V	电动机的额定电压
5	P0305	0.4	A	电动机的额定电流
6	P0307	0.18	kW	电动机的额定功率
7	P0310	50.00	Hz	电动机的额定频率
8	P0311	1400	r/min	电动机的额定转速
9	P2020	7	—	Modbus 通信波特率，7 代表 19200bit/s
10	P2021	2	—	Modbus 地址
11	P2022	2	—	Modbus 通信 PZD 长度
12	P2030	2	—	Modbus 通信协议
13	P2031	2	—	偶校验
14	P2040	1000	ms	总线监控时间

5. 编写程序

变频器的起停控制程序如图 7-41 所示。

1）当系统上电时，激活 MB_COMM_LOAD 指令，使能完成后，设置了 Modbus 的通信端口、波特率和奇偶校验，如果以上参数需要改变时，需要重新激活 MB_COMM_LOAD 指令。

2）当按下按钮 SB1（I0.0 闭合）时，把主设定值传送到 MW12，停止信号传送到 MW30 中。在 Modbus 从站寄存器号 DATA_ADDR 中写入 40101，40101 代表主设定值寄存器号。

3）在 DATA_PTR（MW12）中写入 16#1000，代表速度主设定值。

4）在 Modbus 从站寄存器号 DATA_ADDR（MW30）中写入 40100，40100 代表控制字寄存器号。程序如图 7-42 所示。

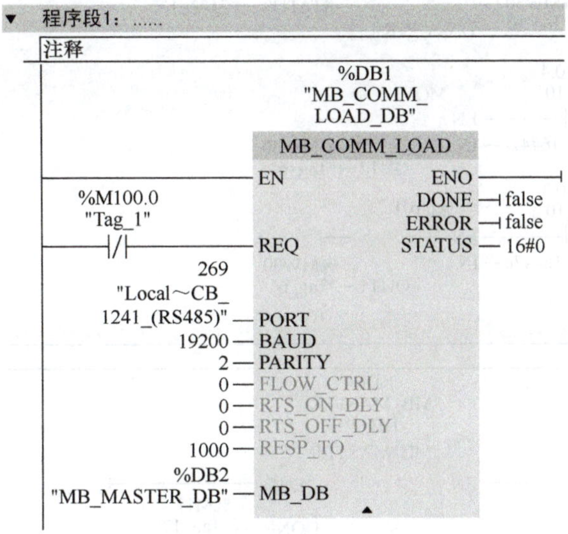

图 7-41　OB100 中的程序

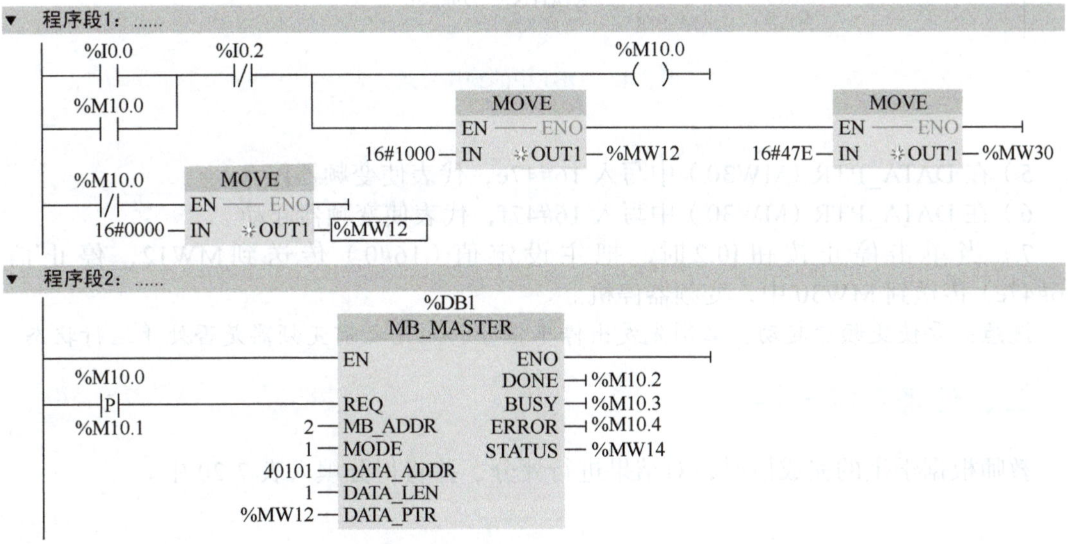

图 7-42　OB1 中的程序

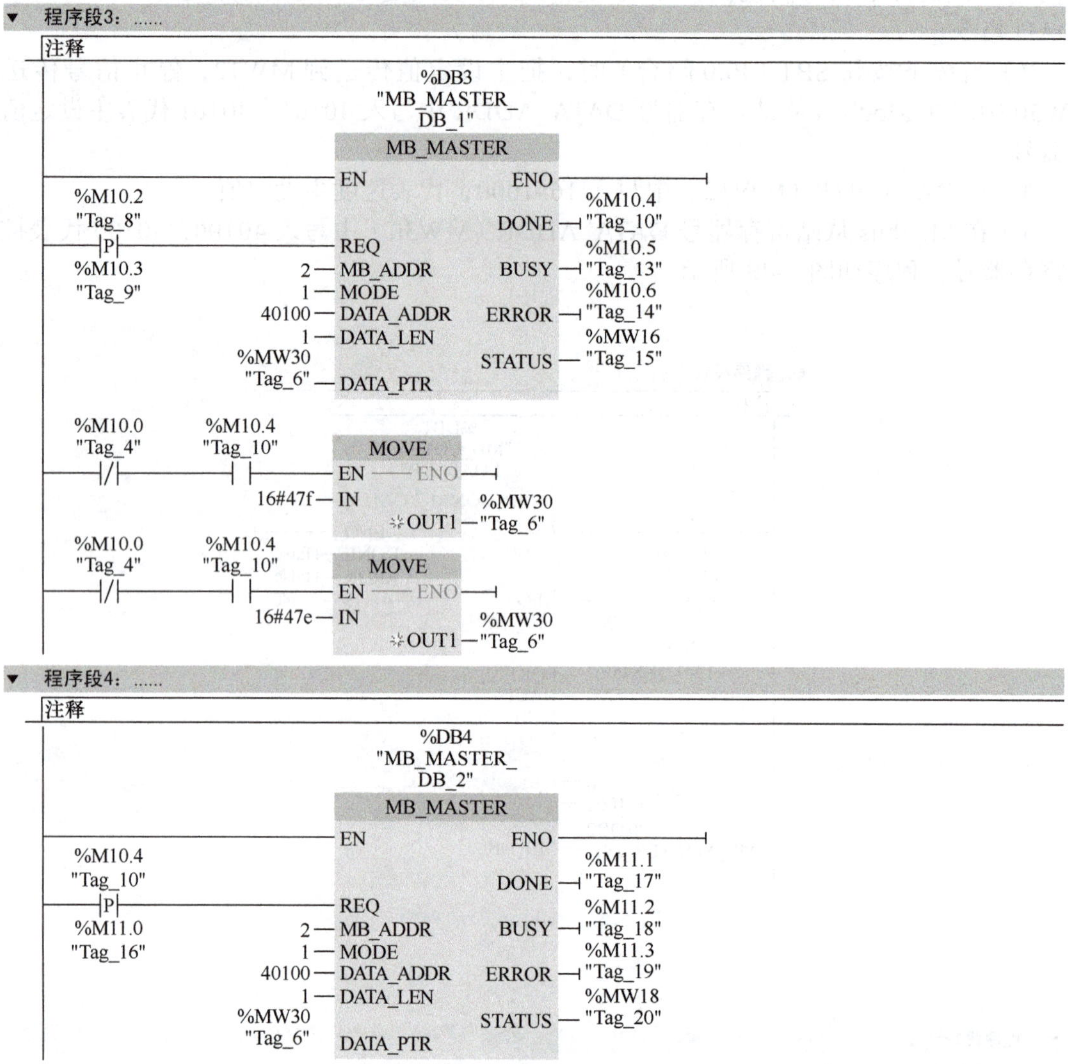

图 7-42 OB1 中的程序（续）

5）在 DATA_PTR（MW30）中写入 16#47e，代表使变频器停车。

6）在 DATA_PTR（MW30）中写入 16#47f，代表使变频器起动。

7）当单击停止按钮 I0.2 时，把主设定值（16#0）传送到 MW12，停止信号（16#47e）传送到 MW30 中，变频器停机。

注意：要使变频器起动，必须先发出停车信号，无论之前变频器是否处于运行状态。

二、任务考核与评价

教师根据学生的完成情况，对结果进行评分，并将得分填入表 7-20 中。

表 7-20　Modbus 通信控制系统评分表

评分点		得分
程序设计（50 分）	能正确进行 S7-1200 PLC 与变频器 G120C 连线、组态（15 分）	
	能正确进行 S7-1200 PLC Modbus RTU 通信指令设置（15 分）	
	能正确进行 PLC 控制程序编写（10 分）	
	能准确进行程序下载，PLC 变频器联机调试成功（10 分）	
安全素养（10 分）	存在危险用电等情况（每次扣 3 分，上不封顶）	
	存在带电插拔工作站上的电缆、电线等情况（每次扣 3 分，上不封顶）	
	穿着不符合要求（每次扣 4 分，上不封顶）	
6S 素养（20 分）	桌面物品及工具摆放整齐、整洁（10 分）	
	地面清理干净（10 分）	
发展素养（20 分）	表达沟通能力（10 分）	
	团队协作能力（10 分）	
总分		

练习与提高

1. 使用 Modbus TCP 通信方式完成两台 S7-1200 PLC 之间的通信连接。

2. 使用 Modbus RTU 通信方式完成 S7-1200 PLC 与 S7-200 SMART 或第三方设备的通信连接。

项目 8
PLC 在过程控制系统中的应用

项目导入

工业中的过程控制是指以温度、压力、流量、液位和成分等工艺参数作为被控变量的自动控制。温度控制系统是自动控制系统中最常见的过程控制系统之一，该系统集成了温度传感器、模拟量输入 / 输出模块、PID 算法控制模块以及触摸屏等，通过本项目的学习，读者可以学习如何实现温度的模拟量输入 / 输出、如何实现 PID 算法控制等。本项目以 S7-1200 PLC 对过程控制系统进行温度的测量及控制。

知识导图

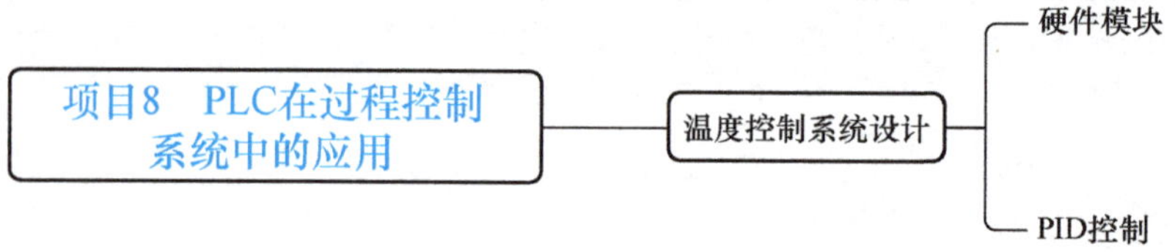

任务　温度控制系统设计

学习目标

1. 知识目标

1）掌握模拟量输入 / 输出模块的功能。
2）掌握温度传感器与模拟量输入 / 输出模块的连线方式。
3）掌握温度控制系统外部接线图的绘制。
4）理解 PID 算法的工作原理。
5）掌握过程控制类程序的设计方法。

2. 技能目标

1）能够绘制 PLC、模拟量模块和外部接线图。

2）能正确进行温度控制系统的 I/O 信号分配。

3）能正确按照信号分配表设计 PLC 的 I/O 接线原理图。

4）能够使用 PID 指令完成温度控制。

5）能完成温度控制系统的 PLC 程序编写及调试。

3. 素质目标

1）培养学生主动学习的态度和团结协作的精神。

2）学会将复杂的控制项目简单化，进一步掌握 PLC 模块化设计思路。

任务描述

本任务选用模拟恒温加热模块，完成对物料的热加工过程，其外观如图 8-1 所示。该模块主要由控制电路板、仪表、底板等部分组成，通过 PID 调节，为产品的烘干提供恒定的温度。

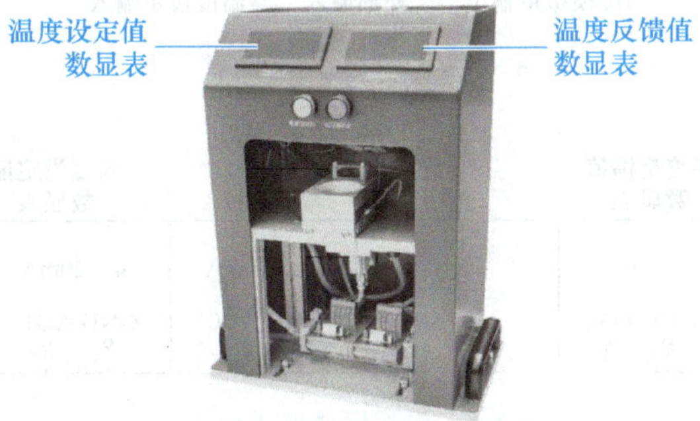

图 8-1　模拟恒温加热模块外观

本任务主要模拟物料的热加工过程，具体要求为：

1）从 HMI 中输入物料需要加热的温度，此温度值需要在“温度设定值数显表”中显示。

2）按下起动按钮，工作单元起动，PLC 进行 PID 运算，控制 0 ～ 20mA 的信号输出，传输至温控板，开始模拟加热。

3）加热过程中，温控模块会输出 0 ～ 10V 的电压信号传输至“温度反馈值数显表”，用于显示当前温度，同时此信号也会传输给 PLC，作为信号反馈。

根据以上控制要求，本次任务需要完成以下内容：

首先，完成温度控制系统电路设计，根据温控模块的模拟量信号类型，合理选择 SM123 模块或者 PLC 板载模拟量单元与温控模块进行配合，完成 PLC 控制系统外部接线图的绘制及硬件安装。

其次，编写温度控制系统 PLC 程序，进行温度控制。运用 PID 指令，合理设置 PID 参数，控制输出使温度反馈值与设定值保持一致，温度超调不超过 2%。

知识准备

知识点 1　硬件模块

1. 温控模块

温控模块内部结构如图 8-2 所示，其接线板布局如图 8-3 所示。

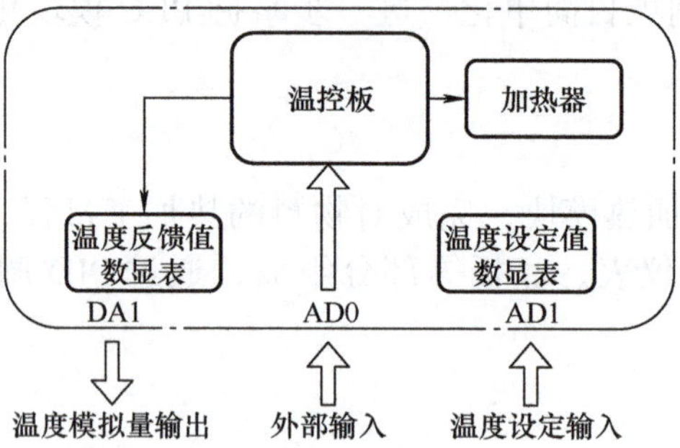

图 8-2　温控模块内部结构图

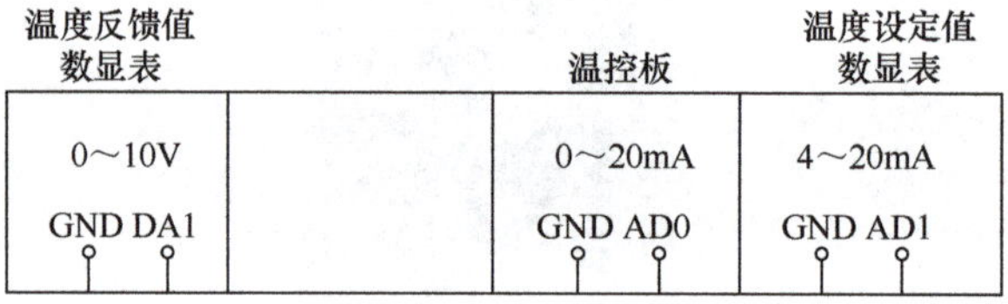

图 8-3　温控模块接线板布局

其中：
温度设定值数显表：输入 4 ～ 20mA，DC 24V 供电，温度显示 0 ～ 100℃。
温度反馈值数显表：输出 0 ～ 10V，DC 24V 供电，温度显示 0 ～ 100℃。
温控板输入信号为 0 ～ 20mA。

2. SM 1232 AQ4 模块

对于 S7-1200 PLC，SM 1232 模拟量模块是用于发出标准电压或电流信号的模拟量输出模块，该模块的性能规格见表 8-1。

表 8-1　SM 1232 模块性能规格表

技术数据	SM 1232 AQ 4 × 14 位
输出点数	4
类型	电压或电流
范围	± 10V，0 ～ 20mA 或 4 ～ 20mA
分辨率	电压：14 位；电流：13 位
满量程范围（数据字）	电压：-27648 ～ 27648；电流：0 ～ 27648

SM 1232 模拟量输出模块配线如图 8-4 所示。

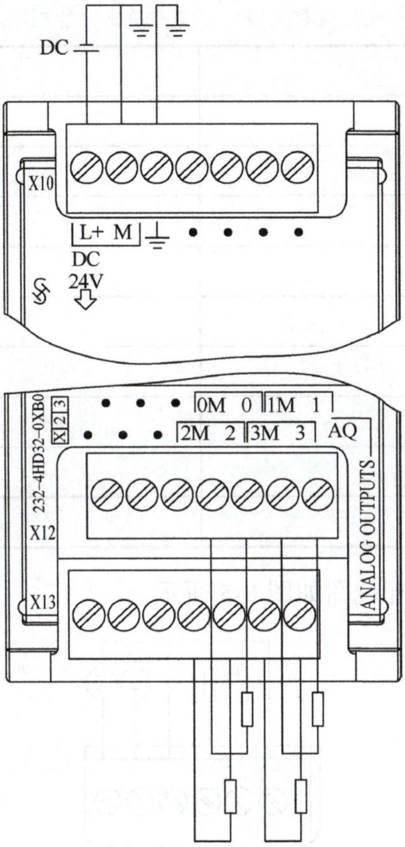

图 8-4　SM 1232 模拟量输出模块配线图

3. CPU 1215C 板载模拟量

对于 CPU 1215C 型 PLC，板载 2 路模拟量输入信号和 2 路模拟量输出信号，性能规格见表 8-2 和表 8-3。

表 8-2　CPU 1215C 板载 AI 性能规格表

技术数据	说明
模拟量输入点数	2
类型	电压（单测）
满量程范围	0 ～ 10V
满量程范围（数据字）	0 ～ 27648
过冲范围	10.001 ～ 11.759V
过冲范围（数据字）	27649 ～ 32511
上溢范围	11.760 ～ 11.852V
上溢范围（数据字）	32512 ～ 32767
分辨率	10 位

表 8-3 CPU 1215C 板载 AQ 性能规格表

技术数据	说明
模拟量输出点数	2
类型	电流
满量程范围	0 ～ 20mA
满量程范围（数据字）	0 ～ 27648
过冲范围	20.01 ～ 23.52mA
过冲范围（数据字）	27649 ～ 32511
上溢范围	23.53 ～ 23.70mA
上溢范围（数据字）	32512 ～ 32767
分辨率	10 位

CPU 1215C 板载模拟量配线图如图 8-5 所示。

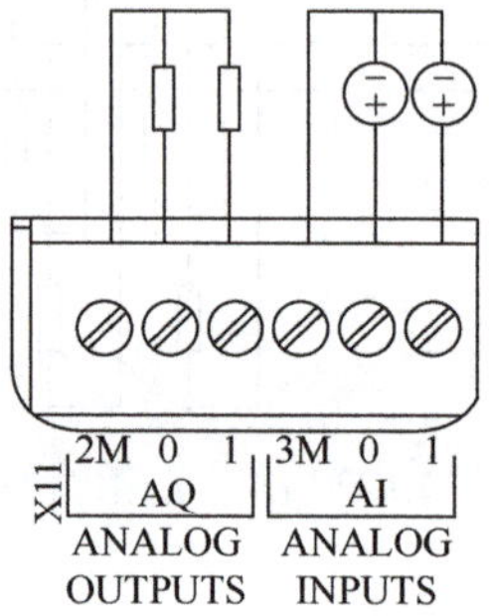

图 8-5 CPU 1215C 板载模拟量配线图

知识点 2 PID 控制

PID 功能用于对闭环过程进行控制。PID 控制适用于温度、压力、流量等物理量，是工业现场中应用广泛的一种控制方式。其原理是，对被控对象设定一个给定值，然后将实际值测量出来，并与给定值比较，将其差值送入 PID 控制器，PID 控制器按照一定的运算规律计算出结果，即为输出值，将输出值送到执行器进行调节。其中，P、I、D 指的是比例、积分、微分，是一种闭环控制算法。通过这些参数，可以使被控对象追随给定值变化并使系统达到稳定，自动消除各种干扰对控制过程的影响。

PLC 通过 PID 指令、模拟量输入、模拟量输出组成一个 PID 控制器。PID 控制器是由比例单元、积分单元和微分单元组成。可以通过调整这 3 个单元的增益 K_p、T_i、T_d 来调定其特性。PID 控制器主要适用于基本线性且动态特性不随时间变换的系统。PID 控制器是一个在工业控制应用中常见的反馈回路部件。这个控制器把收集到的数据和一个参考值进行比较，然后把这个差别用于计算新的输入值，这个新的输入值的目的是让系统的数据达到或者保持在参考值。PID 控制器可以根据历史数据和差别的出现率来调整输入值。温度 PID 控制系统框图如图 8-6 所示。

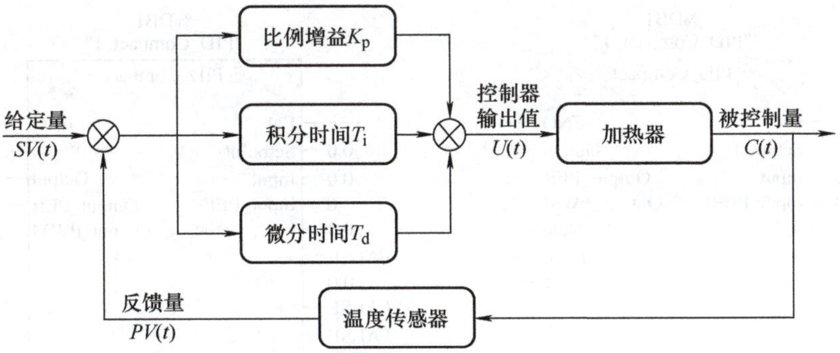

图 8-6　温度 PID 控制系统框图

1. S7-1200 PID 控制器

S7-1200 CPU 提供了 PID 控制器回路，数量受到 CPU 的工作内存及支持数据块数量限制。严格上说并没有限制具体数量，但实际应用推荐不要超过 16 路 PID 回路。可同时进行回路控制，用户可手动调试参数，也可使用自整定功能，提供了两种自整定方式，由 PID 控制器自动调试参数。另外 TIA Portal 软件还提供了调试面板，用户可以直观地了解控制器及被控对象的状态。

PID 控制器功能主要依靠三部分实现：循环中断块、PID 指令块、PID 工艺对象背景数据块。用户在调用 PID 指令块时需要定义其背景数据块，而此背景数据块需要在工艺对象中添加，称为工艺对象背景数据块。PID 指令块与其相对应的工艺对象背景数据块组合使用，形成完整的 PID 控制器。PID 控制器结构如图 8-7 所示。

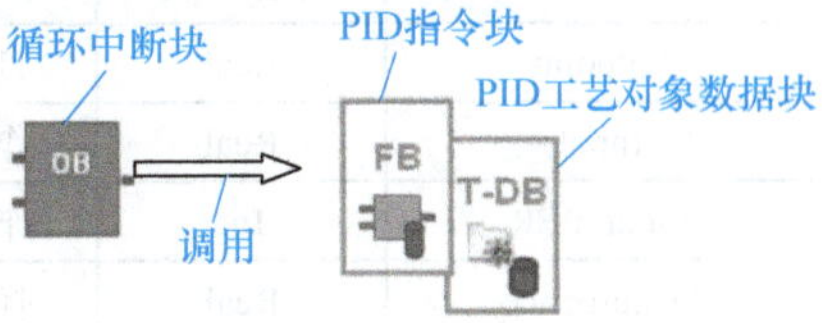

图 8-7　PID 控制器结构

循环中断块可按一定周期产生中断，执行其中的程序。PID 指令块定义了控制器的控制算法，随着循环中断块产生中断而周期性执行，其背景数据块用于定义输入 / 输出参数，调试参数以及监控参数。此背景数据块并非普通数据块，需要在目录树视图的工艺对象中找到并定义。

2. PID 指令

STEP 7 为 S7-1200 PLC CPU 提供 3 种 PID 指令，分别是 PID_Compact 指令、PID_3Step 指令和 PID_Temp 指令。PID_Compact 指令用于通过连续输入变量和输出变量控制工艺过程。PID_3Step 指令用于控制电动机驱动的设备，如需要通过离散信号实现打开和关闭动作的阀门。PID_Temp 指令提供一个通用的 PID 控制器，可用于处理温度控制的特定需求。下面以 PID_Compact 指令来说明 PID 指令的功能和参数含义。

PID_Compact 提供可在自动模式和手动模式下自我调节的 PID 控制器。PID 指令块的参数分为两部分：输入参数与输出参数。其指令块的视图分为集成视图（见图 8-8a）与扩展视图（见图 8-8b），在不同的视图下所能看见的参数是不同的，在集成视图中看到的参数为最基本的默认参数，如给定值、反馈值、输出值等。定义这些参数可实现控制器最基本的控制功能。单击集成视图下方的三角形图标，即可打开扩展视图。在扩展视图中，可看到更多的相关参数，如手 / 自动切换、模式切换等，使用这些参数可使控制器具有更丰富的功能。STEP 7 会在插入指令时自动创建工艺对象和背景数据块，该背景数据块包含工艺对象的参数。

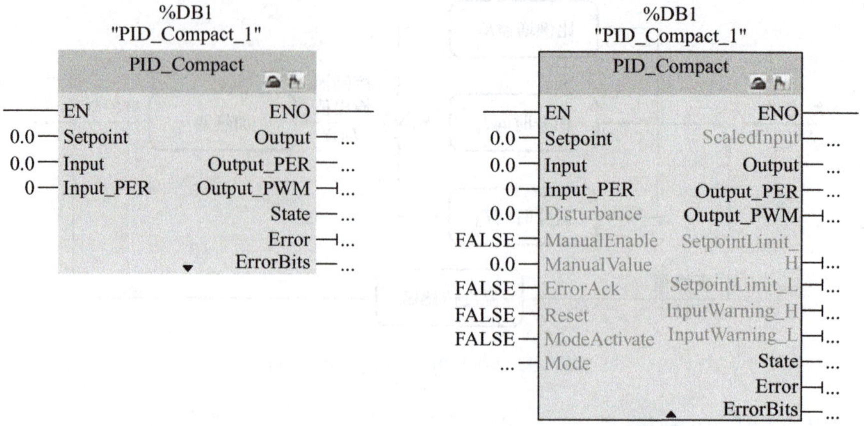

a) 集成视图　　b) 扩展视图

图 8-8　PID_Compact 指令的集成视图和扩展视图

PID_Compact 指令的输入参数见表 8-4。

表 8-4　PID_Compact 指令的输入参数

参数	数据类型	说明
Setpoint	Real	自动模式下的设定值
Input	Real	作为实际值（即反馈值）来源的用户程序变量
Input_PER	Int	作为实际来源的模拟量输入
Disturbance	Real	扰动变量或预控制值
ManualEnable	Bool	上升沿选择手动模式，下降沿选择最近激活的操作模式
ManualValue	Real	手动模式的 PID 输出量
ErrorAck	Bool	确认后将复位 ErrorBits
Reset	Bool	重新启动控制器：“1”时切换到“未激活”模式
ModeActivate	Bool	上升沿时 PID 将切换到保存在 Mode 参数中的工作模式

输出参数见表 8-5。

表 8-5　PID_Compact 指令的输出参数

参数	数据类型	说明
ScaledInput	Real	标定的过程值
Output	Real	用于控制器输出的用户程序变量
Output_PER	Word	PID 控制的模拟量输出
Output_PWM	Bool	使用 PWM 的控制开关输出
SetpointLimit_H	Bool	1 状态时设定值的绝对值达到或超过上限
SetpointLimit_L	Real	1 状态时设定值的绝对值达到或低于下限
InputWarning_H	Bool	1 状态时实际值（过程值）达到或超过报警上限
InputWarning_L	Bool	1 状态时实际值（过程值）达到或低于报警下限
State	Int	当前运行模式，0～5 分别表示未激活、预调节、精确调节、自动模式、手动模式、带错误监视的替代输出模式
Error	Bool	1 状态时表示此周期至少有一条错误消息或未决状态
ErrorBits	DWord	显示未决状态的错误消息

3. PID 指令的模式

（1）未激活模式　组态 PID_Compact 工艺对象并下载到 CPU 之后，PID 控制器处于未激活模式，此时需要在调试窗口进行首次启动自调节。在运行时出现错误，或者单击调试窗口的“STOP（停止测量）”按钮时，PID 控制器将进入未激活模式。选择其他运行模式时，活动状态的错误被确认。

（2）预调节和精确调节模式　打开 PID 调试窗口，可以选择预调试模式或精确调节模式。

（3）自动模式　在自动模式下，PID_Compact 工艺对象根据设置的 PID 参数进行闭环控制，满足下列条件之一时，控制器将进入自动模式：

1）成功地完成了首次启动自调节和运行中自调节的任务。

2）在组态窗口选中了“启用手动输入”复选框。

（4）手动模式　在手动模式下，PID 控制的输出变量用手动设置。满足下列条件之一时，控制器将进入手动模式：

1）指令的输入参数“ManualEnable”（启用手动）为“1”状态。

2）在调试窗口选中了“手动”复选框。

4. PID_Compact 组态步骤

使用 PID 功能，必须先添加循环中断，需要在循环中断中添加 PID_Compact 指令。在循环中断的属性中，可以修改其循环时间。

（1）添加循环中断　在 TIA 环境下，添加一个循环中断组织块并在属性界面修改其循环时间，如图 8-9 所示。

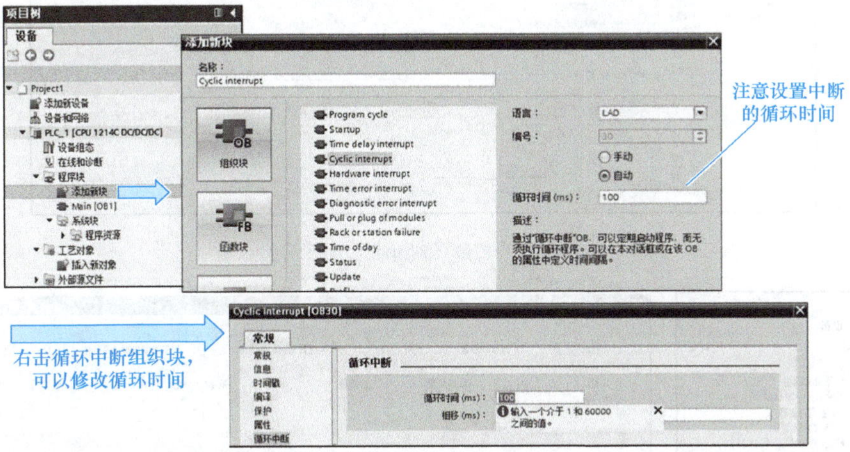

图 8-9　添加循环中断后在属性界面修改其循环时间

（2）调用 PID 指令　因为程序执行的扫描周期不相同，一定要在循环中断里调用 PID 指令。在“指令”/“工艺”/“PID 控制”/“Compact PID（注意版本选择）”/“PID_Compact”下，将 PID_Compact 指令添加至循环中断，如图 8-10 所示。

当添加完 PID_Compact 指令后，在“项目树”/“工艺对象”文件夹中，会自动关联出 PID_Compact_x［DBx］，包含其组态界面和调试功能，如图 8-11 所示。

（3）组态设置　使用 PID 控制器前，需要对其进行组态设置，分为基本设置、过程值设置、高级设置等部分，如图 8-12 所示。

（4）工艺对象背景数据块　PID_Compact 指令的背景数据块属于工艺对象数据块，打开方式：选择“项目树”/“工艺对象”/“PID_Compact_x［DBy］”，操作步骤如图 8-13 所示。

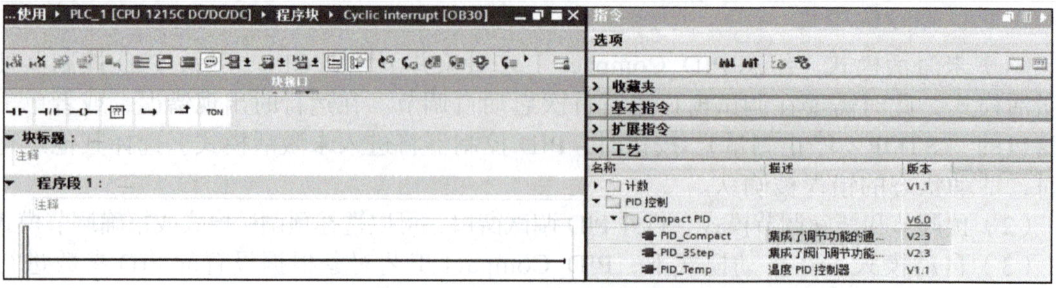

图 8-10　在循环中断中添加 PID_Compact 指令

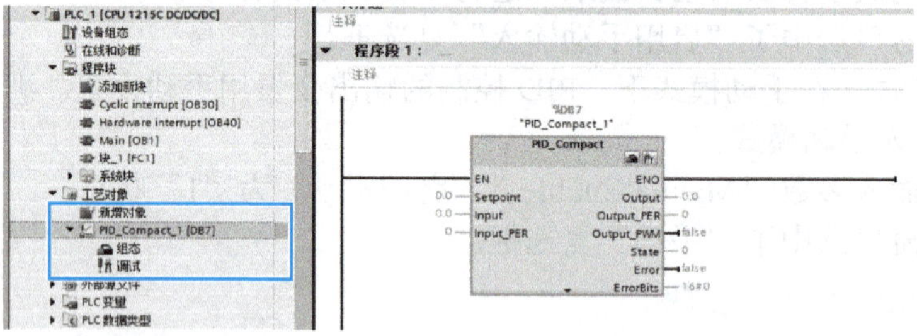

图 8-11　工艺对象中关联生成 PID_Compact

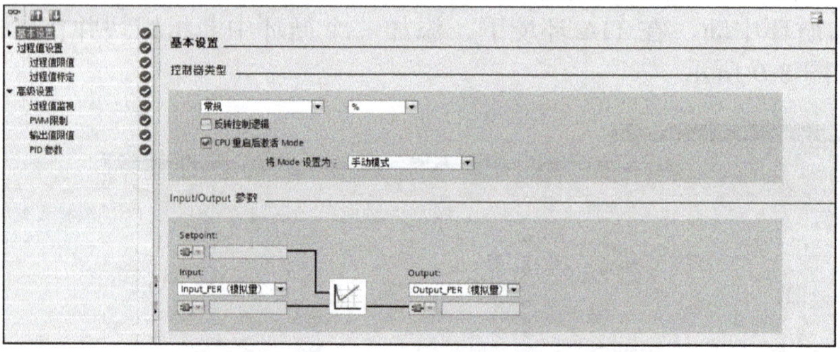

图 8-12　PID_Compact 组态设置

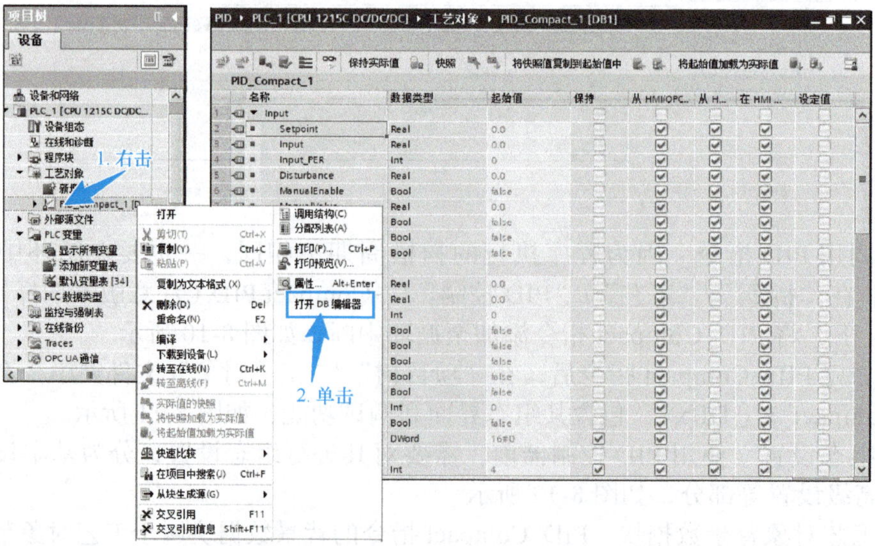

图 8-13　打开 PID_Compact 工艺对象数据块

任务实施

一、实施步骤

1. 硬件电路设计安装

（1）输入 / 输出分配　根据温度控制系统的控制要求，有 1 路模拟输入信号，2 路模拟输出信号，PLC 的 I/O 分配见表 8-6。

表 8-6　温度控制系统 PLC 的 I/O 分配表

输入		输出	
PLC 输入点	信号名称	PLC 输入点	信号名称
IW64	温度反馈信号	QW128	温度控制信号
		QW130	温度设定信号

（2）接线原理图设计　温度控制系统的接线原理图如图 8-14 所示。

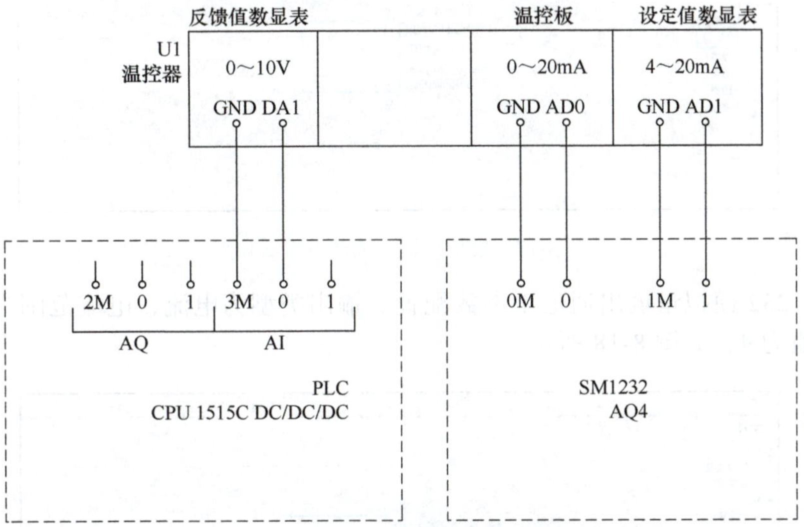

图 8-14　温度控制系统的接线原理图

（3）安装接线　根据原理图，完成温度控制系统电路搭建。

电气接线包括在工作单元装置侧完成各电源端子引线到装置侧接线端口之间的接线，在 PLC 侧进行电源连接、I/O 点接线等。

2. 程序设计

（1）程序流程图　程序运行的主要过程是 PID 控制，如果没有停止要求，顺序控制过程将不断循环，常见的顺序控制系统正常停止时要求是接收到停止指令后，系统在完成本工作周期任务即返回到初始步后才停止。温度控制系统程序流程图如图 8-15 所示。

（2）在项目中组态模拟量

1）PLC 板载模拟量输入通道 0 参数设置，如图 8-16 所示。

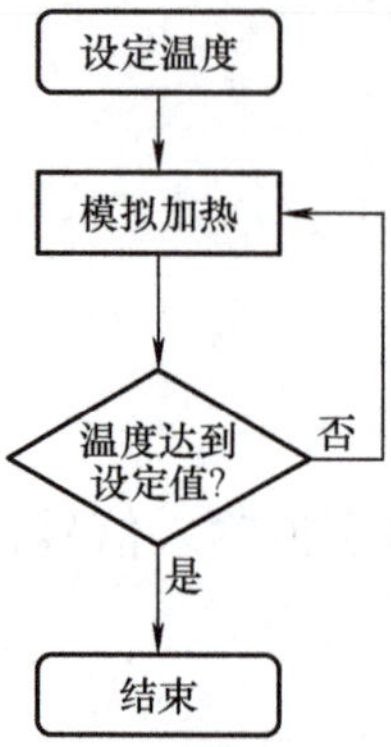

图 8-15　温度控制系统程序流程图

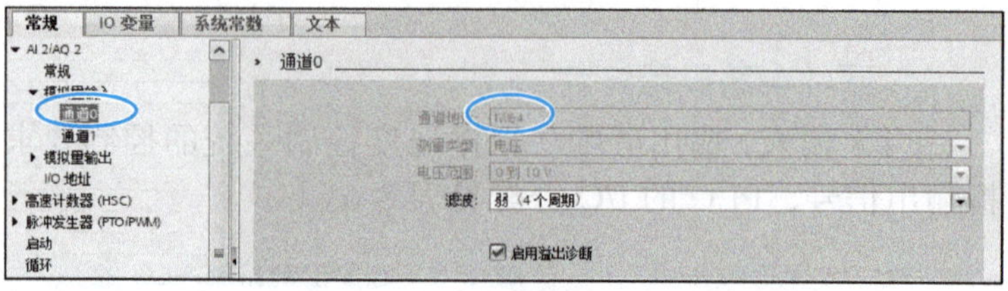

图 8-16　模拟量输入通道 0 参数设置

2）SM 1232 模拟量输出通道 0 参数配置。输出类型为电流，电流范围为 0 ～ 20mA，通道的替代值为 0，如图 8-17 所示。

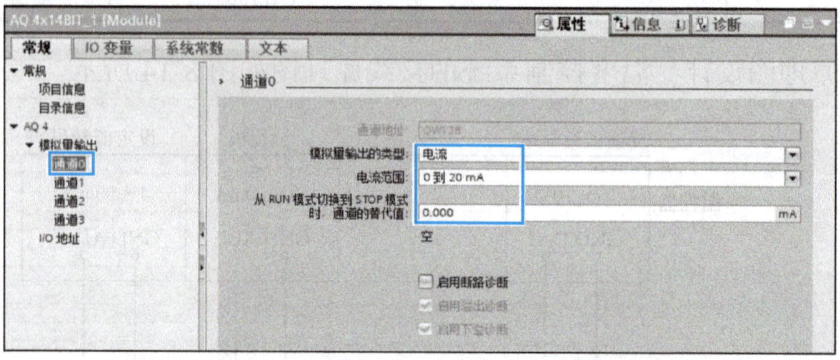

图 8-17　模拟量输出通道 0 参数设置

3）SM 1232 模拟量输出通道 1 参数配置。输出类型为电流，电流范围为 4 ～ 20mA，通道的替代值为 4，如图 8-18 所示。

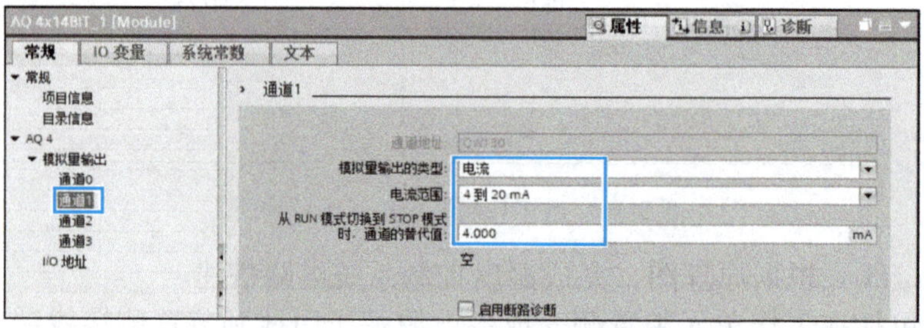

图 8-18　模拟量输出通道 1 参数设置

（3）创建组织块　创建循环中断组织块“Cyclic interrupt OB30”，在工艺指令中将 PID_Compact 指令拖入循环中断组织块中，并自动创建工艺对象，如图 8-19 所示。

（4）组态 PID_Compact 指令　工艺对象的基本设置中控制器类型选择“温度”，勾选“CPU 重启后激活 Mode”，将 Mode 设置为“自动模式”，其他设置保持默认值，如图 8-20 所示。

工艺对象中高级设置下的 PID 参数，比例增益为 3.9，积分作用时间为 20s，采样时间为 0.5s，控制器结构为 PID，如图 8-21 所示。

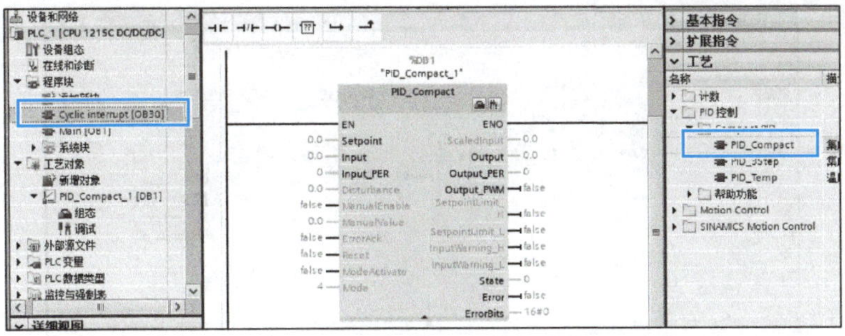

图 8-19　PID_Compact 指令添加

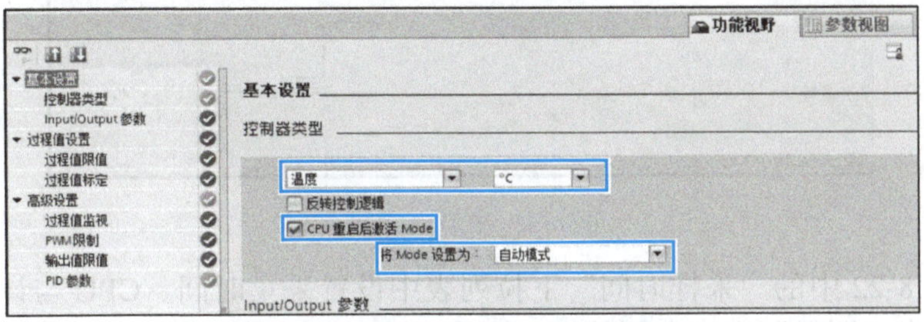

图 8-20　PID_Compact 指令基本设置

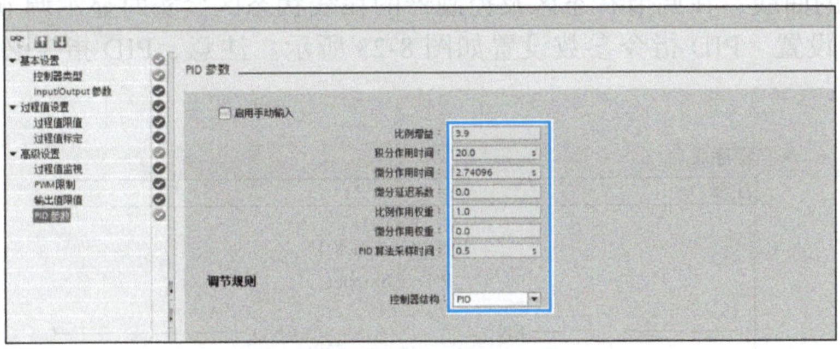

图 8-21　PID 参数设置

注意：在 PID_Compact 组态界面可以修改 PID 参数，通过此处修改的参数对应工艺对象背景数据块 /Static/Retain/PID 参数。通过组态界面修改参数，需要重新下载组态并重启 PLC。建议直接对工艺对象背景数据块进行操作。

PID 控制器能够正常运行，需要符合实际运行系统及工艺要求的参数设置，但由于每套系统都不完全相同，所以每套系统的控制参数也不尽相同。用户可以自己手动调试。通过参数访问方式修改对应的 PID 参数，在调试面板中观察曲线图，也可以使用系统提供的参数自整定功能进行设定。PID 自整定是按照一定的数学算法，通过外部输入信号激励系统，根据系统的反应方式来确定 PID 参数。

双击项目树“PLC1”/“工艺对象 PIDDB”/“调试”，或者单击“PID_Compact”指令方框中右上角的调试图标，打开 PID 调试面板，如图 8-22 所示，可以用趋势视图监控 PID 控制器的设定值（Setpoint）、标定的过程值（SaledInput）、输出值（Output），横轴为时间。

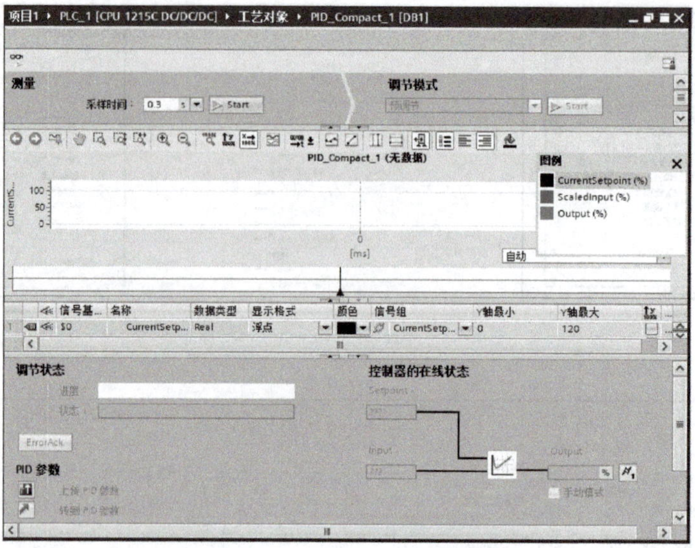

图 8-22　PID 调试面板

可以在图 8-22 中的“采样时间”下拉列表中设置采集时间。CPU 与计算机建立好连接通信后，单击“测量”区中左侧的“Start”（开始测量在线值）按钮，然后单击“调节模式”区中的“Start”（开始调节）按钮（可以选择预调节或精确调节），在曲线图区会显示实时调节的曲线，在调节状态区及控制器的在线状态区会实时显示调节进度及状态。

（5）指令设置　PID 指令参数设置如图 8-23 所示。注意，PID 指令必须放置在循环中断组织块中。

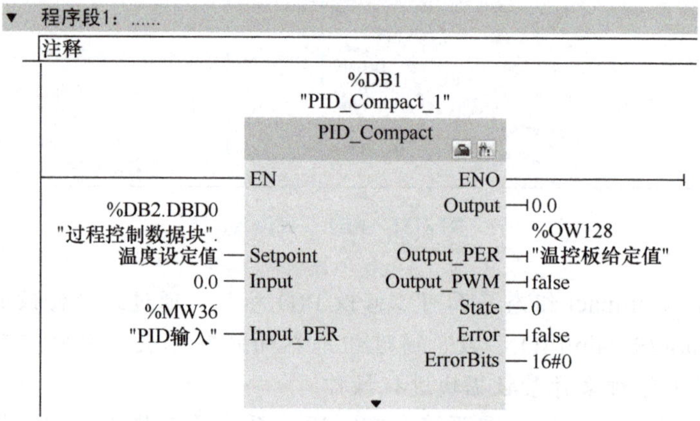

图 8-23　PID 指令参数设置

其中，设定值温度显示程序如图 8-24 所示。

（6）调试与运行

1）检查 I/O 接线是否正确。

2）运行程序，观察温度控制模块动作是否满足任务要求。

3）温度设定值与温度反馈值是否能限定在误差 0.5℃以内。

4）调试各种可能出现的情况，比如在任何情况下都有可能加入工件，系统要能可靠工作。

5）优化程序。

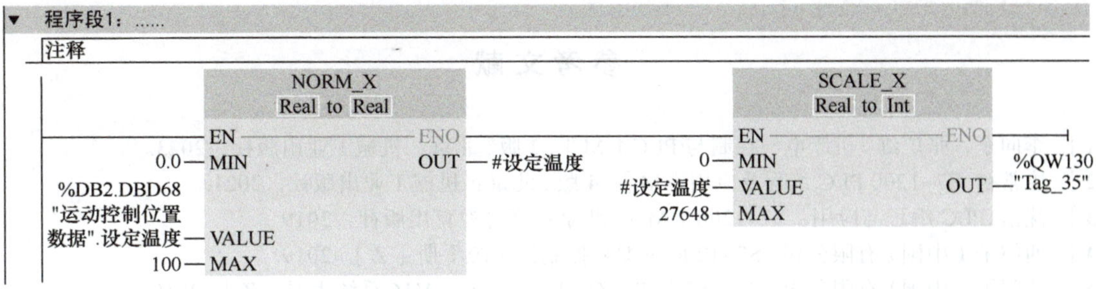

图 8-24　设定值温度显示程序

二、任务考核与评价

教师根据学生的完成情况，对结果进行评分，并将得分填入表 8-7 中。

表 8-7　温度控制系统设计评分表

评分点		得分
程序设计（50 分）	能正确进行组态界面设计与离线调试（10 分）	
	能正确进行温度控制系统程序设计（10 分）	
	能正确进行 PLC 复位、手动、自动运行程序设计（10 分）	
	能准确进行程序下载，进行 PLC、触摸屏的联机调试（10 分）	
	能进行复位操作、手动操作、自动运行操作、急停操作等（10 分）	
安全素养（10 分）	存在危险用电等情况（每次扣 3 分，上不封顶）	
	存在带电插拔工作站上的电缆、电线等情况（每次扣 3 分，上不封顶）	
	穿着不符合要求（每次扣 4 分，上不封顶）	
6S 素养（20 分）	桌面物品及工具摆放整齐、整洁（10 分）	
	地面清理干净（10 分）	
发展素养（20 分）	表达沟通能力（10 分）	
	团队协作能力（10 分）	
总分		

练习与提高

1. PID 三个参数的含义是什么？

2. 在本系统中，温控模块输出的温度反馈信号为 0 ～ 10V 的电压信号，此信号传输至“温度反馈值数显表”用于显示当前温度，同时此信号也传输给 PLC 作为信号反馈。由于运行机制不同，数显表的显示值与 PLC 的反馈值之间总有差异，在系统运行过程中，仔细观察它们之间的差异，找出规律，尝试做一个温度补偿的程序，使这两个值尽量一致。

参考文献

［1］ 李向东，张广红．机床电气控制与 PLC［M］．2 版．北京：机械工业出版社，2023.
［2］ 廖常初．S7-1200 PLC 编程及应用［M］．4 版．北京：机械工业出版社，2021.
［3］ 沈治．PLC 编程与应用：S7-1200［M］．北京：高等教育出版社，2019.
［4］ 西门子（中国）有限公司．S7-1200 可编程控制器系统手册［Z］．2019.
［5］ 西门子（中国）有限公司．STEP 7 和 WinCC Engineering V16 系统手册［Z］．2019.
［6］ 西门子（中国）有限公司．S7-1200 可编程控制器产品样本［Z］．2023.